JN255399

星空撮影&夜景撮影のための

写真レンズ星空実写カタログ

西條善弘 著 Yoshihiro Saijo

Star Test Images of 105 Photographic Lenses for Night Sky Photography

まえがき

本書は，35mm判フルサイズ，APS-Cサイズ，マイクロフォーサーズのデジタル一眼カメラに使用する写真レンズで星空を撮影し，その星像テストを行なった結果をまとめたものである．企画当初「ユーザーが多く，星空撮影に適した明るい写真レンズ」という観点から，焦点距離200mm以下，開放F4.0以下，ズームレンズの場合はズーム全域でF4.0以下という仕様の明るいレンズをピックアップした．その条件を満たすものだけでも300本以上もあることがわかったが，それらをすべてテストして書籍化することを目指して作業を進めてきた．テストを終えたものが予定の半数を超えたところで，いったん本書にまとめることにした次第である．

写真レンズの多くは，新発売されたころにテストを実施し，その結果を『月刊 天文ガイド』（誠文堂新光社 刊）に随時掲載している．本書にはそこで取り上げたレンズが多く含まれるが，掲載した写真はすべてRAWデータから画像処理をしなおしたものである．また『月刊 天文ガイド』に掲載してから月日が経ち，当時撮影に用いたカメラがあまりに古くなったものは最近のカメラを使用して再撮影を行なった．もちろん本書には『月刊 天文ガイド』に掲載しなかったものや，本書のために新たにテストしたものも含まれている．

夜空一面にさまざまな明るさと色あいで輝く恒星は天然のテストチャートである．人工星を含めて，このような点光源を使った写真レンズのテストはスターテストと呼ばれる．点光源や恒星は，普通の解像力チャートのように方向性がなく，光学系のあらゆる方向の収差や組み立て誤差が明瞭に表われる．星空をテストチャート代わりに使用したテストで最も障害になるのは，自然界のことゆえ，夜空の暗さや透明度，大気の揺らぎといった，気象条件が不揃いになることである．大気中に黄砂やPM2.5のような浮遊粒子が増えたり，目では確認できないような微かな薄雲があると，透明度が悪くなり，さらにそれらに街明かりが反映して夜空が明るくなる．気流が悪いときは200mmくらいの望遠レンズでも星像がわずかにあまくなるのがわかる．気温が高い夜はデジタルカメラのノイズが増えて微光星の描写に支障をきたす．また，本書に掲載した写真の大部分は栃木県日光市の戦場ヶ原付近で撮影したものだが，冬期は，よく晴れていても日本海側から山を越えてやってきた粉雪が上空を舞っていることがあり，それによって明るい星の周りにまるでソフトフィルターを使用して撮影したようなハロが生じてしまうことが度々あった．そうした条件下で撮影したものは極力再撮影を行なったが，一部にはその影響が表われているものがあり，それについては各レンズの短評に記した．

テストをして驚いたのは，予想をはるかに上回る割合で狂いが認められたレンズがあったことである．狂いがないレンズの方がずっと少ないくらいである．写真レンズは光軸に対して回転対称な共軸光学系だが，構成するレンズの一部がわずかに傾いていたり，ずれていたりすると，とくに画面の四隅の星像にその影響が敏感に表われる．画面四隅の星像は，画面中心とその星像を結んだ線に対して線対称な形状になるはずだが，本書のテスト画像を見ると，流れる方向やボケ量がその規則性から外れてバラついているものが意外と多いことが一目瞭然である．断っておくが，これらの大部分はメーカーの許容誤差内のことである．

このように,誰にでも検出可能な"個体の問題"をかかえたレンズが数多く見い出された要因は二つあると筆者は考えている.

一つは写真レンズの光学系の複雑化である.近年の写真レンズは,イメージセンサーの特性に合わせて像側にテレセントリックに近い設計が要求され,それにともなってより多い構成枚数でレンズを設計することができるようになった(それを可能にしたレンズのコーティング技術の進歩も素晴らしい!).たとえばオリンパスのマイクロフォーサーズ用の標準レンズには,いくらF1.2とはいえ,実に14群19枚ものレンズで構成されているものがある.しかも非球面あり,異常部分分散ガラスありの豪華版である.フィルムカメラの時代,高性能を目指したF1.2の標準レンズでは,発展ガウス型の非球面入りの贅沢な設計でも,その構成枚数は10枚に満たないものであった.その頃,メーカーの設計者でも19枚構成の標準レンズが普通に市販される時代が来るとは思ってもみなかったことだろう.この複雑化は「光学式手ぶれ補正」の内蔵でさらに進み,最新の高級ズームレンズにいたっては構成枚数が30枚に迫るものさえある.それらの構成レンズを動画撮影にも対応させて,AFや手ぶれ補正を連続的に高速駆動させるとなると大変である.省エネの上でも,それらは軽く動かせて(狂いが生じやすい),より少ない動きで(誤差の影響が出やすい)実現しなければならない.つまりレンズを収める鏡胴の設計も一段と複雑になる.これほどの複雑さなのに,それを一般的な消費者が買える価格範囲内で,常識的に扱えるような大きさ・重さに仕上げるのはさぞかし大変なことだろう.

もう一つはイメージセンサーの高画素化である.イメージセンサーが銀塩写真フィルムにとって代わったときから,星空写真ファンは文句のつけようがない寸度安定性を手に入れた.イメージセンサーの画素数はどんどん増えて解像力が高まり,今や最高のものでは5,000万画素クラスの35mm判カメラさえある.1ピクセルのサイズは4～5μmと超高解像で,そうしたカメラをごく普通の人々が使うことができ,星空を撮影すると,わずかな狂いさえも簡単に検出してしまうようになった.許容ボケとか標準鑑賞距離などとは無縁な観点から,PCモニターにピクセルが見えるほど大きく映し出して「倍率の色収差が2ピクセル分ある」とか粗探しをするのだからメーカーもたまったものではないだろう.イメージセンサーの解像力に対して,複雑化した写真レンズの要求精度は,もはや工程水準を完全に超えているはずである.

本書を制作するにあたり,誠文堂新光社の佐々木 夏 氏,西尾智明 氏には大変お世話になった.深く感謝を申し上げたい.撮影の一部を手伝っていただいた須永 閑 氏には感謝をするとともに今後の活躍を期待したい.また,本書の企画にご理解を賜り,テスト機材のご協力をいただいたメーカー各位様には最大の謝辞を申し上げたい.どうもありがとうございました.

2017年12月
西條善弘

■本書の見方

35mm 判フルサイズ用交換レンズ

CANON キヤノン

NIKON ニコン

PENTAX ペンタックス

SIGMA シグマ

SONY ソニー

TAMRON タムロン

TOKINA トキナー

ZEISS ツァイス

APS-Cサイズ用交換レンズ

CANON キヤノン

FUJIFILM 富士フイルム

NIKON ニコン

PENTAX ペンタックス

SIGMA シグマ

TAMRON タムロン

TOKINA トキナー

マイクロフォーサーズ用交換レンズ

KOWA コーワ

LEICA ライカ

OLYMPUS オリンパス

PANASONIC パナソニック

VOIGTLÄNDER フォクトレンダー

■資料

■コラム

本書の見方

1. 本書の構成

1-1 掲載順

本書は，交換レンズを装着するカメラの画面サイズ（フォーマット）をフルサイズ用交換レンズ，APS-Cサイズ用交換レンズ，マイクロフォーサーズ用交換レンズに大別して構成してある．各フォーマットごとに，交換レンズのブランド名のアルファベット順に，ズームレンズ，単焦点レンズ，マクロレンズ，魚眼レンズの順に焦点距離が短いもの（画角の広いもの）から掲載してある．

1-2 ページ構成

下に示した凡例に基づいて説明する．

Ⓐ 製品写真

レンズの製品写真の掲載尺度はそろっていない．実際の大きさは仕様表Ⓒを参照されたい．

Ⓑ レンズ構成図

レンズ構成図は慣例どおり左側を物界側，右側を像界側に描いてある．光軸は細い一点鎖線で描いてある．レンズ構成図の掲載尺度はそろっていない．

絞りの位置が描かれていないものは，その情報が開示されていないものである．

光学面が非球面のレンズは，球面のレンズの1.5倍の太さの線で描いてある．レンズの前後面のどちらが非球面かの情報が開示されているレンズについては，さらに太い線で描いてある．非球面レンズは，製造方法によって呼び名が異なるが，本書では一括して「非球面レンズ」とした．

通常の光学ガラスで製作されたレンズは薄い青色で，異常部分分散特性のある光学ガラスを使用したレンズは薄い灰色で色分けして描いてある．異常部分分散特性のある光学ガラスを使用したレンズは，そのメーカーの呼び名に準じて「EDレンズ」「スーパー EDレンズ」などと表記した．

各構成レンズは左からL1，L2…と順に番号で呼び，どのレンズが非球面レンズや異常部分分散ガラスを使用したレンズなのかを図の近くに説明してある．

Ⓒ 仕様表

焦点距離については，APS-Cサイズ，マイクロフォーサーズ用の交換レンズは，同じ対角線画角が得られる35mm判用レンズの焦点距離も換算値として表示した．

対角線画角は°単位で表した．′単位は小数点以下1桁の端数で表した．

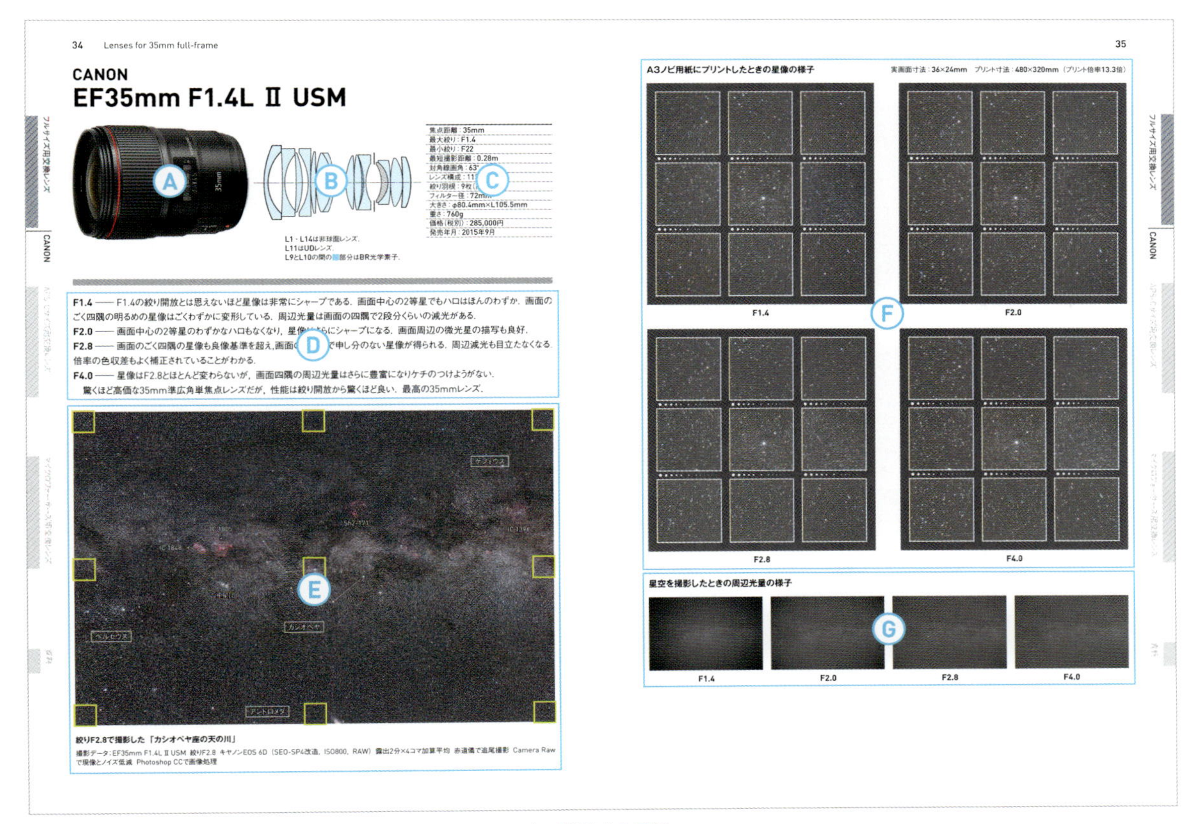

ページ構成の凡例

絞り羽根の項目には絞り羽根の枚数のみを記した．レンズの絞りは正多角形のような形状に絞られ，少し絞ったときに円に近い形状が得られるものは「円形絞り」と称され，大部分の製品に採用されている．

レンズの大きさは最大径(φ)と長さ(L)で表示した．長さはレンズの先端からマウント基準面までの距離である．

価格は2017年12月時点におけるメーカー希望小売価格(税別)である．

Ⓓ 短評

星空を撮影したテスト画像を見れば，良否や優劣は一目瞭然だが，各レンズについて，絞りの設定値ごとに，星像，画質，周辺光量などについて，ごく簡単に短評を記した．

Ⓔ 作例画像　(詳しくは 2.参照)

作例画像はテストレンズを使用して星空を撮影した画像である．すべてノートリミングで表示してある．9個の黄色の太枠はⒻに拡大表示した範囲である．作例画像は縦位置撮影したものと横位置撮影したものがあるが，それらと拡大表示画像の全画面における上下左右の位置どりは，見たままを直接反映したものであり，下図に示したとおりである．

Ⓕ A3ノビ用紙にプリントしたときの星像の様子

(詳しくは 3.参照)

星像を評価するための3×3ピースで構成されたテスト画像である．本書では，A3ノビ用紙（483×329mm，24inchモニターと同じくらい）に，35mm判フルサイズとAPS-Cサイズは480×320mmに，マイクロフォーサーズは426×320mmに，それぞれほぼ用紙いっぱいにノートリミングでプリントした画像を基準としている．各絞り値におけるテスト画像は，このサイズの画像の中心，四辺の中央，四隅を20×20mmの正方形に切り出して原寸で表示したものである．

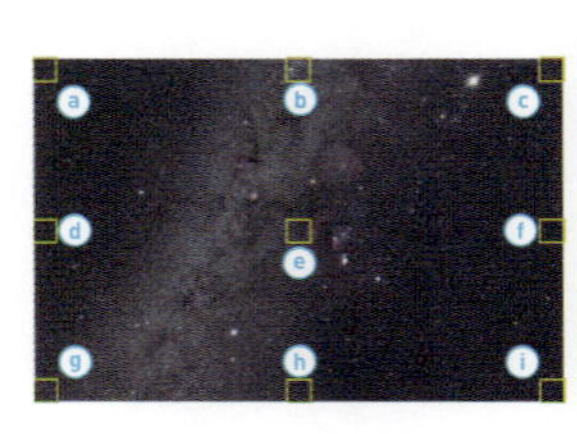

テスト画像の画面上の位置(横位置撮影の場合)

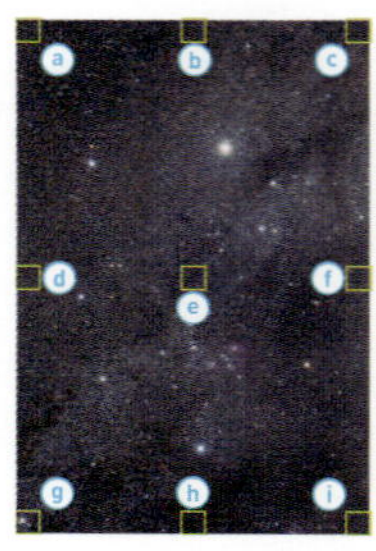

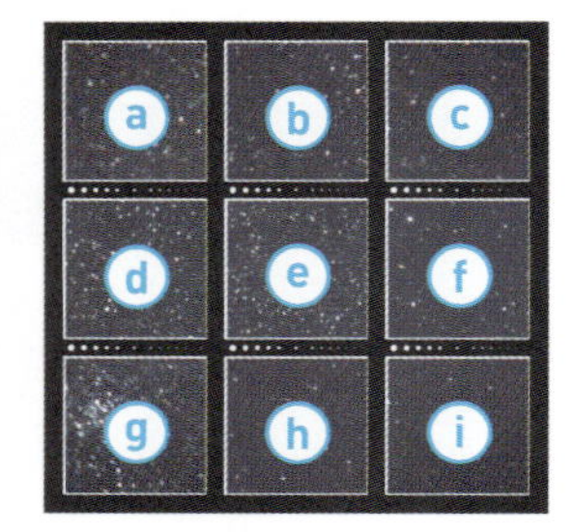

テスト画像の画面上の位置(縦位置撮影の場合)

Ⓖ 星空を撮影したときの周辺光量の様子

(詳しくは 4.参照)

本書に掲載されている写真はどれも絞り開放ないしは多くて3段分程度まで絞って撮影したものである．このような絞り開放付近では，口径食とコサイン4乗則によって，画面中心から画面周辺に向かって徐々に減光するのが普通である．カメラボディ内壁でもケラレが生じていると，画像の縁の方にはさらなる減光が加わる．なお,開放Fナンバーが4.0のズームレンズについては紙数の関係で省略した．

周辺減光は，画面中心から周辺に向けて徐々に減光する特性を示すレンズもあれば，画面のごく四隅でストンっと落ちるような減光を示すレンズもある.その旨は短評に記した．また短評では，感覚的に分かりやすいように，たとえば「1段分強の減光」とか「1段半分くらいの減光」などと，画面中心を基準に相対光量が落ちる程度を記した．

2. 作例画像について

2-1 撮影

作例画像はカメラを赤道儀（地球の自転にともなう天の日周運動を追尾する装置）に載せて撮影し，簡略データを付した．使用したカメラは，テストした時点で販売されていた機種を使用したので，現在すでに販売されていないものもある．また一部の作例画像についてはIR改造（イメージセンサーの赤外カットフィルターを656.3nm輝線の透過率を高いものに換装する改造）したカメラを使用しており，それについてはデータ欄に明示した．

2-2 画像処理

作例画像はすべてRAWデータを元にレタッチソフトで何らかの画像処理を施してある（下図参照）．色調や明暗の調子はもちろん，レンズの周辺減光，光害カブリなどは，意図がない限り修整してある．周辺光量テスト画像は光害カブリ以外の要素は修整していないので，その画像と作例画像を比較すると，作例画像には概ねどのような画像処理が実施されているか推し量ることができる．ただし，本書はレンズが

作例画像の画像処理例

結ぶ星像の良否を調べるのが目的であるから，星像を小さくシャープに見せるための処理などはRAW現像段階からまったく施していない．表示サイズは小さいが，画面周辺部の収差が多いものについては，画面の中心から周辺に向けて星像が徐々に崩れていく画質なのか，四隅の方で急落する画質なのか，およその様子は見てとれる．

星空写真では，同じ露出時間で連続撮影した複数コマの画像を相加平均して高S/N化を図ることがある．本書でもそのような処理を実施したものが多くある．相加平均した画像については「露出○分×○コマ加算平均」と撮影データ欄に記してある．作例画像は，表示サイズが長辺152mmとハガキなみに小さく，また，通常の1コマの画像から処理したものと極端にかけ離れた結果にしないために，相加平均に用いたコマ数は一部を除いて数コマ程度に止めた．

3. 星像テストについて

3-1 撮影

画像はすべてカメラを赤道儀に載せて撮影した．ノイズの度合いを大きく左右する撮影時の外気温やISO感度設定値は統一されていない．

ピント合わせは画面中心に適当な明るさの恒星をとらえ，ライブビューを最大倍率で観察して行なった．カメラをPCに接続して専用アプリからライブビューを拡大観察できるカメラでは一部それを使用した．中望遠以上の単焦点レンズやズームレンズでは，レンズの前枠の前にバーティノフマスク(回折を利用して恒星像で正確にピントを合わせるための道具)を配し，ライブビューを利用してピントを合わせた．

ズームレンズはズーミングで最良ピント位置が変わるので，短焦点端と長焦点端に設定した後にピントを合わせた．

フォーカスリングがいわゆるフライバイワイヤー方式ではないF0.95 ～ F2.0の明るいレンズと，F2.0 ～ F2.8の望遠レンズについては，フォーカスリングに手製のバーニアシールを貼り，前述の方法でピントを合わせた合焦位置の前後わずかにデフォーカスした位置でも撮影し，微光星像がもっとも鮮鋭に写る，いわゆる最小芯の位置を最良ピント位置とした．

絞りを絞ったときにまれに見られる最良ピント位置のずれ，いわゆる焦点移動に対する配慮はしていない．絞り開放で最小芯となるピント位置のまま絞り込んで撮影した．

3-2 画像処理

星像テスト画像の各ピースは，周辺減光や光害カブリの影響を修整して，星像の微妙な明暗や色あいができるだけ見やすくなるようにした（下図参照）．とくに絞り開放での画面四隅に相当する画像は暗く硬調なので修整量は非常に大きい．いずれの画像も恒星や天体が写っていないバックグラウンドの部分のRGBレベル数がすべて100の中灰色に調整してある．

各ピースの間には，小さな白い円が大きさの順に並んだゲージが配されているが，これは星像のシャープさを読者が評価できるようにするためのゲージである．この円の大きさには重要な意味があるので 5. に解説する．

星像テスト画像の画像処理例

4. 周辺光量テストについて

4-1 撮影

各絞り値において複数コマ撮影した中の1コマを使用した．撮影時の外気温やISO感度設定値は，レンズごとに統一されていない．撮影に使用したカメラについては2-1に述べたとおりである．

4-2 画像処理

周辺光量を見るための画像なので，画像全体の明暗の調子が変化しないようにして光害カブリだけを修整し，写真レンズ本来の周辺減光とカメラボディ内壁によるケラレのみが反映されるように工夫した(下図参照)．

5. 星像テストの見方

5-1 本書で採用した許容ボケ直径

星空の写真プリントに写っている星のシャープさの判断は写真を観賞する距離に左右される．近距離から見るとボケて見える星像でも，少し離れたところから見るとシャープに見えるが，「このくらいならボケているとはみなさない」というボケの直径を許容ボケ直径という．写真レンズの一部には

周辺光量の様子を示す画像の画像処理例

被写界深度目盛りが設けられているが，これも許容ボケ直径を元に設定されており，その値として多くのメーカーで採用されているのは，35mm判フルサイズの実画面上で直径0.033mmくらいである．

本書では，筆者の恩師である田村 稔 先生（故人，千葉大学教授）が2万数千件の調査から，プリント作品の対角線長と鑑賞距離の相関関係を調べて求めた標準鑑賞距離（プリント作品の対角線長の1.58倍の鑑賞距離）に基づいて許容ボケ直径を定めてある．その値は以下のとおりである．

35mm判フルサイズ ………………… 0.028mm
APS-C サイズ ……………………… 0.017mm
マイクロフォーサーズ ………………… 0.014mm

35mm判フルサイズで0.028mmというのは前述の0.033mmよりも15％ほど小さく厳しいものである．

5-2 本書の星像テストの拡大画像を見るときの距離

本書の拡大画像は，35mm判フルサイズとAPS-Cサイズは480×320mm（対角線長577mm）に，マイクロフォーサーズは426×320mm（対角線長533mm）にノートリミングでプリントすることを基準としているので，鑑賞距離はそれぞれ以下のようになる．

35mm判フルサイズと APS-Cサイズ … 約91cm
マイクロフォーサーズ …………………… 約84cm

この距離からテスト画像を見たとき，紙面での許容ボケ直径は以下のようになる．

35mm判フルサイズと APS-Cサイズ 0.373mm
マイクロフォーサーズ ………………… 0.345mm

紙面での星像の大きさがこの値以下の場合は充分シャープであると判断できる．逆に星像の直径がこの値よりも大きい場合はシャープさが不足していることになる．

しかし91cmや84cmという鑑賞距離は書籍を見る距離としては実用的ではない．そこで本書では，各画像のすぐ上下に，下に示したような大小の白い円を大きさ順に並べたゲージを配し，その円の大きさと星像の大きさを比較することで，誰でも容易にシャープさを判断できるように工夫した．下図では，便宜上，左から順に1 ～ 13の番号を付けてあるが，これについては5-4で解説する．

5-3 シャープさの判断に適した恒星像

収差があると，星像の形は歪んだり，伸びたり，彗星の尾のようにしだいに暗くなるフレアを伴ったりして，崩れたりボケたりして写る．崩れたりボケたりしていても，その外接円の直径が許容ボケ直径以下ならばシャープであると判断してよい．星空写真に写っている恒星像は，明るい星ほど直径が大きく写り，暗くなるにつれて星像の直径は小さくなり，やがてノイズと区別がつかなくなる．シャープさを判断するのに適した星は，明るさが真っ白に飽和しておらず，収差で歪んだ形状が判断しやすいやや明るめの星が適している．

5-4 星像のシャープさの判断の仕方

本書では，いろいろな明るさで写っているテスト画像の星像を実際に見て，その直径をいろいろな直径の白い円と比較することで，読者自身がシャープさを判断できるように工夫してある．3×3ピースの画像の間に配置した小さな白い円が13個並んだものがその判定用ゲージである．6の円は少し間隔を空けて目立つようにしてあるが，この円の直径が本書における許容ボケ直径と同じ大きさになっている．すなわち，判定に用いる明るさの星像の直径がこの6の円の直径以下ならばシャープとみなせる．その他の円の直径は，中2つを隔てたものの直径が2倍（もしくは1/2倍）になるように約1.26倍刻みに描いてある．35mm判フルサイズで撮影した画像に付してあるゲージの番号と，その実画面での円の直径，本書に印刷された円の直径は以下のとおりである．

1.	0.089mm	1.19mm	
2.	0.071mm	0.95mm	
3.	0.056mm	0.75mm	許容ボケに対して2倍あまい
4.	0.044mm	0.59mm	
5.	0.035mm	0.47mm	メーカーの採用値に近い値
6.	0.028mm	0.37mm	本書採用の許容ボケ直径
7.	0.022mm	0.29mm	
8.	0.018mm	0.24mm	APS-Cに使用してもシャープ
9.	0.014mm	0.19mm	m4/3に使用してもシャープ
10.	0.011mm	0.15mm	
11.	0.009mm	0.12mm	
12.	0.007mm	0.09mm	明視距離から認めうる最小白円
13.	0.006mm	0.08mm	

本書に掲載されているAPS-Cサイズ用レンズやマイクロフォーサーズ用レンズについても，すべて6の白い円が許容ボケ直径になるように調整して表示してある．

5-5 色収差のある恒星像

色収差は光軸に沿った縦色収差と，色による焦点距離の違いから生じる倍率の色収差（横色収差）がある．縦色収差は，光軸上はもちろん，画面の広い範囲で，とくに明るい恒星像の周りに色の滲みとなって現れる（明るい恒星の色を反映した光滲とは違う）．色収差補正が不足な写真レンズは，とくに青紫色の補正不足なものが多く，明るい星の周りに俗にパープルフリンジとよばれる紫色の暗環のよう

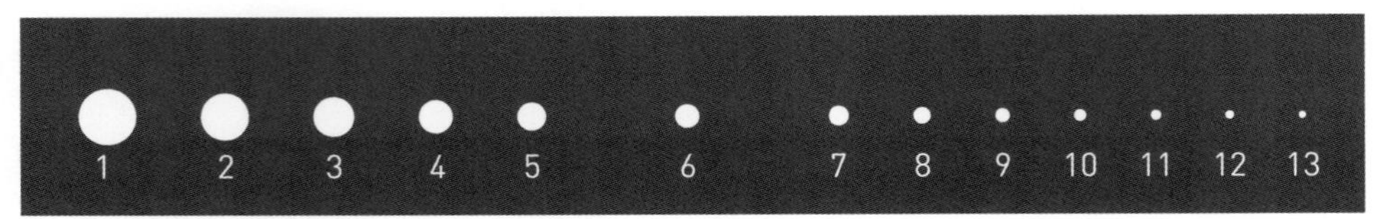

星像のシャープさを判定するためのゲージ（ゲージは『月刊 天文ガイド』のHP *https://www.seibundo-shinkosha.net/tenmon/* からダウンロード可能）

なものが現われる．縦色収差の収差量自体は絞りを絞っても変わらないが，絞るほどに色の滲む量は軽減される．

倍率の色収差は，画面の四隅の方の星像が色ズレしたように写る．倍率の色収差も絞りを絞っても収差量自体は変わらず，しかも縦色収差と違って絞っても改善されない．

色によって像面弯曲が大きく違うレンズでは，画面中心部と周辺部で恒星の色あいが異なって写るものもある．

色収差や歪曲収差，周辺減光による画像の影響は，現像ソフトやレタッチソフトで修整したり軽減できることが多く，軽微なものはそれほど重要視しない人も多い．

5-6 非点収差と星像の伸び

画面の周辺の星像は，非点収差とコマ収差によって，ボケたり,伸びたり,彗星の尾のようなハロが生じて崩れやすい．その崩れる方向はメリジオナル方向とサジッタル方向に分けて見ると理解や判別がしやすい．本書は光学書ではないので詳述しないが，ある星像と画面中心を結ぶ線の方向がメリジオナル方向（子午的方向，放射方向），その垂直方向がサジッタル方向(球欠的方向，同心円方向)である．

画面の中間画角部では，メリジオナル方向とサジッタル方向の非点収差の差(非点較差)が大きく，どちらか一方がピントを合わせた撮像面から遠いと，星像はメリジオナル方向に伸びたり，サジッタル方向に伸びて写る．本書のテスト画像でもよく見られる．

画面周辺の星像の形にとくに影響を及ぼすのがコマ収差である．輝星は彗星の尾のようなフレアをともなって写る．明るいレンズでは，コマ収差によるサジッタル方向のコマ フレアが目立つものが多く，絞りを1～2段絞ることはその軽減に効果的である．

5-7 画面中心からの距離の百分率表現と，レンズをより小さなフォーマットのカメラへ装着した場合の画質

本書の短評では，「画面の中心から70%くらいの範囲内の星像は…」という表現を多く用いている．これは，画面の中心から四隅までの距離を基準として，画面中心からの距離を百分率で表現したものである．それが実際にどのくらいの距離や範囲を指し示しているのか，35mm判フルサイズ画面（APS-Cも縦横比が同じなので同様）とマイクロフォーサーズ画面について下に示す．

35mm判フルサイズ用のレンズの場合，中心から65%くらいの範囲の星像がゲージの8番以下の直径ならAPS-Cサイズのカメラに，中心から50%の範囲の星像がゲージの9番以下の直径ならマイクロフォーサーズのカメラに使用しても充分にシャープな画質が得られるとみなしてよい．

APS-Cサイズ用のレンズの場合，中心から80%くらいの範囲の星像がゲージの8番以下の直径ならマイクロフォーサーズのカメラに使用しても充分にシャープな画質が得られるとみなしてよい．

35mm判フルサイズ画面における画面中からの距離の百分率表示

マイクロフォーサーズ画面における画面中からの距離の百分率表示

奥日光 戦場ヶ原の星空

雪を解かす春の暖かい雨が夜明け前になってようやく上がり，薄くなった雲の向こうに天の川が見え始めた．3月に入ると，夜明け前の南の空に，さそり座やいて座の明るい天の川が早くも正中するようになる．でもこの時季は,星空に気をとられて上を向きながら歩くのはかなり危険だ．春先の解けかかった雪や氷はとても滑りやすく，慎重に歩を進めているつもりでも簡単に転倒する．

戦場ヶ原周辺には星空を見るのに適した広い駐車場がいくつかあるが，そのなかで最も広いのがこの写真の三本松駐車場だ．ここには街灯がなく，夜間も利用できるトイレと温かい飲み物の自動販売機があるので，月明かりのない晴れた週末の夜は多くの天文ファンで賑わう．

フルサイズ用交換レンズ

Lenses for 35mm full-frame

EF11-24mm F4L USM
EF16-35mm F2.8L Ⅲ USM
EF24-70mm F4L IS USM
EF70-200mm F2.8L IS Ⅱ USM
EF14mm F2.8L Ⅱ USM
EF35mm F1.4L Ⅱ USM
EF200mm F2L IS USM
EF8-15mm F4L Fisheye USM
AF-S NIKKOR 14-24mm f/2.8G ED
AF-S NIKKOR 16-35mm f/4G ED VR
AF-S NIKKOR 24-70mm f/2.8E ED VR
AF-S NIKKOR 70-200mm f/4G ED VR
AF-S NIKKOR 28mm f/1.4E ED
AF-S NIKKOR 85mm f/1.4G
AF-S NIKKOR 105mm f/1.4E ED
AF-S NIKKOR 200mm f/2G ED VR Ⅱ
AF-S Fisheye NIKKOR 8-15mm f/3.5-4.5E ED
HD PENTAX-D FA 15-30mmF2.8ED SDM WR
HD PENTAX-D FA 24-70mmF2.8ED SDM WR
HD PENTAX-D FA★ 70-200mmF2.8ED DC AW
12-24mm F4 DG HSM
24-35mm F2 DG HSM
24-70mm F2.8 DG OS HSM
24-105mm F4 DG OS HSM
14mm F1.8 DG HSM
24mm F1.4 DG HSM
50mm F1.4 DG HSM
135mm F1.8 DG HSM
APO MACRO 180mm F2.8 EX DG OS HSM
FE 12-24mm F4 G
FE 16-35mm F2.8 GM
Vario-Tessar T* FE 24-70mm F4 ZA OSS
FE 70-200mm F2.8 GM OSS
FE 28mm F2
Sonnar T* FE 35mm F2.8 ZA
Planar T* FE 50mm F1.4 ZA
FE 85mm F1.4 GM
FE 90mm F2.8 Macro G OSS
SP 15-30mm F/2.8 Di VC USD
SP 24-70mm F/2.8 Di VC USD G2
SP 70-200mm F/2.8 Di VC USD G2
SP 35mm F/1.8 Di VC USD
SP 90mm F/2.8 Di MACRO 1:1 VC USD
AT-X 16-28 F2.8 PRO FX
AT-X 24-70 F2.8 PRO FX
Milvus 2.8/15
Otus 1.4/28
Otus 1.4/55
Otus 1.4/85
Milvus 2/135
Milvus 2/100M

CANON
EF11-24mm F4L USM

焦点距離：11-24mm
最大絞り：F4.0
最小絞り：F22
最短撮影距離：0.28m（24mm時）
対角線画角：126°1-84°
レンズ構成：11群16枚
絞り羽根：9枚
フィルター径：後部挟み込み式
大きさ：φ108.0mm×L132.0mm
重さ：1,180g
価格（税別）：450,000円
発売年月：2015年2月

短焦点端 11mm

F4.0 ―― 星像は絞り開放からかなり良好である．とくに画面中心から70%くらいの範囲の星像は充分にシャープである．その外側から画面の四隅にかけて星像は徐々にあまくなるが大きく崩れない．画面の周辺では軽微な倍率の色収差が認められる．周辺光量は画面の四隅で2段分強の減光がある．

F5.6 ―― 絞り開放から良像なので，1段絞ったF5.6では星像はわずかに鮮鋭に思える程度であまり違わない．画面周辺部の微光星は，口径食が少なくなった分だけ鮮明な像として確認できる．周辺減光はもまだ認められる．

短焦点端の11mmという焦点距離はフルサイズ一眼レフ用の歪曲が補正されたレンズとしてはもっとも短い．117°10′×95°の画角を有する驚くべき超広角にもかかわらず星像は絞り開放から良い．

絞りF4.0開放で撮影した「雪が残る3月下旬の未明の東空から昇る さそり座からはくちょう座にかけての夏の天の川」

撮影データ；EF11-24mm F4L USM 焦点距離11mm 絞りF4.0 キヤノンEOS 6D（ISO3200, RAW）露出1分 赤道儀で追尾撮影 Camera Rawで現像とノイズ低減 Photoshop CCで画像処理 Nik Collection“Viveza”で光害カブリと地上風景を修整

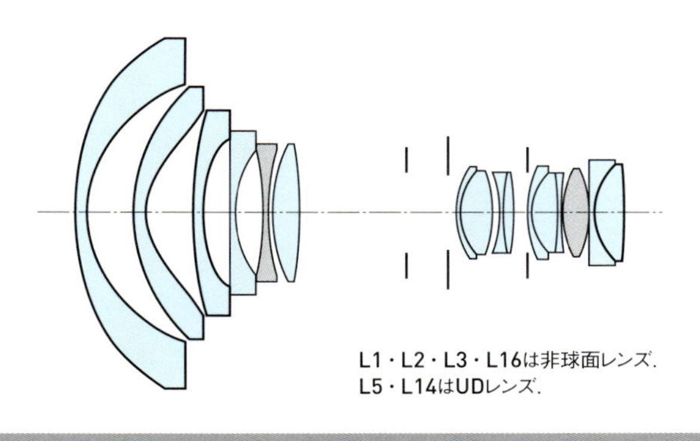

L1・L2・L3・L16は非球面レンズ.
L5・L14はUDレンズ.

短焦点端 11mm

A3ノビ用紙にプリントしたときの星像の様子

実画面寸法：36×24mm　プリント寸法：480×320mm（プリント倍率13.3倍）

F4.0

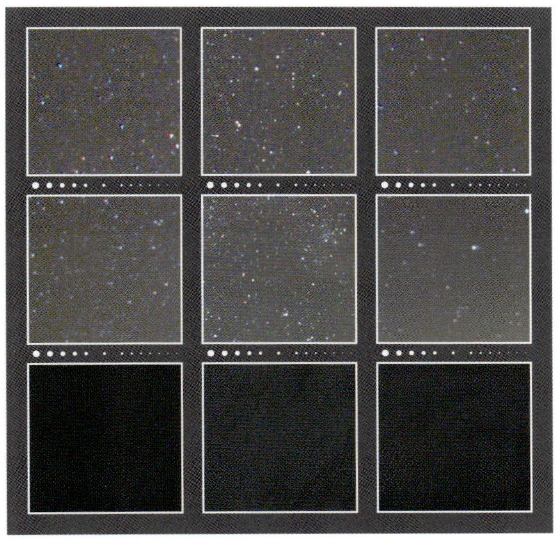

F5.6

星空を撮影したときの周辺光量の様子

F4.0

F5.6

CANON
EF11-24mm F4L USM

長焦点端 24mm

F4.0 ── 画面中心から80%くらいの範囲の星像はとくに良好で，星像は焦点距離11mmよりもやや良好である．画面の四隅の方の明るい星像はあまさを感じるが，画面全体的に見ると四隅で画質が急落する感じがないので印象は良い．

F5.6 ── 明るい星像はF4.0とほとんど変わらない感じだが，画面周辺部の微光星は口径食が少なくなった分だけ鮮明さが増し，画面全体の星像の均一性が増す．周辺光量は短焦点端よりも多く，F5.6では減光はかなり軽減される．

このレンズの短焦点端の11mmという超広角は比較するレンズがないが，画質は非常に素晴らしく，12-24mm F4クラスの短焦点端の星像に優るとも劣らないものである．開放Fナンバーは4.0ということで，星空写真では絞り込む余裕がほとんどないが，絞り開放から星像の崩れは少なく，非常に高価だが性能は最高級の超広角ズームである．

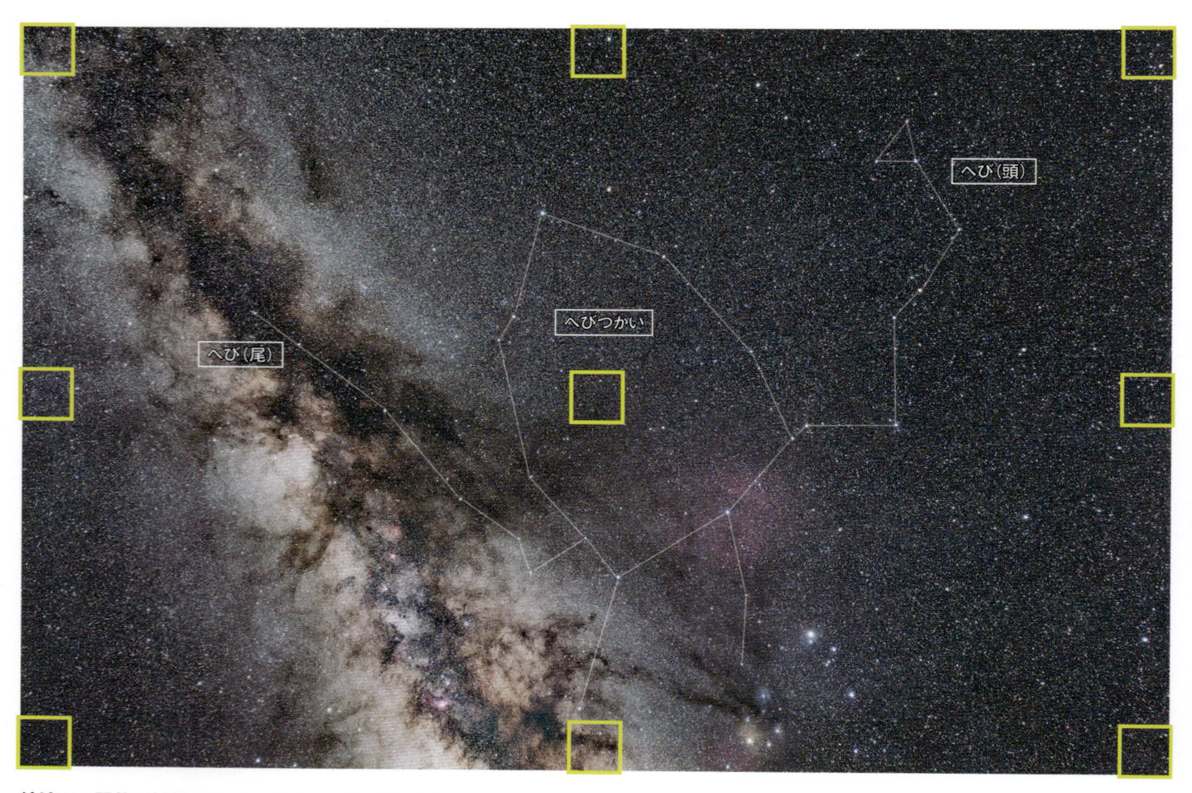

絞りF4.0開放で撮影した「へび座・へびつかい座」

撮影データ；EF11-24mm F4L USM　焦点距離24mm　絞りF4.0　キヤノンEOS 6D（ISO800，RAW）　露出6分×8コマ加算平均　赤道儀で追尾撮影　Camera Rawで現像とノイズ低減　Photoshop CCで画像処理

長焦点端 24mm

A3ノビ用紙にプリントしたときの星像の様子

実画面寸法：36×24mm　プリント寸法：480×320mm（プリント倍率13.3倍）

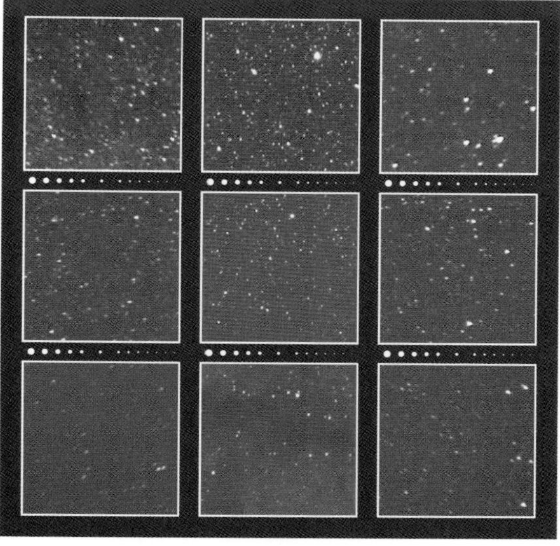

F4.0

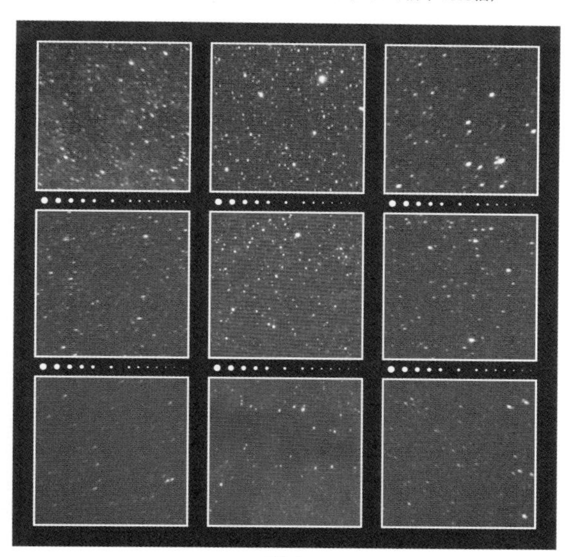

F5.6

星空を撮影したときの周辺光量の様子

F4.0

F5.6

CANON
EF16-35mm F2.8L Ⅲ USM

焦点距離：16-35mm
最大絞り：F2.8
最小絞り：F22
最短撮影距離：0.28m
対角線画角：108°2-63°
レンズ構成：11群16枚
絞り羽根：9枚
フィルター径：82mm
大きさ：φ88.5mm×L127.5mm
重さ：790g
価格（税別）：299,000円
発売年月：2016年10月

短焦点端 16mm

F2.8 ―― 微光星像は良像基準に達しており絞り開放から良像が得られる．星像を子細に見ると，中心から50 ～ 80%の中間画角域では星像は放射方向にわずかに伸び，最周辺で再び丸い星像になっている．サジッタルコマフレアもよく抑えられていて，明るいズームの超広角域としては非常に良い．周辺光量は画面の四隅で2段分くらいの減光がある．
F4.0 ―― 口径食が少なくなる分だけ，周辺部の微光星像は一段と鮮明に認められるようになり，周辺減光も改善される．

108°2の超広角をカバーする明るいズームの短焦点端ながら，星像は絞り開放から良い．拡大画像でもわかるように倍率の色収差もよく補正されている．絞りF4.0では星像描写の均質性も高まり，周辺光量もF2.8よりは豊富になるので，レタッチソフトでの修整をしないユーザーでも使いやすいだろう．

絞りF2.8開放で撮影した「冬の高層湿原から見た沈む冬の星座と天の川」

撮影データ；EF16-35mm F2.8L Ⅲ USM 焦点距離16mm 絞りF2.8 キヤノンEOS 5D MarkⅣ（ISO1600，RAW） 露出1分 赤道儀で追尾撮影 Camera Rawで現像とノイズ低減 Photoshop CCで画像処理 Nik Collection“Viveza”で光害カブリと地上風景を修整

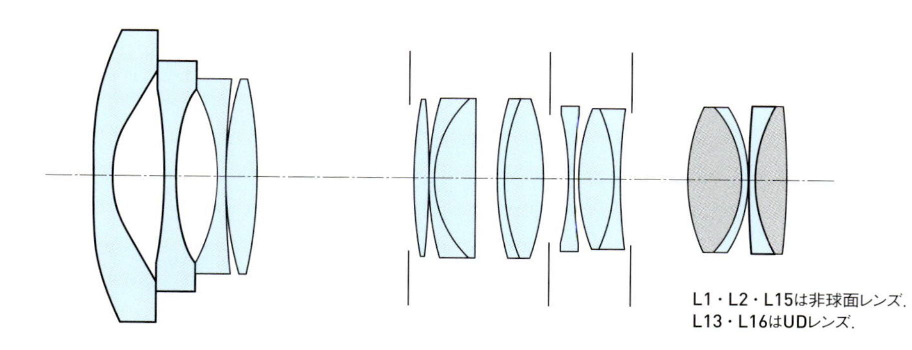

L1・L2・L15は非球面レンズ.
L13・L16はUDレンズ.

短焦点端 16mm

A3ノビ用紙にプリントしたときの星像の様子

実画面寸法：36×24mm　プリント寸法：480×320mm（プリント倍率13.3倍）

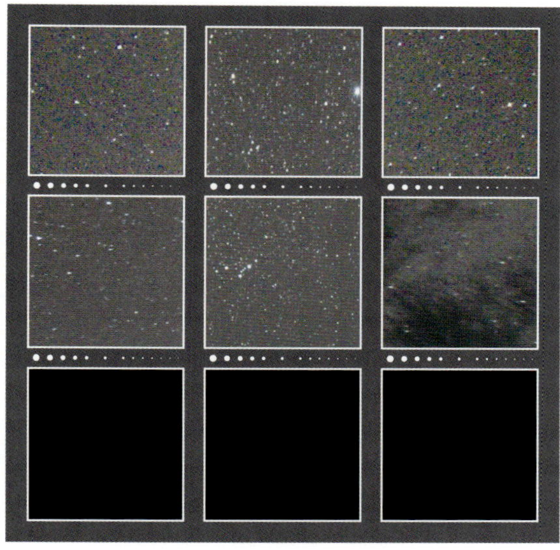

F2.8

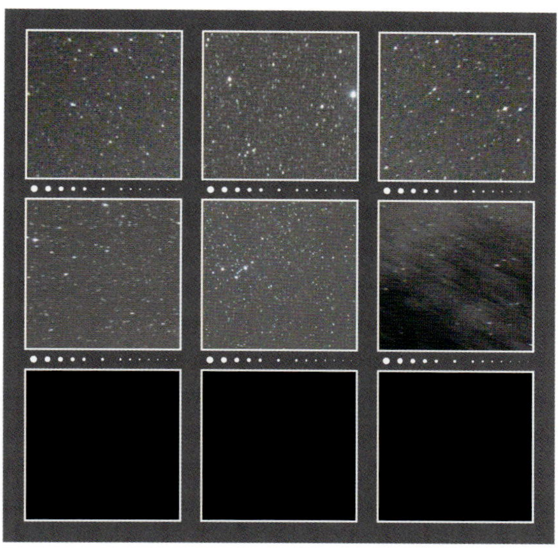

F4.0

星空を撮影したときの周辺光量の様子

F2.8

F4.0

CANON
EF16-35mm F2.8L Ⅲ USM

長焦点端 35mm

F2.8 —— 星像の芯がしっかりしていて微光星まで描写は鮮鋭である．画面の四隅，中心から約90%よりも外側では，やや明るい星像の形は収差でT字状に崩れているのがわかるが，画面四隅だけの微小な崩れなので嫌な感じはしない．周辺光量は画面の四隅で2段分弱の減光が認められる．
F4.0 —— 全画面の星像の均質性が増し，右上隅と左上隅を除いて，星像は良像基準を超えて素晴らしい画面となる．周辺光量も短焦点端のF4.0よりも豊富で，全体的に非常に良い印象の星野写真が得られる．倍率の色収差もよく補正されていることがわかる．

やかましいことをいうと，画面の上隅と下隅では星像にわずかの差が認められるが，この程度は公差（許容される誤差）の範囲内だろう．一般的な撮影では判別できないようなこのような微小な誤差も，星空を撮影するとたちまち明らかになる．スターテストがもっともきびしいテストの1つといわれる所以である．

右の作例では明るい星がにじんで写っているが，これはレンズの収差によるものではない．天の川を鮮明に描写するための非常に強い硬調処理によって，大気中の微粒子などによって散乱されて生じた輝星の光滲も強調されているためである．

いずれにしてもこのレンズは16-35mm F2.8クラスの中ではトップクラスのすばらしいレンズである．

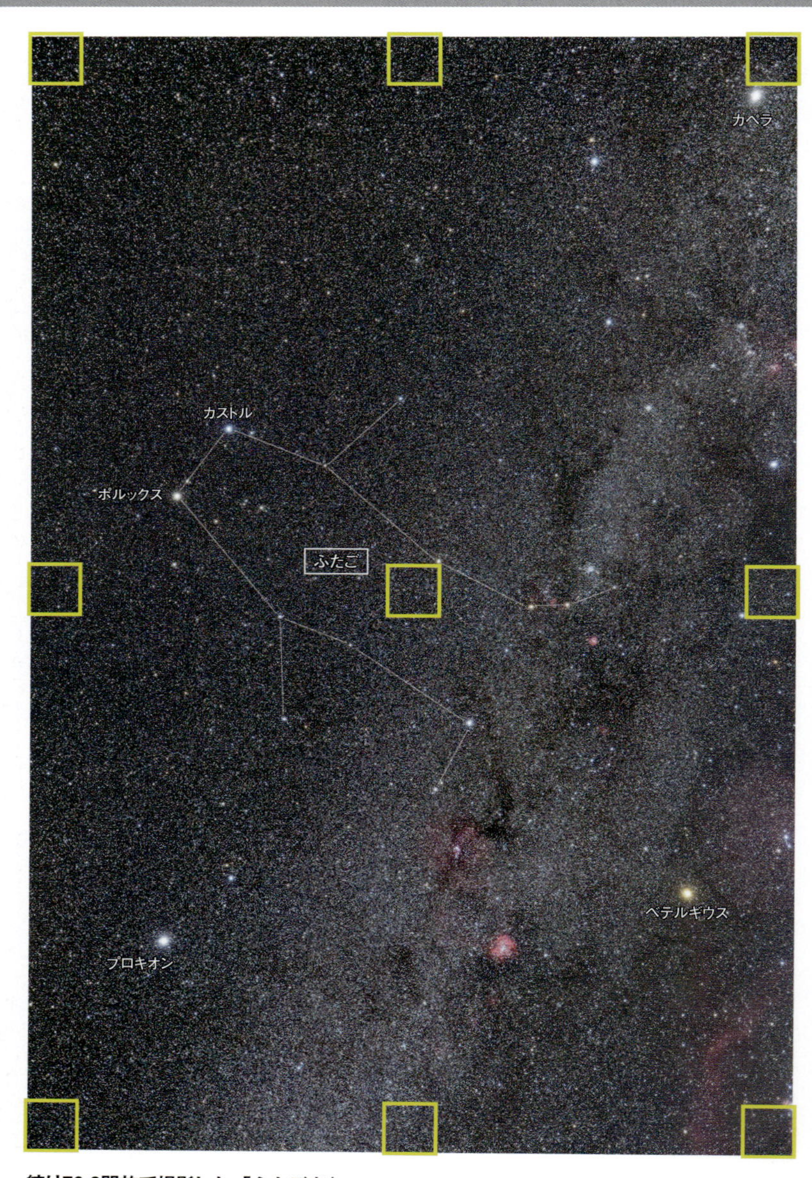

絞りF2.8開放で撮影した「ふたご座」

撮影データ；EF16-35mm F2.8L Ⅲ USM 焦点距離35mm 絞りF2.8 キヤノンEOS 6D（SEO-SP4改造，ISO1600，RAW） 露出1分×16コマ加算平均 赤道儀で追尾撮影 Camera Rawで現像とノイズ低減 Photoshop CCで画像処理

長焦点端 35mm

A3ノビ用紙にプリントしたときの星像の様子

実画面寸法：36×24mm　プリント寸法：480×320mm（プリント倍率13.3倍）

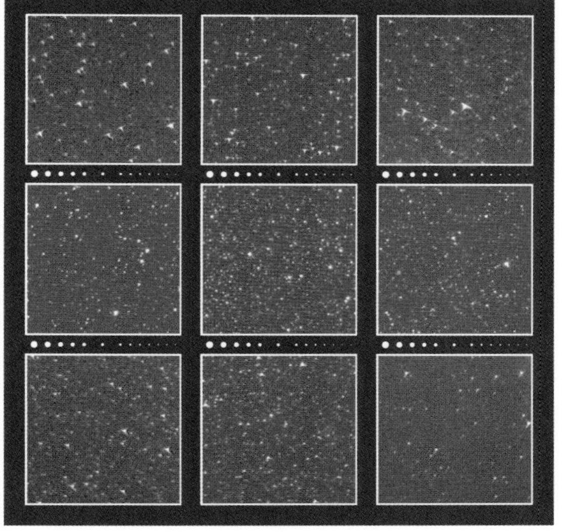

F2.8

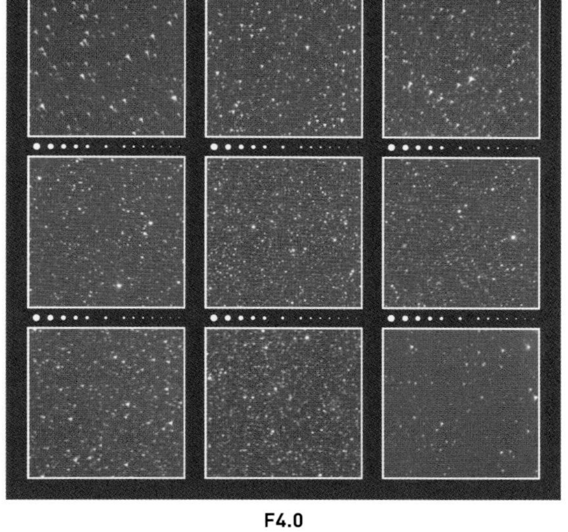

F4.0

星空を撮影したときの周辺光量の様子

F2.8

F4.0

CANON
EF24-70mm F4L IS USM

焦点距離：24-70mm
最大絞り：F4.0
最小絞り：F22
最短撮影距離:0.38m（マクロ切り替え0.2m）
対角線画角：84°-34°
レンズ構成：12群15枚
絞り羽根：9枚
フィルター径：77mm
大きさ：φ83.4mm×L93mm
重さ：600g
価格（税別）：149,000円
発売年月：2012年12月

短焦点端 24mm

F4.0 —— 画面の中心から約70%以内の広い範囲は，絞り開放から良像基準を超える非常に良い星像が得られる．これは画面の上辺に写っている散開星団M35の写り具合からもわかる．そこから画面周辺に向けて，明るめの星像は小さな三角形状に写るが集光はわるくない．周辺光量は画面の四隅でストンっと落ちるように2段分くらいの減光が認められる．

F5.6 —— 画面中心付近の広い範囲は絞り開放から良いのであまり変わらないが，周辺星像が良好になるので，ほぼ全画面でシャープな星像が得られる．

F4.0～5.6での周辺光量は四隅でストンと落ちるような印象である．倍率の色収差はよく補正されている．作例の右上に写っているのは−2等級の木星で，レンズの縁などで生じた回折で複雑な形に写っている．

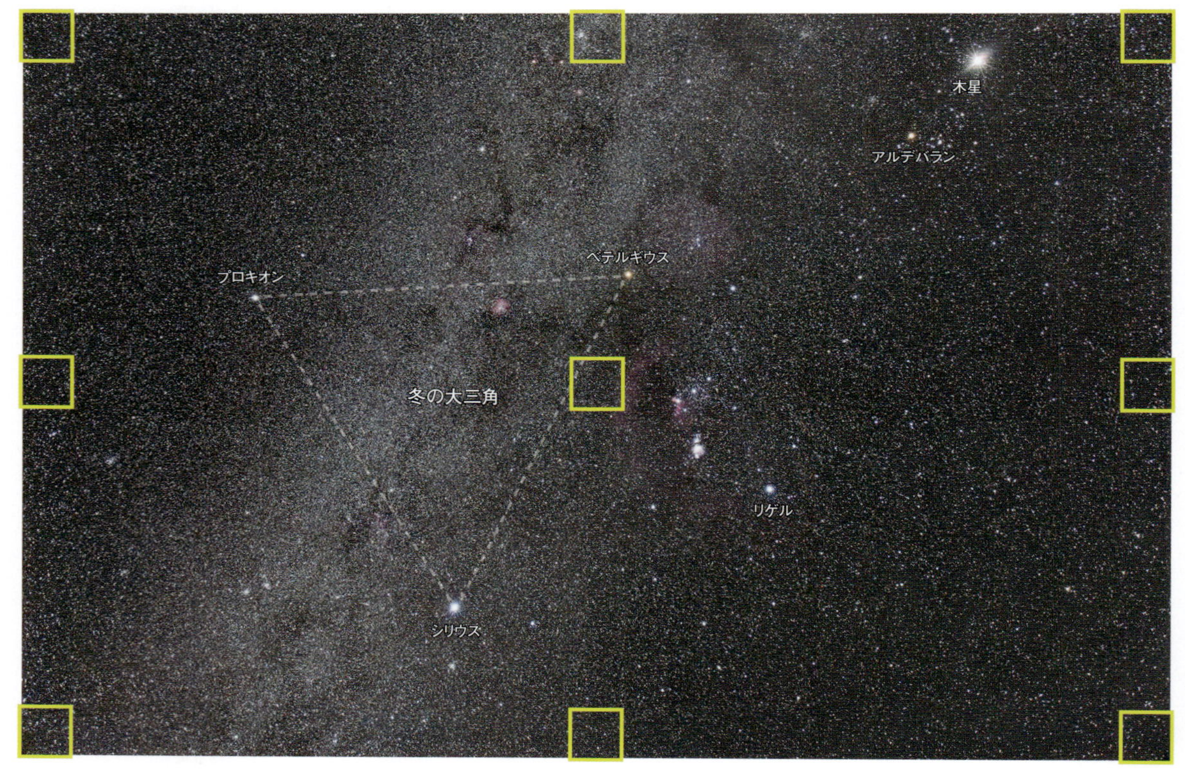

絞りF4.0開放で撮影した「冬の大三角とおうし座で輝く木星（2013年1月）」

撮影データ；EF24-70mm F4L IS USM 焦点距離24mm 絞りF4.0 キヤノンEOS 6D（ISO800，RAW） 露出4分×4コマ加算平均 赤道儀で追尾撮影 Camera Rawで現像とノイズ低減 Photoshop CCで画像処理

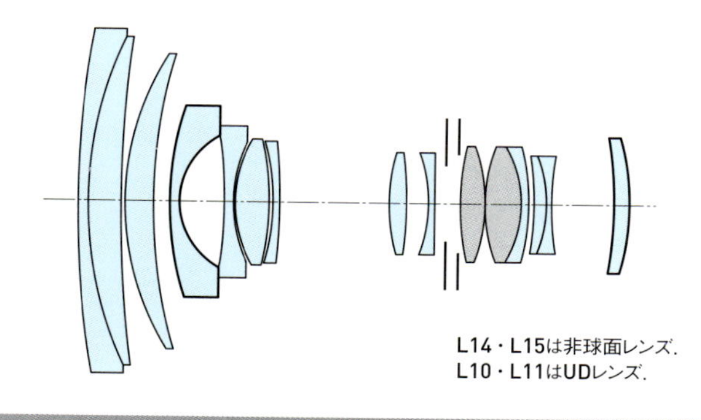

短焦点端 24mm

A3ノビ用紙にプリントしたときの星像の様子

実画面寸法：36×24mm　プリント寸法：480×320mm（プリント倍率13.3倍）

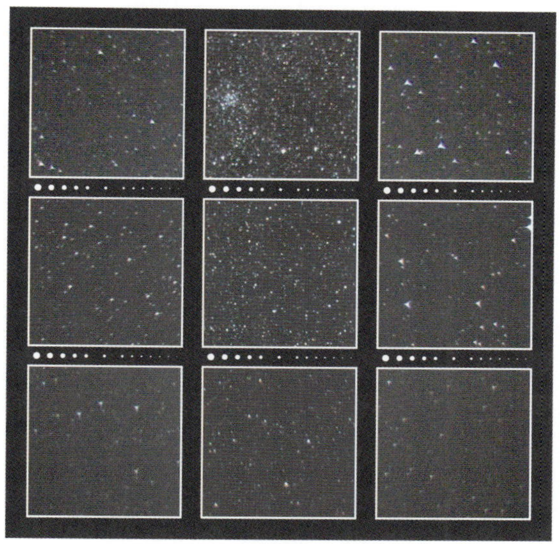
F4.0

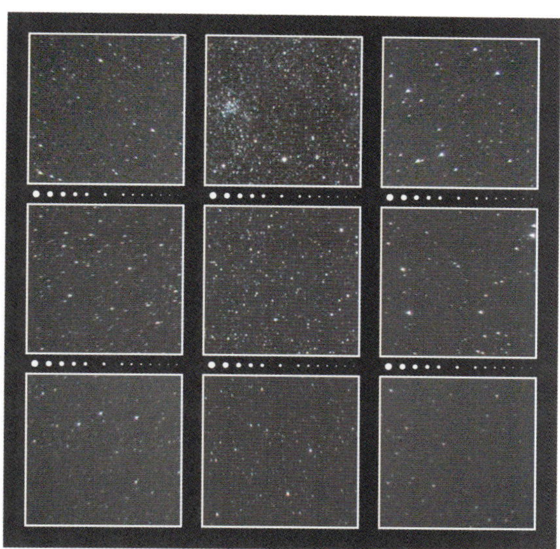
F5.6

星空を撮影したときの周辺光量の様子

F4.0

F5.6

CANON
EF24-70mm F4L IS USM

長焦点端 70mm

F4.0 ―― 周画面の中心から約80%くらいの範囲内の星像は良好で，微光星像も良像基準に達している．そこから周辺に向けて星像は徐々にあまくなるが，テストレンズでは，とくに左下隅の星像が流れは少ないもののボケたように悪化していることが認められる．周辺光量は画面の四隅で1段半分強の減光が認められる．

F5.6 ―― 中心付近の広い範囲の星像は絞り開放から良好なので，F5.6に絞っても微光星がしっかり描写される以外は大差はない．左下隅の星像はまだあまさが残っていることがわかる．

手ブレ補正が内蔵されていて，このくらいの価格帯で，このくらいの星像が得られればまずは良好といえる．長焦点端の左下隅の星像はテストレンズの個体トラブルと思われる．

作例の輝星が滲んで写っているのは，非常に強い硬調処理によるもので，レンズの収差などによるものではない．

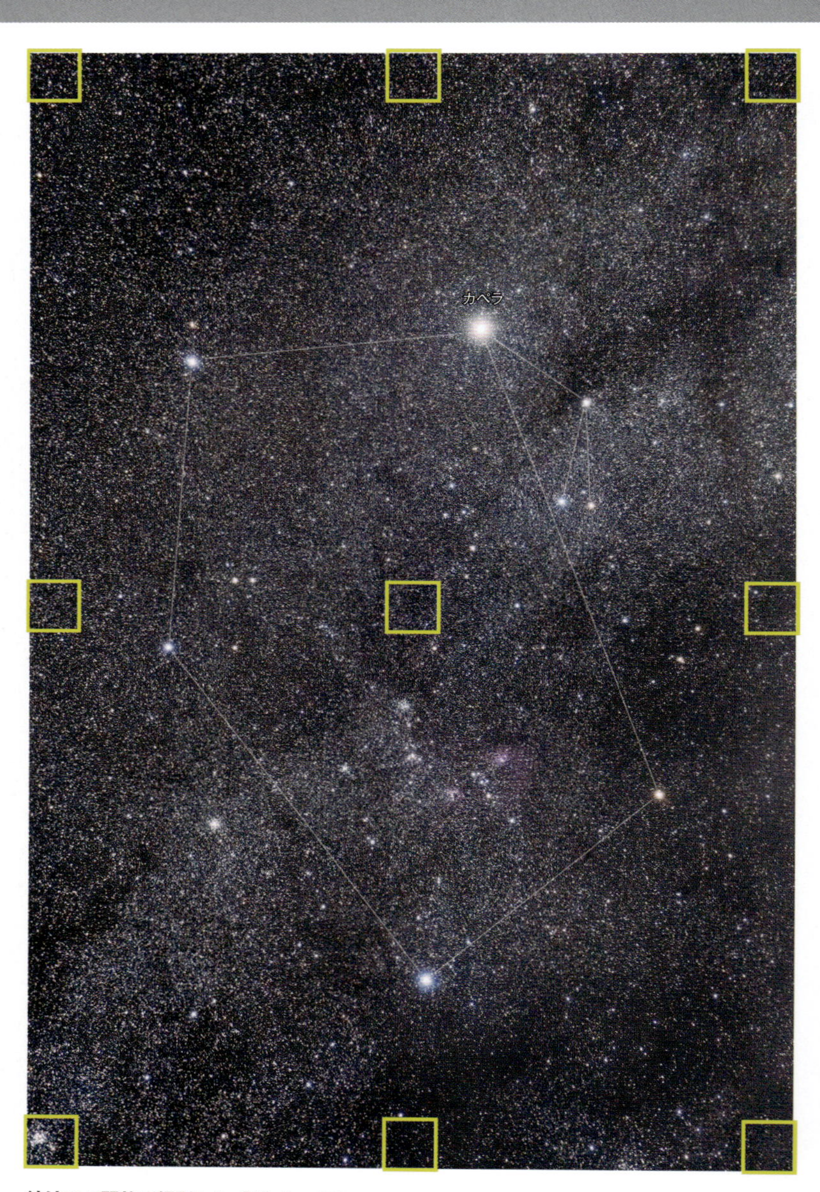

絞りF4.0開放で撮影した「ぎょしゃ座」

撮影データ；EF24-70mm F4L IS USM 焦点距離70mm 絞りF4.0 キヤノンEOS 6D（ISO800，RAW） 露出4分×4コマ加算平均 赤道儀で追尾撮影 Camera Rawで現像とノイズ低減 Photoshop CCで画像処理

長焦点端 70mm

A3ノビ用紙にプリントしたときの星像の様子

実画面寸法：36×24mm　プリント寸法：480×320mm（プリント倍率13.3倍）

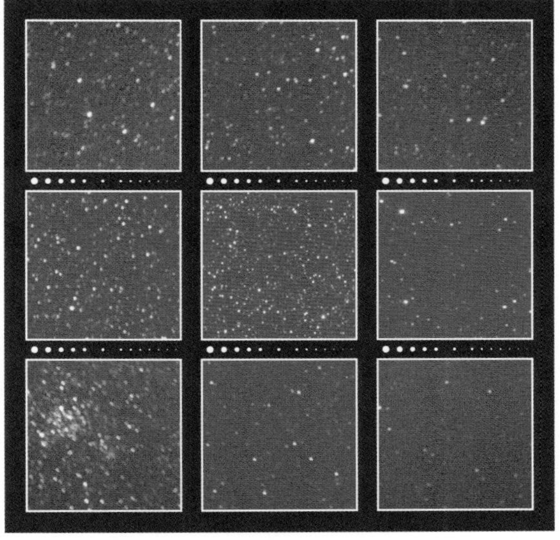

F4.0

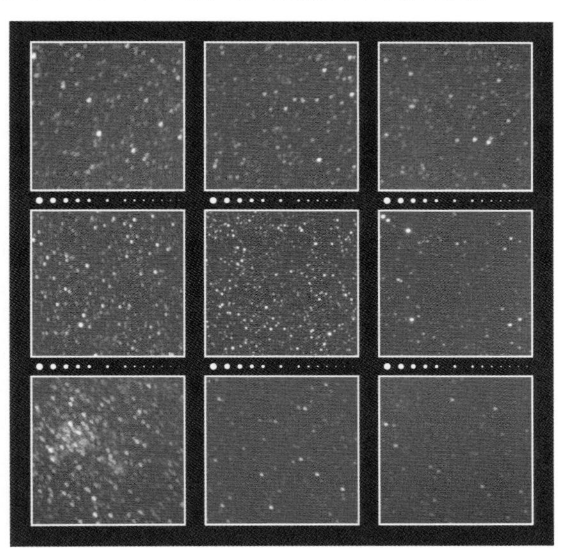

F5.6

星空を撮影したときの周辺光量の様子

F4.0

F5.6

CANON
EF70-200mm F2.8L IS Ⅱ USM

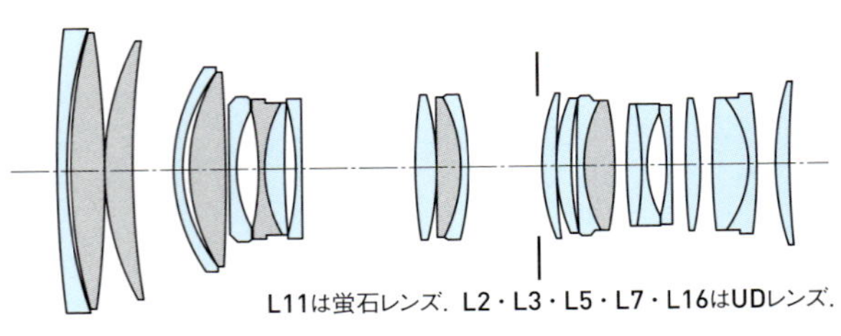

L11は蛍石レンズ．L2・L3・L5・L7・L16はUDレンズ．

焦点距離：70-200mm	最短撮影距離：1.2m	絞り羽根：8枚（円形絞り）	重さ：1490g
最大絞り：F2.8	対角線画角：34°-12°	フィルター径：77mm	価格（税別）：300,000円
最小絞り：F32	レンズ構成：19群23枚	大きさ：φ88.8mm×L199mm	発売年月：2010年3月

短焦点端 70mm

F2.8 ―― 星像はキリッとしっかり写っているのだが，画面の中心，上辺，右辺，左下隅以外の星像は不規則な方向に流れて写っている,色収差が少ないことは確かなようだ．流れのないエリアの星像は非常に良い．周辺光量は画面の四隅で1段半分くらいの減光がある．

F3.4 ―― 開放から1/2段絞った程度では微光星の写りがやや良好になる以外は，絞り開放と変わらない．ただし周辺光量の様子はわずか1/2段絞っただけでかなり改善される．星像がわずかに流れて写る画面上の位置は絞り開放時と同じである．

F4.0 ―― 周辺光量は目立って豊富になっている．星像は一段と鮮鋭さを増しているが，一部の星像が不規則な方向に流れている点は同様である．

部分的に不規則な星像の流れがあるのはレンズが気温に順応していないためかと想像して数回にわたってテストしなおしてみたが結果は同じであった．おそらくテストレンズの個体の問題なのだろう．素性は非常に良さそうなだけに残念である．

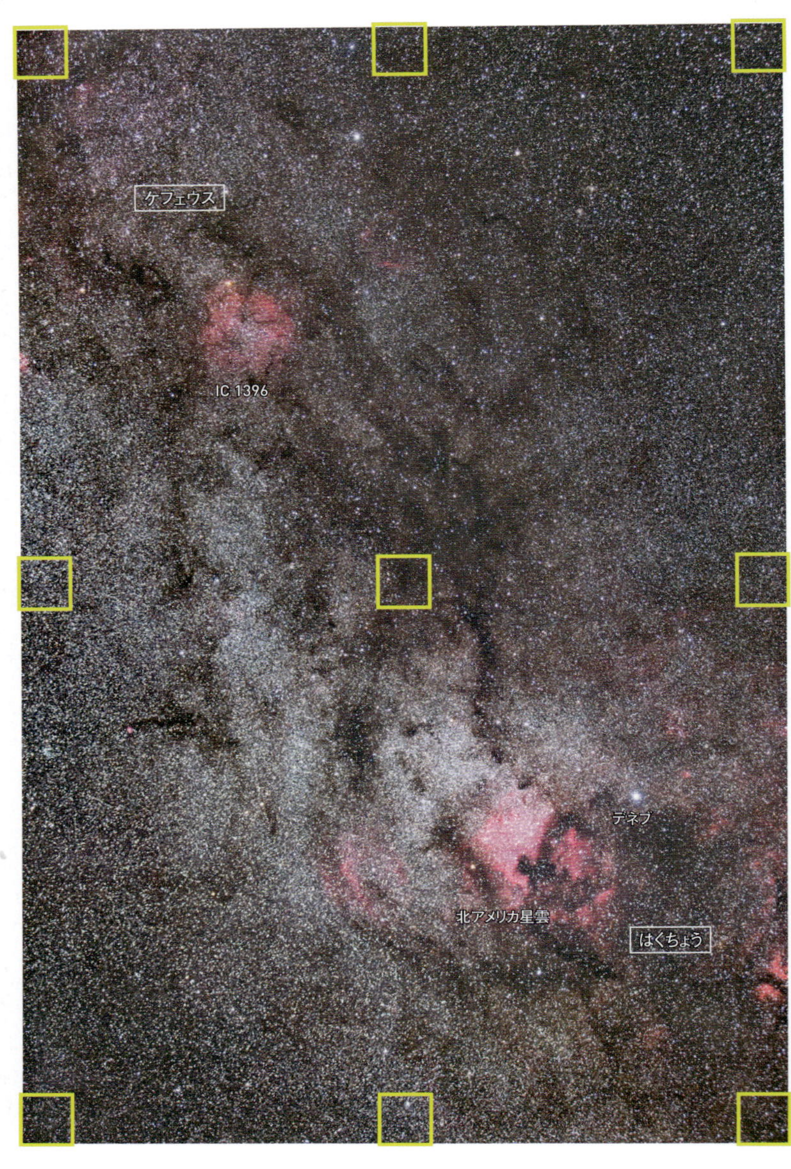

絞りF2.8開放で撮影した「はくちょう座の北アメリカ星雲からケフェウス座のIC1396星雲にかけての星野」

撮影データ；EF70-200mm F2.8L IS Ⅱ USM 焦点距離70mm 絞りF2.8 キヤノンEOS 6D（SEO-SP4改造，ISO1600，RAW） 露出2分×8コマ加算平均 赤道儀で追尾撮影 Camera Rawで現像とノイズ低減 Photoshop CCで画像処理

A3ノビ用紙にプリントしたときの星像の様子

実画面寸法：36×24mm　プリント寸法：480×320mm（プリント倍率13.3倍）

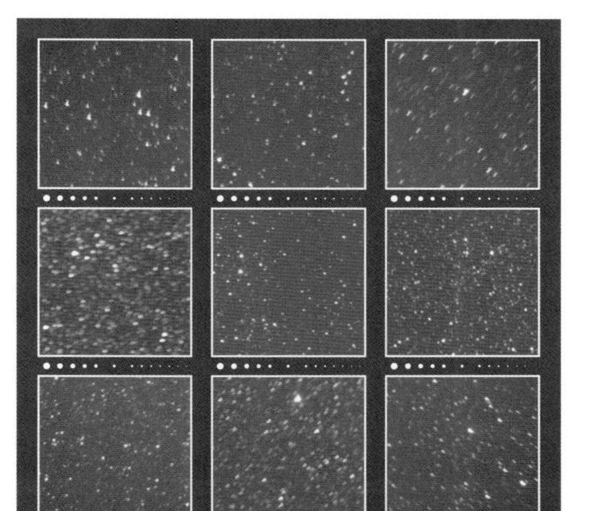

F2.8

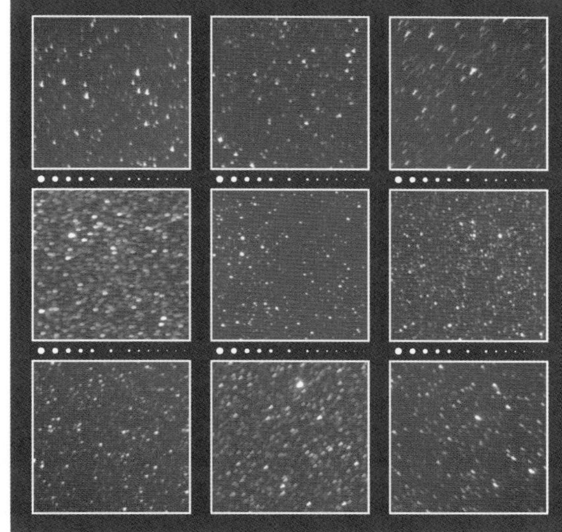

F3.4

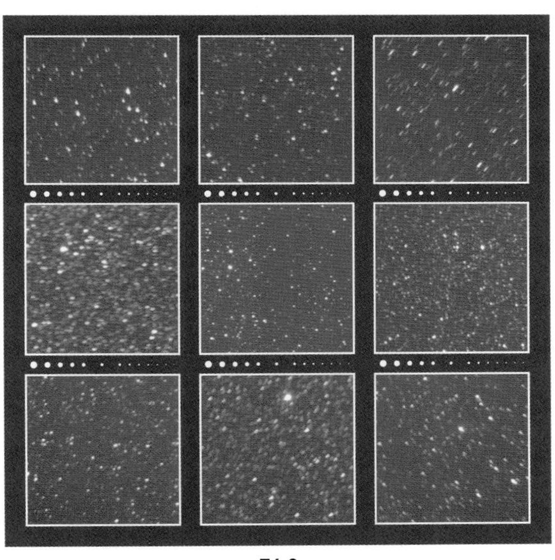

F4.0

星空を撮影したときの周辺光量の様子

F2.8

F3.4

F4.0

CANON
EF70-200mm F2.8L IS Ⅱ USM

長焦点端 200mm

F2.8 ―― 画面の中心から70～80%くらいまでの星像はシャープさも充分で，縦色収差も倍率の色収差もよく補正されている．明るい望遠ズームの長焦点端として非常に優秀である．画面の四隅の星像は，場所によって集光の様子に違いがあるものの，短焦点端のように流れが目立ってはいない．このくらいの星像が得られれば，高級な明るい望遠ズームの描写性能としても申し分ない．

F3.4 ―― 画面四隅の周辺光量がかなり豊富になる以外，星像は絞り開放と大きな違いはない．

F4.0 ―― 画面の左下隅の星像が若干放射方向に伸びている以外は全画面にわたって素晴らしい星像が得られている．周辺減光も目立たず非常に良い画面である．

このレンズは，手ブレ補正系を内蔵したズームレンズで，レンズ構成は19群23枚と複雑である．鏡胴内でレンズを高速で移動したり位置決めをするための駆動システムなど，どのくらいの精度と繰り返し再現性があるのだろうか．

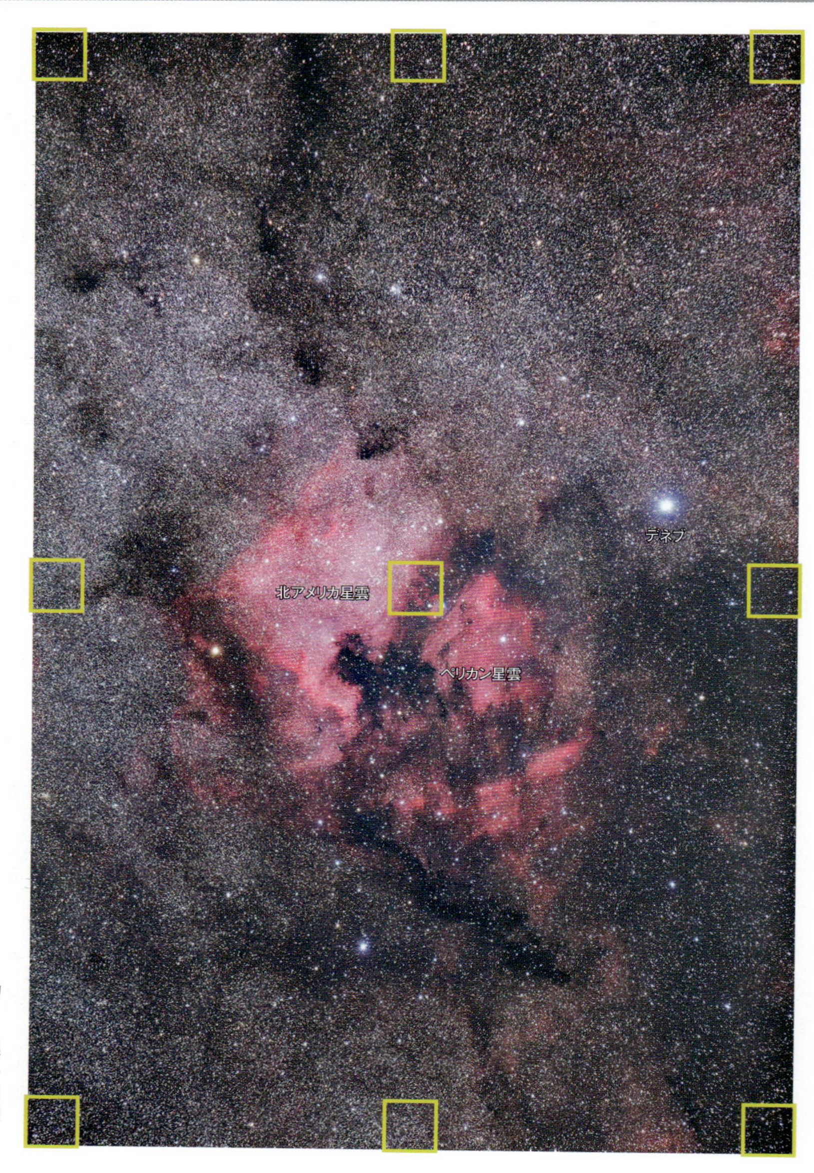

絞りF2.8開放で撮影した「はくちょう座の1等星デネブ・北アメリカ星雲・ペリカン星雲付近の星野」

撮影データ；EF70-200mm F2.8L IS Ⅱ USM 焦点距離200mm 絞りF2.8 キヤノンEOS 6D（SEO-SP4改造，ISO1600，RAW） 露出2分×8コマ加算平均 赤道儀で追尾撮影 Camera Rawで現像とノイズ低減 Photoshop CCで画像処理

A3ノビ用紙にプリントしたときの星像の様子

実画面寸法：36×24mm　プリント寸法：480×320mm（プリント倍率13.3倍）

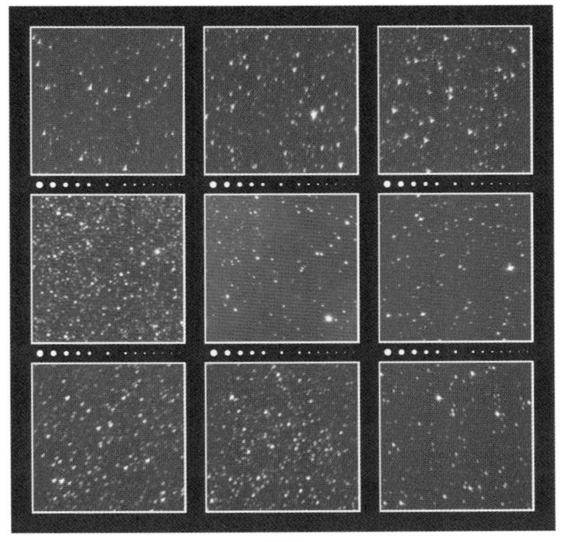

F2.8

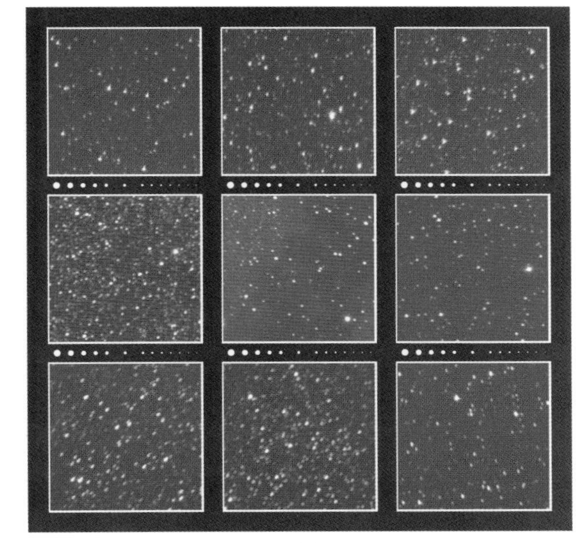

F3.4

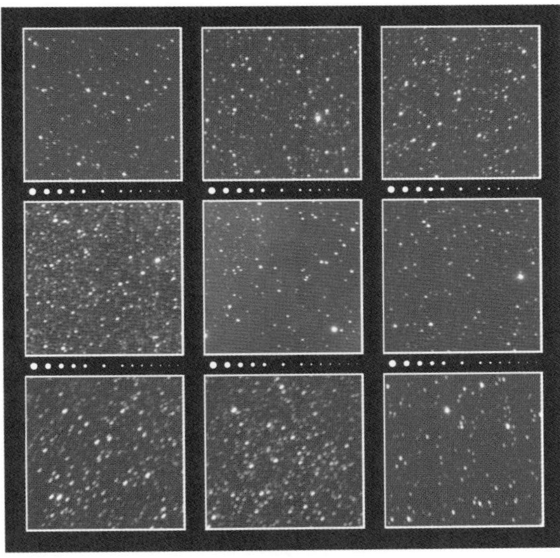

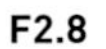

F4.0

星空を撮影したときの周辺光量の様子

F2.8

F3.4

F4.0

CANON
EF14mm F2.8L Ⅱ USM

L3・L14は非球面レンズ.
L11・L13はUDレンズ.

焦点距離：14mm
最大絞り：F2.8
最小絞り：F22
最短撮影距離：0.2m
対角線画角：114°
レンズ構成：11群14枚
絞り羽根：6枚
フィルター：後部挟み込み
大きさ：φ80mm×L94mm
重さ：645g
価格(税別)：307,000円
発売年月：2007年9月

F2.8 ―― 中心から70%くらいまでは良像基準を上回る非常にシャープな星像が得られる．そこから星像はボケるように急激にあまくなり，画面の四隅はかなり悪い．周辺光量は画面の四隅で2段分くらいの減光が認められる．

F3.4 ―― 1/2段絞っただけでは，周辺減光が少し改善される以外，星像はF2.8開放とほとんど変わらない．

F4.0 ―― 周辺星像は中心に芯があるようにボケている．下の作例でもわかるように，星空撮影で全画面でシャープな星像を得るにはF4.0ではまだ不足で，絞りをさらに絞り込む必要があるだろう．

発売から10年以上経過しているためか，最新の超広角レンズと比較すると周辺星像の甘さが目立つ．許容ボケ直径をたよりに，中間画角域の恒星像でピントを合わせると良像面積は少し広くなるかもしれない．星野撮影では使い方を工夫したい．

絞りF4.0で撮影した「秋の夜半過ぎの北の空を流れる天の川」

撮影データ；EF14mm F2.8L Ⅱ USM 絞りF4.0 キヤノンEOS 6D MarkⅡ（ISO1600，RAW） 露出2分 赤道儀で追尾撮影 Camera Rawで現像とノイズ低減 Photoshop CCで画像処理 Nik Collection"Viveza"で光害カブリと地上風景を修整

A3ノビ用紙にプリントしたときの星像の様子

実画面寸法：36×24mm　プリント寸法：480×320mm（プリント倍率13.3倍）

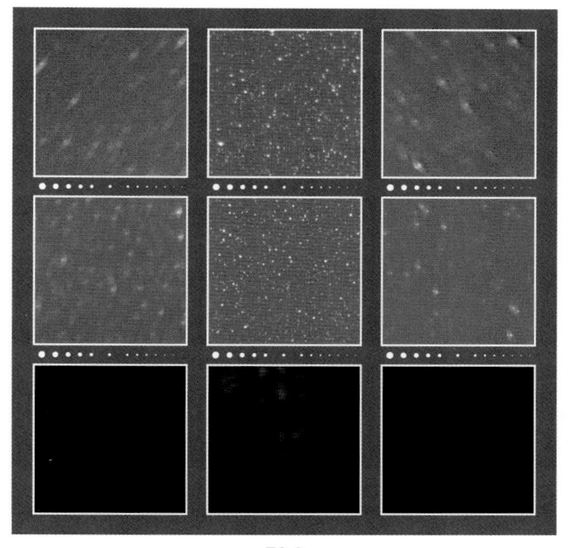

F2.8

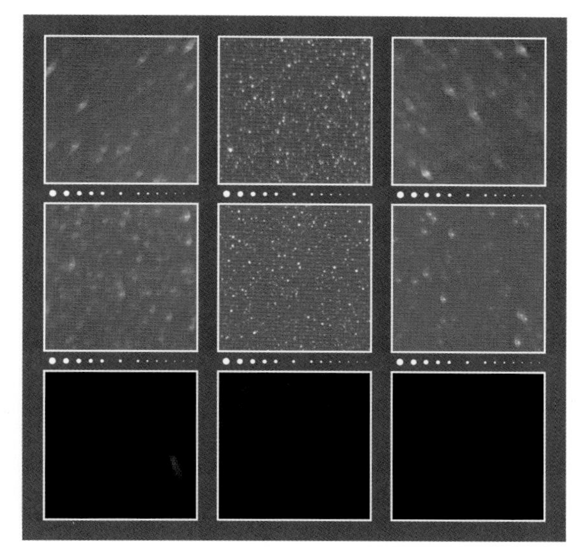

F3.4

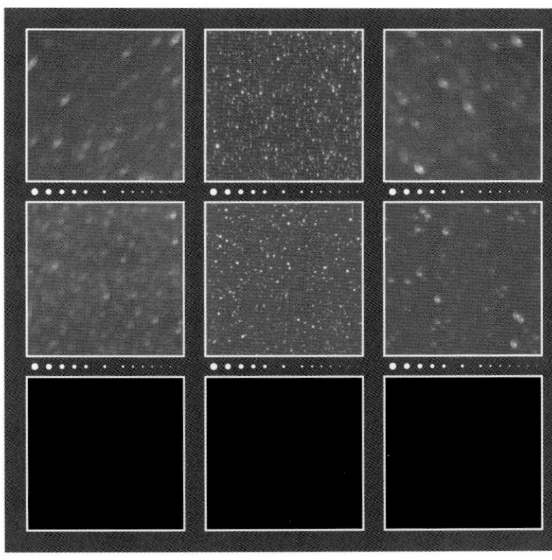

F4.0

星空を撮影したときの周辺減光の様子

F2.8

F3.4

F4.0

CANON
EF35mm F1.4L Ⅱ USM

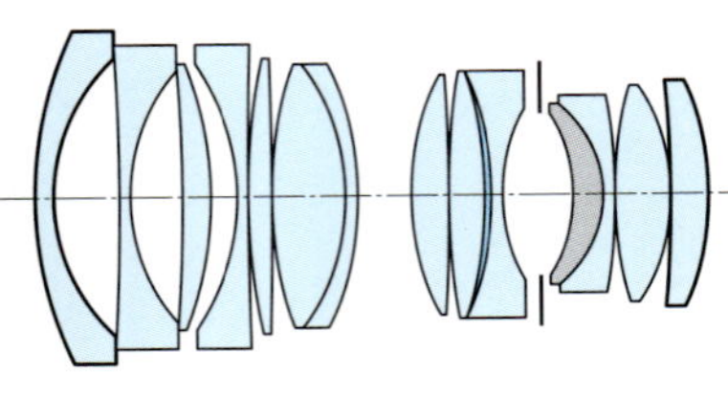

L1・L14は非球面レンズ．
L11はUDレンズ．
L9とL10の間の■部分はBR光学素子．

焦点距離：35mm
最大絞り：F1.4
最小絞り：F22
最短撮影距離：0.28m
対角線画角：63°
レンズ構成：11群14枚
絞り羽根：9枚（円形絞り）
フィルター径：72mm
大きさ：φ80.4mm×L105.5mm
重さ：760g
価格（税別）：285,000円
発売年月：2015年9月

F1.4 —— F1.4の絞り開放とは思えないほど星像は非常にシャープである．画面中心の2等星でもハロはほんのわずか．画面のごく四隅の明るめの星像はごくわずかに変形している．周辺光量は画面の四隅で2段分くらいの減光がある．

F2.0 —— 画面中心の2等星のわずかなハロもなくなり，星像はさらにシャープになる．画面周辺の微光星の描写も良好．

F2.8 —— 画面のごく四隅の星像も良像基準を超え,画面の隅々まで申し分のない星像が得られる．周辺減光も目立たなくなる．倍率の色収差もよく補正されていることがわかる．

F4.0 —— 星像はF2.8とほとんど変わらないが，画面四隅の周辺光量はさらに豊富になり文句のつけようがない．

驚くほど高価な35mm準広角単焦点レンズだが，性能は絞り開放から驚くほど良い．最高の35mmレンズ．

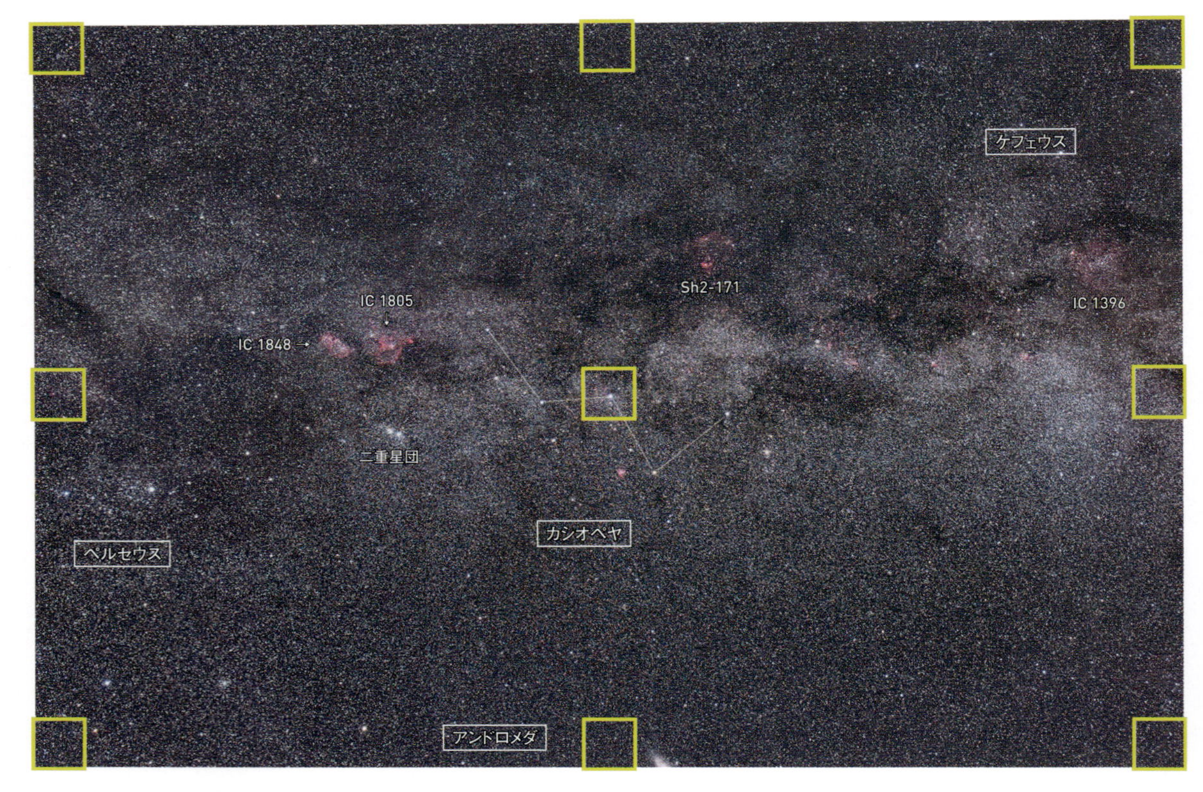

絞りF2.8で撮影した「カシオペヤ座の天の川」

撮影データ；EF35mm F1.4L Ⅱ USM 絞りF2.8 キヤノンEOS 6D（SEO-SP4改造，ISO800，RAW）露出2分×4コマ加算平均 赤道儀で追尾撮影 Camera Rawで現像とノイズ低減 Photoshop CCで画像処理

A3ノビ用紙にプリントしたときの星像の様子

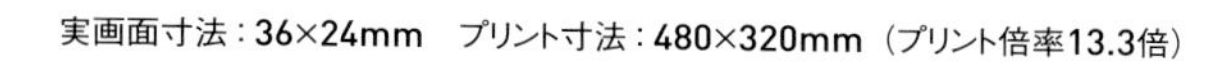
実画面寸法：36×24mm　プリント寸法：480×320mm（プリント倍率13.3倍）

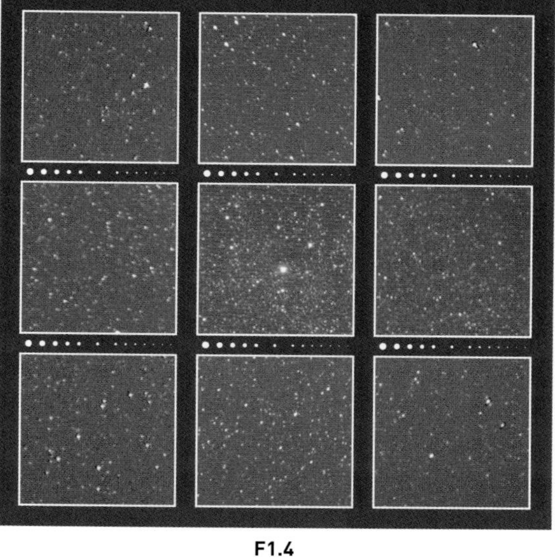
F1.4

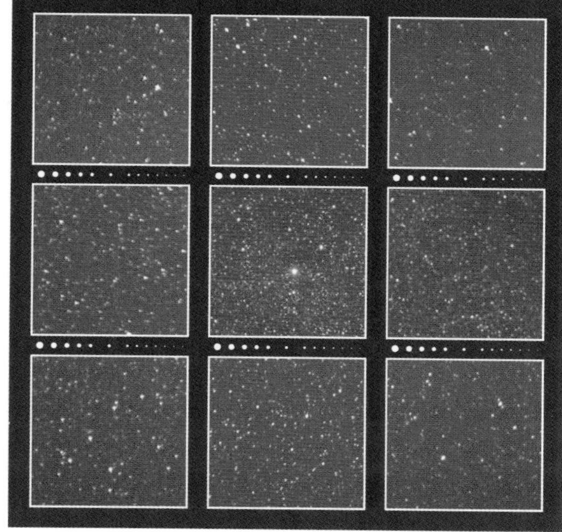
F2.0

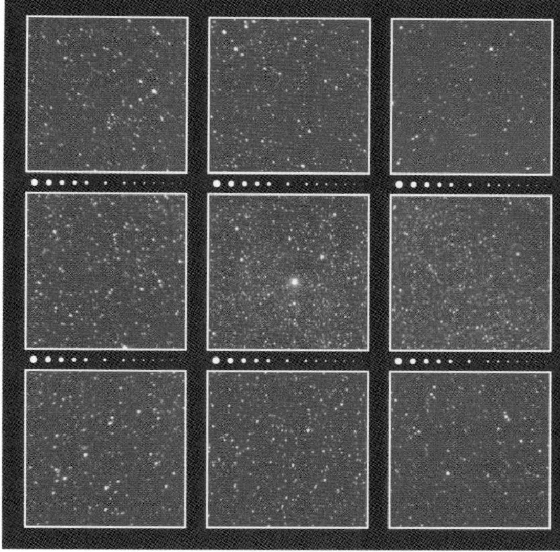
F2.8

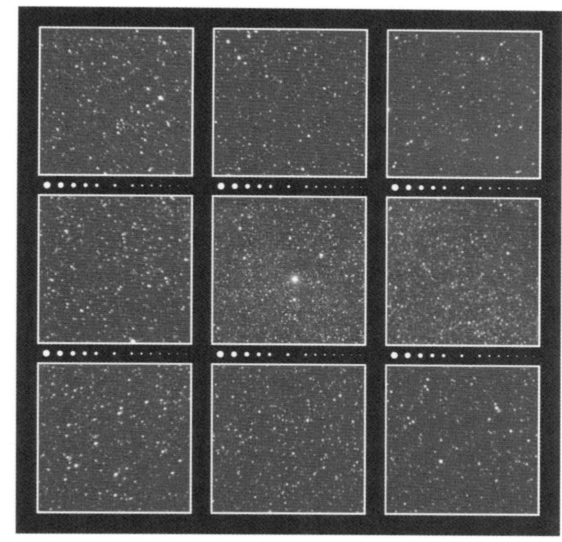
F4.0

星空を撮影したときの周辺光量の様子

F1.4

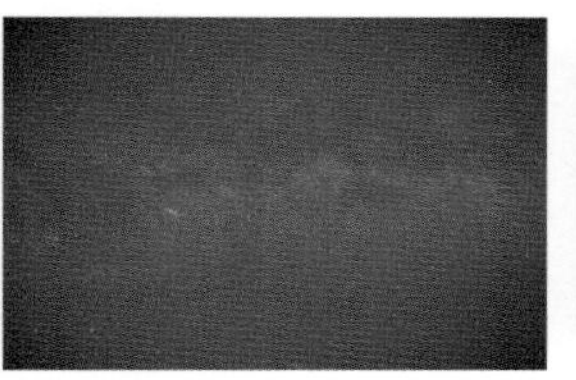
F2.0

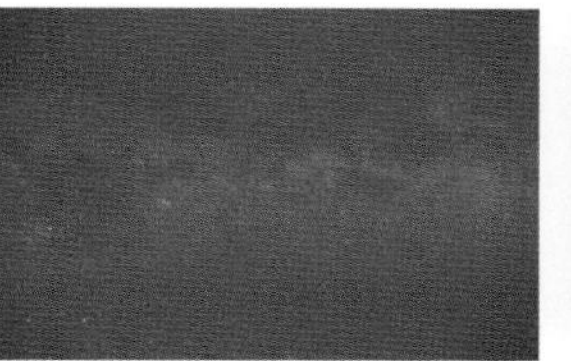
F2.8

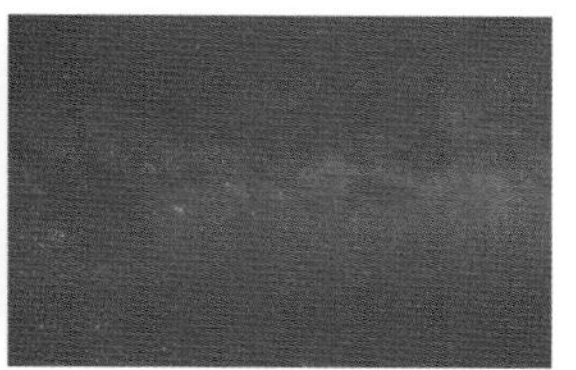
F4.0

CANON
EF200mm F2L IS USM

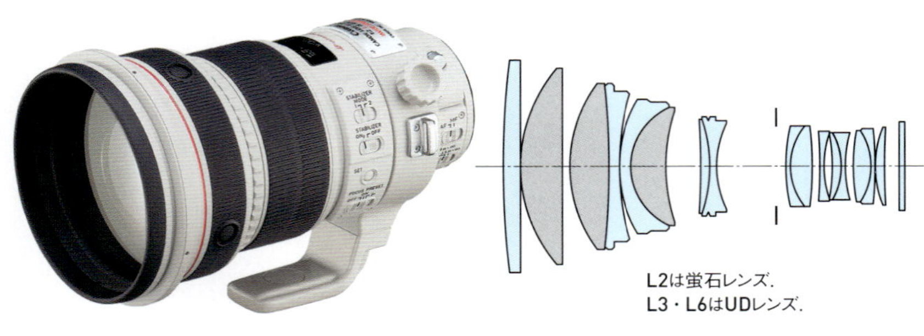

L2は蛍石レンズ.
L3・L6はUDレンズ.

焦点距離：200mm
最大絞り：F2.0
最小絞り：F32
最短撮影距離：1.9m
対角線画角：12°
レンズ構成：12群17枚
絞り羽根：8枚
フィルター径：52mm後部差し込み
大きさ：φ128mm×L208mm
重さ：2,520g
価格(税別)：850,000円
発売年月：2008年4月

F2.0 —— 絞り開放から画面の四隅まで微光星のシャープさは良像基準を超えている．子細に見ると，明るめの星はきわめてわずかなハロの影響でウルっとしたような印象を受けるが，画面周辺部の星像のコマ収差も非常によく補正されている．

F2.4 —— 開放から1/2段絞っただけで，明るめの星の微小なハロの影響はなくなり，全画面で最高水準の星像が得られる．

F2.8 —— 口径食の影響が少なくなる分だけ，画面周辺の微光星像がより鮮明になり，周辺光量も豊富になって素晴らしい画面．

F3.4 —— 均一性はさらに増すがF2.8とほとんど変わらない．

絞り開放の画面四隅で1段半くらいある減光もF2.8で目立たなくなる．倍率の色収差もよく補正されている．非常に高価で明るい望遠レンズだが，収差はよく補正されていて，絞り開放から安心して使える最高級望遠レンズである．

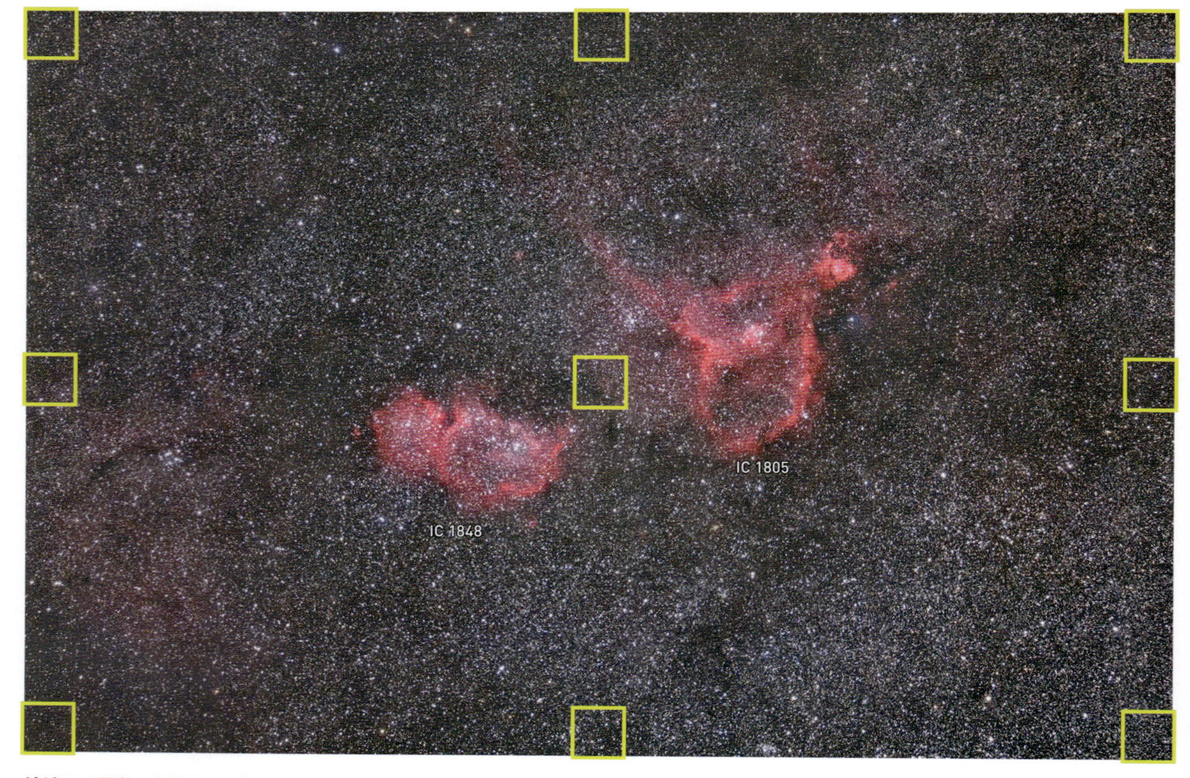

絞りF2.0開放で撮影した「カシオペヤ座の散光星雲IC1805，IC1848付近の星野」

撮影データ；EF200mm F2L IS USM 絞りF2.0 キヤノンEOS 6D（SEO-SP4改造，ISO1600，RAW）露出1分×16コマ加算平均 赤道儀で追尾撮影 Camera Rawで現像 Photoshop CCで画像処理 Nik Collection"Dfine"でノイズ低減

A3ノビ用紙にプリントしたときの星像の様子

実画面寸法：36×24mm　プリント寸法：480×320mm（プリント倍率13.3倍）

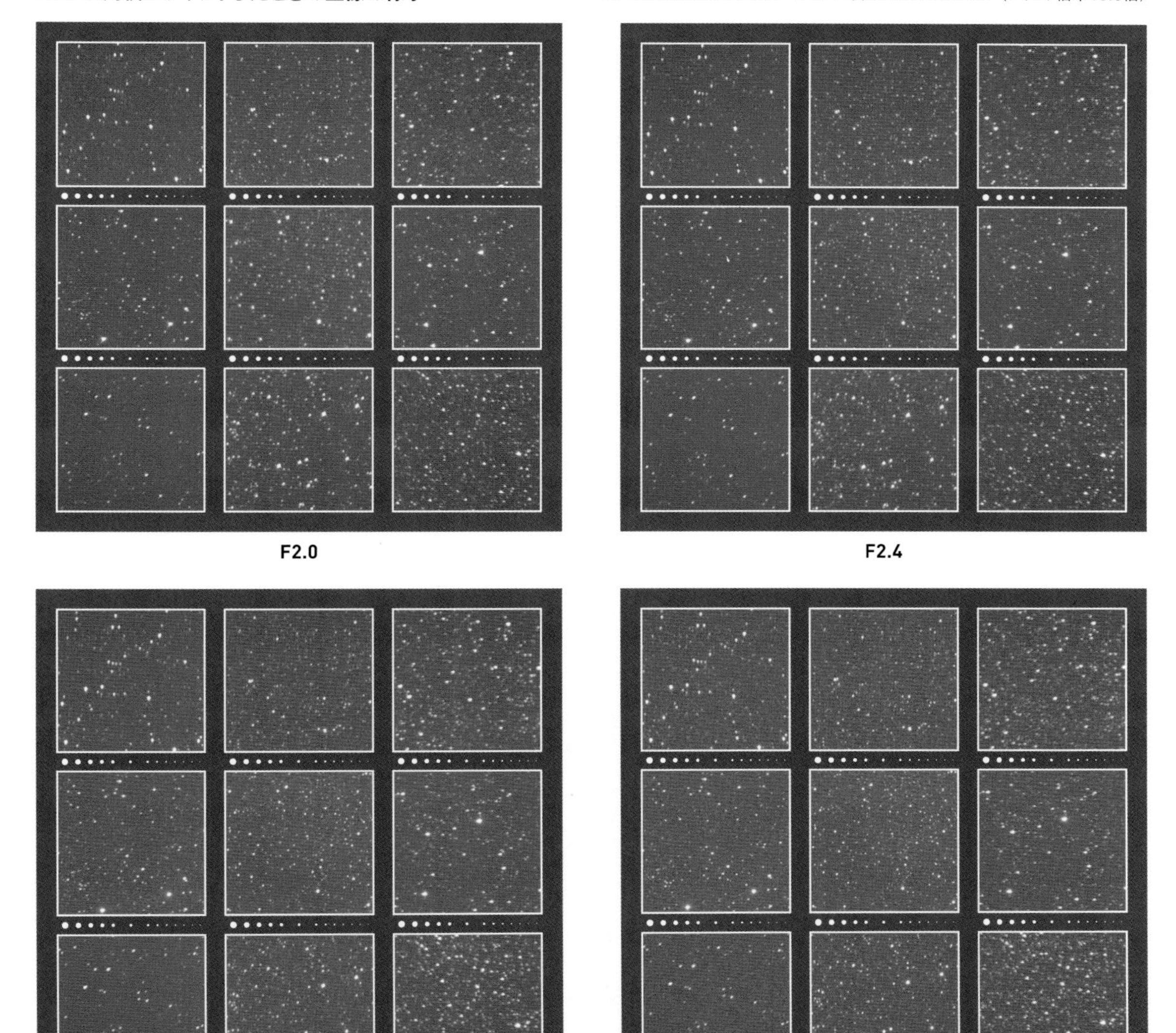

F2.0　F2.4　F2.8　F3.4

星空を撮影したときの周辺光量の様子

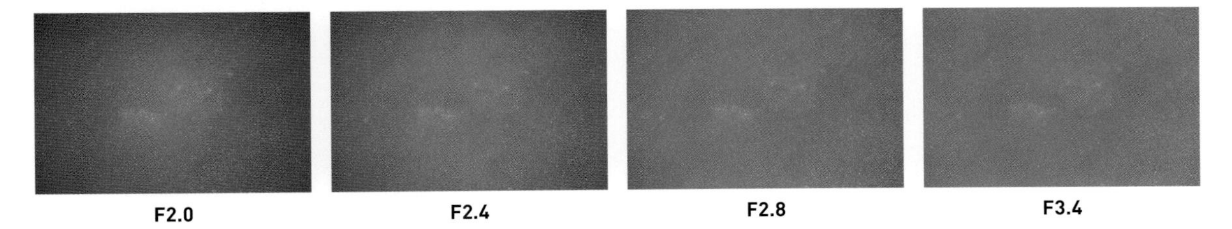

F2.0　F2.4　F2.8　F3.4

CANON
EF8-15mm F4L Fisheye USM

焦点距離：8-15mm
最大絞り：F4.0
最小絞り：F22
最短撮影距離：0.15m
対角線画角：180°.0-175°.5
レンズ構成：11群14枚
絞り羽根：7枚
フィルター：後部挟み込み式
大きさ：φ78.5mm×L83.0mm
重さ：540g
価格（税別）：150,000円
発売年月：2011年7月

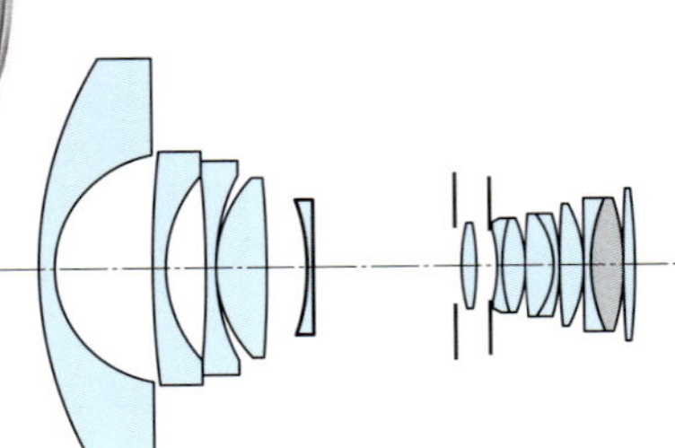

L5は非球面レンズ.
L13はUDレンズ.

短焦点端 8mm

天頂に向けて撮影したため画面周辺に星像が写っていないので，作例にオーバーレイ表示したように，変則的な位置の星像を次ページに拡大表示した．四隅に表示したのが中心から約85%，四辺に表示したのが中心から約60%の像高に相当する．表示倍率は他と同じである．

短焦点端の画角は180°で，等立体角射影方式の円周魚眼レンズである．レンズ後部にはシートフィルターを装着できる．

F4.0 ―― 微光星は絞り開放から良像基準に達しており，作例のとおり画面全域でシャープなイメージである．星像はキリッとした硬質な点像のようなイメージで，飛び抜けてシャープではないが，絞り開放から安心して星空撮影に使える．

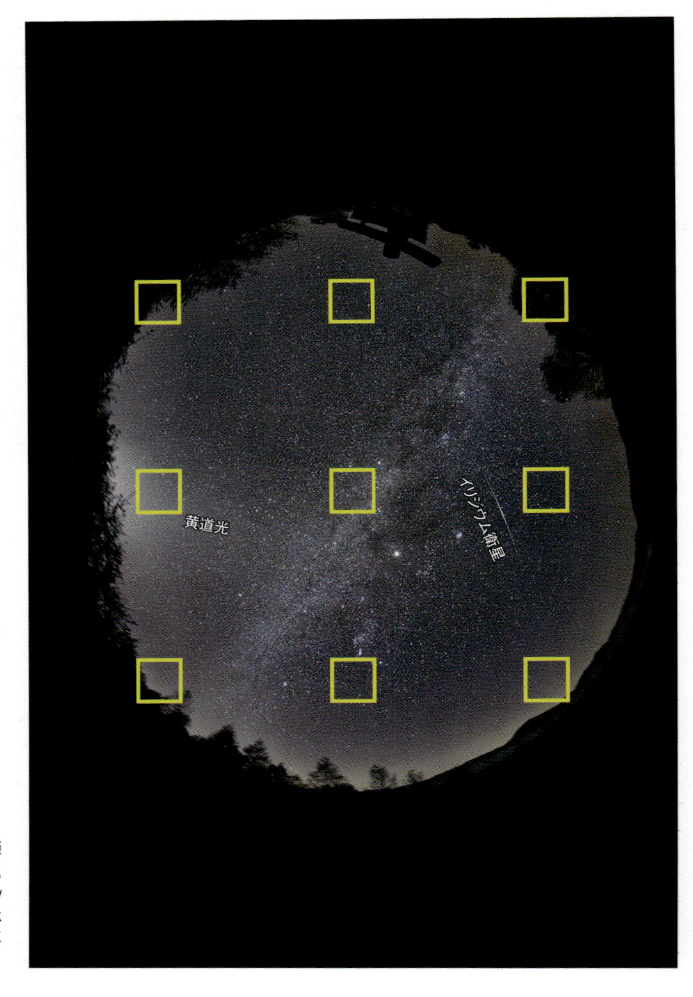

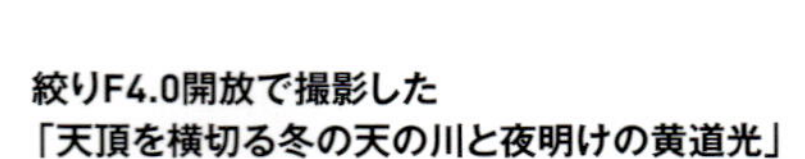

絞りF4.0開放で撮影した
「天頂を横切る冬の天の川と夜明けの黄道光」

撮影データ；EF8-15mm F4L Fisheye USM 焦点距離8mm 絞りF4.0 キヤノンEOS 5D MarkⅢ（ISO800，RAW） 露出4分 赤道儀で追尾撮影 Camera Rawで現像とノイズ低減 Photoshop CCで画像処理 Nik Collection“Viveza”で光害カブリ修整 画面の右の方に写っている光跡はイリジウム衛星

A3ノビ用紙にプリントしたときの星像の様子　　実画面寸法：36×24mm　プリント寸法：480×320mm（プリント倍率13.3倍）

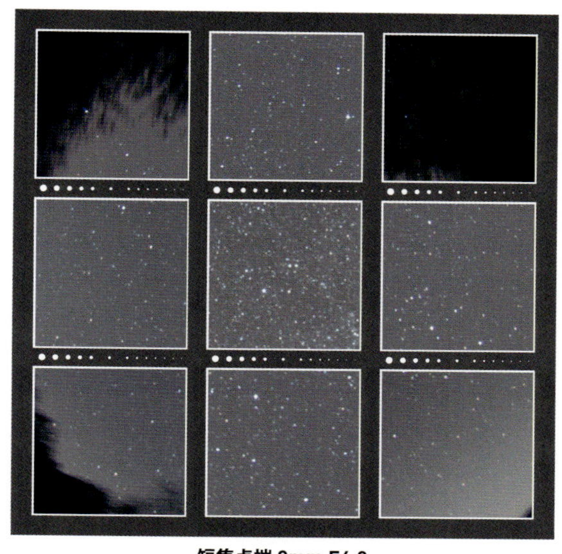

短焦点端 8mm F4.0

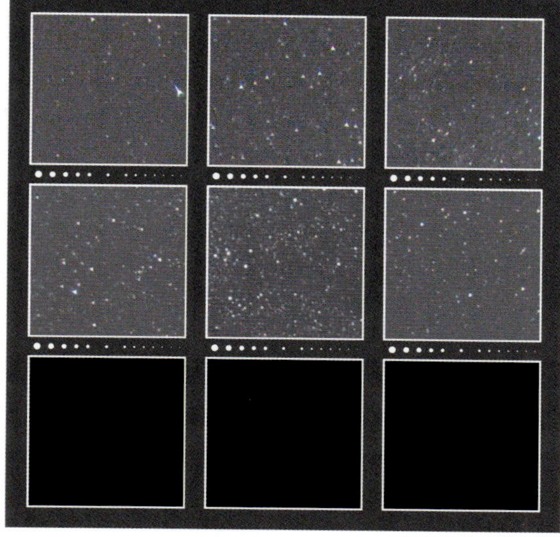

長焦点端 15mm F4.0

長焦点端 15mm

長焦点端15mmは，フルサイズのカメラに装着したときに対角線魚眼レンズとなる．ただし対角線画角は175°5で180°に満たない．射影方式は短焦点側と同様に等立体角射影である．

F4.0 ―― 短焦点端と同様に微光星は絞り開放から良像基準に達しており，シャープな印象の星野写真を撮影できる．ただし，集光は鋭いものの，画面の中心から約50%あたりから，輝星像の形が円形から三角形のような形になり始め，80%よりも外側ではそれが伸びたような三角形に見える．

単焦点にくらべて収差補正がむずかしいズームの魚眼だが，まずは安心して星空撮影にも使用できる画質のレンズといえる．

絞りF4.0開放で撮影した「おうし座にある木星と冬の天の川」

撮影データ；EF8-15mm F4L Fisheye USM　焦点距離15mm　絞りF4.0　キヤノンEOS 5D MarkⅢ（ISO800，RAW）　露出4分　赤道儀で追尾撮影　Camera Rawで現像とノイズ低減　Photoshop CCで画像処理　Nik Collection“Viveza”で光害カブリ修整

NIKON
AF-S NIKKOR 14-24mm f/2.8G ED

焦点距離：14-24mm
最大絞り：F2.8
最小絞り：F22
最短撮影距離：0.28m（18-24mm時）
対角線画角：114°-84°
レンズ構成：11群14枚
絞り羽根：9枚
フィルター：取り付け不可
大きさ：φ98mm×L131.5mm
重さ：970g
価格（税別）：280,000円
発売年月：2007年11月

短焦点端 14mm

F2.8 —— 画面中心から70%くらいの範囲の星像は絞り開放から充分にシャープで，下の作例で見るように，明るい超広角レンズの絞り開放の画像としては非常に良い．その外側から画面の四隅にいくにしたがって，星像は徐々にサジッタル コマ フレアで同心円方向に伸びたようにあまくなる．周辺光量は画面の四隅で2段分くらいの減光がある．

F4.0 —— 画面の中心から約90%までの星像は良好で，星像の形も丸く美しい．子細に見ると画面のごく四隅でごくわずかにサジッタル コマの影響が残っているが気にならない．画面周辺部の微光星像は一段と鮮明に写っている．

周辺減光はF4.0でだいぶ目立たなくなるが，未掲載のF5.6のテスト画像と比較すると，画面の四隅でストンと落ちていることがわかる．画面四隅の星像を見ると，倍率の色収差によるごくわずかな色ズレが認められるが，よく補正されている．

絞りF2.8開放で撮影した「男体山と さそり座からはくちょう座にかけての天の川」

撮影データ；AF-S NIKKOR 14-24mm f/2.8G ED 焦点距離14mm 絞りF4.0 ニコンD810（ISO800，RAW）露出2分 赤道儀で追尾撮影 Camera Rawで現像 Photoshop CCで画像処理 Nik Collection“Viveza”で光害カブリと地上風景を修整，同“Dfine”でノイズ低減

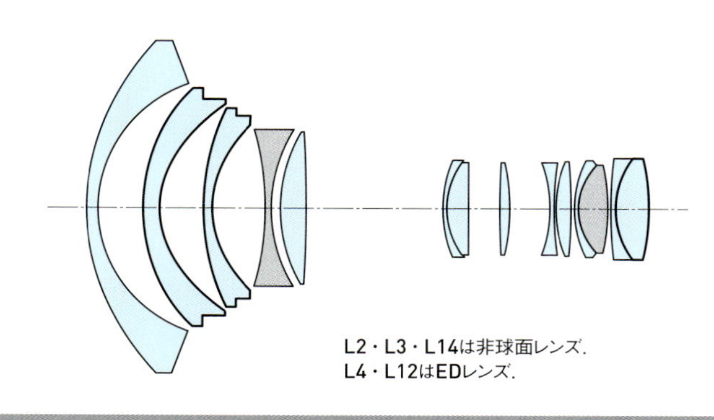

L2・L3・L14は非球面レンズ.
L4・L12はEDレンズ.

短焦点端 14mm

A3ノビ用紙にプリントしたときの星像の様子

実画面寸法：36×24mm　プリント寸法：480×320mm（プリント倍率13.3倍）

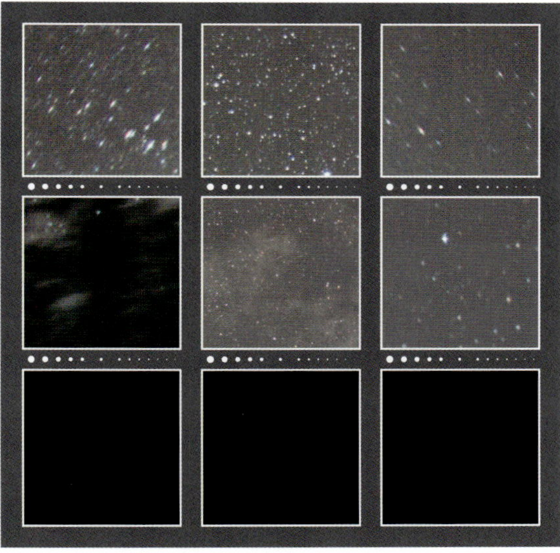

F2.8

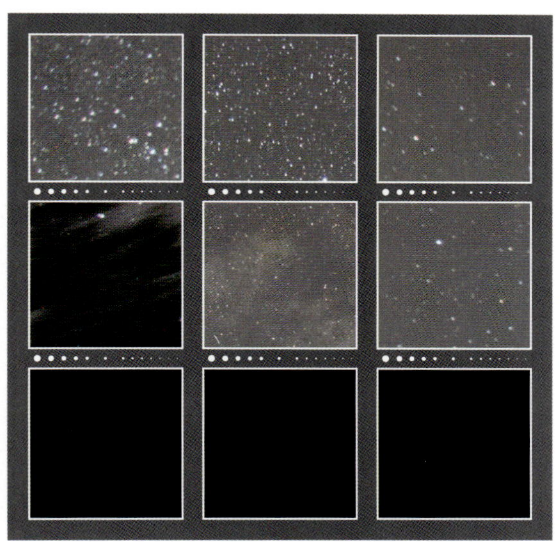

F4.0

星空を撮影したときの周辺光量の様子

F2.8

F4.0

NIKON
AF-S NIKKOR 14-24mm f/2.8G ED

長焦点端 24mm

F2.8 —— 画面中心から60%くらいの範囲の星像はとくに良好で申し分ない．そこから画面の四隅にいくにしたがって星像は収差で徐々に甘くなるが，四隅で画質が急落する感じはないので，作例で見るように画像全体の印象は悪くない．

F4.0 —— 星像はF2.8のときよりもシャープさが増すが，それほど大きな違いは認められない．周辺減光は目立って改善されるので印象はかなり良くなる．

このレンズは発売当時，F2.8と明るい非常な超広角ズームでありながら，星空を撮影したときの画質が絞り開放から優秀だということで話題になった．発売からすでに10年以上を経ているが，最新の高級な超広角レンズと比較しても，いまだに遜色がないのは立派である．

絞りF2.8開放で撮影した「てんびん座・さそり座・いて座」

撮影データ；AF-S NIKKOR 14-24mm f/2.8G ED 焦点距離24mm 絞りF4.0 ニコンD810（ISO800，RAW） 露出2分 赤道儀で追尾撮影 Camera Rawで現像 Photoshop CCで画像処理 Nik Collection“Viveza”で光害カブリと地上風景を修整，同“Dfine”でノイズ低減

長焦点端 24mm

A3ノビ用紙にプリントしたときの星像の様子

実画面寸法：36×24mm　プリント寸法：480×320mm（プリント倍率13.3倍）

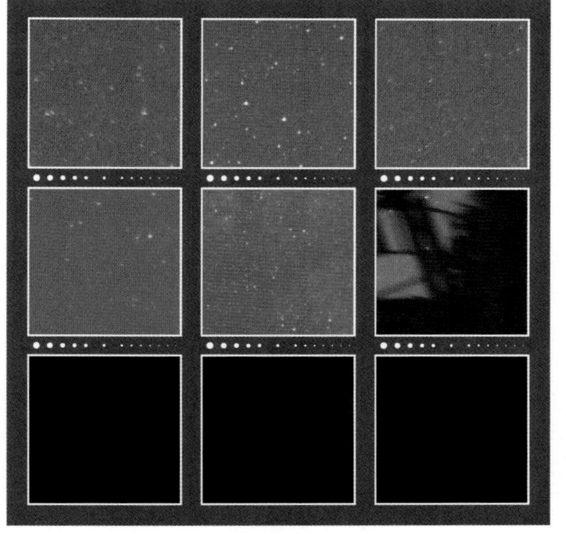

F2.8

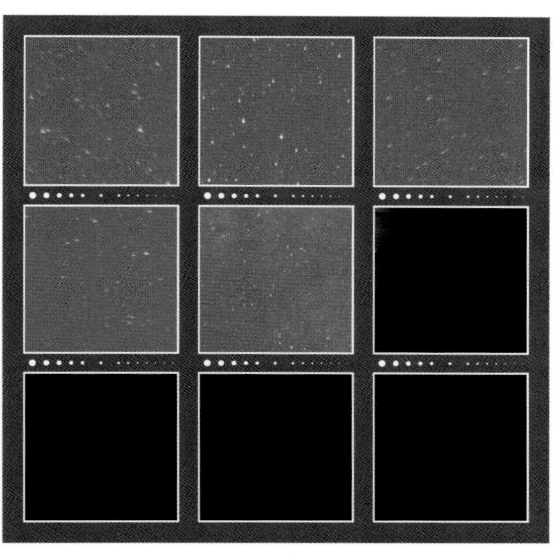

F4.0

星空を撮影したときの周辺光量の様子

F2.8

F4.0

NIKON
AF-S NIKKOR 16-35mm f/4G ED VR

焦点距離：16-35mm
最大絞り：F4.0
最小絞り：F22
最短撮影距離：0.28m（20-28mm時）
対角線画角：107°-63°
レンズ構成：12群17枚
絞り羽根：9枚
フィルター径：77mm
大きさ：φ82.5mm×L125mm
重さ：680g
価格（税別）：160,000円
発売年月：2010年2月

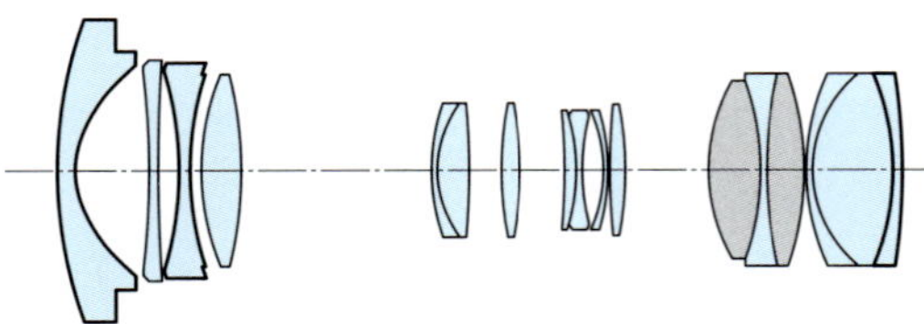

L1・L3・L17は非球面レンズ．
L12・L14はEDレンズ．

短焦点端 16mm

F4.0 —— 画面の中心から70%くらいまでは良い星像が得られるが，拡大画像で見るように，そこから画面の四隅にかけて，星像はブーメランのような形に大きく崩れてあまい．周辺光量は画面の四隅で2段分弱くらいの減光がある．

星空を撮影したときの周辺光量の様子

F4.0

絞りF4.0開放で撮影した「北極星と秋の天の川」

撮影データ；AF-S NIKKOR 16-35mm f/4G ED VR 焦点距離16mm 絞りF4.0 ニコンD810A（ISO800，RAW） 露出4分×3コマ加算平均 赤道儀で追尾撮影 Camera Rawで現像 Photoshop CCで画像処理

A3ノビ用紙にプリントしたときの星像の様子

実画面寸法：36×24mm　プリント寸法：480×320mm（プリント倍率13.3倍）

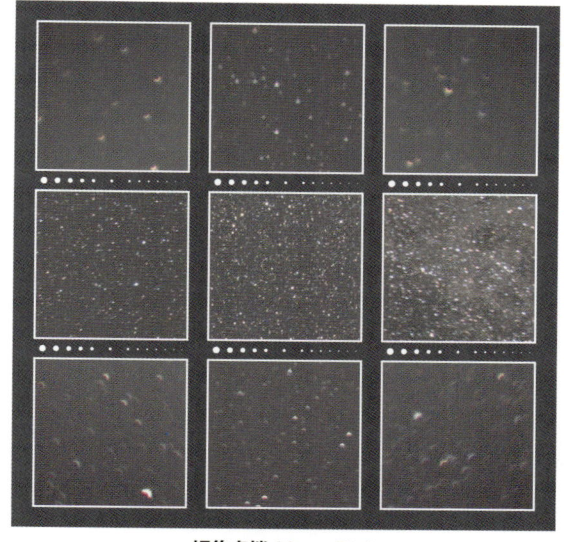

短焦点端 16mm F4.0

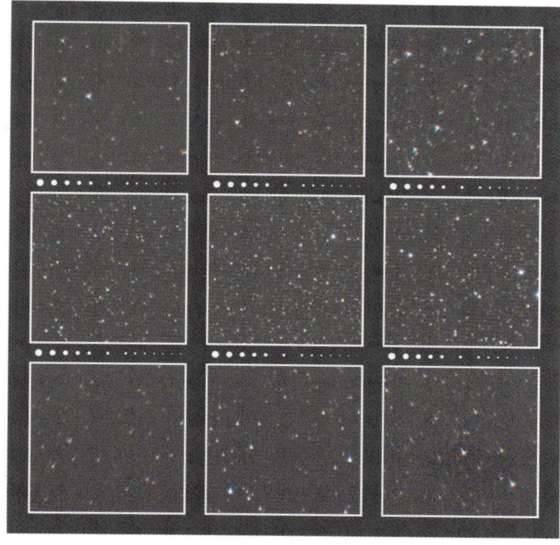

長焦点端 35mm F4.0

長焦点端 35mm

F4.0 —— 周画面の中心から80%くらいまでの星像は非常にシャープ．そこから画面四隅にいくほど星像は収差で三角形に乱れるが，小さく集光しているので印象は悪くない．長焦点端の描写が良いだけに短焦点端開放の周辺星像が惜しい．

星空を撮影したときの周辺光量の様子

F4.0

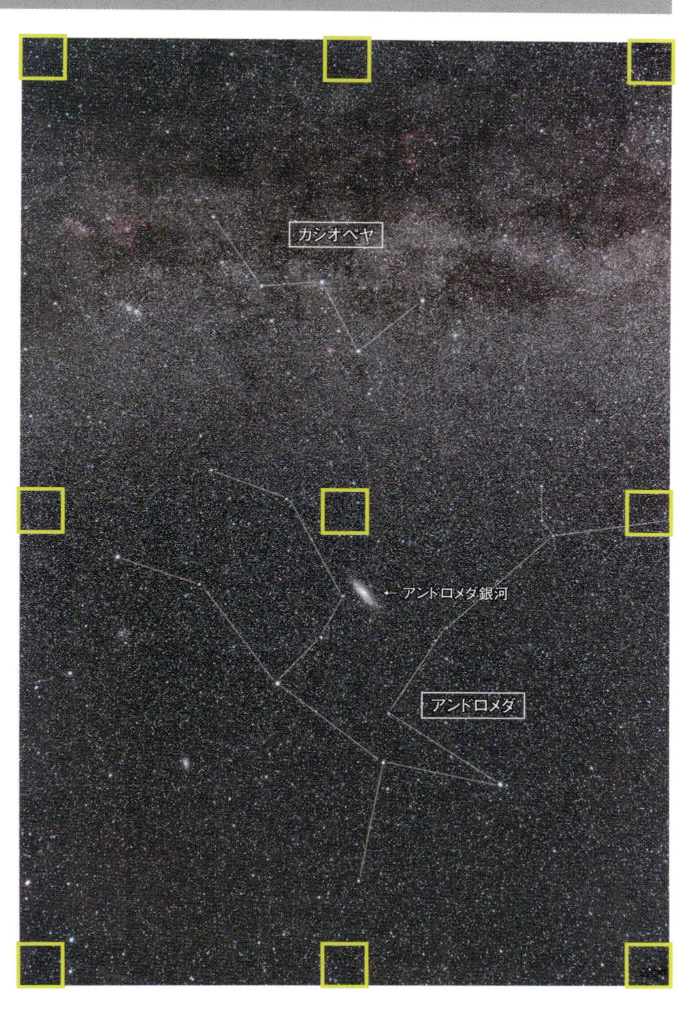

絞りF4.0開放で撮影した「カシオペヤとアンドロメダ母娘」

撮影データ；AF-S NIKKOR 16-35mm f/4G ED VR 焦点距離35mm　絞りF4.0　ニコンD810A（ISO800，RAW）露出4分×3コマ加算平均　赤道儀で追尾撮影 Camera Rawで現像　Photoshop CCで画像処理

NIKON
AF-S NIKKOR 24-70mm f/2.8E ED VR

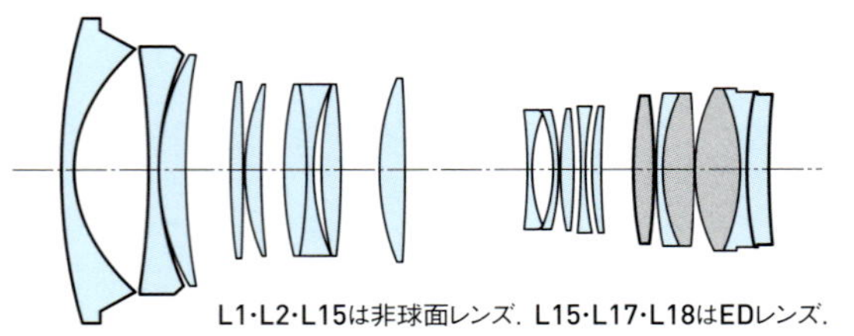

L1・L2・L15は非球面レンズ，L15・L17・L18はEDレンズ．

焦点距離：24-70mm	最短撮影距離：0.38m（35-50mm時）	絞り羽根：9枚	重さ：1,070g
最大絞り：F2.8	対角線画角：84°-34.3°	フィルター径：82mm	価格（税別）：287,500円
最小絞り：F22	レンズ構成：16群20枚	大きさ：φ88.0mm×L154.5mm	発売年月：2015年10月

短焦点端 24mm

F2.8 ―― 明るい標準ズームの短焦点端の絞り開放の星像としては非常に良い．子細に見ると，部分的に甘さがあり，わずかな流れも認められ，画面の四隅の星像は青いコマ収差の影響が認められるが，画面周辺でも星像はかなりしっかりしていて，作例で見るように画面の印象はたいへん良く，F2.8クラスの標準ズームとして最高水準である．周辺光量は画面の四隅で2段分くらい減光する．

F3.4 ―― 微光星の写りがやや良好になる以外は，絞り開放と変わらない．

F4.0 ―― 星像はさらに鋭くなり，画面全体の星像の均質性が増す．画面の部位によって星像が不規則な方向にきわめてわずかに流れているように見える点は同様である．手ブレ補正が内蔵され，高解像イメージセンサーに対応させるべく高度な収差補正を実施するためにレンズの構成枚数が増えて複雑さが増し，それでいてスムーズなズーミングや高速AF駆動を実現する摺動装置を内蔵した最近のレンズは，このように部分的に不規則な描写を見せるレンズが少なくない．

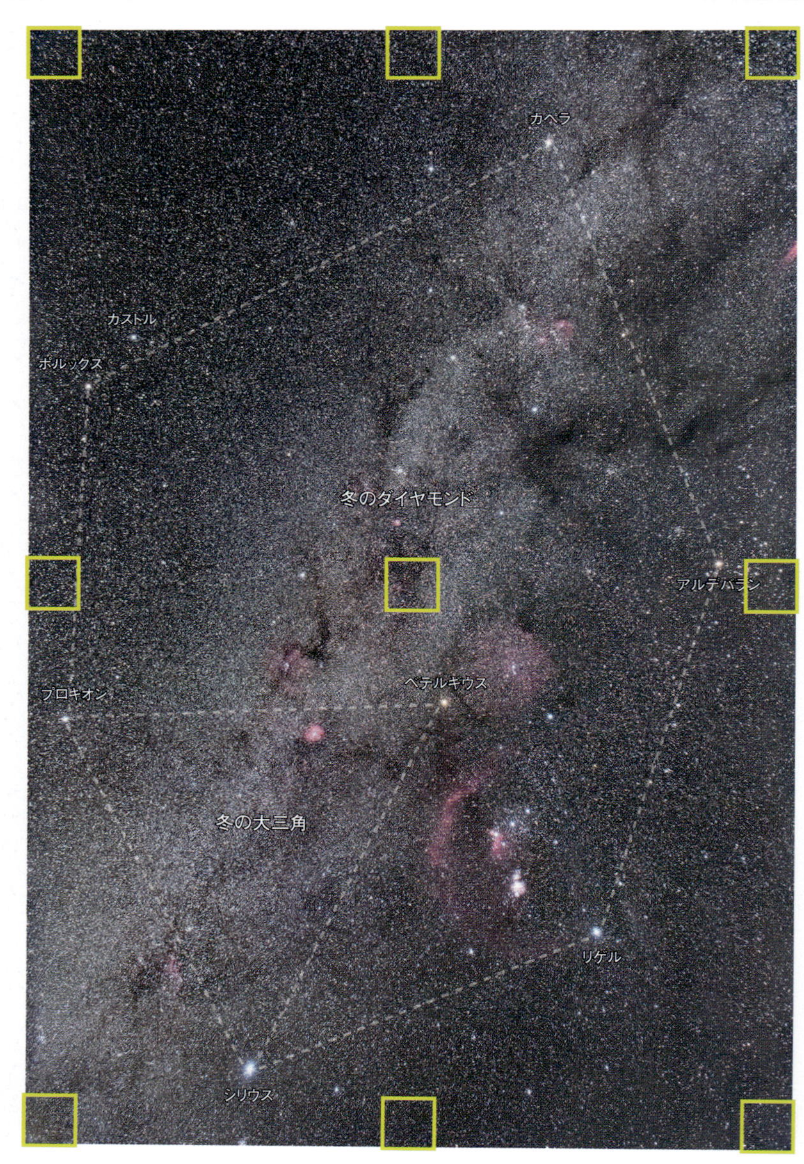

絞りF2.8開放で撮影した「冬の大三角・冬のダイヤモンド」

撮影データ；AF-S NIKKOR 24-70mm f/2.8E ED VR 焦点距離24mm 絞りF2.8 ニコンD810A（ISO1600，RAW） 露出1分×5コマ加算平均 赤道儀で追尾撮影 Camera Rawで現像とノイズ低減 Photoshop CCで画像処理

A3ノビ用紙にプリントしたときの星像の様子

実画面寸法：36×24mm　プリント寸法：480×320mm（プリント倍率13.3倍）

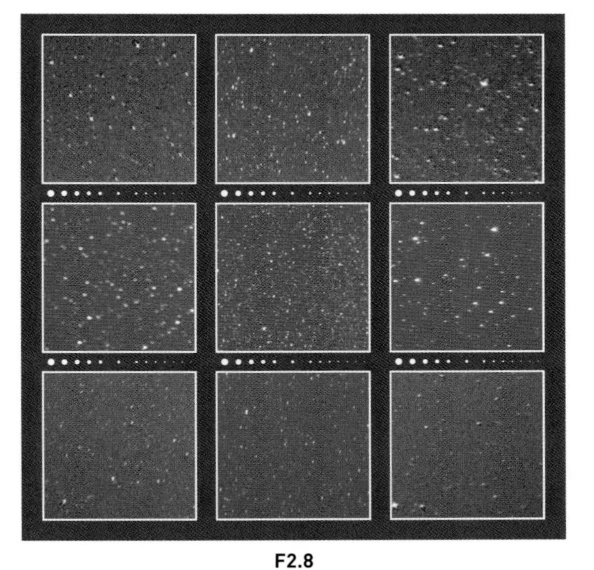

F2.8

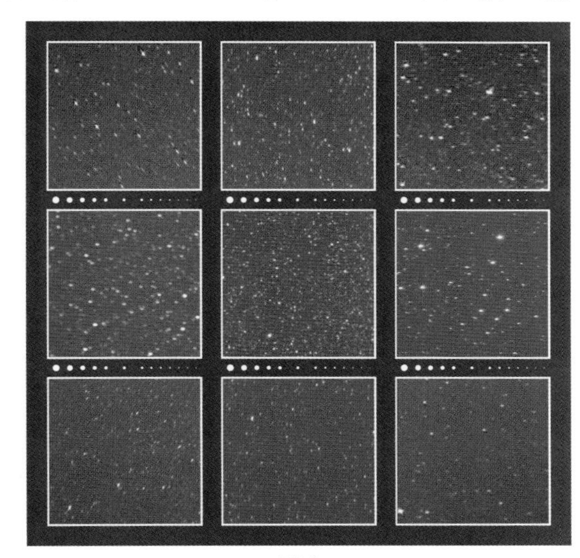

F3.4

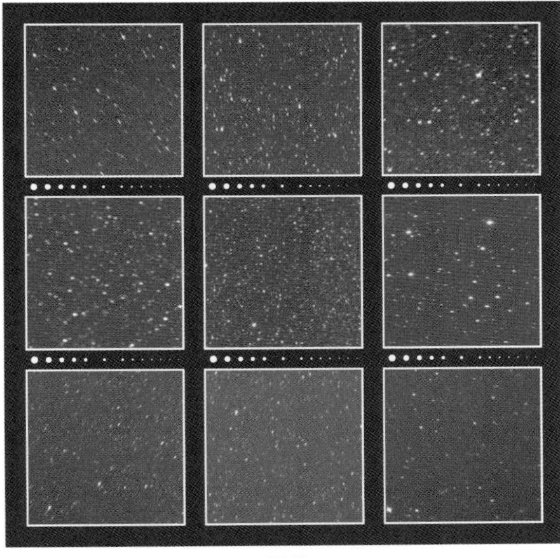

F4.0

星空を撮影したときの周辺光量の様子

F2.8

F3.4

F4.0

NIKON

AF-S NIKKOR 24-70mm f/2.8E ED VR

長焦点端 70mm

F2.8 —— 画面の中心から80%くらいまでの星像はかなり良い．そこから画面四隅に向けて，星像はコマ収差で三角形のような形に徐々に甘くなるが，四隅でもそう大きくボケないので，明るい標準ズームの長焦点端の星像としては素晴らしい．子細に見ると，画面の右上隅と左下隅で星像のシャープさが違っている．短焦点端では見られなかったので，おそらく，ズーミングにともなって誤差に変化が生じた影響だろう．倍率の色収差もよく補正されている．

F3.4 —— 絞り開放と大きな違いはない．

F4.0 —— 口径食が減った分だけ絞り開放で目立つ周辺減光がかなり改善され，画面四隅の微光星の写りも良くなる．

長焦点端の画面左下隅方向の像の甘さが確認された以外は，性能的には素晴らしい．F2.8の明るい24-70mmズームの中では最高水準の描写が得られる高級レンズである．

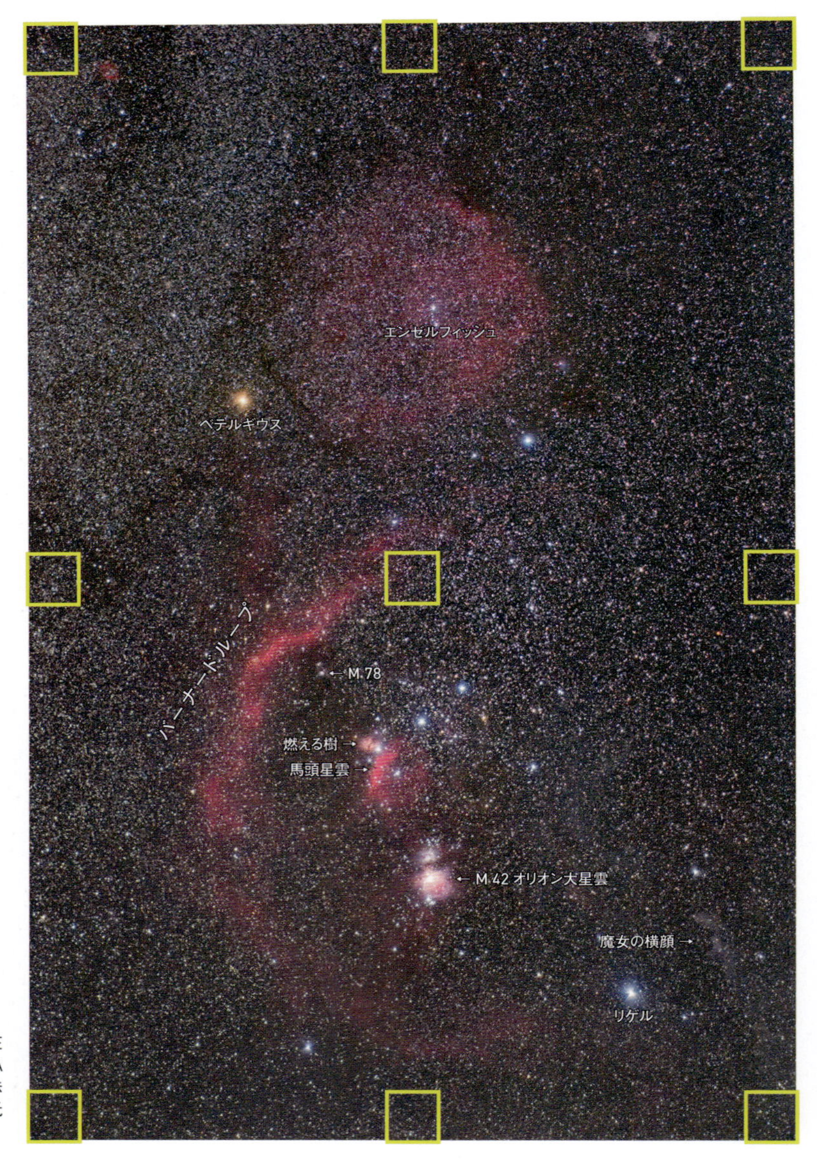

絞りF2.8開放で撮影した「オリオン座の散光星雲」

撮影データ；AF-S NIKKOR 24-70mm f/2.8E ED VR 焦点距離70mm 絞りF2.8 ニコンD810A（ISO1600，RAW） 露出1分×6コマ加算平均 赤道儀で追尾撮影 Camera Rawで現像とノイズ低減 Photoshop CCで画像処理

A3ノビ用紙にプリントしたときの星像の様子

実画面寸法：36×24mm　プリント寸法：480×320mm（プリント倍率13.3倍）

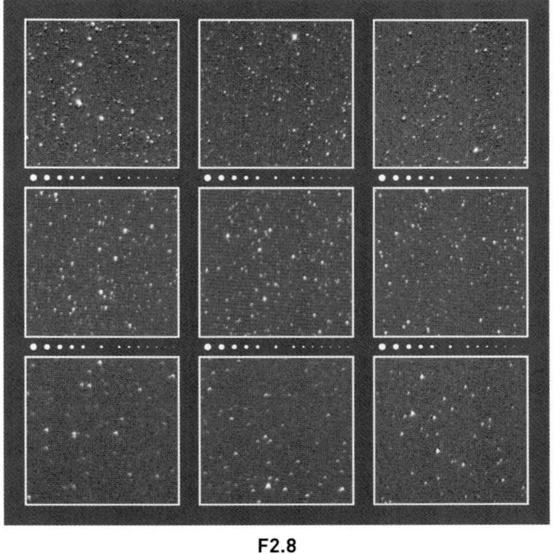

F2.8

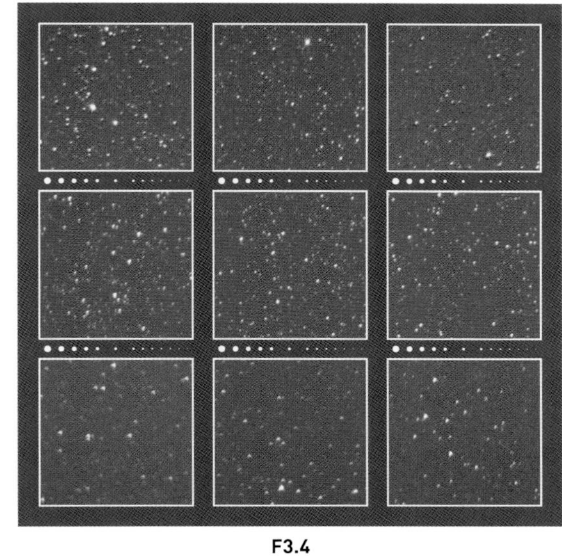

F3.4

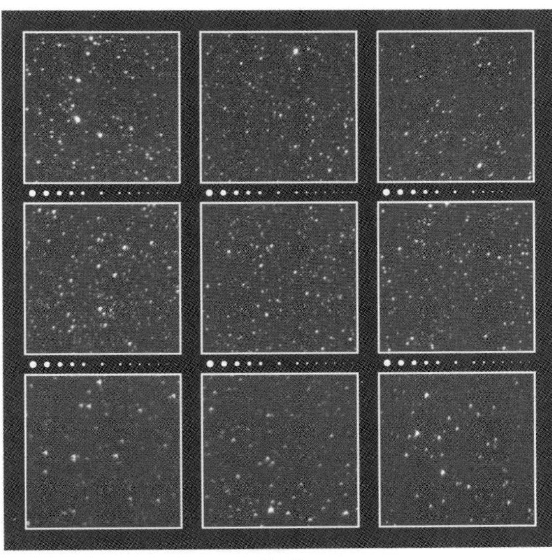

F4.0

星空を撮影したときの周辺光量の様子

F2.8

F3.4

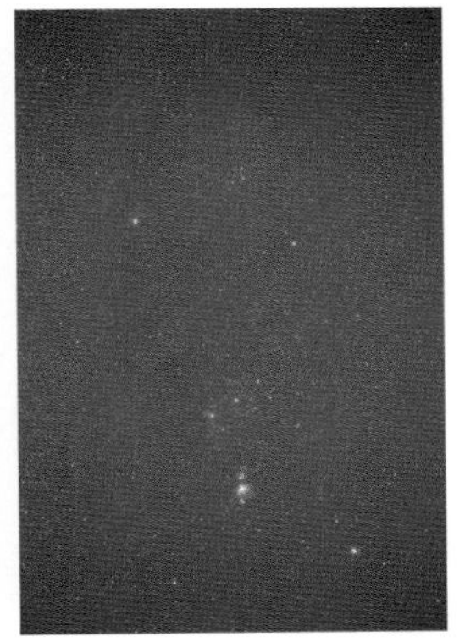

F4.0

NIKON
AF-S NIKKOR 70-200mm f/4G ED VR

焦点距離	70-200mm
最大絞り	F4
最小絞り	F32
最短撮影距離	1.0m
対角線画角	34°3-12°3
レンズ構成	14群20枚
絞り羽根	9枚
フィルター径	67mm
大きさ	φ78mm×L178.5mm
重さ	850g
価格(税別)	195,000円
発売年月	2012年11月

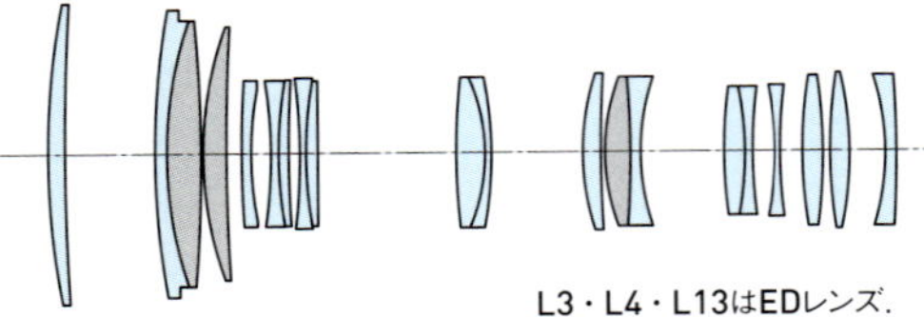

L3・L4・L13はEDレンズ.

短焦点端 70mm

F4.0 —— 微光星像は画面全域で良像基準を超えている. 画面四隅の明るめの星は収差で三角形のように写るが, 小さく集光しているのでシャープさは損なわれていない. よくできた単焦点レンズなみの星像描写は素晴らしいの一語に尽きる.

星空を撮影したときの周辺光量の様子

F4.0

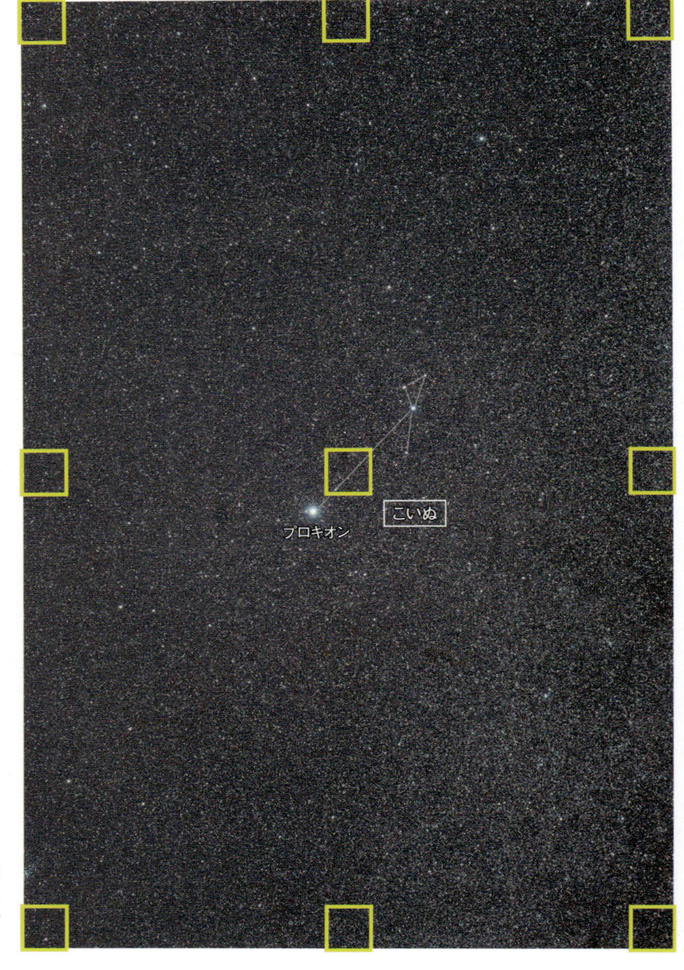

絞りF4.0開放で撮影した「こいぬ座」

撮影データ：AF-S NIKKOR 70-200mm f/4G ED VR 焦点距離70mm 絞りF4.0 ニコンD600（ISO1600, RAW） 露出2分 赤道儀で追尾撮影 Camera Rawで現像 Photoshop CCで画像処理

A3ノビ用紙にプリントしたときの星像の様子　　実画面寸法：36×24mm　プリント寸法：480×320mm（プリント倍率13.3倍）

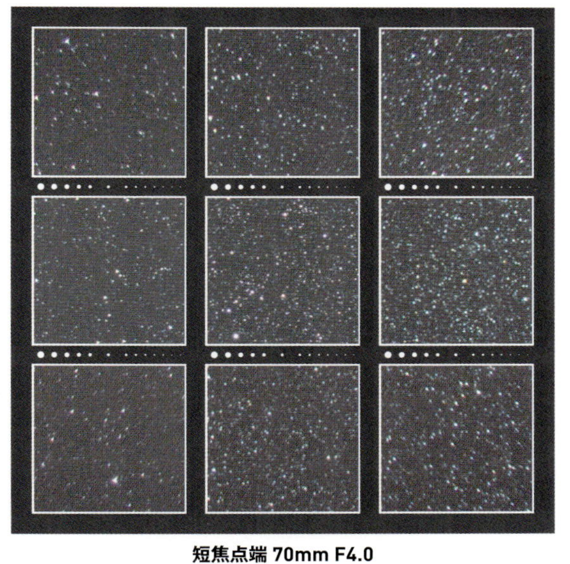

短焦点端 70mm F4.0

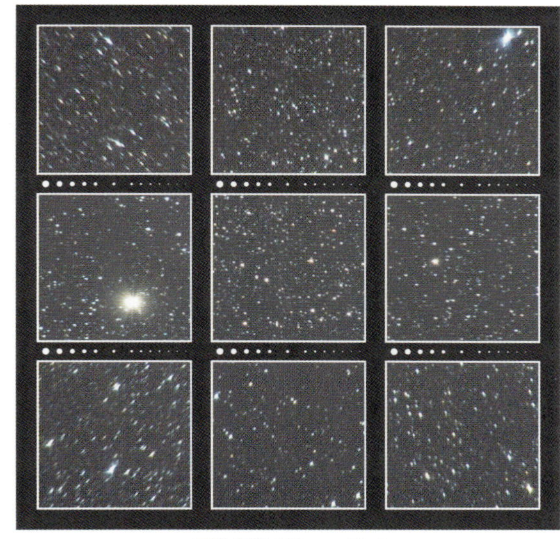

長焦点端 200mm F4.0

長焦点端 200mm

F4.0 ―― 画面の中心から90%くらいまで微光星は絞り開放から良像基準に達し，輝星の描写も良い．画面のごく四隅だけ星像が放射方向に流れている．F4.0と明るくはないが，短焦点端も長焦点端も素晴らしい第一級の望遠ズーム．

星空を撮影したときの周辺光量の様子

F4.0

絞りF4.0開放で撮影した
「ふたご座の散開星団M35とオリオン座の散光星雲NGC2174」

撮影データ；AF-S NIKKOR 70-200mm f/4G ED VR　焦点距離200mm　絞りF4.0　ニコンD600（ISO1600，RAW）露出2分×4コマ加算平均　赤道儀で追尾撮影　Camera Rawで現像　Photoshop CCで画像処理

NIKON
AF-S NIKKOR 28mm f/1.4E ED

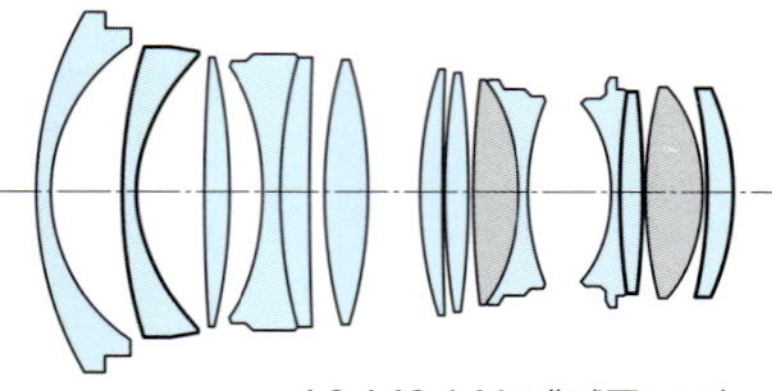

L2・L12・L14は非球面レンズ.
L9・L13はEDレンズ.

焦点距離：28mm
最大絞り：F1.4
最小絞り：F16
最短撮影距離：0.28m
対角線画角：75°
レンズ構成：11群14枚
絞り羽根：9枚
フィルター径：77mm
大きさ：φ83.0mm×L100.5mm
重さ：645g
価格(税別)：247,000円
発売年月：2017年6月

F1.4 —— 星像は全画面で非常にシャープで，微光星像も良像基準に達しており，F1.4の明るいレンズとは思えない高画質である．画面のごく四隅のやや明るい星像には青色のコマフレアが確認できるが，微小なので気にならない．周辺光量は画面の四隅で2段分くらいの減光が認められる．

F2.0 —— 周辺減光がかなり改善される．周辺の微光星像が鮮明になる以外は絞り開放とほとんど変わらない．

F2.8 —— 画面の四隅の明るめの星で認められたわずかな青いコマフレアが抑えられ，周辺減光が改善され，全画面で素晴らしく均質で良好な画像となる．

F4.0 —— 星像はF2.8とほとんど変わらない．F2.8の画面の四隅でわずかに残っていた周辺減光もわからなくなり，申し分のない画面となる．

F1.4と明るい上に絞り開放から良い星像を示す．ZEISSのOtus 1.4/28に迫る極めてすばらしいレンズ．

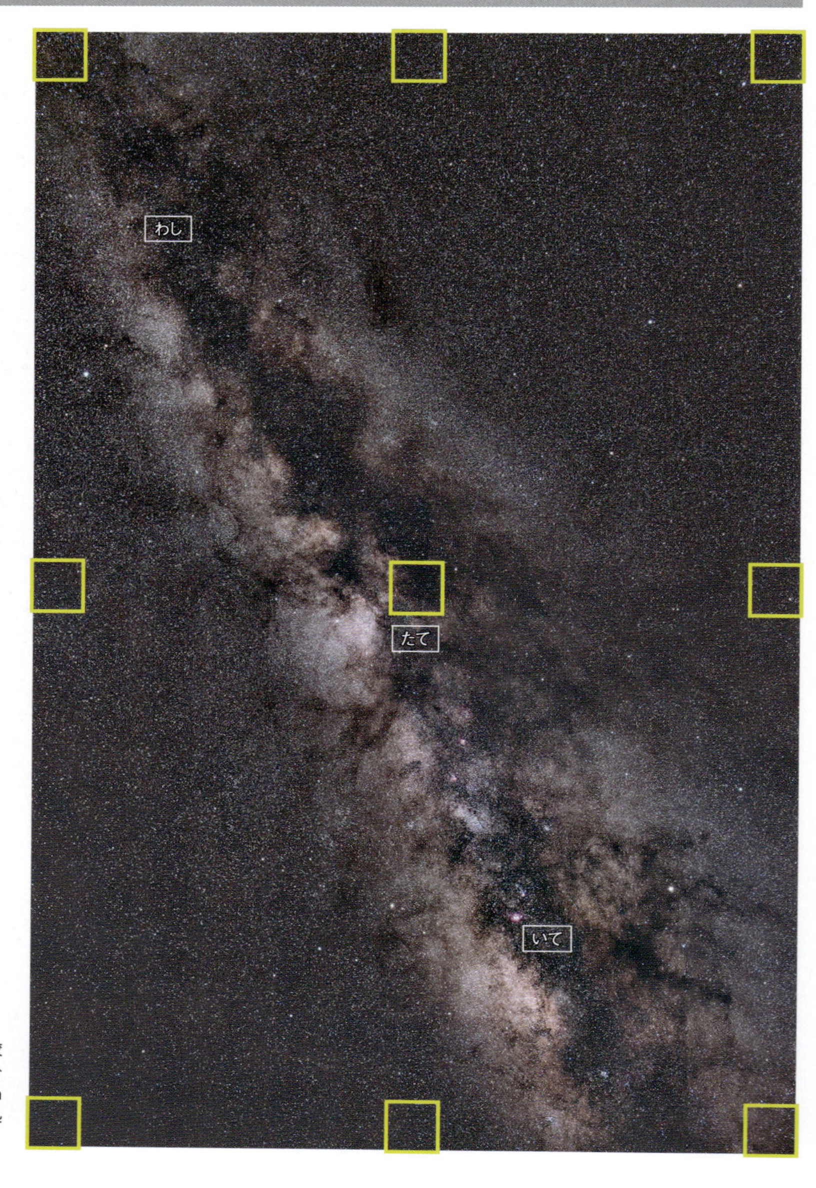

絞りF2.8で撮影した
「いて座からわし座にかけての天の川」

撮影データ；AF-S NIKKOR 28mm f/1.4E ED 絞りF2.8 ニコンD810A（ISO800，RAW） 露出2分×4コマ加算平均 赤道儀で追尾撮影 Camera Rawで現像とノイズ低減 Photoshop CCで画像処理

A3ノビ用紙にプリントしたときの星像の様子

実画面寸法：36×24mm　プリント寸法：480×320mm（プリント倍率13.3倍）

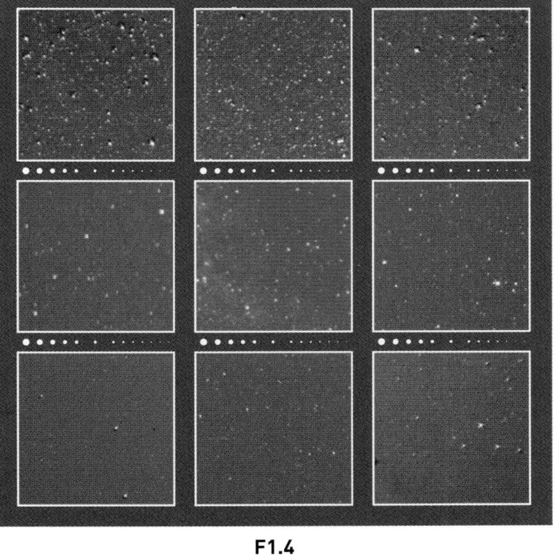

F1.4

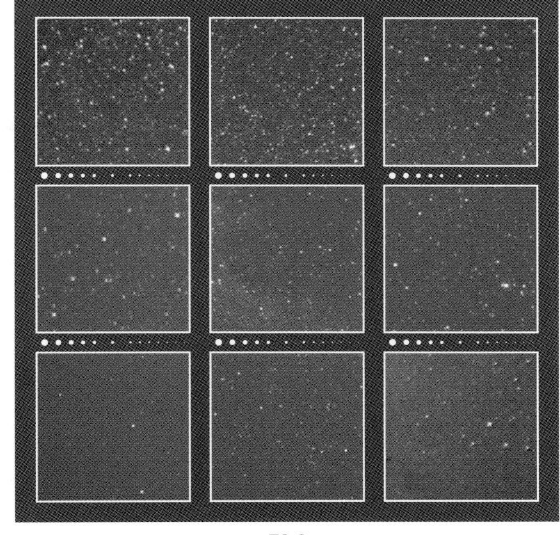

F2.0

F2.8

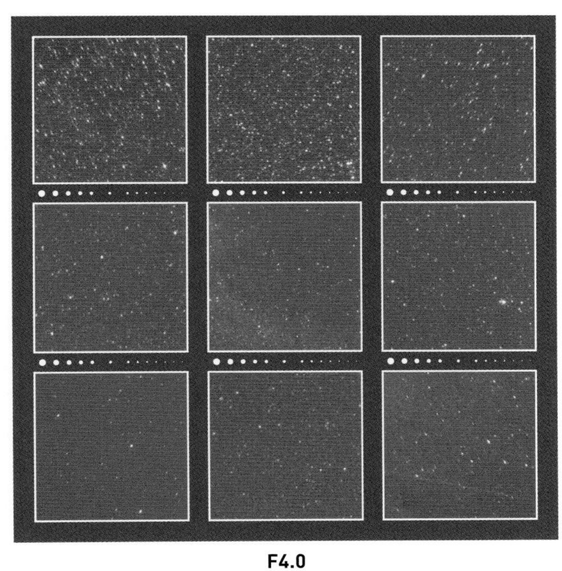

F4.0

星空を撮影したときの周辺減光の様子

F1.4

F2.0

F2.8

F4.0

NIKON
AF-S NIKKOR 85mm f/1.4G

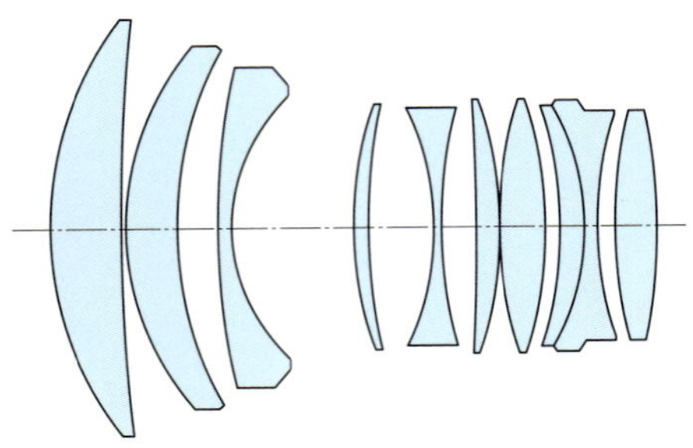

焦点距離：85mm
最大絞り：F1.4
最小絞り：F16
最短撮影距離：0.85m
対角線画角：28°5
レンズ構成：9群10枚
絞り羽根：9枚
フィルター径：77mm
大きさ：φ86.5mm×L84mm
重さ：595g
価格(税別)：235,000円
発売年月：2010年9月

F1.4 —— 画面中心から75%くらいまでの星像は良好で，そこから徐々に星像が悪化する．周辺の明るめの星は収差でT字形に写ることが拡大画像で認められる．微光星像はわりとしっかりと写っている．倍率の色収差はよく補正されていて星像に色のズレはないが，残存する縦色収差の影響で明るい星の周りに青色や橙色のハロが確認できる．周辺光量は画面の四隅で2段分強の減光が認められる．

F2.0 —— 絞り開放よりも弱点はやや改善される．

F2.8 —— 画面の中心から90%くらまで，明るい星もT字形に写ることはなくなり，非常にシャープな星像が得られる．周辺減光も大幅に改善されている．明るめの星の周りには，軽微な色のハロの影響がまだ認められる．

F4.0 —— F2.8で四隅だけ少し残っていた減光もなくなり，星像も全画面で均一性を増す．

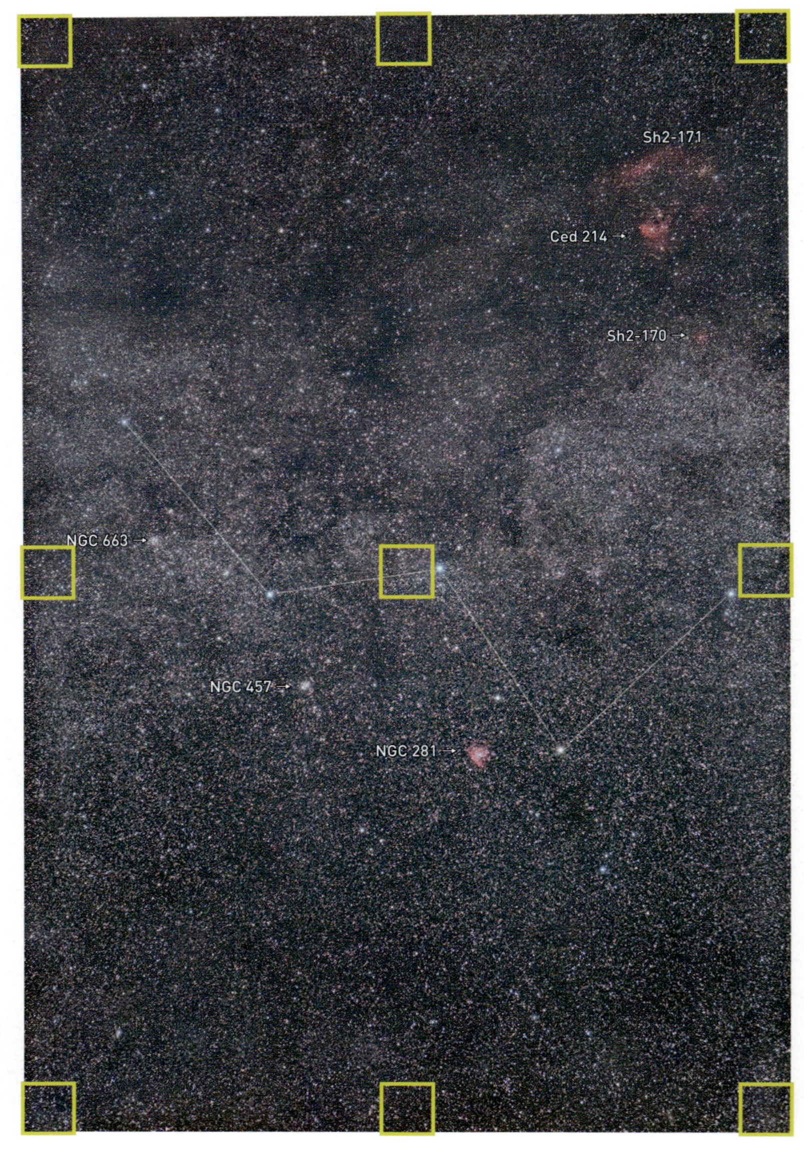

絞りF2.8で撮影した
「カシオペヤ座のW字形の輝星付近の星野」

撮影データ；AF-S NIKKOR 85mm f/1.4G 絞りF2.8 ニコンD810A (ISO800, RAW) 露出2分 赤道儀で追尾撮影 Camera Rawで現像とノイズ低減 Photoshop CCで画像処理

A3ノビ用紙にプリントしたときの星像の様子

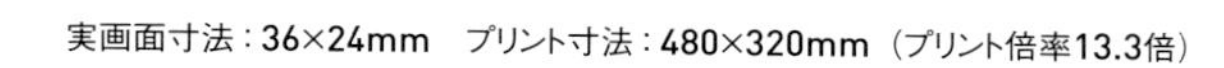
実画面寸法：36×24mm　プリント寸法：480×320mm（プリント倍率13.3倍）

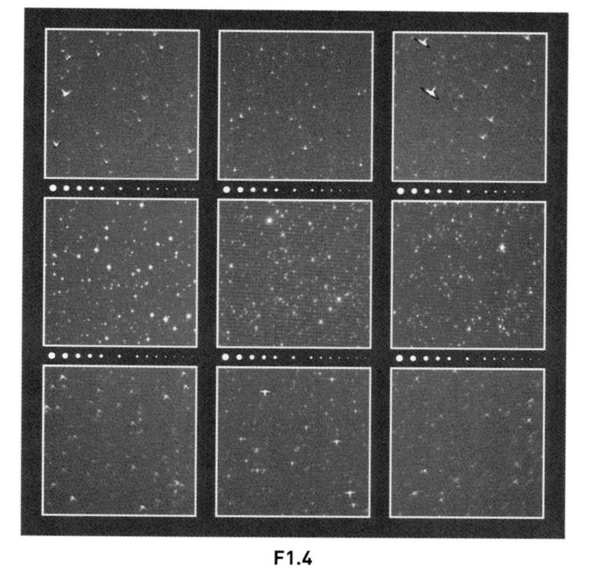
F1.4

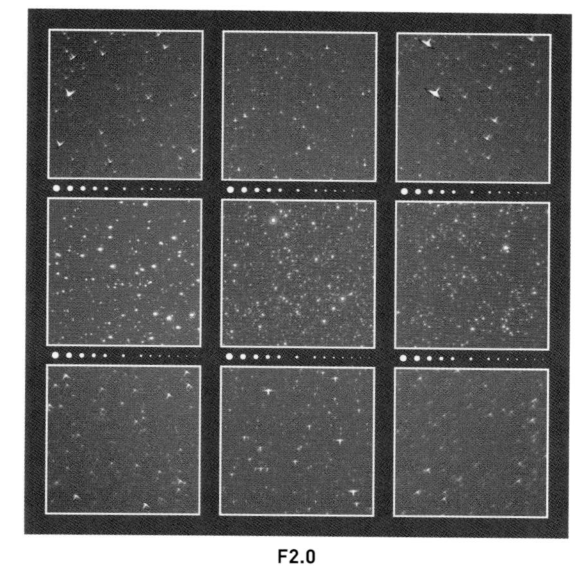
F2.0

F2.8

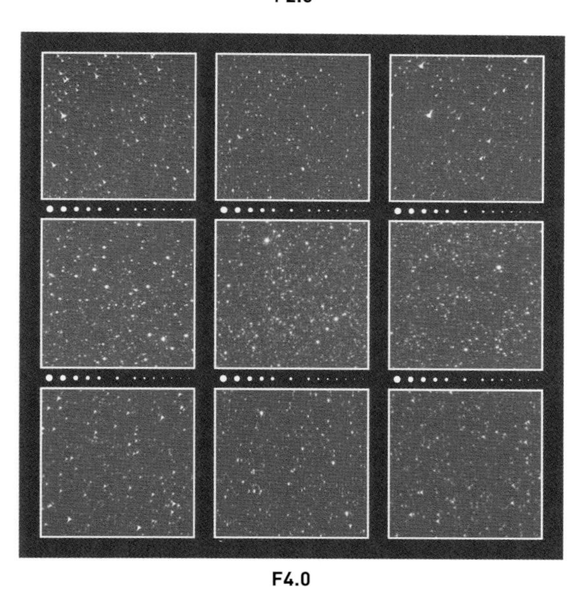
F4.0

星空を撮影したときの周辺減光の様子

F1.4

F2.0

F2.8

F4.0

NIKON
AF-S NIKKOR 105mm f/1.4E ED

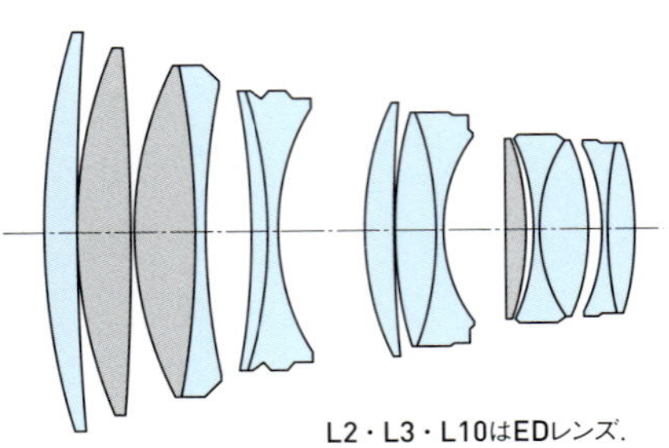

L2・L3・L10はEDレンズ.

焦点距離	105mm
最大絞り	F1.4
最小絞り	F16
最短撮影距離	1.0m
対角線画角	23°2
レンズ構成	9群14枚
絞り羽根	9枚
フィルター径	82mm
大きさ	φ94.5mm×L106mm
重さ	985g
価格(税別)	240,000円
発売年月	2016年8月

F1.4 —— 開放Fナンバーが1.4と非常に明るい中望遠レンズだが，星像はF1.4とは思えないほどシャープである．拡大画像で見るように微光星の写りもしっかりしている．明るめの星は画面の中心から50%よりも外側で三角形のような形に写っているが，小さく集光しているので悪さがあまり気にならない．色収差と倍率の色収差はよく補正されている．

F2.0 —— 周辺減光が改善される以外はF1.4とほとんど変わらない．

F2.4 —— 開放から1.5段絞ったF2.4の星像は非常に良く，周辺減光も大幅に改善されて，まずは申し分のない画面となる．

F2.8 —— 星像はF2.4とほとんど変わらない優れた画質．85～105mmクラスの単焦点レンズは，歴代，星空を撮影しても好成績なレンズが多いが，このレンズはF1.4と明るいうえに，絞り開放から良い星像が得られる点でクラス最高のレンズである．

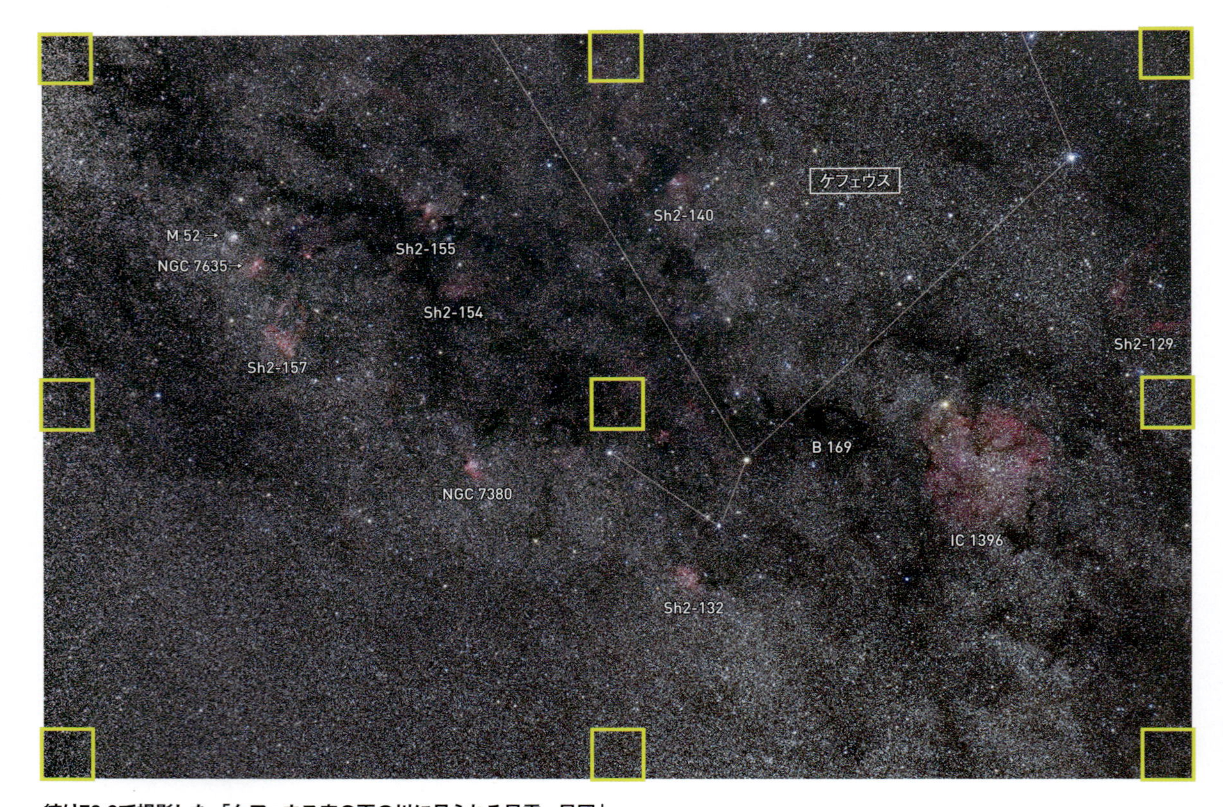

絞りF2.8で撮影した「ケフェウス座の天の川に見られる星雲・星団」

撮影データ；AF-S NIKKOR 105mm f/1.4E ED 絞りF2.8 ニコンD810A（ISO1600，RAW）露出1分×8コマ加算平均 赤道儀で追尾撮影 Camera Rawで現像とノイズ低減 Photoshop CC，Nik Collection"Silver Efex Pro"で画像処理

A3ノビ用紙にプリントしたときの星像の様子

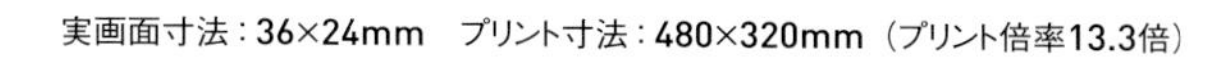

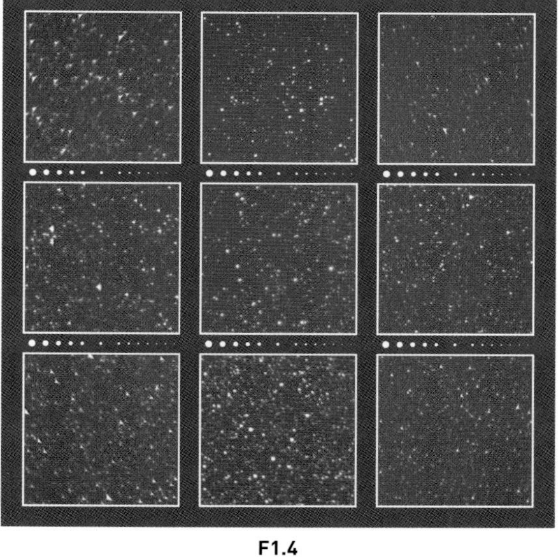

F1.4

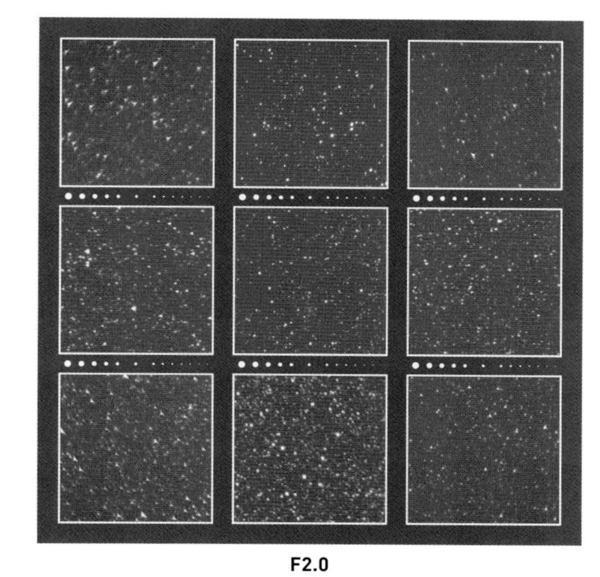

F2.0

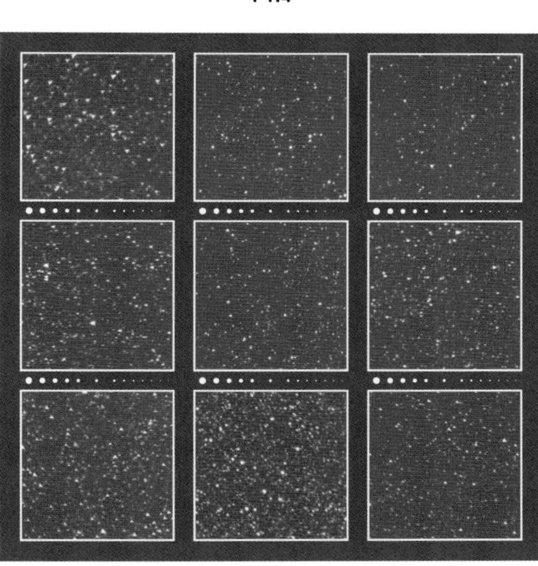

F2.4

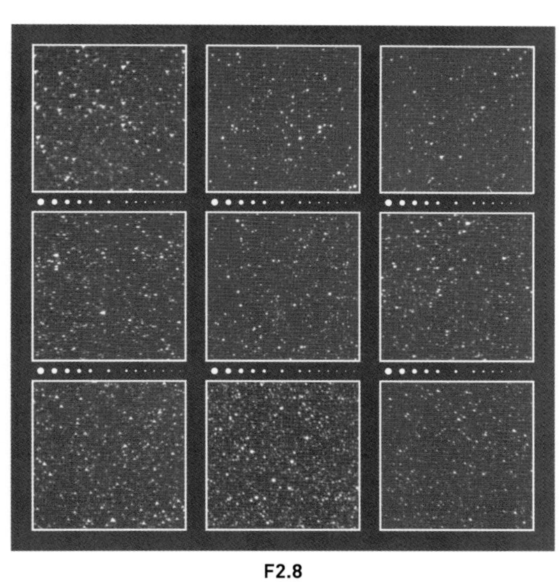

F2.8

星空を撮影したときの周辺光量の様子

F1.4

F2.0

F2.4

F2.8

NIKON
AF-S NIKKOR 200mm f/2G ED VR Ⅱ

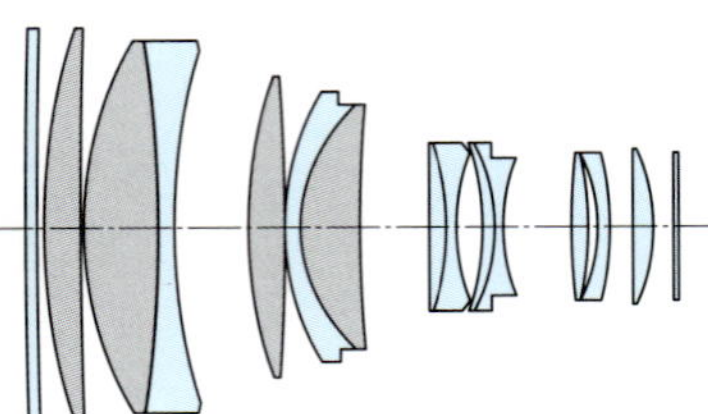

最前部は保護ガラス.
L4はスーパーEDレンズ.
L1・L2・L6はEDレンズ.
最後部はフィルター.

焦点距離：200mm
最大絞り：F2.0
最小絞り：F22
最短撮影距離：1.9m
対角線画角：12°3
レンズ構成：9群13枚
絞り羽根：9枚
フィルター径：52mm後部差し込み
大きさ：φ124mm×L203.5mm
重さ：2,930g
価格(税別)：845,000円
発売年月：2010年10月

F2.0 —— 絞り開放から画面全域でシャープな星像が得られているが，テストレンズでは画面の上の方だけ，星像のシャープさが損なわれている．明るめの星に残存収差によるハロの影響も見られず，作例画像を見ても星像は非常にすっきりとシャープに見える．コマ収差も色収差も倍率の色収差もよく補正されている．

F2.8 —— とくに画面周辺の星像のシャープさと微光星の鮮鋭度が少し増し，全画面で最高水準の星像が得られる．やはり画面の上方，とくに右上隅の星像はやや甘さが残っているので，テストレンズの個体の問題だろう．

F4.0 —— 周辺減光もまったくといってよいほど認められなくなり，星像のシャープさと画面の均一性はさらに増して文句のつけようのない画面となる．

超高級な単焦点望遠レンズだが，収差補正がすばらしい．キヤノンの200mm F2.0と甲乙つけがたい最高級レンズだが，絞り開放での中心付近の星像はこのレンズの方がごくわずかだが優っている．

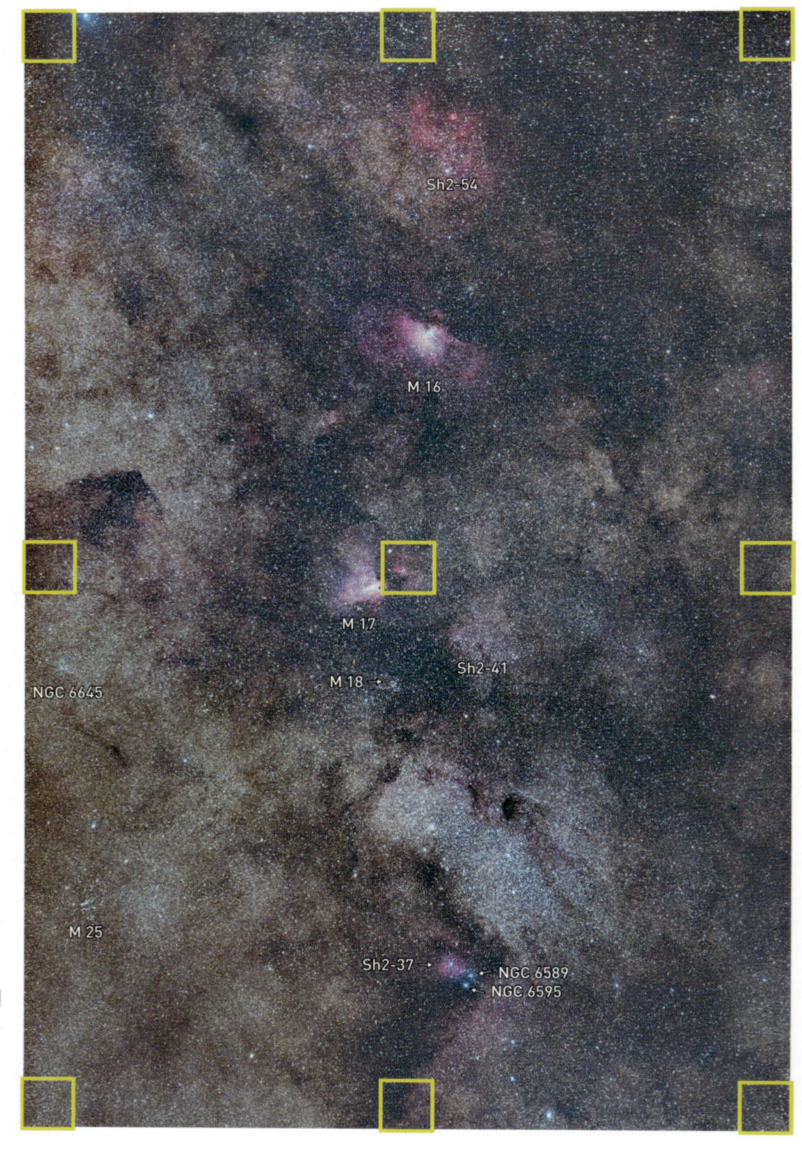

絞りF2.0開放で撮影した「いて座の散光星雲M16・M17付近の星野」

撮影データ；AF-S NIKKOR 200mm f/2G ED VR Ⅱ 絞りF2.0 ニコンD810A (ISO1600, RAW) 露出1分×4コマ加算平均 赤道儀で追尾撮影 Camera Rawで現像とノイズ低減 Photoshop CCで画像処理

A3ノビ用紙にプリントしたときの星像の様子

実画面寸法：36×24mm　プリント寸法：480×320mm（プリント倍率13.3倍）

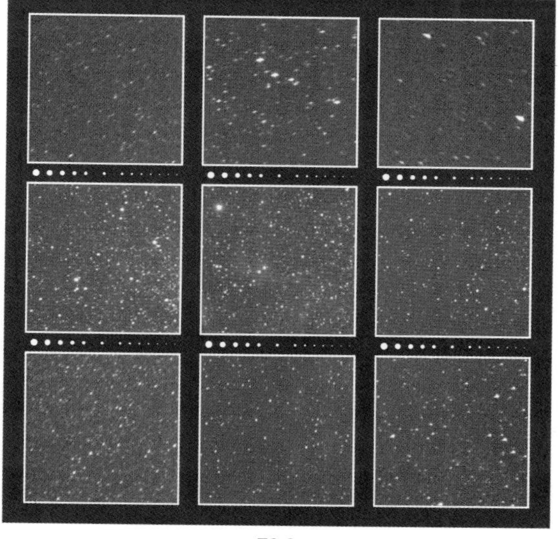

F2.0

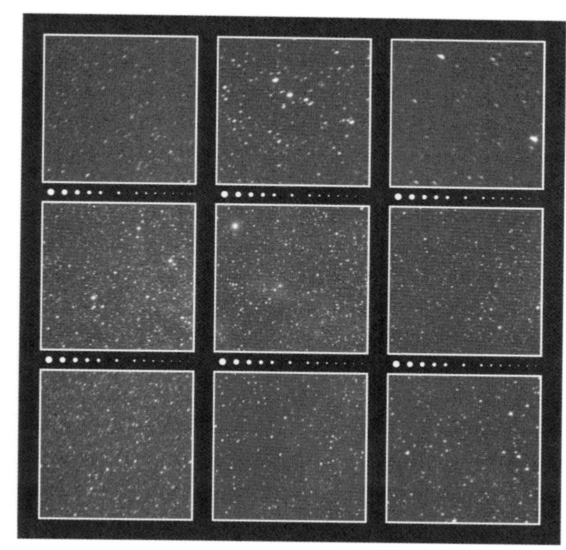

F2.8

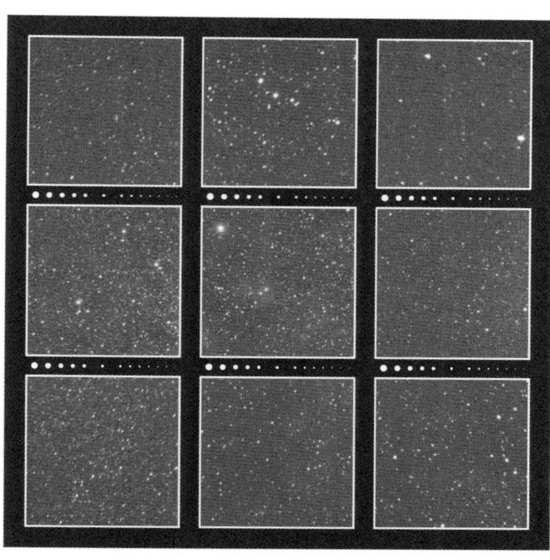

F4.0

星空を撮影したときの周辺減光の様子

F2.0

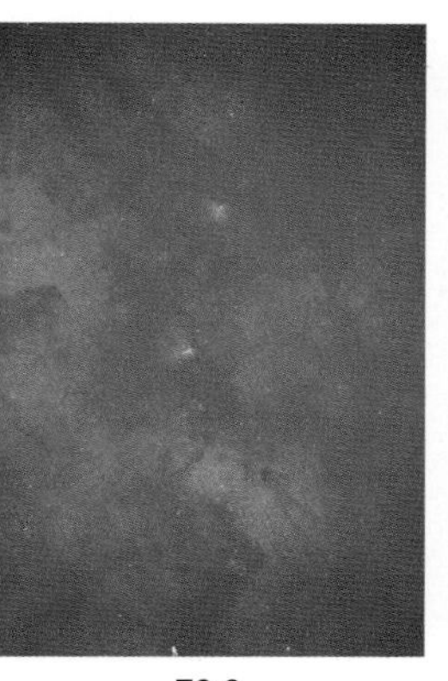

F2.8

F4.0

フルサイズ用交換レンズ
NIKON
APS-Cサイズ用交換レンズ
マイクロフォーサーズ用交換レンズ
資料

NIKON
AF-S Fisheye NIKKOR 8-15mm f/3.5-4.5E ED

焦点距離：8-15mm
最大絞り：F3.5-4.5
最小絞り：F22-29
最短撮影距離：0.16m
対角線画角：180°0-175°
レンズ構成：13群15枚
絞り羽根：7枚
フィルター：後部挟み込み式
大きさ：φ77.5mm×L83.0mm
重さ：485g
価格（税別）：152,500円
発売年月：2017年6月

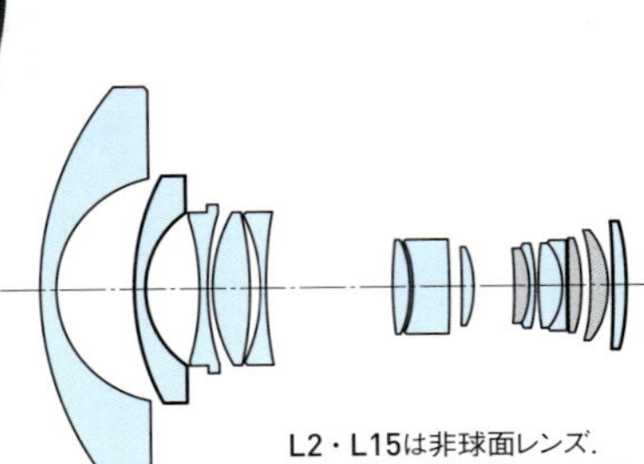

L2・L15は非球面レンズ.
L9・L13・L14はEDレンズ.

短焦点端 8mm

天頂に向けて撮影したので画面周辺に星像が写っていないので，作例にオーバーレイ表示したように，変則的な位置の星像を次ページに拡大表示した．四隅に表示したのが中心から約85%，四辺に表示したのが中心から約60%の像高に相当する．表示倍率は他と同じである．

短焦点端の画角は180°で，等立体角射影方式の円周魚眼レンズである．レンズ後部にはシートフィルターを装着できる．

F3.5 —— 絞り開放から星像は非常にシャープで申し分なく，微光星は良像基準を超えてたいへんシャープで，これならAPS-Cサイズのカメラに装着しても充分にシャープな星像が得られる．輝星像もシャープで，画面の右下隅に写っている赤い1等星アンタレスの星像を見ても明らかである．

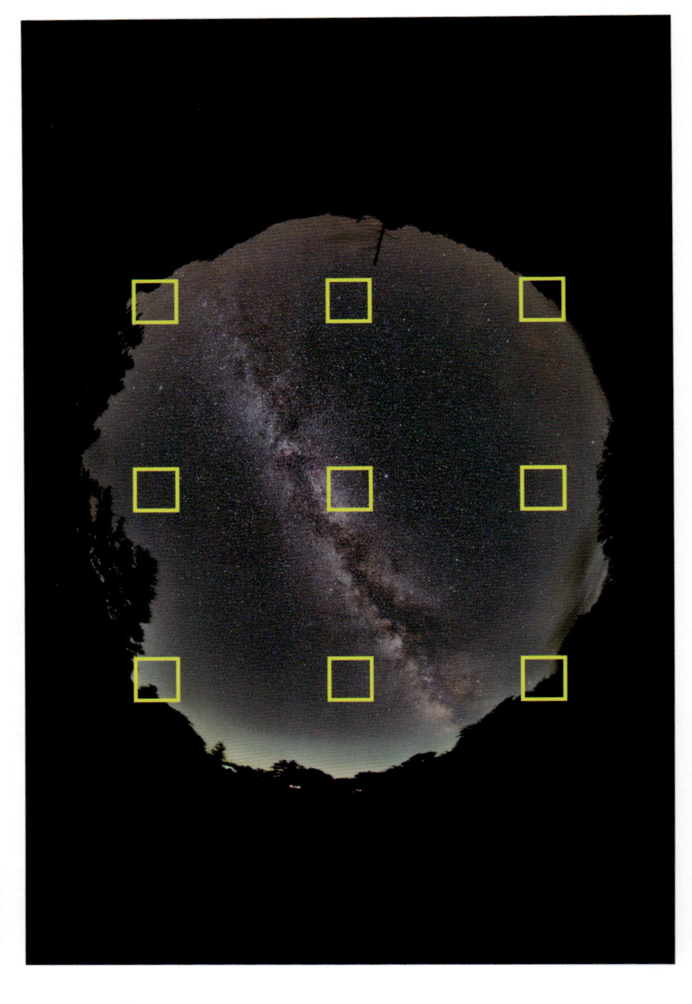

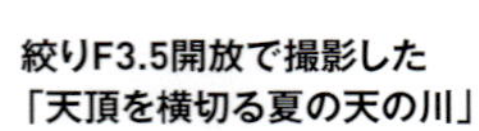

絞りF3.5開放で撮影した
「天頂を横切る夏の天の川」

撮影データ；AF-S Fisheye NIKKOR 8-15mm f/3.5-4.5E ED　焦点距離8mm　絞りF3.5　ニコンD810A（ISO1600，RAW）　露出2分　赤道儀で追尾撮影　Camera Rawで現像とノイズ低減　Photoshop CCで画像処理　Nik Collection"Viveza"で光害カブリ修整

A3ノビ用紙にプリントしたときの星像の様子　　実画面寸法：36×24mm　プリント寸法：480×320mm（プリント倍率13.3倍）

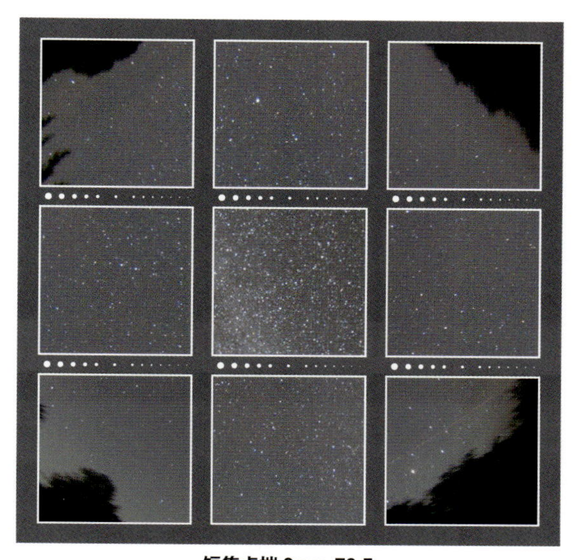

短焦点端 8mm F3.5

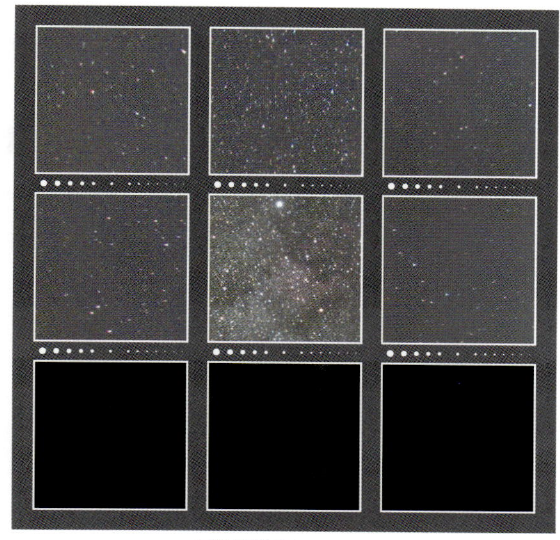

長焦点端 15mm F4.5

長焦点端 15mm

F4.5 ―― 対角線魚眼となるf15mmではF4.5と暗くなるが，星像は絞り開放から極めて良好である．微光星像も良像基準を超えて非常にシャープである．15mmではわずかな倍率の色収差で周辺星像の外側が赤く写っているのがわかる．

絞りF4.5開放で撮影した「昇る 夏の大三角からカシオペヤ座にかけての天の川」

撮影データ；AF-S Fisheye NIKKOR 8-15mm f/3.5-4.5E ED　焦点距離15mm　絞りF4.5　ニコンD810A（ISO800，RAW）露出4分　赤道儀で追尾撮影　Camera Rawで現像とノイズ低減　Photoshop CCで画像処理　Nik Collection“Viveza”で光害カブリ修整

PENTAX
HD PENTAX-D FA 15-30mmF2.8ED SDM WR

焦点距離：15-30mm
最大絞り：F2.8
最小絞り：F22
最短撮影距離：0.28m
対角線画角：111°-72°
レンズ構成：13群18枚
絞り羽根：9枚
フィルター：取り付け不可
大きさ：φ98.5mm×L143.5mm
重さ：1,040g
価格（税別）：250,000円
発売年月：2016年4月

短焦点端 15mm

F2.8 —— 星像は絞り開放から大変良い．拡大画像で確認できるように，微光星像は画面の大部分で良像基準に達している．明るい星の描写も良好で崩れは少ない．口径食の影響で画面の微光星像の描写はもの足りないが，超広角ズームの絞り開放画質としては最高級である．周辺光量は画面の四隅で2段分ほどなだらかに減光する．

F4.0 —— 絞り開放から良像なので，F4.0では画面周辺の微光星像がかなりしっかり描写される以外はF2.8と大きな違いはない．周辺減光がかなり抑えられるので，周辺部の微光星の描写向上と相まって，全体的に非常に良い画面となる．

多くのメーカーが採用している16-35mm F2.8（ズーム比2.2倍）よりも広角よりの仕様としたズーム比2倍の超広角ズーム．16mmよりも対角線画角で3°強ほど広角だが，超広角ズームの短焦点端の星像はトップクラスである．

絞りF2.8開放で撮影した「春の未明の夜空に昇る夏の天の川」

撮影データ；HD PENTAX-D FA 15-30mmF2.8ED SDM WR 焦点距離15mm 絞りF2.8 ペンタックスK-1（ISO800，RAW） 露出2分 赤道儀で追尾撮影 Camera Rawで現像 Photoshop CC，Nik Collection“SilverEfexPro”で画像処理 “Viveza”で光害カブリと地上風景を修整，同“Dfine”でノイズ低減

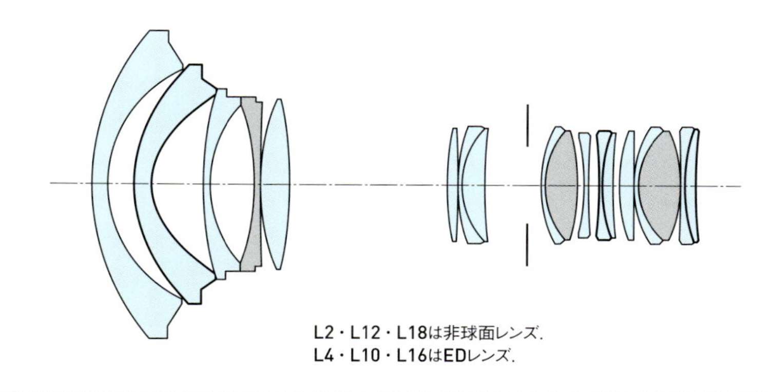

L2・L12・L18は非球面レンズ.
L4・L10・L16はEDレンズ.

短焦点端 15mm

A3ノビ用紙にプリントしたときの星像の様子

実画面寸法：36×24mm　プリント寸法：480×320mm（プリント倍率13.3倍）

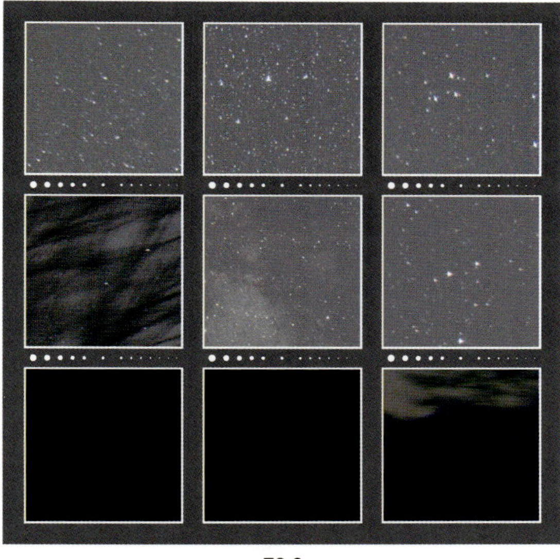

F2.8

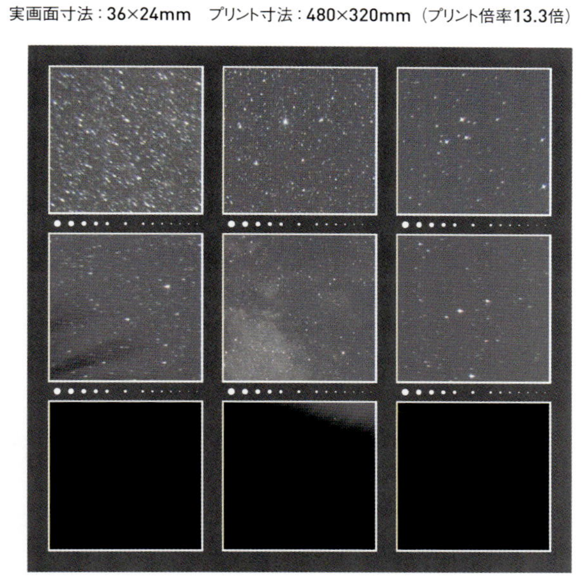

F4.0

星空を撮影したときの周辺光量の様子

F2.8

F4.0

PENTAX

HD PENTAX-D FA 15-30mmF2.8ED SDM WR

長焦点端 30mm

F2.8 —— 短焦点端15mmと同様に，星像は絞り開放から良好である．微光星像はほぼ全画面で良像基準に達しており，絞り開放の像としてはかなりしっかり記録されている．画面の中心から80%を超えたあたりから明るめの星は小さな十文字状に描写されるが，よく集光しているので目立つことはない．倍率の色収差もよく補正されている．周辺光量は画面の四隅で1段半分くらいの減光が認められる．

F4.0 —— 周辺部で十文字状に描写されていた明るめの星は，サジッタル方向の広がりが抑えられてシャープさが増す．微光星の描写は一段としっかりして画面全体で非常に良い描写となる．周辺減光もかなり軽減される．

このレンズは短焦点端も長焦点端も絞り開放から星像が良く，目立って信頼性が高い．最高級の超広角ズームである．

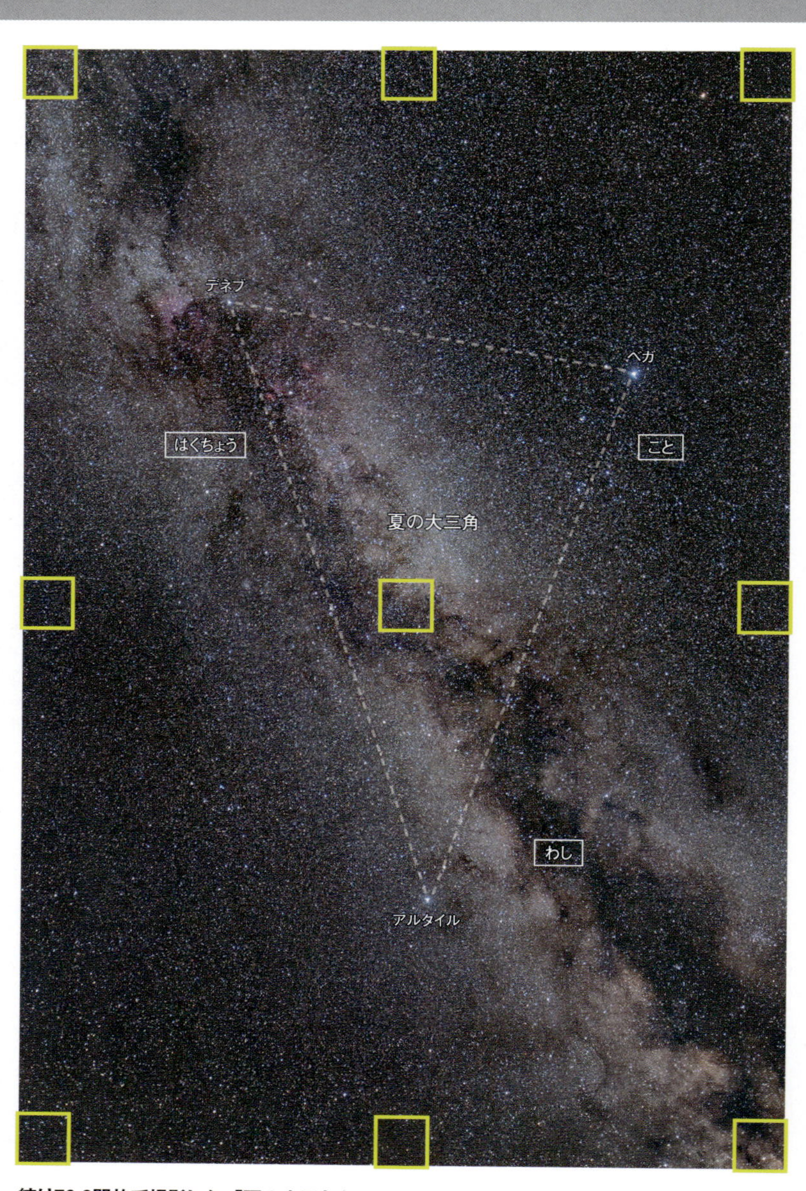

絞りF2.8開放で撮影した「夏の大三角」

撮影データ；HD PENTAX-D FA 15-30mmF2.8ED SDM WR 焦点距離30mm 絞りF2.8 ペンタックスK-1（ISO800，RAW） 露出2分 赤道儀で追尾撮影 Camera Rawで現像とノイズ低減 Photoshop CC，Nik Collection“SilverEfexPro”で画像処理

長焦点端 30mm

A3ノビ用紙にプリントしたときの星像の様子

実画面寸法：36×24mm　プリント寸法：480×320mm（プリント倍率13.3倍）

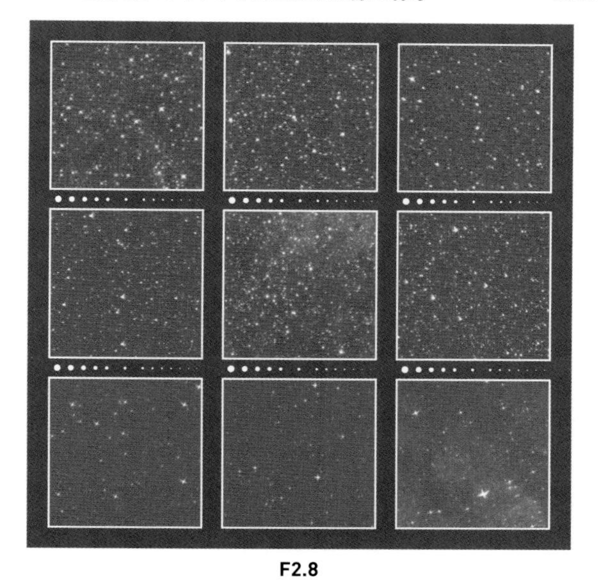

F2.8

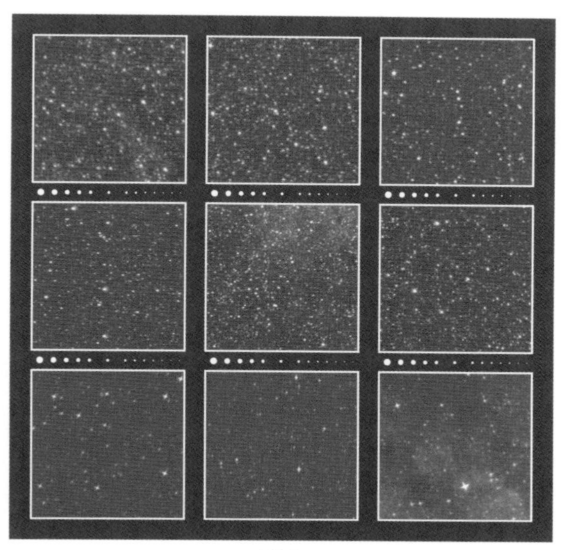

F4.0

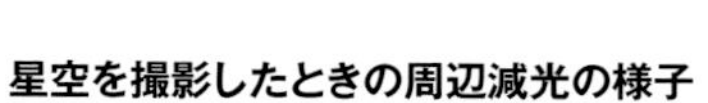

星空を撮影したときの周辺減光の様子

F2.8

F4.0

PENTAX
HD PENTAX-D FA 24-70mmF2.8ED SDM WR

焦点距離：24-70mm
最大絞り：F2.8
最小絞り：F22
最短撮影距離：0.38m
対角線画角：84°-34.°5
レンズ構成：12群17枚
絞り羽根：9枚
フィルター径：82mm
大きさ：φ88.5mm×L109.5mm
重さ：787g
価格（税別）：210,000円
発売年月：2015年10月

短焦点端 24mm

F2.8 —— 画面の中心から70%くらいまでの星像はかなり良好で，シャープさも充分で微光星像もしっかり描写されている．そこから画面の周辺方向に向けて星像は徐々にあまくなり，明るい星は三角形状に描写される．テストレンズでは右上隅の像が左上隅にくらべて像があまくなっているが，左上隅の星像の方がメリジオナル面に対してむしろ対称性は崩れている．いずれにしてもこれはごく軽微なもので，テストレンズの個体差の問題だろう．周辺光量は画面の四隅で2段分弱くらいなだらかに減光している．

F4.0 —— 周辺星像のサジッタル方向の広がりが抑えられて星像は鮮鋭さを増し，口径食が減った分だけ微光星像の描写も良くなって周辺減光も少なくなる．画面全体として均一性が増して良い画面となる．倍率の色収差はよく補正されている．

絞りF2.8開放で撮影した「さそり座・いて座と火星・土星」

撮影データ；HD PENTAX-D FA 24-70mmF2.8ED SDM WR　焦点距離24mm　絞りF2.8　ペンタックスK-1（ISO400，RAW）　露出4分　赤道儀で追尾撮影　Camera Rawで現像　Photoshop CC，Nik Collection“SilverEfexPro”で画像処理　“Viveza”で光害カブリと地上風景を修整，同“Dfine”でノイズ低減

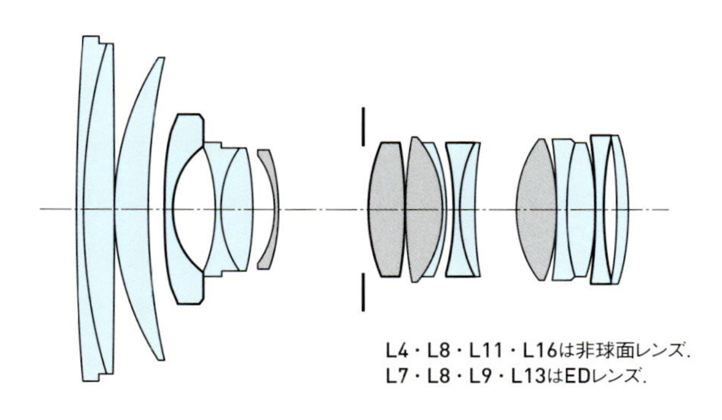

L4・L8・L11・L16は非球面レンズ.
L7・L8・L9・L13はEDレンズ.

短焦点端 24mm

A3ノビ用紙にプリントしたときの星像の様子

実画面寸法：36×24mm　プリント寸法：480×320mm（プリント倍率13.3倍）

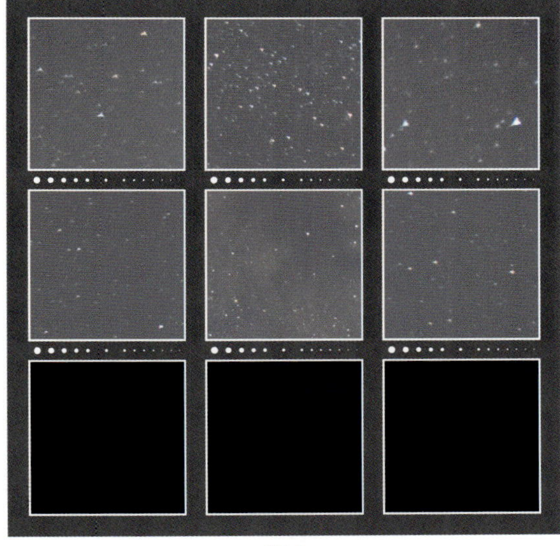

F2.8

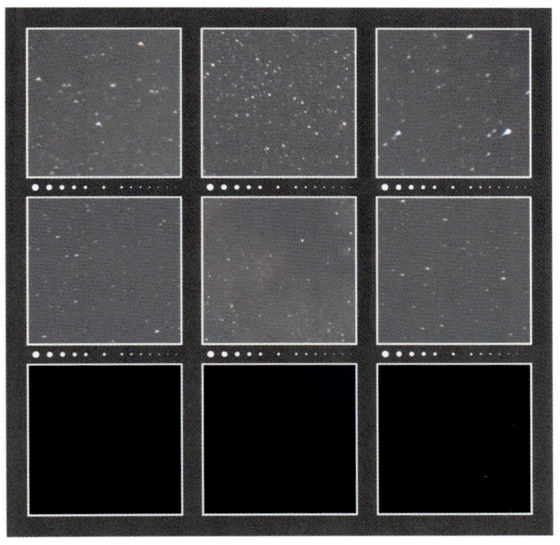

F4.0

星空を撮影したときの周辺光量の様子

F2.8

F4.0

PENTAX

HD PENTAX-D FA 24-70mmF2.8ED SDM WR

長焦点端 70mm

F2.8 —— 画面の中心から50%くらいの範囲は微光星像も明るめの星も充分にシャープで描写も良好である．そこから画面の四隅に向けて星像は徐々に崩れ始め，四隅では細長い三角形状になってメリジオナル方向（放射方向）に流れたように写っている．画面の中心に対する対称性は短焦点端よりも崩れていないが，左右の画質差と，四隅の星像の流れの方向から判断すると，テストレンズには主にズーミングによる誤差の変動があったのだろう．実際，ライブビュー画面の中心に輝星をとらえ，最大倍率でデフォーカス像を観察すると，デフォーカス像の光量分布が回転対称になっておらず，いわゆる「アス」が確認された．このようなアスを示すレンズは多く，とくに手ブレ補正付で複雑化した最近のレンズでは高級レンズであっても意外と多い．

F4.0 —— 周辺減光が改善されて星像のシャープさは増しているが，画面の四隅の流れはまだ残っている．

絞りF2.8開放で撮影した「いて座の天の川のM（メシエ）番号の付いた星雲・星団」

撮影データ；HD PENTAX-D FA 24-70mmF2.8ED SDM WR 焦点距離70mm 絞りF2.8 ペンタックスK-1（ISO400，RAW） 露出4分×4コマ加算平均 赤道儀で追尾撮影 Camera Rawで現像とノイズ低減 Photoshop CC，Nik Collection“SilverEfexPro”で画像処理

長焦点端 70mm

A3ノビ用紙にプリントしたときの星像の様子

実画面寸法：36×24mm　プリント寸法：480×320mm（プリント倍率13.3倍）

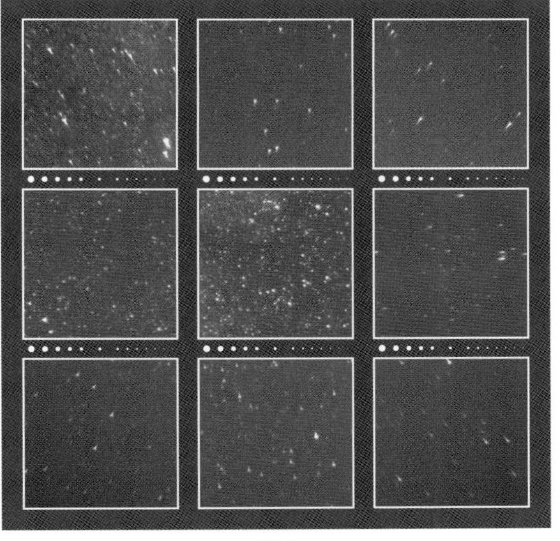

F2.8

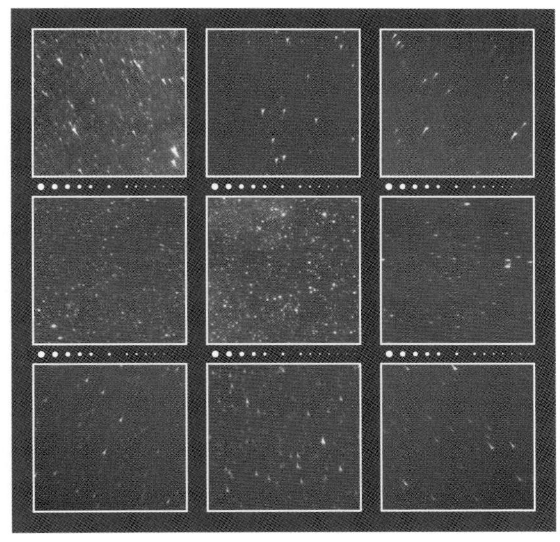

F4.0

星空を撮影したときの周辺減光の様子

F2.8

F4.0

PENTAX
HD PENTAX-D FA★70-200mmF2.8ED DC AW

焦点距離：70-200mm
最大絞り：F2.8
最小絞り：F22
最短撮影距離：1.2m
対角線画角：34°.5-12°.5
レンズ構成：16群19枚
絞り羽根：9枚
フィルター：取り付け不可
大きさ：φ91.5mm×L203mm
重さ：2,030g（フード，三脚座付）
価格（税別）：239,630円
発売年月：2016年3月

短焦点端 70mm

F2.8 —— 絞り開放から星像は非常に良く，微光星も全画面で良像基準を超えている．明るめの星は画面の四隅で十文字状になっているが集光が良いのでほとんど目立たない．周辺光量も豊富な方で70-200mm F2.8クラスの短焦点端の絞り開放の像としてはトップクラスである．色収差も倍率の色収差もよく補正されている．周辺光量は画面の四隅で1段半分くらいの減光がある．

F4.0 —— 星像はさらに鋭さを増して申し分のないものとなる．周辺光量も画面の隅までかなり良好となり，全画面で素晴らしい描写が得られる．

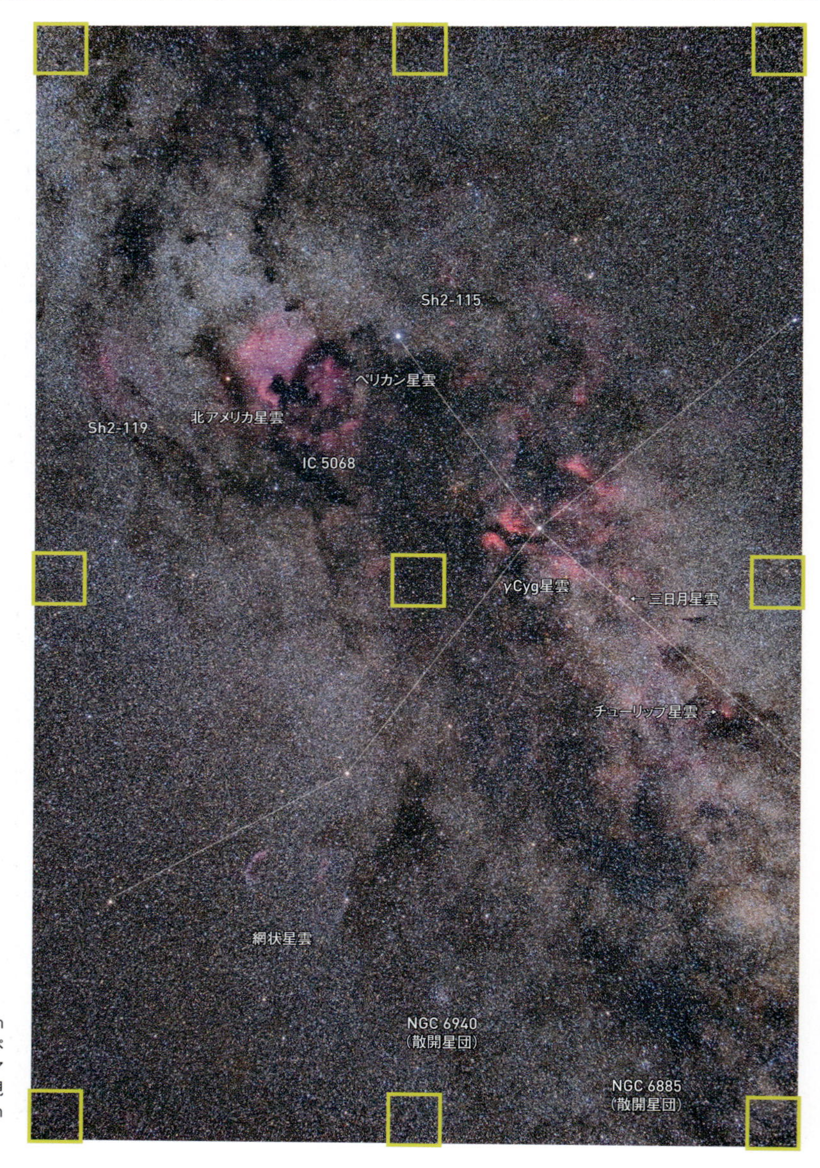

絞りF2.8で撮影した
「はくちょう座北部の散光星雲群」

撮影データ；HD PENTAX-D FA★70-200mm F2.8ED DC AW 焦点距離70mm 絞りF2.8 ペンタックスK-1（ISO400，RAW） 露出4分×4コマ加算平均 赤道儀で追尾撮影 Camera Rawで現像とノイズ低減 Photoshop CC，Nik Collection "ColorEfexPro"で画像処理

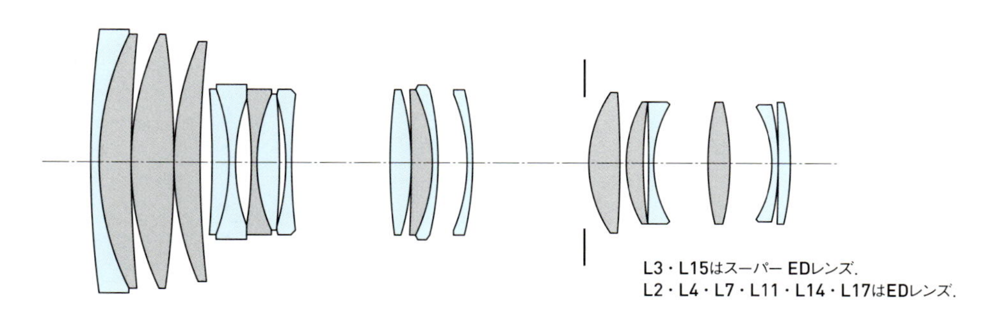

L3・L15はスーパー EDレンズ.
L2・L4・L7・L11・L14・L17はEDレンズ.

短焦点端 70mm

A3ノビ用紙にプリントしたときの星像の様子

実画面寸法：36×24mm　プリント寸法：480×320mm（プリント倍率13.3倍）

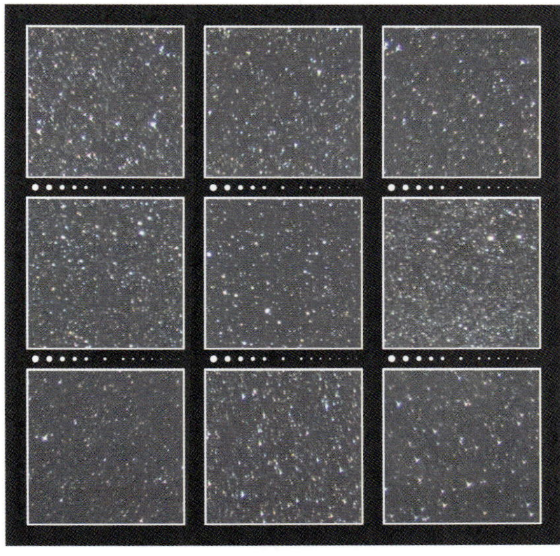

F2.8

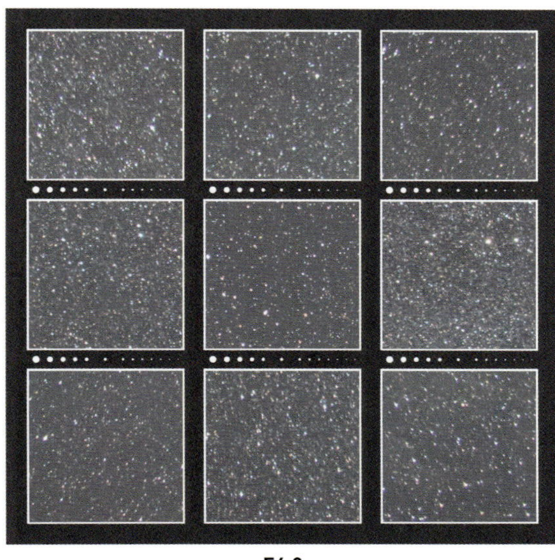

F4.0

星空を撮影したときの周辺減光の様子

F2.8

F4.0

PENTAX
HD PENTAX-D FA★70-200mmF2.8ED DC AW

長焦点端 200mm

F2.8 —— 画面の中心から80%くらいまでの星像はかなり良好で，微光星もしっかり描写されている．明るめの星の周りにはきわめてわずかなハロがあって描写がウルっとしているが悪くはない．画面の四隅では星像は三角形に描写されてあまくなるが，作例で見るようにそれほどひどい印象にはならない．周辺光量は画面の四隅で1段分強の減光があるが豊富な方である．

F4.0 —— 周辺減光はほとんど認められないレベルとなり，明るめの星も非常に鋭く描写されて申し分がない．画面のごく四隅の星像はF2.8と大差はない．

長焦点端では画面の四隅の描写にわずかな差が認められるが大きくはない．

作例に写っている一番明るい星デネブの光滲を見るとサジッタル方向の一部が欠けたように見えるが，これは口径食があるときの光学系の縁で起こる光の回折によるもので収差とは関係のないものである．

短焦点端の星像は絞り開放から良く，長焦点端も画面の大部分で絞り開放から良好で，なおかつズーム全域で周辺光量も豊富な方である．これなら70-200mm F2.8ズームとして最高級といえる．

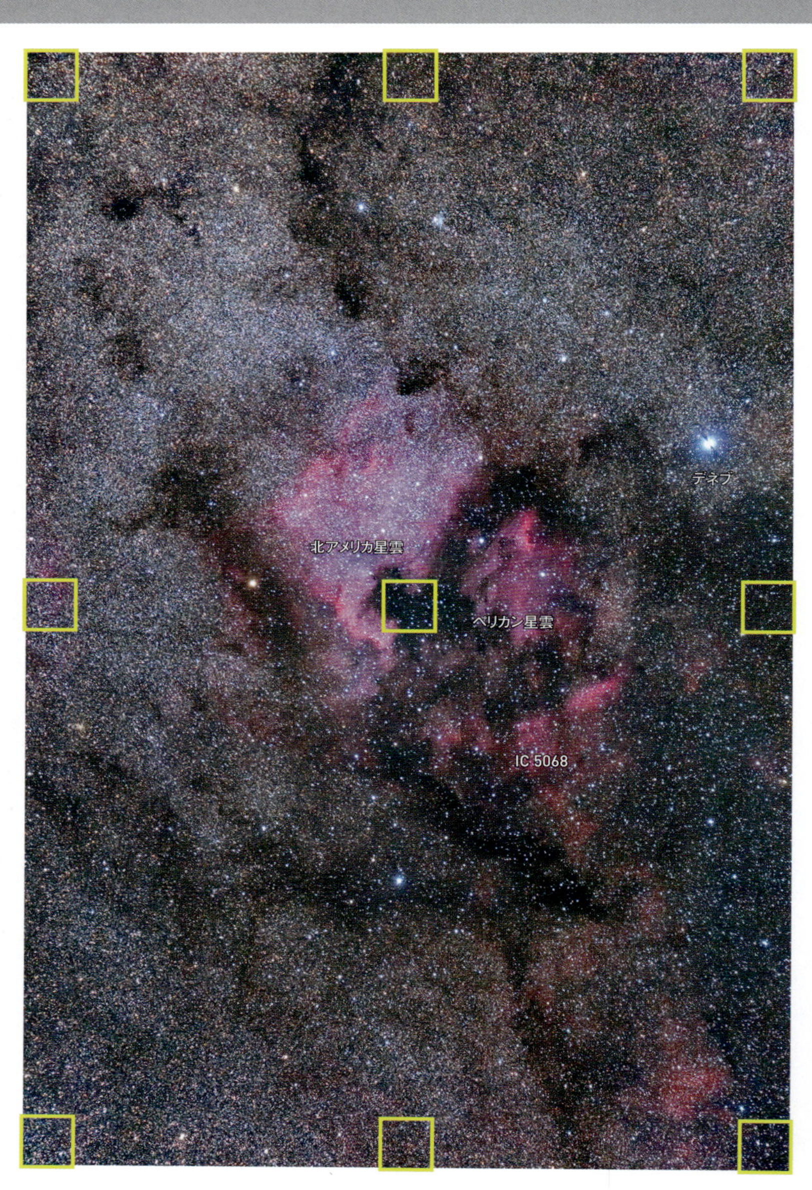

絞りF2.8開放で撮影した「デネブ·北アメリカ星雲·ペリカン星雲付近の星野」

撮影データ；HD PENTAX-D FA 24-70mmF2.8ED SDM WR 焦点距離200mm 絞りF2.8 ペンタックスK-1（ISO800，RAW）露出2分×4コマ加算平均 赤道儀で追尾撮影 Camera Rawで現像とノイズ低減 Photoshop CC，Nik Collection“ColoeEfexPro”で画像処理

長焦点端 200mm

A3ノビ用紙にプリントしたときの星像の様子

実画面寸法：36×24mm　プリント寸法：480×320mm（プリント倍率13.3倍）

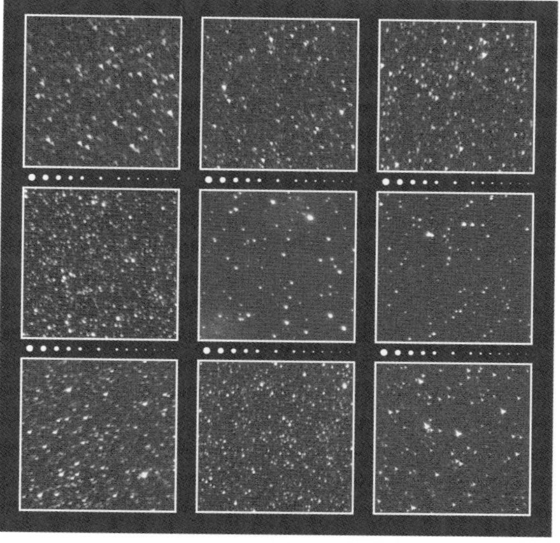

F2.8

F4.0

星空を撮影したときの周辺減光の様子

F2.8

F4.0

SIGMA
12-24mm F4 DG HSM

焦点距離：12-24mm
最大絞り：F4.0
最小絞り：F22
最短撮影距離：0.24m（24mm時）
対角線画角：122°0-84°1
レンズ構成：11群16枚
絞り羽根：9枚
フィルター：装着不可
大きさ：φ102.0mm×L131.5mm
重さ：1,150g
対応マウント：キヤノン，ニコン，シグマ
価格（税別）：220,000円
発売年月：2016年10月

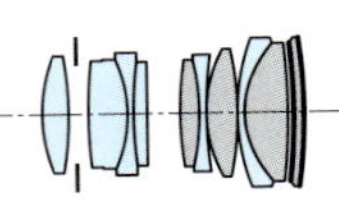

L1・L3・L16は非球面レンズ．太線が非球面．
L4・L5・L11・L13・L15はFLDレンズ．
L16はSLDレンズ．

短焦点端 12mm

F4.0 —— 122°の超広角ズームとは思えないほど星像が良い．画面四隅では，星像は収差でわずかに崩れるが芯がある描写で，とくに画面中心から60%くらいまでは申し分ない．周辺光量は，画面の四隅では2段分弱ほど減光するが，超広角としては多い方．

絞りF4.0開放で撮影した「冬の高層湿原から見た 沈む冬のダイヤモンド」

撮影データ；12-24mm F4 DG HSM 焦点距離12mm 絞りF4.0 キヤノンEOS 5D MarkⅣ（ISO3200，RAW） 露出1分 赤道儀で追尾撮影
Camera Rawで現像 Photoshop CCで画像処理 Nik Collection“Viveza”で光害カブリと地上風景を修整，同“Dfine”でノイズ低減

A3ノビ用紙にプリントしたときの星像の様子　　実画面寸法：36×24mm　プリント寸法：480×320mm（プリント倍率13.3倍）

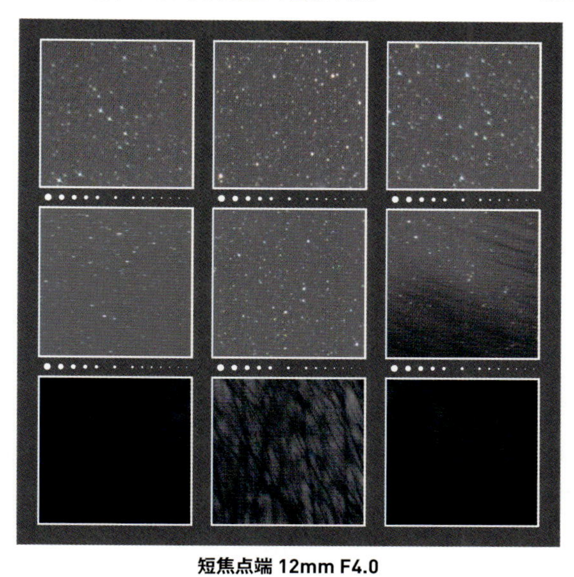

短焦点端 12mm F4.0

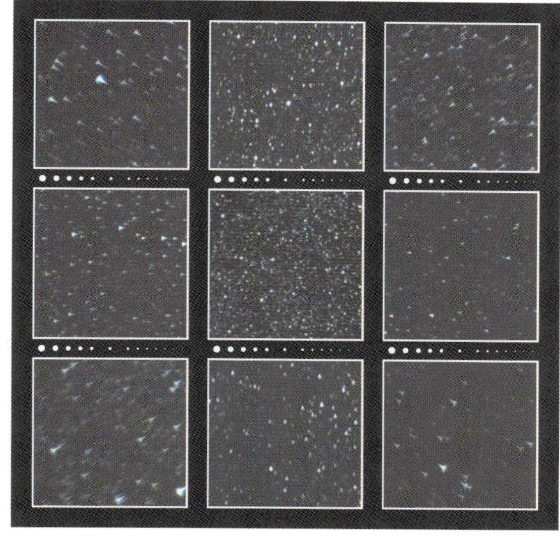

長焦点端 24mm F4.0

長焦点端 24mm

F4.0 —— 画面の右側は画面中心から90%くらいまでは良い星像が得られているが，画面の左側は70%くらいまでで，画質に差が認められる．周辺減光は画面の四隅で1段強ほどある．短焦点端ともども，倍率の色収差はよく補正されている．

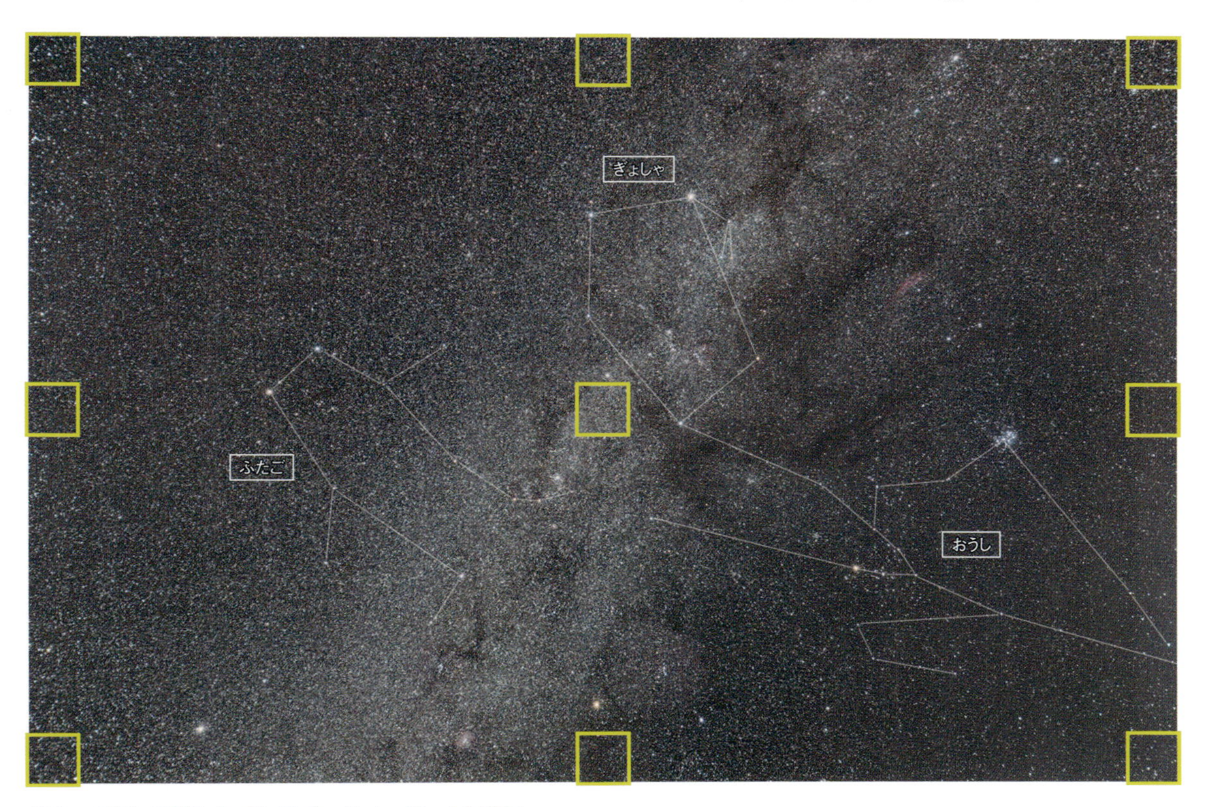

絞りF4.0開放で撮影した「おうし座・ぎょしゃ座・ふたご座」

撮影データ；12-24mm F4 DG HSM　焦点距離24mm　絞りF4.0　キヤノンEOS 5D MarkⅣ（ISO3200，RAW）露出1分　赤道儀で追尾撮影
Camera Rawで現像　Photoshop CCで画像処理

SIGMA
24-35mm F2 DG HSM

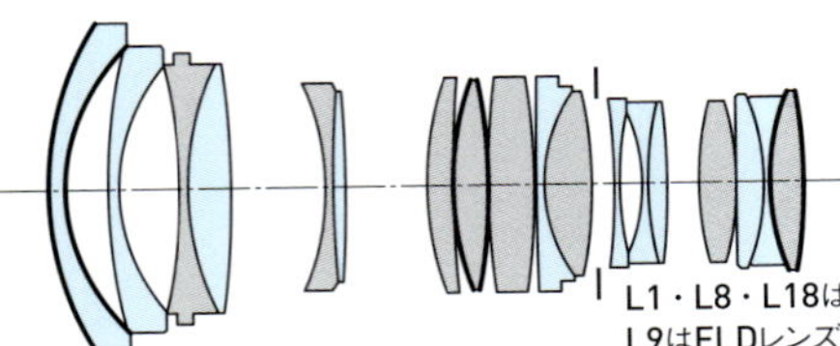

L1・L8・L18は非球面レンズ．太線が非球面．
L9はFLDレンズ．
L3・L5・L7・L8・L11・L15・L18はSLDレンズ．

焦点距離：24-35mm	対角線画角：84.°1-63.°4	大きさ：φ87.6mm×L122.7mm	発売年月：2015年7月
最大絞り：F2.0	レンズ構成：13群18枚	重さ：940g	
最小絞り：F16	絞り羽根：9枚	対応マウント：キヤノン，ニコン，シグマ	
最短撮影距離：0.28m	フィルター径：82mm	価格(税別)：150,000円	

短焦点端 24mm

F2.0 —— 非常に明るい広角ズームの短焦点端だが，画面中心から70%くらいの範囲の星像は絞り開放から充分に良い．そこから画面周辺になるほど星像は徐々にあまくなり，画面四隅ではサジッタル コマ フレアで星像は同心円方向に伸びるように崩れてあまくなる．画面四隅では2段分ほどの減光が見られる．

F2.8 —— 画面の中心から90%くらいまでの星像が良好になる．画面四隅の星像の崩れもかなり少なくなる．

F4.0 —— 全画面で良い星像が得られ，微光星の写りも画面の四隅までしっかりする．画面のごく四隅で1/2段ほどストンと落ちる減光が見られるが，周辺光量はF4.0でおおむねが良好になる．画面四隅の星像を子細に見ると，外側が赤みを帯びて写っていて，倍率の色収差がわずかにあることがわかる．

絞りF2.0開放で撮影した「昇る冬の大三角と夜明けの黄道光」

撮影データ；24-35mm F2 DG HSM 焦点距離24mm 絞りF2.0 キヤノンEOS 5DsR（ISO800，RAW） 露出2分 赤道儀で追尾撮影 Camera Rawで現像 Photoshop CCで画像処理 Nik Collection“Viveza”で光害カブリと地上風景を修整，同“Dfine”でノイズ低減

A3ノビ用紙にプリントしたときの星像の様子

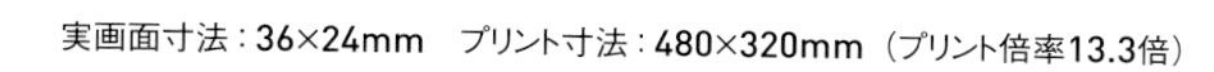
実画面寸法：36×24mm　プリント寸法：480×320mm（プリント倍率13.3倍）

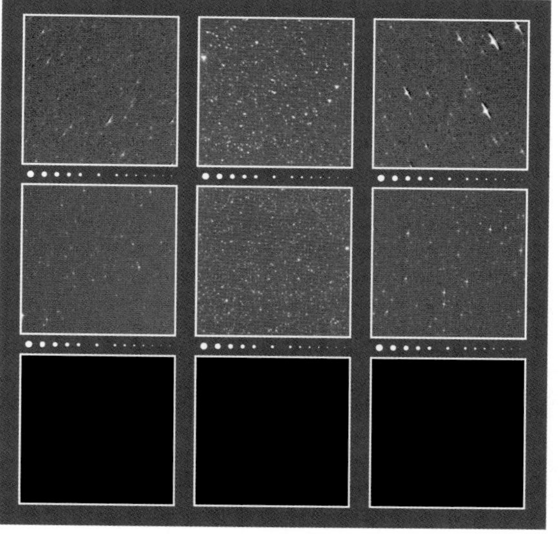
F2.0

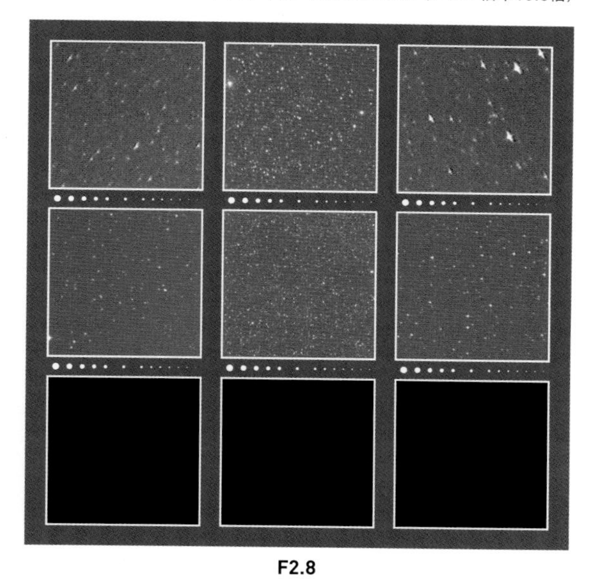
F2.8

F4.0

星空を撮影したときの周辺光量の様子

F2.0

F2.8

F4.0

SIGMA
24-35mm F2 DG HSM

長焦点端 35mm

F2.0 ―― 絞り開放から画面の大部分でかなり良好な星像が得られる．とくに画面中心から80%くらいまでの星像はかなり良い．画面四隅はコマ収差で星像は崩れるが，芯がしっかりしていて崩れは少ない．画面の四隅では2段分ほどの周辺減光が認められる．

F2.8 ―― 画面のごく四隅の星像は三角形に集光しているが，おおむね全画面で良い星像が得られる．

F4.0 ―― 星像はさらに鋭さを増し，画質の均一性が良い．周辺光量も増して，高水準な星野画像が得られる．星像を子細に見ると，四隅の星像の外側が赤みを帯びて写っており，倍率の色収差がわずかに残っていることがわかる．

このレンズは開放F2.0という明るさが特色の広角ズームだが，ズーム全域で絞り開放から星像はなかなか良好で，F2.8に絞ればほぼ満足でき，F4.0では星像も周辺光量もすばらしいものとなる．ズーム倍率は小さいが，星座撮影に多用する画角域をカバーし，光軸の狂いも見られず，目立って信頼性の高い堅調なレンズといえる．

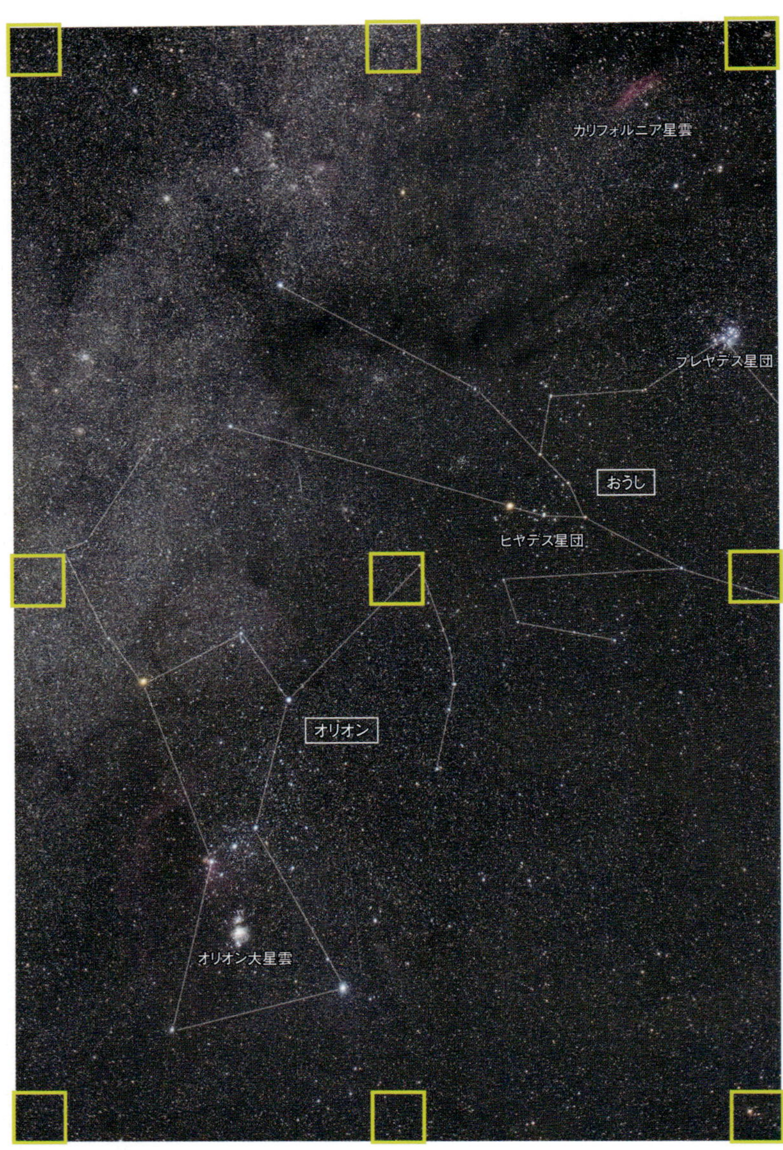

絞りF2.0開放で撮影した「おうし座・オリオン座」

撮影データ；24-35mm F2 DG HSM 焦点距離35mm 絞りF2.0 キヤノンEOS 5DsR（ISO1600，RAW）露出1分 赤道儀で追尾撮影 Camera Rawで現像とノイズ低減 Photoshop CCで画像処理

A3ノビ用紙にプリントしたときの星像の様子

実画面寸法：36×24mm　プリント寸法：480×320mm（プリント倍率13.3倍）

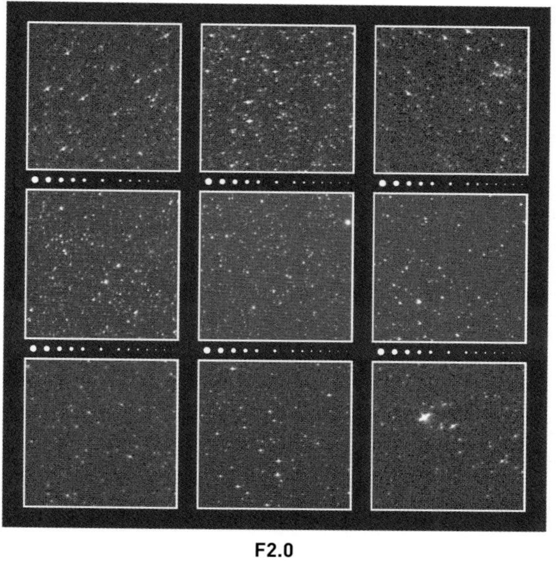

F2.0

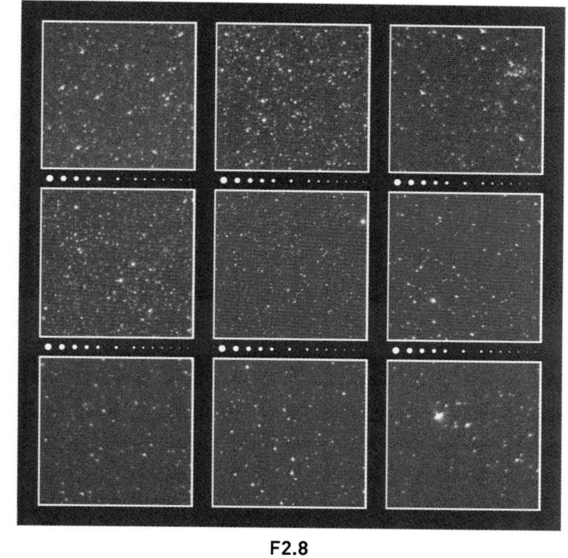

F2.8

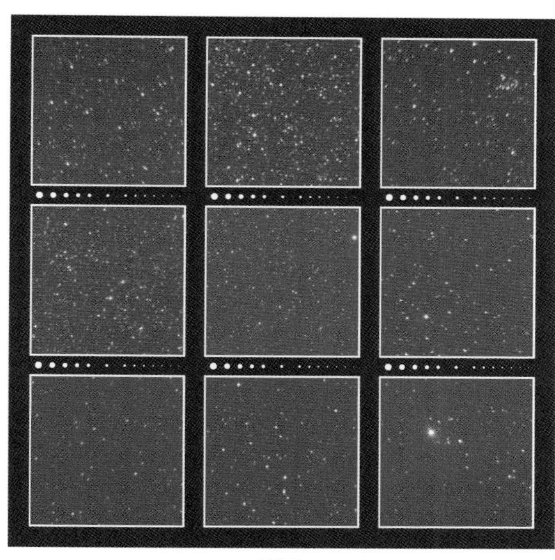

F4.0

星空を撮影したときの周辺光量の様子

F2.0

F2.8

F4.0

SIGMA
24-70mm F2.8 DG OS HSM

焦点距離：24-70mm
最大絞り：F2.8
最小絞り：F22
最短撮影距離：0.37m
対角線画角：84.°1-34.°3
レンズ構成：14群19枚
絞り羽根：9枚
フィルター径：82mm
大きさ：φ88mm×L107.6mm
重さ：1,020g
対応マウント：キヤノン，ニコン，シグマ
価格（税別）：190,000円
発売年月：2017年7月

短焦点端 24mm

F2.8 ―― 画面中心から60%くらいまでの星像は良像基準を超えて充分に良い．そこから周辺にかけて星像は徐々にあまくなり，画面の四隅では，星像の形は大きく崩れていないもののボケたような感じにあまくなる．周辺光量はこのクラスとしては平均的なもので，画面の四隅では2段分ほど減光が認められる．

F4.0 ―― 画面四隅はややあまい（とくに左上隅はあまい）が，画面の大部分で良い星像が得られる．周辺減光も改善され，画面の四隅で約1段の減光に止まる．

このレンズの24mm時の星像は不思議で，F2.8の拡大画像を見ると，画面の下辺にくらべて上辺があまい．これは作例画像からもわかる．上辺の左右隅を比較すると左側の方があまいが，中段の左右を比較すると逆に右側の方があまい．それにもかかわらずF4.0に絞ると，星像がほぼ全画面で鮮鋭になる．

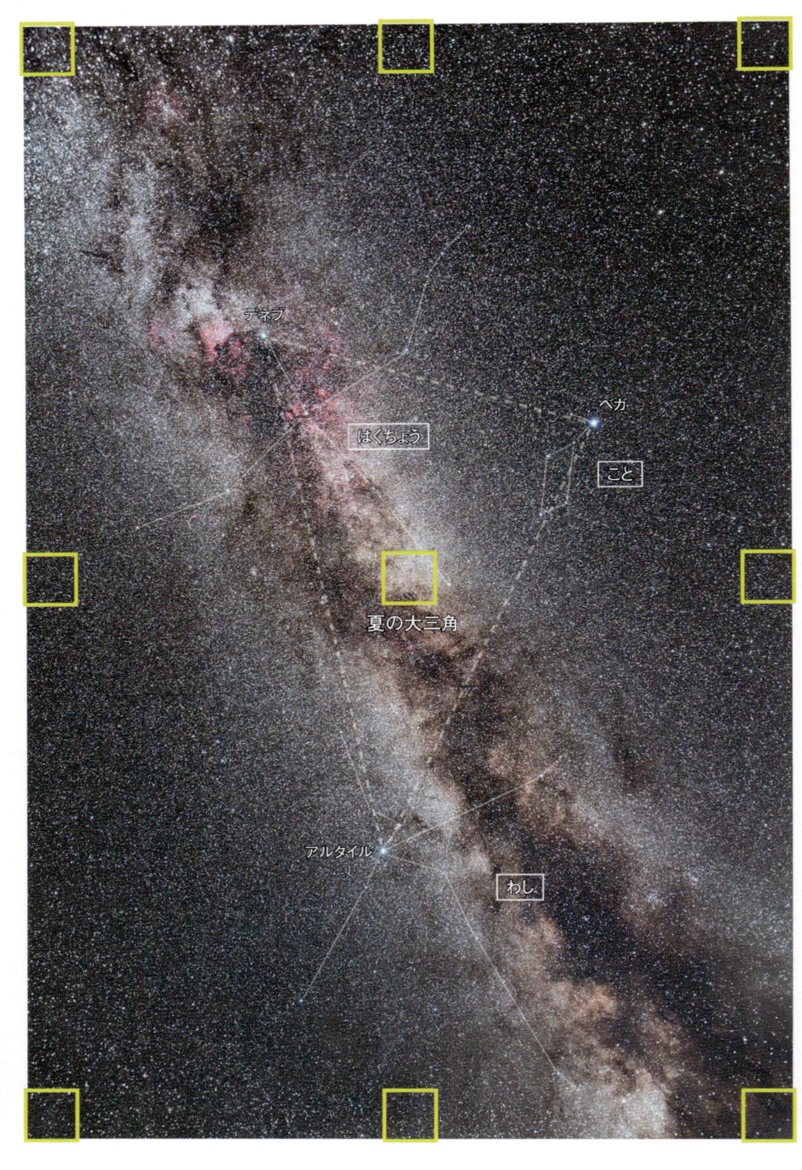

絞りF2.8開放で撮影した「夏の大三角」

撮影データ；24-70mm F2.8 DG OS HSM 焦点距離24mm 絞りF2.8 キヤノンEOS 6D（SEO-SP4改造，ISO1600，RAW） 露出1分×4コマ加算平均 赤道儀で追尾撮影 Camera Rawで現像とノイズ低減 Photoshop CCで画像処理

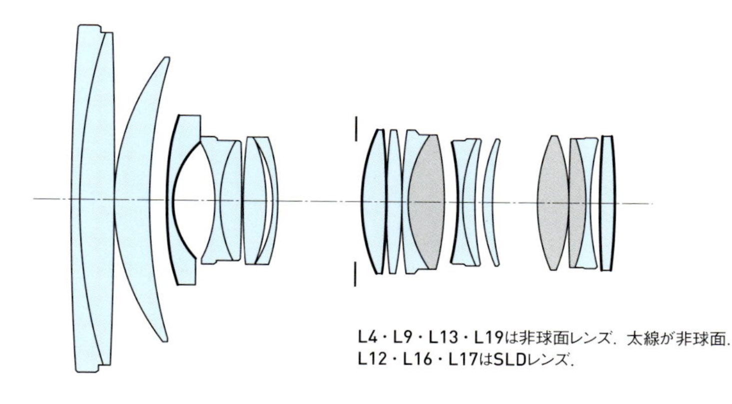

L4・L9・L13・L19は非球面レンズ．太線が非球面．
L12・L16・L17はSLDレンズ．

短焦点端 24mm

A3ノビ用紙にプリントしたときの星像の様子

実画面寸法：36×24mm　プリント寸法：480×320mm（プリント倍率13.3倍）

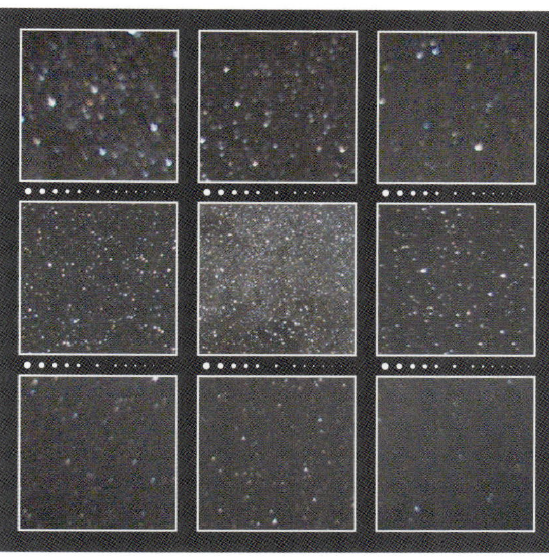

F2.8

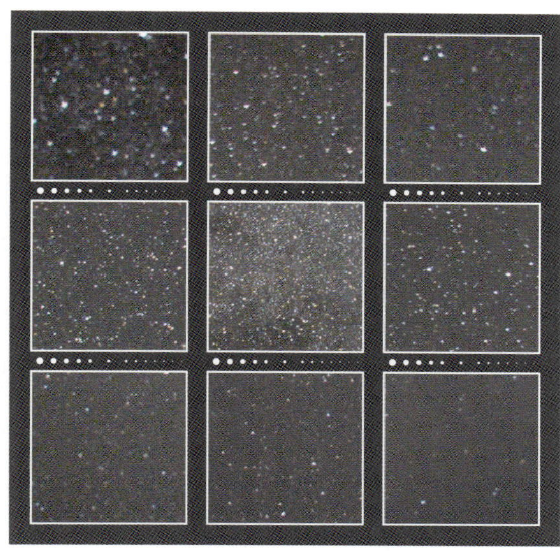

F4.0

星空を撮影したときの周辺減光の様子

F2.8

F4.0

SIGMA
24-70mm F2.8 DG OS HSM

長焦点端 70mm

F2.8 —— 絞り開放から画面全体で微光星は良像基準を超えており高画質である．四隅の方の星像を子細に見ると，明るめの星は小さな三角形状に収束しているが，倍率の色収差による星像の色ズレも見られず，明るい標準ズームの長焦点端としてはかなり良好である．画面の四隅では約1段半くらいの減光が見られる．

F4.0 —— 絞り開放から星像が良いので，1段絞っても星像はわずかに鮮鋭になるだけでほとんど変わらない．周辺減光は画面四隅でまだ1段分ほどあるが，描写の均一性が増し，周辺の微光星の描写が鮮鋭になるので，画面の全体的な印象は絞り開放時よりもかなり良い．

絞りF2.8開放で撮影した「はくちょう座北部の散光星雲群」

撮影データ；24-70mm F2.8 DG OS HSM 焦点距離70mm 絞りF2.8 キヤノンEOS 6D（SEO-SP4改造，ISO1600，RAW） 露出1分×4コマ加算平均 赤道儀で追尾撮影 Camera Rawで現像とノイズ低減 Photoshop CCで画像処理

長焦点端 70mm

A3ノビ用紙にプリントしたときの星像の様子

実画面寸法：36×24mm　プリント寸法：480×320mm（プリント倍率13.3倍）

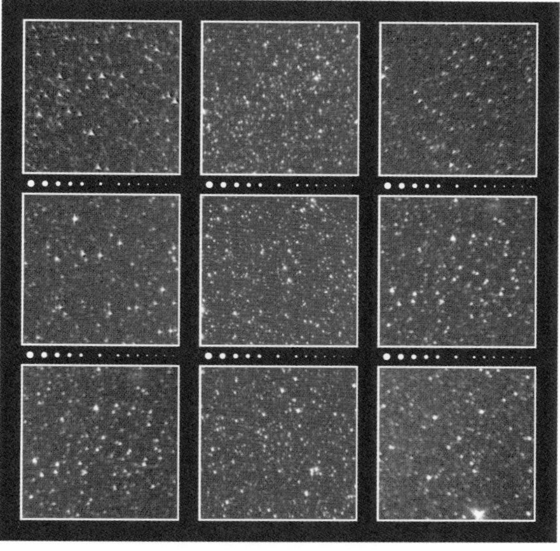

F2.8

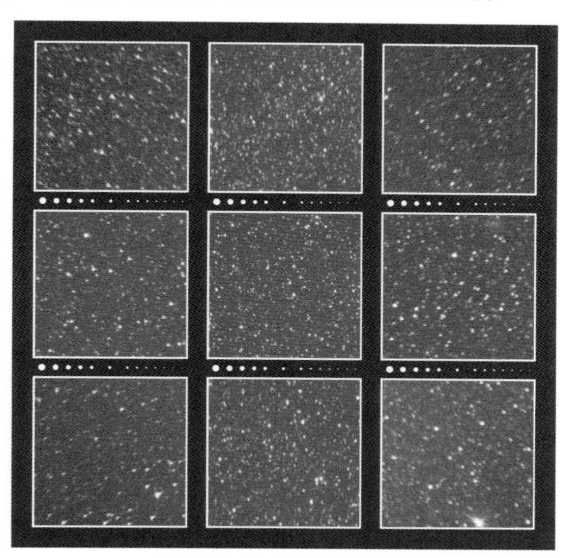

F4.0

星空を撮影したときの周辺減光の様子

F2.8

F4.0

SIGMA
24-105mm F4 DG OS HSM

焦点距離：24-105mm
最大絞り：F4.0
最小絞り：F22
最短撮影距離：0.45m
対角線画角：84°.1-23°.3
レンズ構成：14群19枚
絞り羽根：9枚
フィルター径：82mm
大きさ：φ88.6mm×L109.4mm
重さ：885g
対応マウント：キヤノン，ニコン，シグマ，ソニーE
価格(税別)：125,000円
発売年月：2013年11月

L4・L7・L16は非球面レンズ．太線が非球面．
L8・L17はFLDレンズ．
L10・L11はSLDレンズ．

短焦点端 24mm

F4.0 —— 画面中心から80%くらいの範囲の星像は非常に良い．そこから外側になるほど星像はあまくなるが，四隅でも星像の崩れは少なく，作例で見るように全体的にかなり良い印象の画面が得られる．

絞りF4.0開放で撮影した「さそり座・いて座」

撮影データ；24-105mm F4 DG OS HSM 焦点距離24mm 絞りF4.0 キヤノンEOS 6D（ISO800，RAW）露出3分 赤道儀で追尾撮影 Camera Rawで現像 Photoshop CCで画像処理 Nik Collection"Viveza"で光害カブリと地上風景を修整，同"Dfine"でノイズ低減

A3ノビ用紙にプリントしたときの星像の様子　　実画面寸法：36×24mm　プリント寸法：480×320mm（プリント倍率13.3倍）

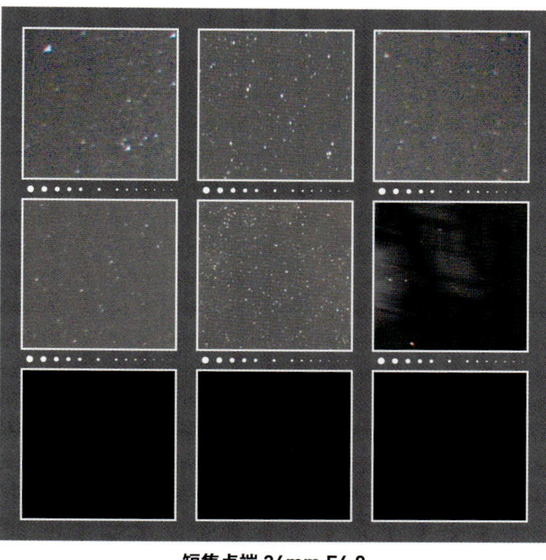

短焦点端 24mm F4.0

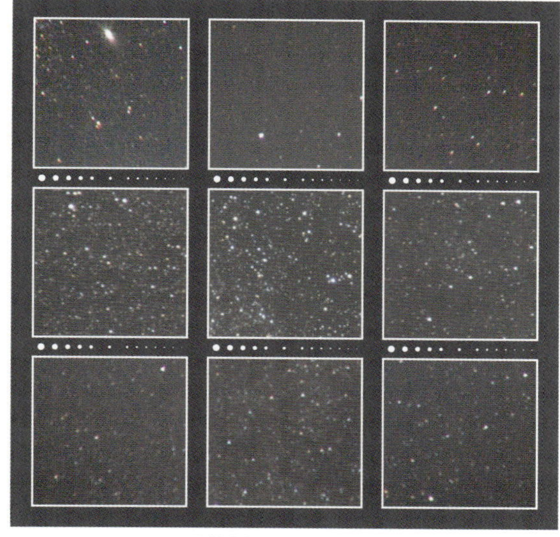

長焦点端 105mm F4.0

長焦点端 105mm

F4.0 ―― 絞り開放から画面の均一性が良い星像を示し，信頼性が目立って高い．

F4.0での周辺光量は，短焦点端でも長焦点端でも，画面の中心から80%あたりからストンと落ちるように2段分ほど減光する．

短焦点端では，画面四隅の星像は，内側が青色に，外側が赤色に色ズレしたように写っており，倍率の色収差があることを示している．長焦点端ではこのような色ズレは認められず，倍率の色収差がよく補正されていることがわかる．

このレンズはF4.0と明るくはないので星空撮影用としては絞り込む余裕はほとんど残されていないが，短焦点端でも長焦点端でも，絞り開放からこのくらい良好な星像が得られれば堅調といえる．ただし画面四隅の周辺光量はもう少しほしい．

絞りF4.0開放で撮影した
「散光星雲M16・M17・M20・M8付近の星野」

撮影データ；24-105mm F4 DG OS HSM　焦点距離105mm　絞りF4.0　キヤノンEOS 6D（ISO800，RAW）露出3分　赤道儀で追尾撮影　Camera Rawで現像とノイズ低減　Photoshop CCで画像処理

SIGMA
14mm F1.8 DG HSM

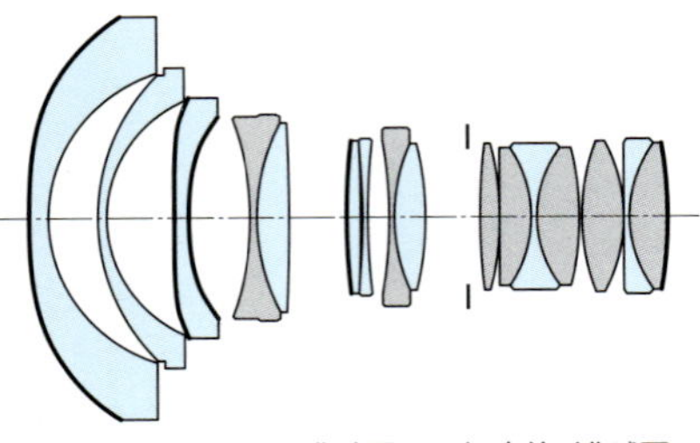

L1・L3・L6・L16は非球面レンズ．太線が非球面．
L4・L8・L11はFLDレンズ．
L10・L13・L14・L16はSLDレンズ．

焦点距離：14mm
最大絞り：F1.8
最小絞り：F16
最短撮影距離：0.27m
対角線画角：114.°2
レンズ構成：11群16枚
絞り羽根：9枚
フィルター：装着不可 [*1]
大きさ：φ95.4mm×L126.0mm
重さ：1,120g
対応マウント：キヤノン，ニコン，シグマ
価格(税別)：219,000円
発売年月：2017年7月

*1：キヤノン用のみ有料オプションの専用リアフィルターホルダー FHR-11を使用して後部差し込み式で使用可能．

F1.8 ―― 対角線画角114.°2のF1.8開放とは思えないほどすばらしい画質．画面中心から70%くらいまでは申し分なく，画面周辺の星像も崩れが少なく芯のある描写なので微光星の写りも悪くない．

F2.0 ―― 1/3段絞った程度では絞り開放とほとんど変わらないが，中間画角部の微光星は口径食が減った分だけ明瞭さが増す．

F2.8 ―― 画面の四隅まで見事な星像となり，周辺光量も目立って改善されてすばらしい画面となる．

F4.0 ―― 星像はF2.8とほとんど変わらない．F2.8の画面の四隅でわずかに残っていた周辺減光もわからなくり，申し分のない画面となる．画面周辺の星像に色ズレが見られず，倍率の色収差もよく補正されていることがわかる．

非常な超広角レンズでありながら他にはないF1.8という明るさが何よりの特色．しかしも星像は絞り開放から良い．最高の14mm単焦点レンズ．

絞りF2.8で撮影した
「エチオピア王家の3星座とペルセウス座」

撮影データ；14mm F1.8 DG HSM 絞りF2.8 キヤノンEOS 6D（SEO-SP4改造，ISO1600，RAW）露出1分 赤道儀で追尾撮影 Camera Rawで現像 Photoshop CCで画像処理 Nik Collection "Viveza"で光害カブリと地上風景描写を修整

A3ノビ用紙にプリントしたときの星像の様子

実画面寸法：36×24mm　プリント寸法：480×320mm（プリント倍率13.3倍）

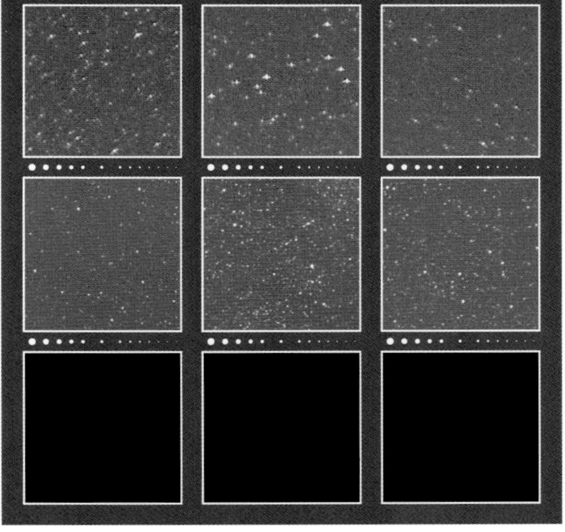

F1.8

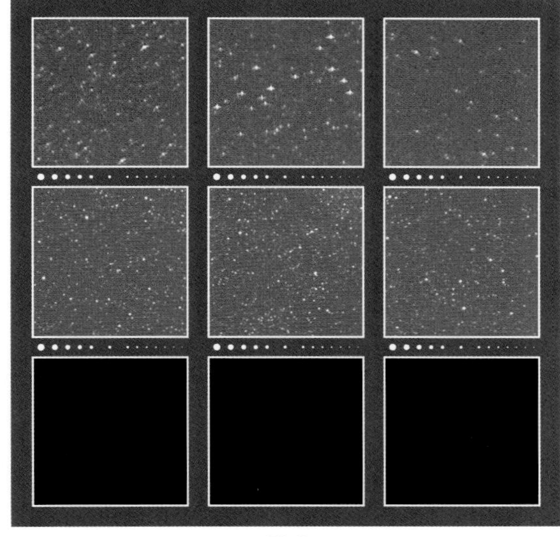

F2.0

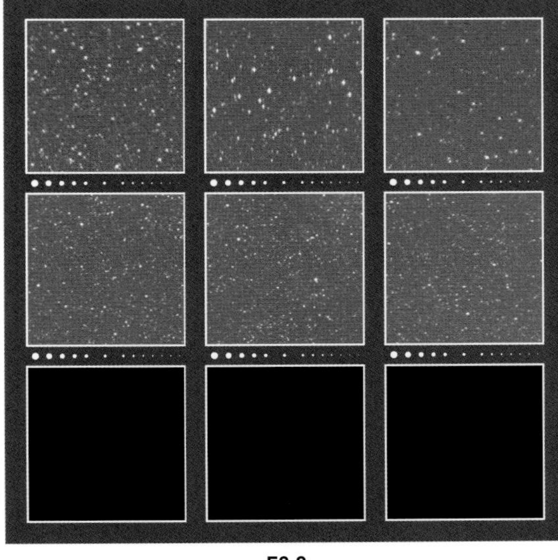

F2.8

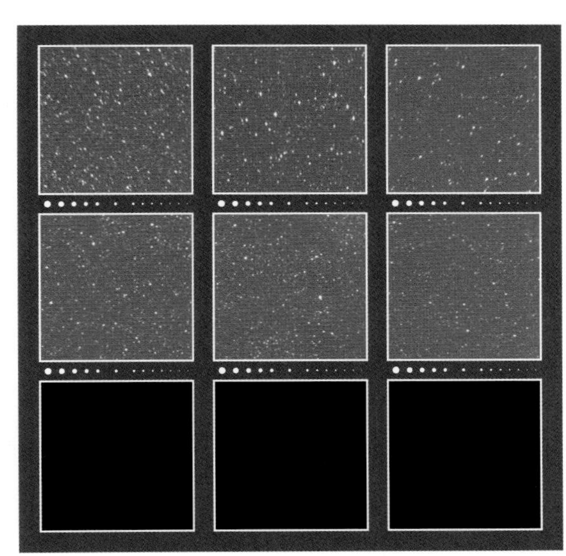

F4.0

星空を撮影したときの周辺減光の様子

F1.8

F2.0

F2.8

F4.0

SIGMA
24mm F1.4 DG HSM

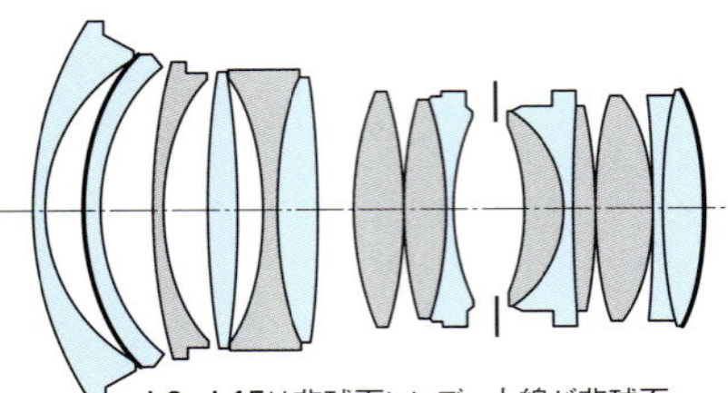

L2・L15は非球面レンズ．太線が非球面．
L3・L5・L10はFLDレンズ．
L7・L8・L12・L13はSLDレンズ．

焦点距離：24mm
最大絞り：F1.4
最小絞り：F16
最短撮影距離：0.25m
対角線画角：84.1°
レンズ構成：11群15枚
絞り羽根：9枚
フィルター径：77mm
大きさ：φ85mm×L90.2mm
重さ：665g
対応マウント：キヤノン，ニコン，シグマ
価格（税別）：127,000円
発売年月：2014年3月

F1.4 —— 開放Fナンバーが1.4の非常に明るい広角レンズだが，画面中心から60%くらいまでの星像は良好である．そこから画面周辺になるほど星像は収星で崩れるが，崩れる量はそう多くはない．周辺光量は画面中心から遠ざかるほど落ち，四隅では2段半ほどの減光が認められる．倍率の色収差はよく補正されている．

F2.0 —— サジッタル方向（同心円方向）のコマの広がりが軽減されて周辺画質が向上し，微光星の描写もだいぶ良くなる．

F2.8 —— 画面の四隅の方の星像も飛躍的に良くなり，ほぼ全画面で良い星像が得られる．画面の四隅ではまだ1段弱ほどの減光が見られるが，星空撮影用としては，まずは申し分のない均一性の高い画面となる．

F1.4クラスの24mm単焦点レンズは多くはないが，その中にあっては良いレンズ．

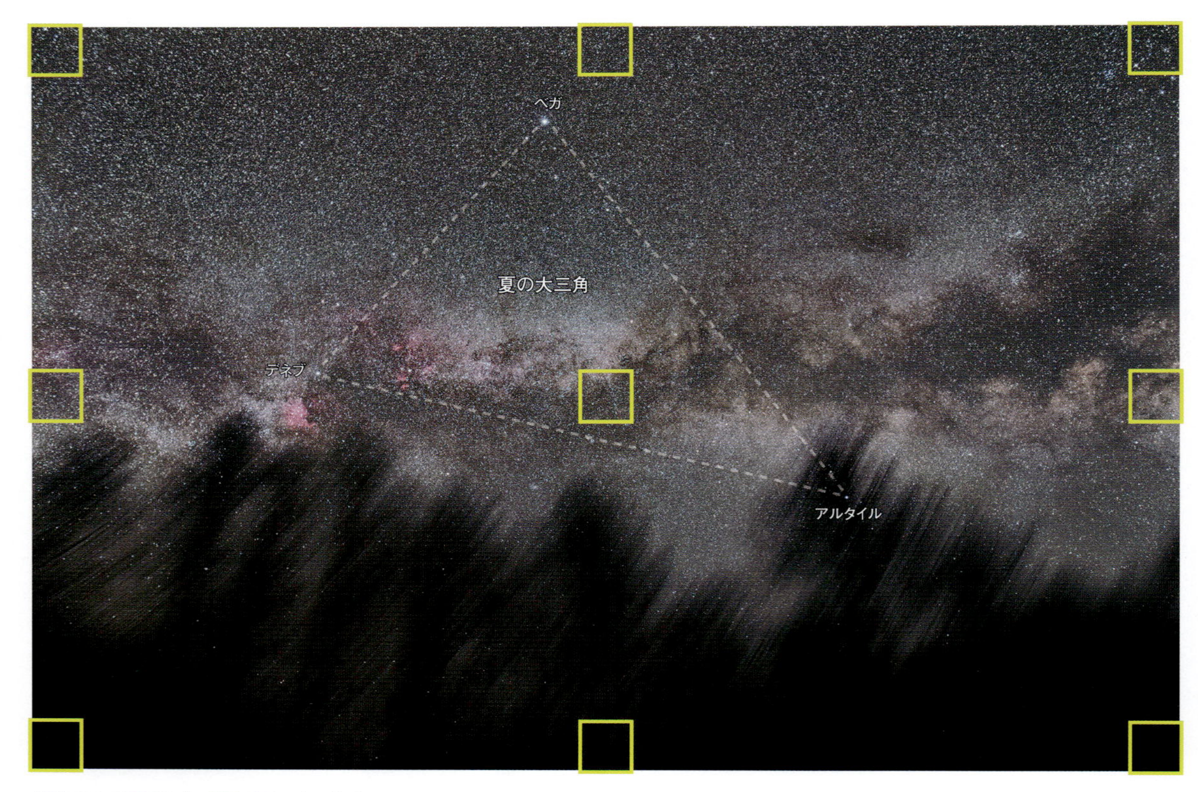

絞りF2.8で撮影した「昇る夏の大三角」

撮影データ；24mm F1.4 DG HSM 絞りF2.8 キヤノンEOS 6D（ISO1600，RAW） 露出1分×17コマ加算平均 赤道儀で追尾撮影 Camera Rawで現像 Photoshop CCで画像処理 Nik Collection"Viveza"で光害カブリと地上風景描写を修整

A3ノビ用紙にプリントしたときの星像の様子

実画面寸法：36×24mm　プリント寸法：480×320mm（プリント倍率13.3倍）

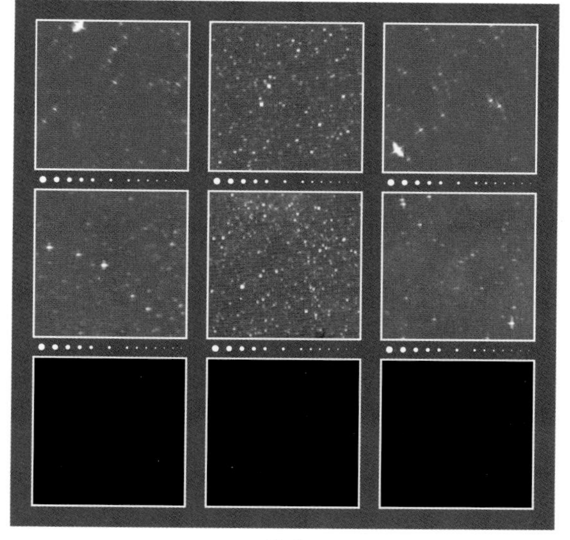

F1.4

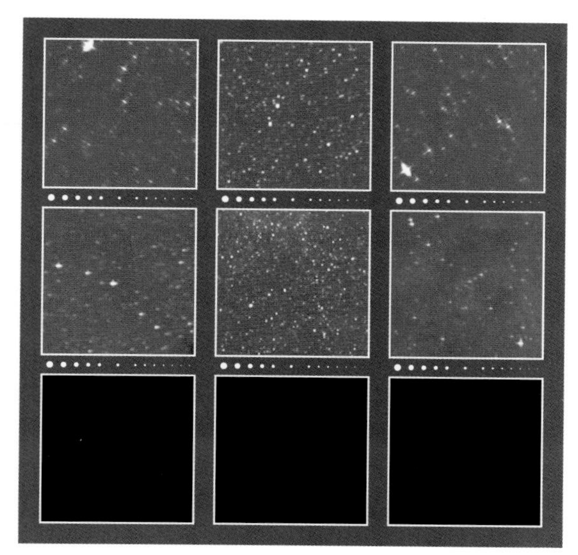

F2.0

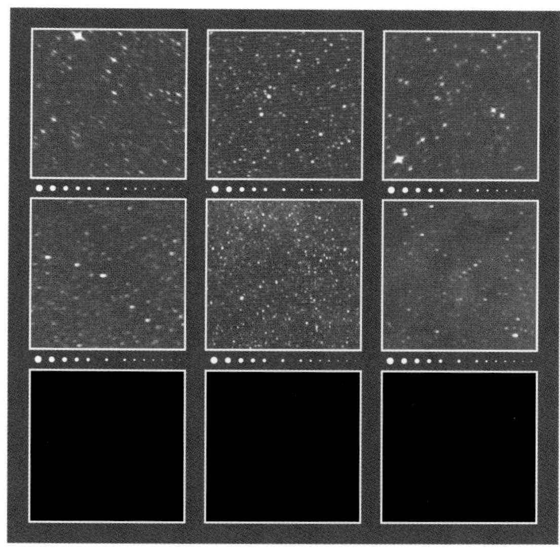

F2.8

星空を撮影したときの周辺光量の様子

F1.4

F2.0

F2.8

SIGMA
50mm F1.4 DG HSM

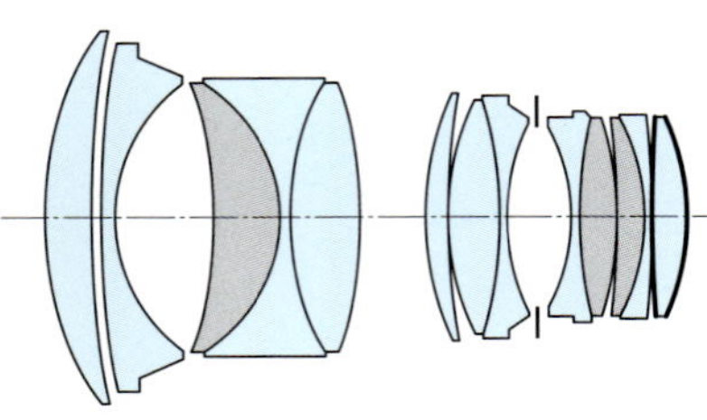

L13は非球面レンズ．太線が非球面．
L3・L10・L11はSLDレンズ．

焦点距離：50mm
最大絞り：F1.4
最小絞り：F16
最短撮影距離：0.4m
対角線画角：46.8
レンズ構成：8群13枚
絞り羽根：9枚
フィルター径：77mm
大きさ：φ85.4mm×L99.9mm
重さ：815g
対応マウント：キヤノン，ニコン，シグマ，ソニー E
価格（税別）：127,000円
発売年月：2014年5月

F1.4 —— F1.4の明るい標準レンズとしてはシャープで良い星像．周辺星像の崩れもかなり少ない．明るい星には色収差によるハロが見られるが多くはない．周辺光量はF1.4クラスの標準レンズとしては豊富で，画面の四隅でも減光は1段半程度である．
F2.0 —— 画面四隅の星像のサジッタル コマ フレアが減り，色収差による輝星のハロも大幅に軽減され，画面周辺の微光星の描写も非常に良くなる．
F2.4 —— F2.0から1/2段絞ったF2.4で，星像は画面の全面で良好になる．下の作例は開放から1/3段絞ったF2.2のものだが，これでも画面の印象は充分に良い．
F2.8 —— 星像は一段と鋭さを増し，周辺光量も豊富になって申し分のない画面．開放画質の良い高性能標準レンズ．

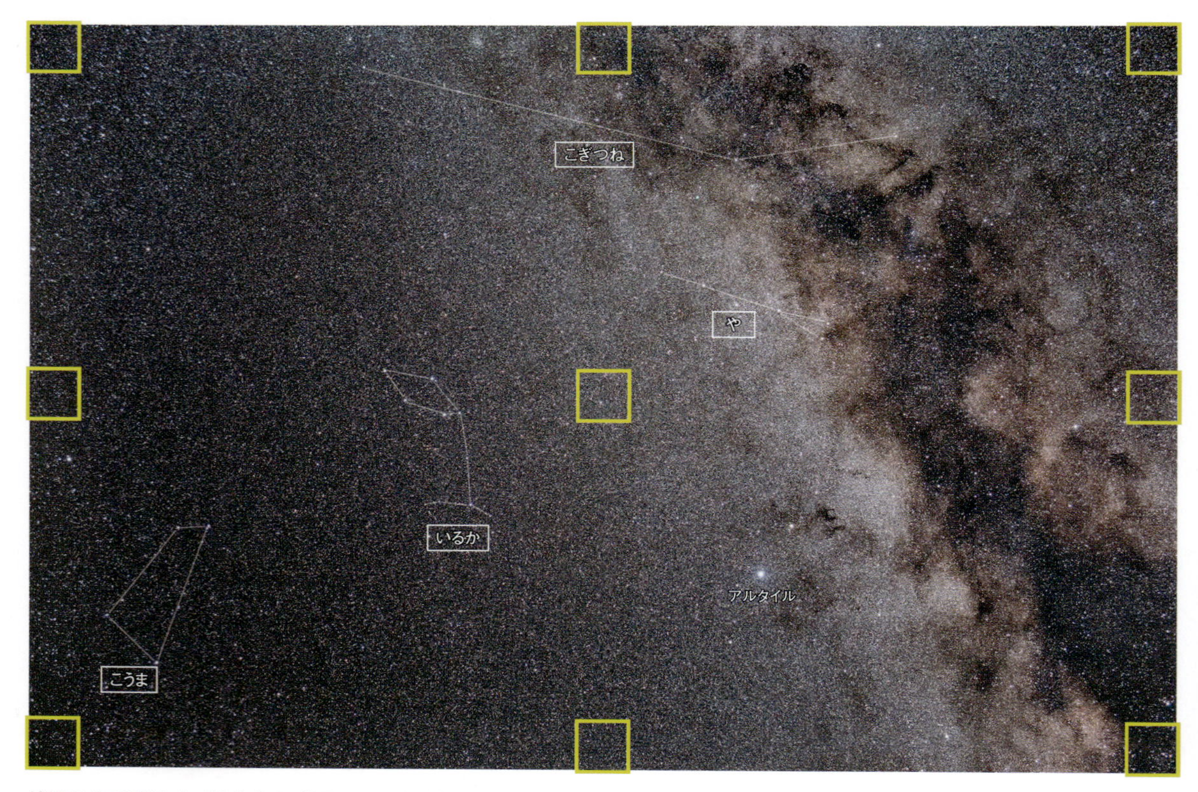

絞りF2.2で撮影した「わし座の1等星アルタイル付近の4つの小星座」

撮影データ；50mm F1.4 DG HSM 絞りF2.2 キヤノンEOS 6D（ISO800，RAW） 露出2分×4コマ 赤道儀で追尾撮影 Camera Rawで現像とノイズ低減 Photoshop CCで画像処理

A3ノビ用紙にプリントしたときの星像の様子

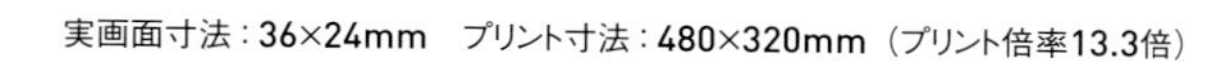
実画面寸法：36×24mm　プリント寸法：480×320mm（プリント倍率13.3倍）

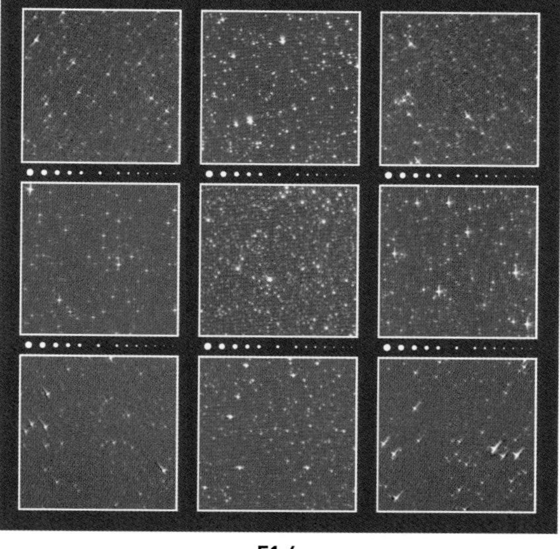

F1.4

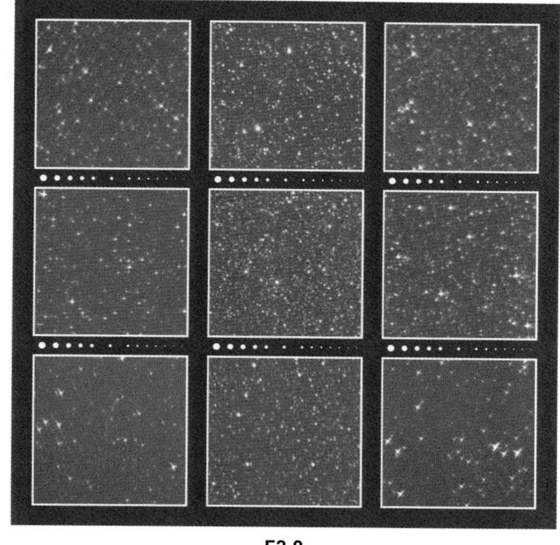

F2.0

F2.4

F2.8

星空を撮影したときの周辺光量の様子

F1.4

F2.0

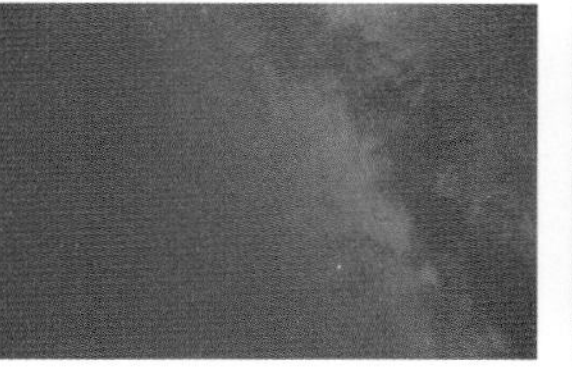

F2.4

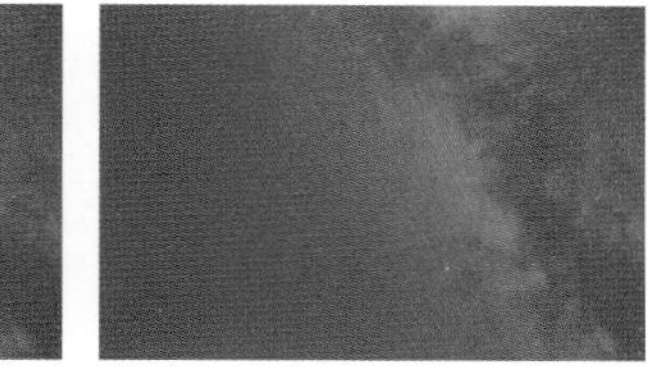

F2.8

SIGMA
135mm F1.8 DG HSM

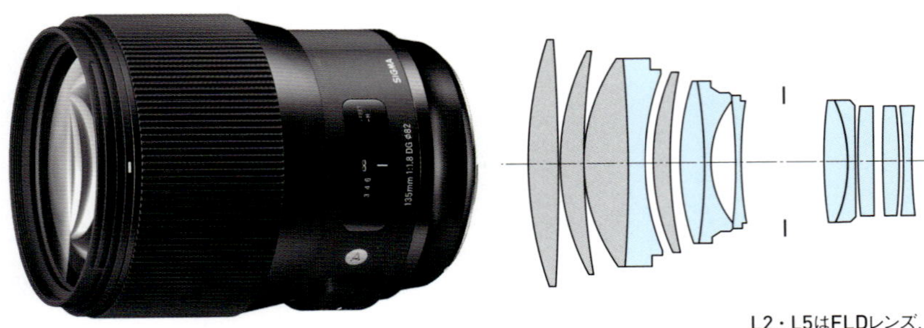

L2・L5はFLDレンズ.
L1・L3はSLDレンズ.

焦点距離：135mm
最大絞り：F1.8
最小絞り：F16
最短撮影距離：0.875m
対角線画角：18°2
レンズ構成：10群13枚
絞り羽根：9枚
フィルター径：82mm
大きさ：φ91.4mm×L114.9mm
重さ：1,130g
対応マウント：キヤノン，ニコン，シグマ
価格（税別）：175,000円
発売年月：2017年4月

F1.8 —— 絞り開放から星像は画面全域で良像基準を超え，非常にシャープ．縦色収差も倍率の色収差も極めて良く補正されている．周辺光量もF2.0クラスの135mmを含めてもっとも豊富で，画面の四隅でも1段半程度に止まっている．

F2.0 —— 絞り開放から非常な良像なので，1/3段絞った程度では，輝星のわずかなハロが抑えられて周辺光量が改善される以外，違いはわからない．右の作例はさらに1/3段絞ったF2.2で撮影したものだが，星像は実にすばらしい．

F2.8 —— 周辺減光が大幅に改善される．星像の一段と鮮鋭になり，均一性が増し，申し分ない．

F4.0 —— 画面のごく四隅で残っていた周辺減光まで改善され，星像も画面の隅々までシャープで文句のつけようがない．

非常に明るい望遠レンズだが，絞り開放からすばらしい星像が得られる．ZEISSのMilvus 2/135 と双璧をなす最高の135mm単焦点レンズ．

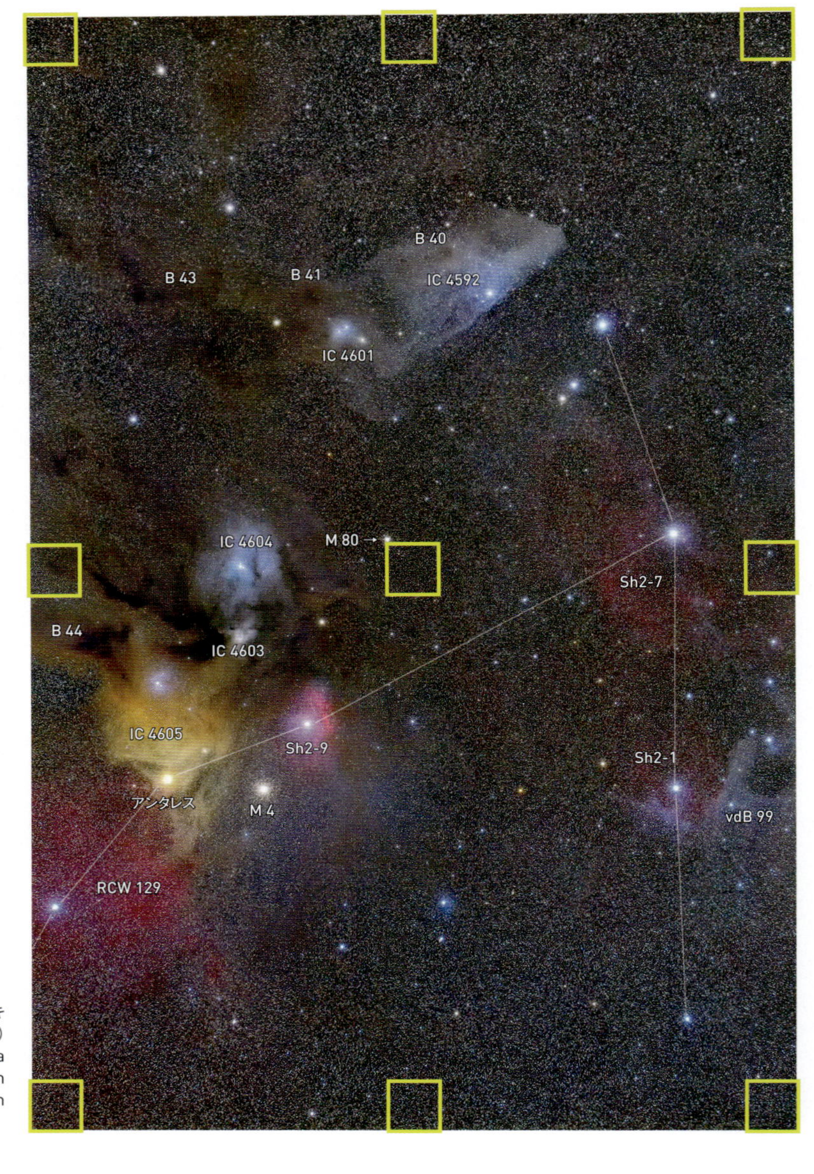

絞りF2.4で撮影した「さそり座北部の星雲群」

撮影データ；135mm F1.8 DG HSM 絞りF2.4 キヤノンEOS 6D（SEO-SP4改造，ISO800，RAW）露出2分×16コマ 赤道儀で追尾撮影 Camera Rawで現像 Photoshop CC，Nik Collection "Silver Efex Pro"で画像処理 Nik Collection "Dfine"でノイズ低減

A3ノビ用紙にプリントしたときの星像の様子

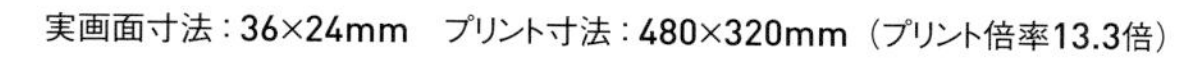
実画面寸法：36×24mm　プリント寸法：480×320mm（プリント倍率13.3倍）

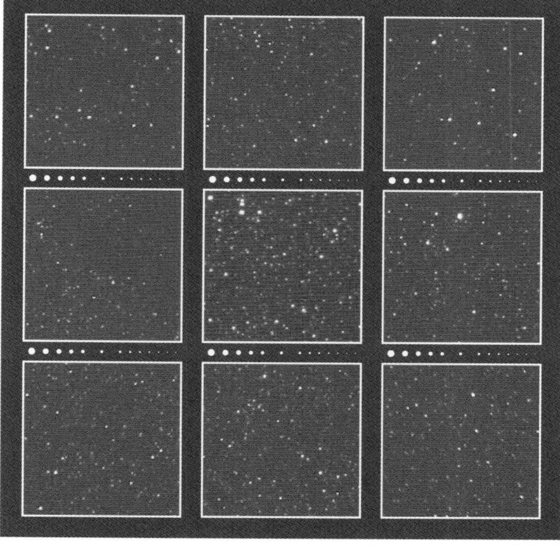
F1.8

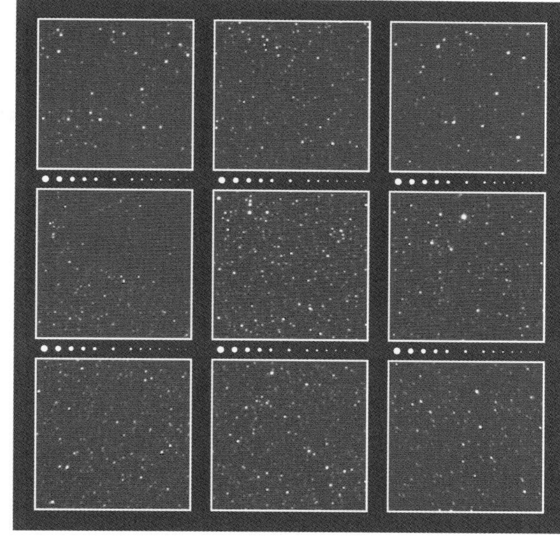
F2.0

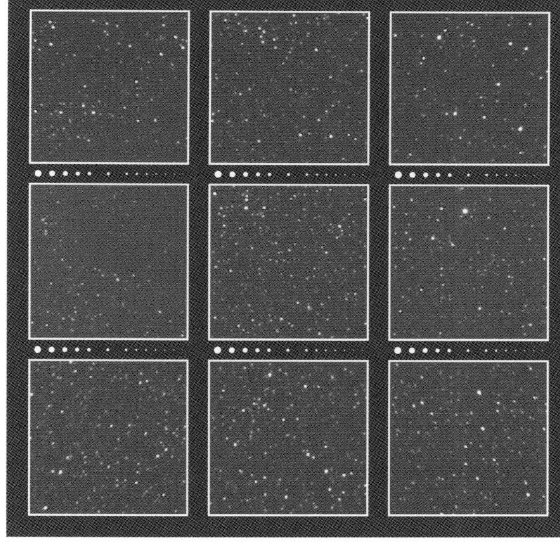
F2.8

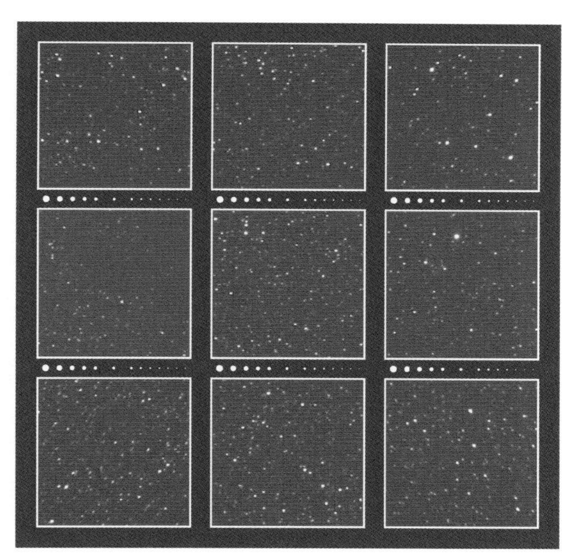
F4.0

星空を撮影したときの周辺減光の様子

F1.8

F2.0

F2.8

F4.0

SIGMA
APO MACRO 180mm F2.8 EX DG OS HSM

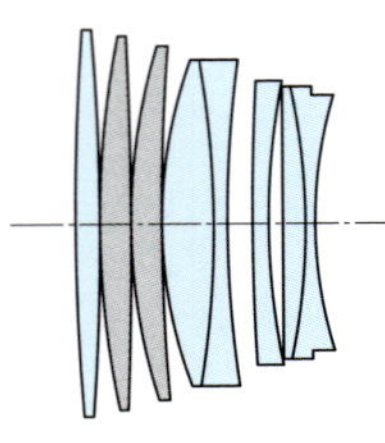

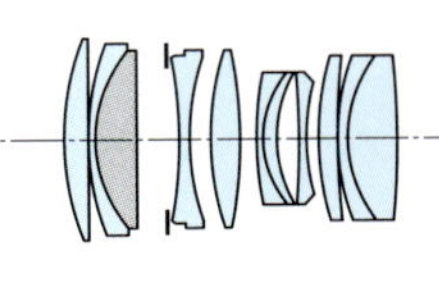

L2・L3・L11はFLDレンズ.

焦点距離：180mm	対角線画角：13.°7	大きさ：φ95mm×L203.9mm	価格（税別）：200,000円
最大絞り：F2.8	レンズ構成：14群19枚	重さ：1,640g	発売年月：2012年7月
最小絞り：F22	絞り羽根：9枚	対応マウント:キヤノン，ニコン，シグマ，ソニー E	
最短撮影距離：0.47m	フィルター径：86mm		

F2.8 —— 画面の四隅まで微光星像は良像基準を超えてシャープである．コマ収差もよく補正されているので画面周辺の星像も目立って良い．色収差も倍率の色収差もよく補正されていて，APOの名にふさわしく非常に高画質である．画面の四隅の減光は1段半くらいある．

F4.0 —— 星像は鋭さを増し，とくにコントラストが良くなる印象で，微光星を含めて申し分のない描写となる．テスト画像に写っている天の川銀河の星が密集している部分や，球状星団，散開星団の星の分離も上々である．ただし画面のごく四隅の減光量はまだ1段弱ほど認められる．

このレンズは近接撮影に適したマクロレンズである．フランジバック（マウント基準面から像面までの距離）を加えると第1レンズの頂点から像面までの距離は焦点距離180mmよりも長く，望遠比が1を超える大きなレンズである．重さは1,640gで，180mmないし200mmのF2.8クラスの望遠レンズと比較するとかなり重い．星像は非常に良好で同クラスの中ではトップクラスにすばらしい．

絞りF2.8開放で撮影した
「いて座の散光星雲M8付近の星野」

撮影データ；APO MACRO 180mm F2.8 EX DG OS HSM 絞りF2.8 キヤノンEOS 6D（ISO800，RAW） 露出2分×8コマ 赤道儀で追尾撮影 Camera Rawで現像 Photoshop CCで画像処理

A3ノビ用紙にプリントしたときの星像の様子

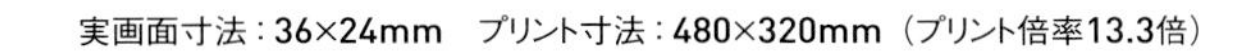
実画面寸法：36×24mm　プリント寸法：480×320mm（プリント倍率13.3倍）

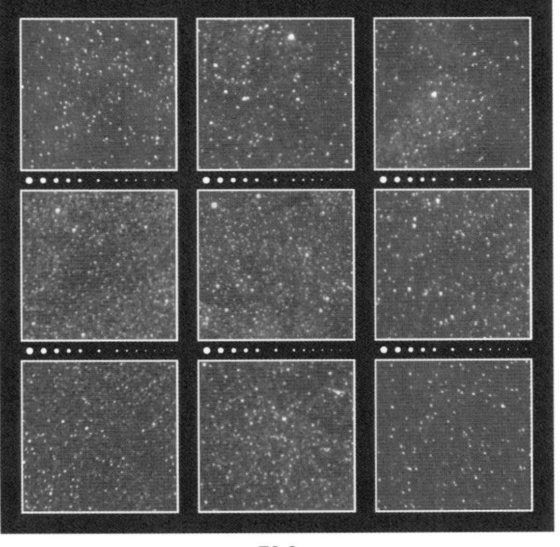

F2.8

F4.0

星空を撮影したときの周辺減光の様子

F2.8

F4.0

SONY
FE 12-24mm F4 G

焦点距離：12-24mm
最大絞り：F4.0
最小絞り：F22
最短撮影距離：0.28m
対角線画角：122°-84°
レンズ構成：13群17枚
絞り羽根：7枚
フィルター：装着不可
大きさ：φ87mm×L117.4mm
重さ：565g
価格（税別）：220,000円
発売年月：2017年7月

L1・L2・L10・L17は非球面レンズ．
L14はスーパー EDレンズ．
L4・L8・L15はEDレンズ．

短焦点端 12mm

F4.0 —— 画面右上隅を覗いて非常に良い画面．中心から70%くらいまでの星像はたいへん良好．そこから周辺にかけて星像は徐々にあまくなるものの，形は大きく崩れず，微光星もよく記録されるので印象が良い．画面の四隅は2段分弱減光する．

絞りF4.0開放で撮影した「北の空に架かる秋の天の川」

撮影データ；FE 12-24mm F4 G 焦点距離12mm 絞りF4.0 ソニーα7RII（ISO800，RAW） 露出2分 赤道儀で追尾撮影 Camera Rawで現像 Photoshop CCで画像処理 Nik Collection“Viveza”で光害カブリを修整，同“Dfine”でノイズ低減

A3ノビ用紙にプリントしたときの星像の様子　　実画面寸法：36×24mm　プリント寸法：480×320mm（プリント倍率13.3倍）

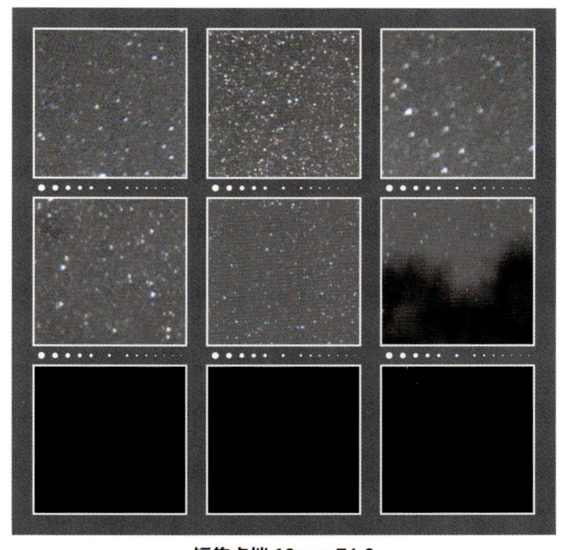

短焦点端 12mm F4.0

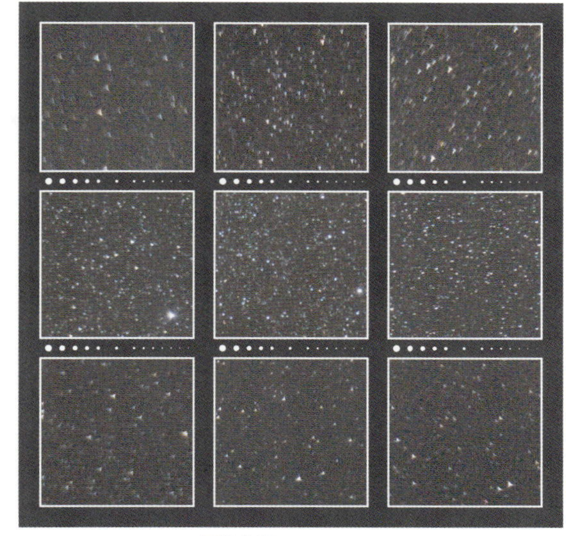

長焦点端 24mm F4.0

長焦点端 24mm

F4.0 ―― 画面の中心から70%くらいまでの範囲は非常に良好な星像が得られる．そこから周辺に向けて星像はあまくなるが，小さな三角形状によく集光しており，微光星の写りも悪くない．画面の四隅は1段分強ほどの減光が見られる．

短焦点端も長焦点端も倍率の色収差はよく補正されていて，星像に色ズレが見られないのは良い．また同じ12-24mm F4.0という仕様のフルサイズ用レンズであるシグマの製品と比較すると，重さを約半分に収めてる点も長所といえる．

ソニーのEマウントのフルサイズ用レンズは,ミラーレスカメラ用なのでフランジバック（マウント基準面から像面までの距離）を一眼レフ用と比較して短くできるのがレンズ設計上の利点である．それを活かして，今後も特色のあるレンズや高性能レンズが登場してくる可能性がある．大口径で浅いマウント規格は，高い光学性能をねらうには利点が多い．

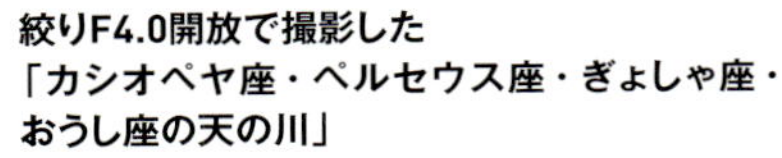

絞りF4.0開放で撮影した「カシオペヤ座・ペルセウス座・ぎょしゃ座・おうし座の天の川」

撮影データ；FE 12-24mm F4 G　焦点距離24mm　絞りF4.0　ソニーα7RII（ISO800，RAW）　露出2分×4コマ　赤道儀で追尾撮影　Camera Rawで現像　Photoshop CCで画像処理

SONY
FE 16-35mm F2.8 GM

焦点距離：16-35mm
最大絞り：F2.8
最小絞り：F22
最短撮影距離：0.28m
対角線画角：107°-63°
レンズ構成：13群16枚
絞り羽根：11枚
フィルター径：82mm
大きさ：φ88.5mm×L121.6mm
重さ：680g
価格（税別）：295,000円
発売年月：2017年8月

短焦点端 16mm

F2.8 —— 画面の中心から60%くらいまでの星像は，微光星は良像基準を超えていて良好である．そこから周辺になるほど星像は放射方向に伸びるように崩れてあまくなる．周辺光量は16-35mm F2.8ズームとしては平均的なもので，画面の四隅では2段分ほど減光する．

F4.0 —— シャープさが増し，画面周辺の星像のあまさはやや軽減されるが，星像が放射方向に伸びる傾向は同じである．画面四隅の光量はまだ1段分強の減光が認められる．

倍率の色収差はよく補正されていて，周辺星像に色ズレは感じられない．

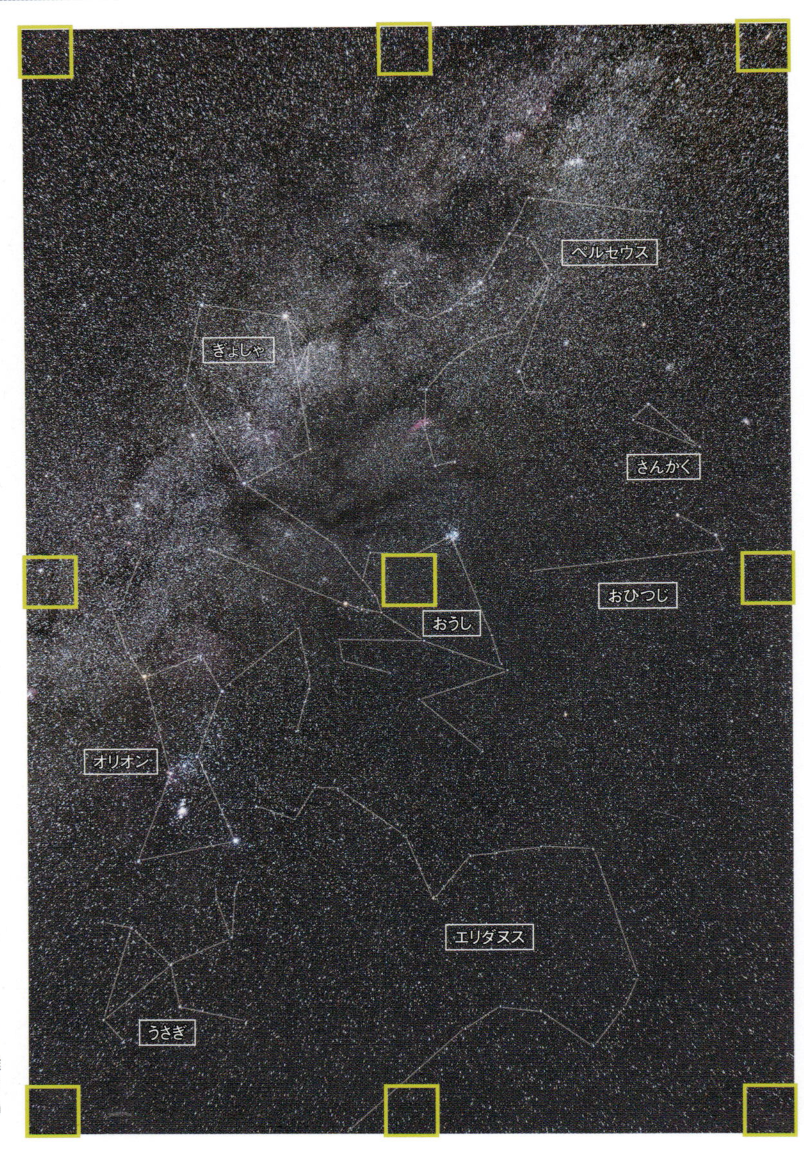

絞りF2.8開放で撮影した「秋から冬にかけての天の川とエリダヌス」

撮影データ；FE 16-35mm F2.8 GM 焦点距離16mm 絞りF2.80 ソニーα7RII（ISO800，RAW）露出2分×4コマ 赤道儀で追尾撮影 Camera Rawで現像 Photoshop CCで画像処理

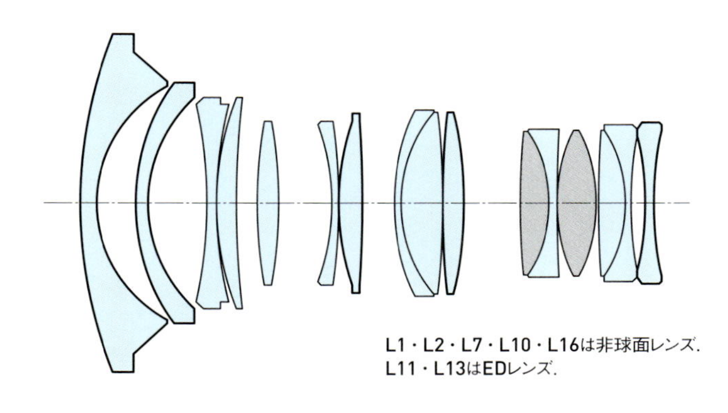

L1・L2・L7・L10・L16は非球面レンズ．
L11・L13はEDレンズ．

短焦点端 16mm

A3ノビ用紙にプリントしたときの星像の様子

実画面寸法：36×24mm　プリント寸法：480×320mm（プリント倍率13.3倍）

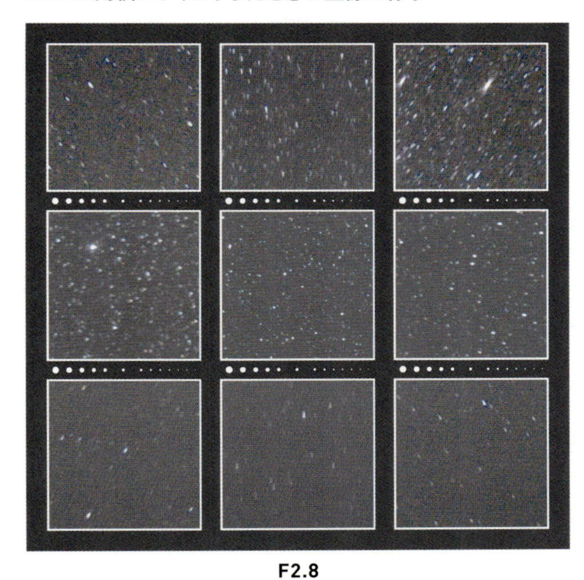

F2.8

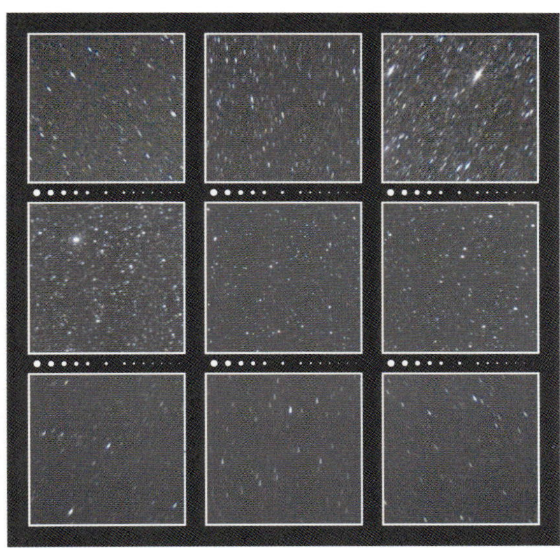

F4.0

星空を撮影したときの周辺減光の様子

F2.8

F4.0

SONY
FE 16-35mm F2.8 GM

長焦点端 35mm

F2.8 —— 画面の中心から50%くらいまでの星像は，微光星は良像基準を超えて非常にシャープである．そこから周辺ほど星像は悪化する．拡大テスト画像を見ると，画面の四隅の星像は，画面の部位によって，崩れ方も崩れる量もバラバラであることがわかる．とくに左側と右側では明らかな違いが見てとれる．短焦点端の画質から想像すると，長焦点へのズーミングにともなって組み立て誤差が変動したものと思われ，これはテストレンズの個体的なトラブルと思われる．

F4.0 —— 絞った分だけ多少は星像は良くなっているが，傾向は絞りF2.8開放と変わらない．

Webサイトで公開されているMTFの設計データを見ると，このレンズはもっと好結果を期待できそうなので，別の機会に再テストをしてみたい．

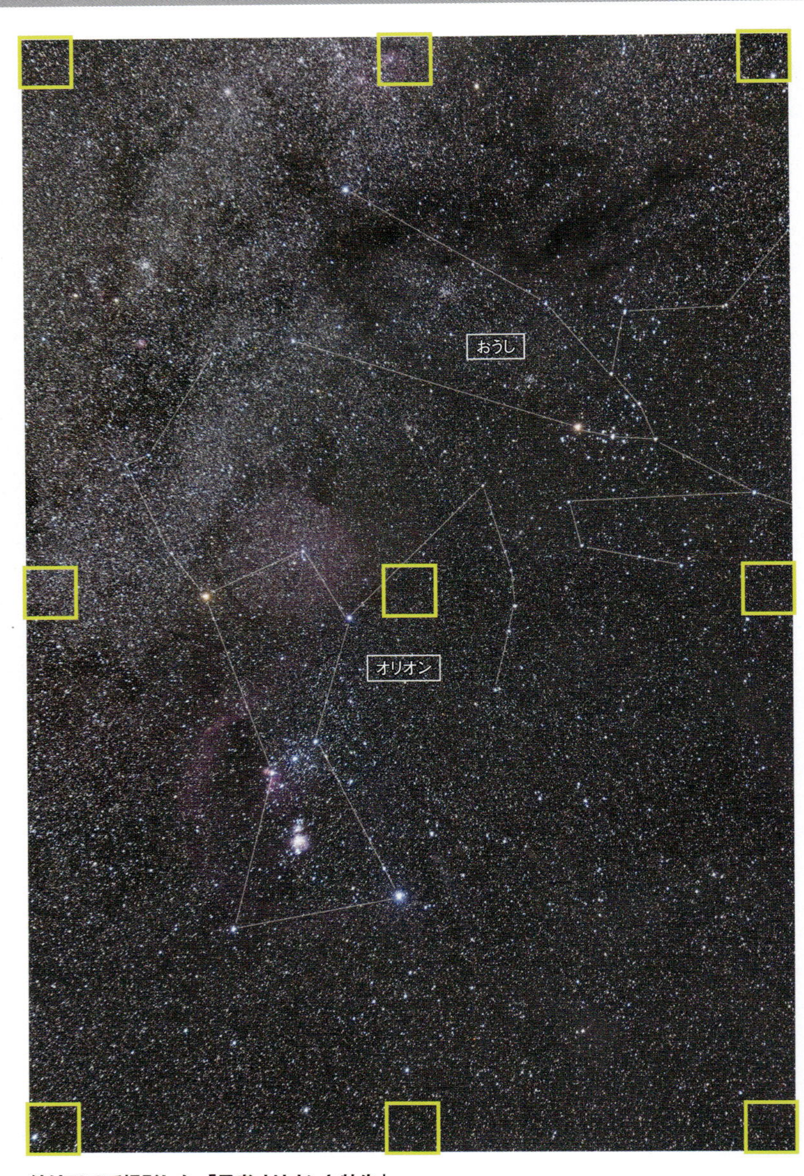

絞りF2.8で撮影した「勇者オリオンと牡牛」

FE 16-35mm F2.8 GM 焦点距離35mm 絞りF2.8 ソニーα7RII（ISO800，RAW） 露出2分×4コマ 赤道儀で追尾撮影 Camera Rawで現像 Photoshop CCで画像処理

長焦点端 35mm

A3ノビ用紙にプリントしたときの星像の様子

実画面寸法：36×24mm　プリント寸法：480×320mm（プリント倍率13.3倍）

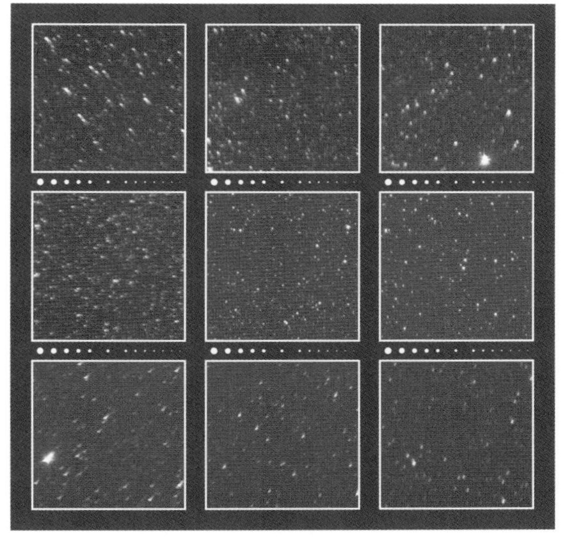

F2.8

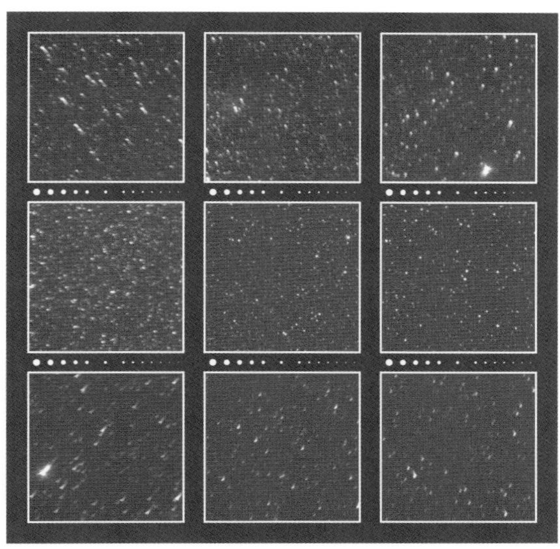

F4.0

星空を撮影したときの周辺減光の様子

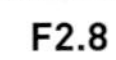

F2.8

F4.0

SONY
Vario-Tessar T* FE 24-70mm F4 ZA OSS

焦点距離：24-70mm
最大絞り：F4.0
最小絞り：F22
最短撮影距離：0.4m
対角線画角：84°-34°
レンズ構成：10群12枚
絞り羽根：7枚
フィルター径：67mm
大きさ：φ73mm×L94.5mm
重さ：426g
価格（税別）：126,000円
発売年月：2014年1月

L3・L6・L7・L10・L11は非球面レンズ．
L9はEDレンズ．

短焦点端 24mm

F4.0 —— 画面中心から50%くらいまでの星像は非常に良い．そこから周辺ほど星像はメリジオナル方向（放射方向）に流れたように写るが，画面の四隅でも流れはそう大きくないので画面全体の印象は良い．

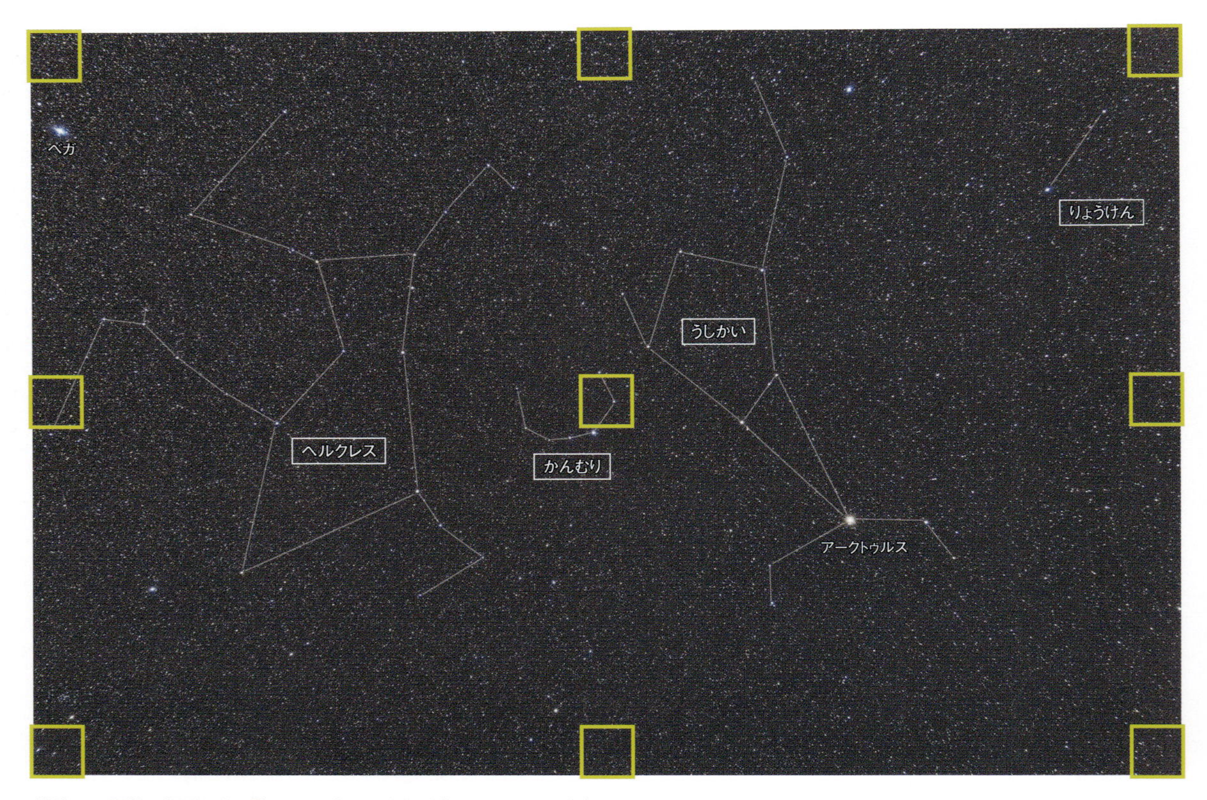

絞りF4.0開放で撮影した「うしかい座・かんむり座・ヘルクレス座」

Vario-Tessar T* FE 24-70mm F4 ZA OSS 焦点距離24mm 絞りF4.0 ソニーα7R（ISO800, RAW） 露出2分 赤道儀で追尾撮影
Camera Rawで現像とノイズ低減 Photoshop CCで画像処理

A3ノビ用紙にプリントしたときの星像の様子　　実画面寸法：36×24mm　プリント寸法：480×320mm（プリント倍率13.3倍）

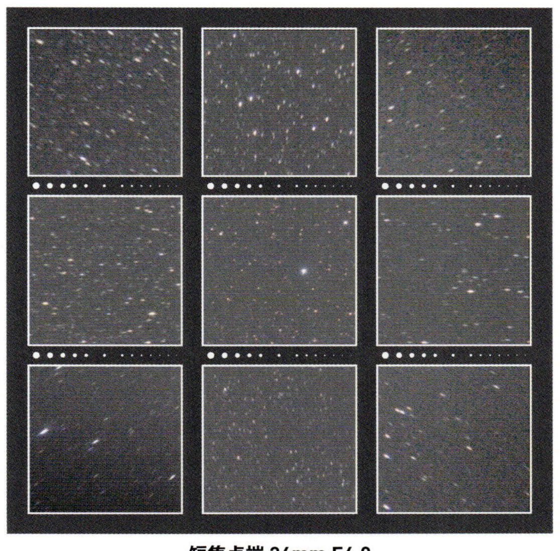

短焦点端 24mm F4.0

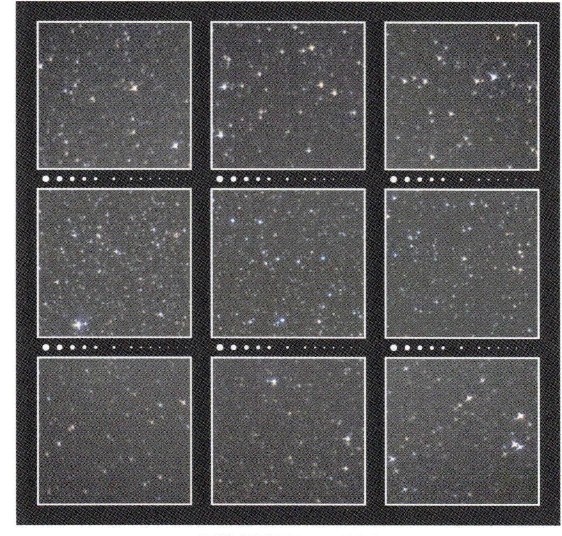

長焦点端 70mm F4.0

長焦点端 70mm

F4.0 —— 絞り開放から星像はかなりシャープで良い．画面の四隅では，明るめの星像は小さな三角形状に崩れるが，崩れる量は小さいので全体はキリっと見える．

倍率の色収差は短焦点端も長焦点端もよく補正されていて星像に色ズレした感じはしない．長焦点端では，明るい星に色収差によるハロが若干見られるが，そう大きくはない．

これといった特色はないが，絞り開放から星像はおおむね良好で，画面の四隅でも星像の崩れはかなり小さいので堅調なレンズといえる．

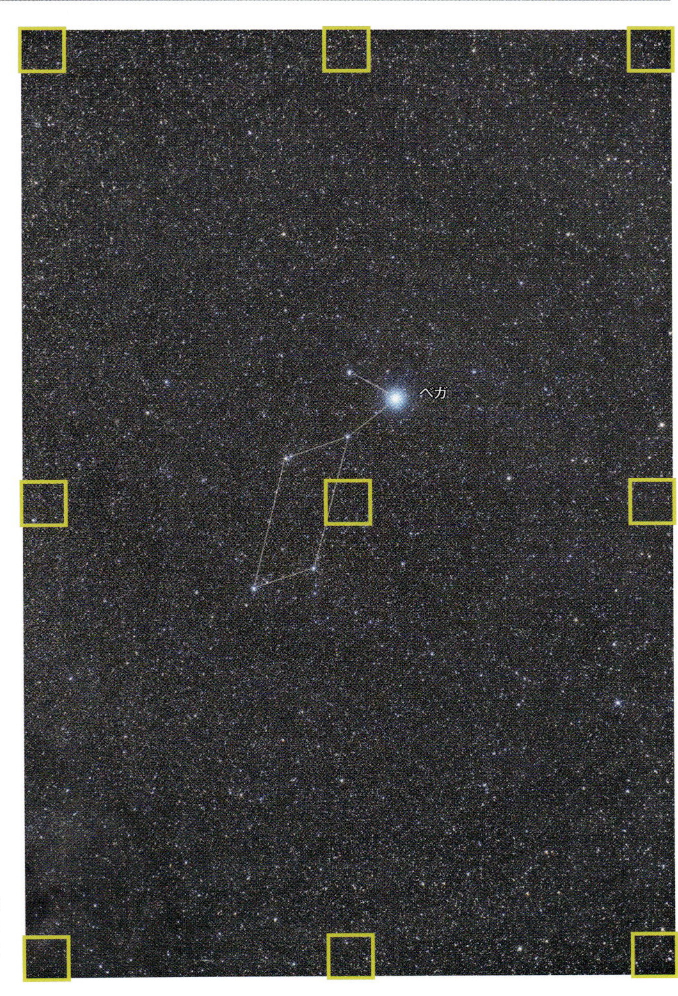

絞りF4.0開放で撮影した「こと座」

Vario-Tessar T* FE 24-70mm F4 ZA OSS　焦点距離70mm　絞りF4.0　ソニーα7R（ISO800，RAW）露出2分　赤道儀で追尾撮影　Camera Rawで現像とノイズ低減　Photoshop CCで画像処理

SONY
FE 70-200mm F2.8 GM OSS

焦点距離：70-200mm
最大絞り：F2.8
最小絞り：F22
最短撮影距離：0.96m
対角線画角：34°-12.°5
レンズ構成：18群23枚
絞り羽根：11枚
フィルター径：77mm
大きさ：φ88mm×L200mm
重さ：1,480g（三脚座別）
価格（税別）：330,000円
発売年月：2016年9月

短焦点端 70mm

F2.8 —— ズームレンズの絞り開放とは思えないほど星像は非常にシャープである．子細に見ると，画面のごく四隅では明るめの星は三角形状になっているが，集光は良好で微光星の写りもしっかりしている．倍率の色収差も縦色収差もよく補正されている．画面の四隅では2段分くらいの減光が認められる．

F4.0 —— 星像はシャープさがやや増しているが，絞り開放から良いのでその差はわずかである．口径食が減った分だけ周辺の微光星像がしっかりして，周辺光量が増している．

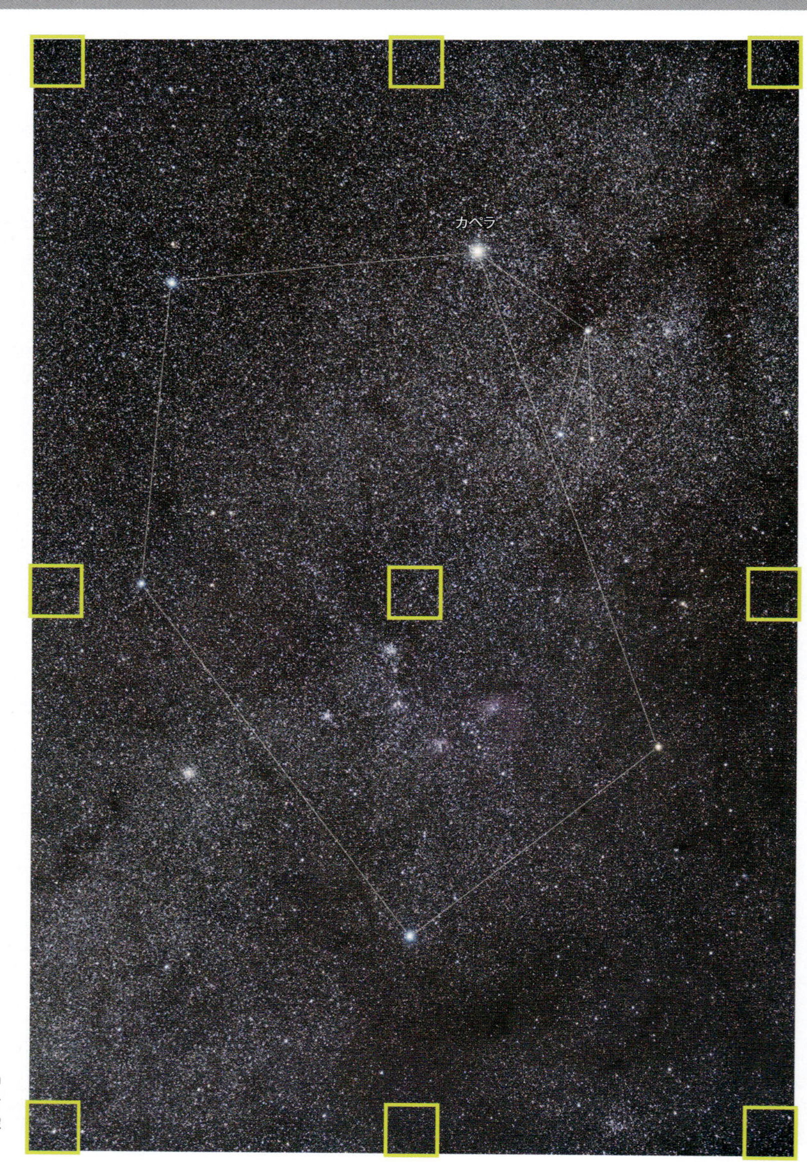

絞りF2.8開放で撮影した「ぎょしゃ座」

FE 70-200mm F2.8 GM OSS 焦点距離70mm 絞りF2.8 ソニーα7RⅡ（ISO800，RAW）露出2分×4コマ 赤道儀で追尾撮影 Camera Rawで現像 Photoshop CCで画像処理

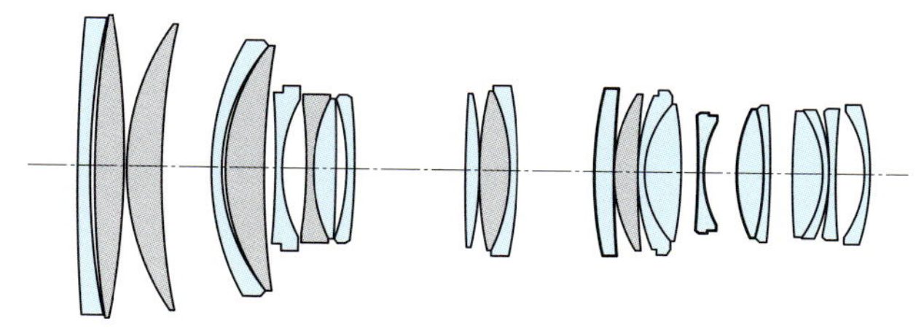

L13・L17・L18は非球面レンズ.
L2・L3はスーパー EDレンズ.
L5・L7・L11・L14はEDレンズ.

短焦点端 70mm

A3ノビ用紙にプリントしたときの星像の様子

実画面寸法：36×24mm　プリント寸法：480×320mm（プリント倍率13.3倍）

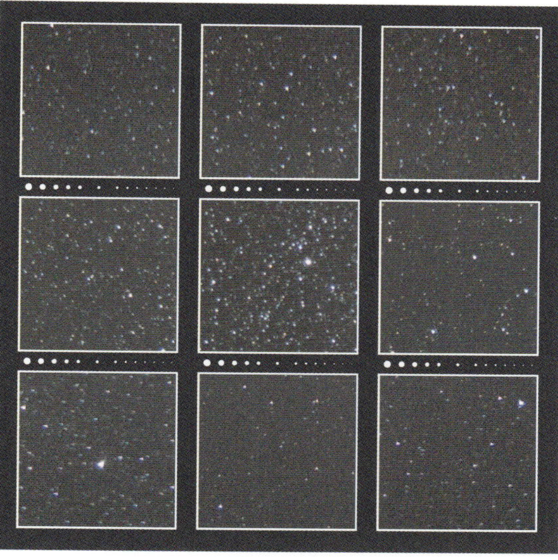

F2.8

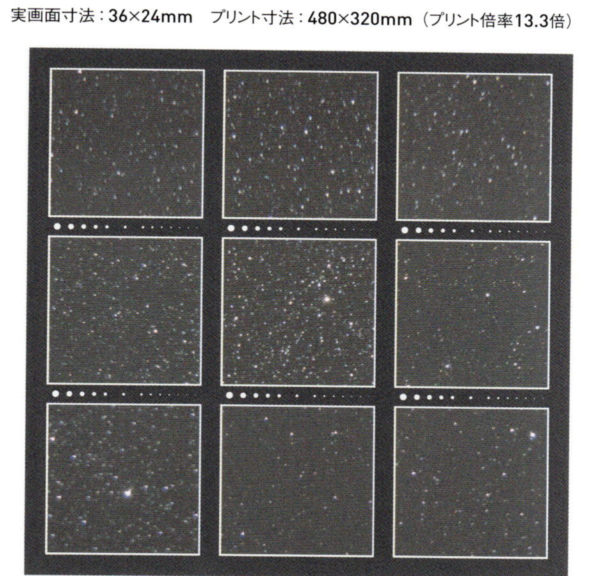

F4.0

星空を撮影したときの周辺減光の様子

F2.8

F4.0

SONY
FE 70-200mm F2.8 GM OSS

長焦点端 200mm

F2.8 —— 星像は絞り開放から良好である．子細に見ると，輝星の描写が心持ちウルっとした描写で，画面のごく四隅の明るめの星像は三角形状に収束しているが，全体的に見て，各社の70-200mm F2.8ズームの平均上の良像といえる．ただし画面の四隅の光量は2段分強の減光があり目立つ方である．

F4.0 —— 輝星の締まりと微光星の鮮鋭度が増して，さらに良い画面となる．輝星には，11枚の絞り羽根による回折が反映されて，22本もの針状の回折像が写り，被写体やフレーミングによってはかなりうるさく感じるかもしれない．絞り開放で目立つ周辺減光はかなり改善されるが，画面の四隅ではまだ1段分くらいの減光がある．

倍率の色収差と縦色収差はともによく補正されている．

70-200mm F2.8クラスのズームの短焦点端は各社とも良像を示すものが多いが，このレンズは200mmでの絞り開放の周辺星像が比較的良好な分，トップクラスといえる．

絞りF2.8で撮影した「オリオン座の三ツ星からM42付近の星野」

撮影データ;FE 70-200mm F2.8 GM OSS 焦点距離200mm 絞りF2.8 ソニーα7RII（ISO800，RAW） 露出2分×2コマ 赤道儀で追尾撮影 Camera Rawで現像 Photoshop CCで画像処理

長焦点端 200mm

A3ノビ用紙にプリントしたときの星像の様子

実画面寸法：36×24mm　プリント寸法：480×320mm（プリント倍率13.3倍）

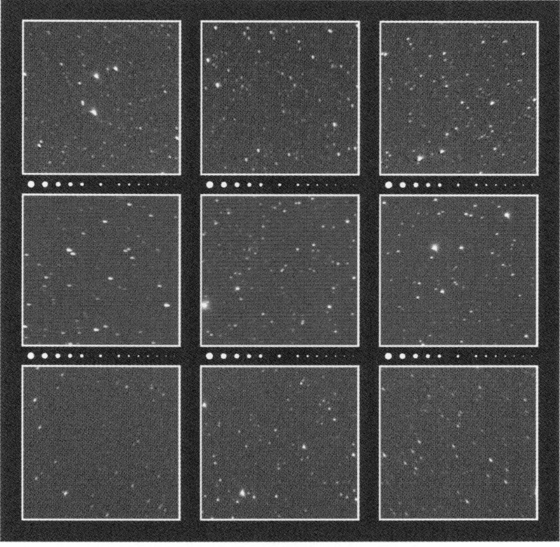

F2.8

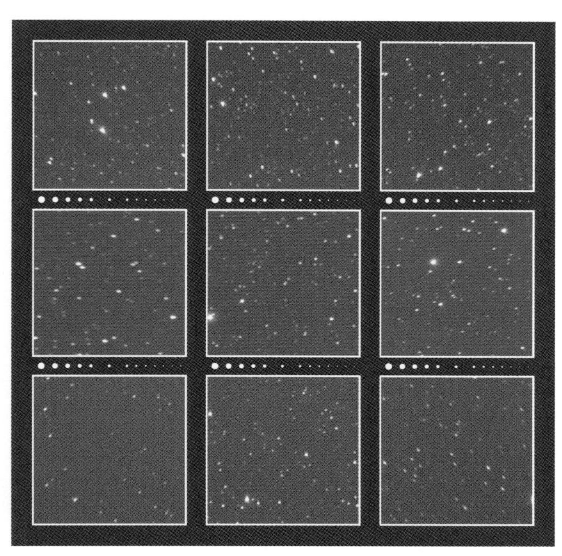

F4.0

星空を撮影したときの周辺減光の様子

F2.8

F4.0

SONY
FE 28mm F2

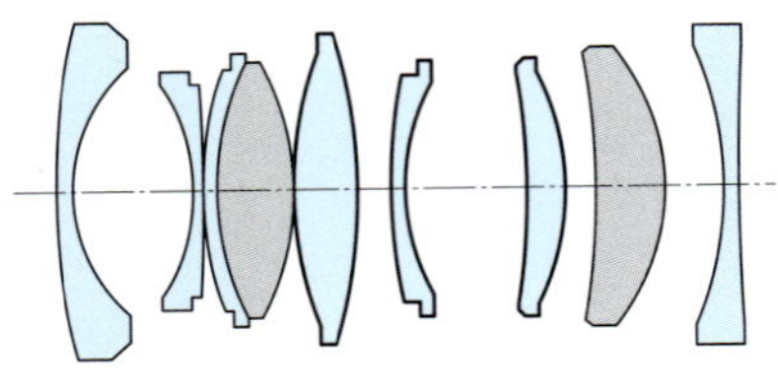

L5・L6・L7は非球面レンズ.
L4・L8はEDレンズ.

焦点距離：28mm
最大絞り：F2.0
最小絞り：F22
最短撮影距離：0.29m（MF時0.25m）
対角線画角：75°
レンズ構成：8群9枚
絞り羽根：9枚
フィルター径：49mm
大きさ：φ64mm×L60mm
重さ：200g
価格（税別）：65,000円
発売年月：2015年4月

F2.0 —— 画面の中心から50%くらいまでの星像は良好で申し分ない．画面の周辺部はサジッタル コマ フレアで星像は崩れる．崩れはそう大きくはないが，微光星の写りがもの足りなく，周辺光量も画面の四隅では2段分強ほど減光するので全体的な印象は良くない．

F2.8 —— 絞り開放よりも星像も周辺減光も改善されるがまだ充分ではない．

F4.0 —— 星像は全画面で飛躍的に良くなり，画面四隅で見られたサジッタル コマ もほとんど見られなくなる．周辺減光もF2.8と比較すると大幅に改善され，均質で鋭い描写となる．

絞り開放の像はそう良くはないが，絞るにつれて星像も周辺光量も確実に改善され，2段絞ったF4.0で全画面で良い画面が得られるので堅調なレンズといえる．小型・軽量で明るい割にそう高価でないのも良い．

絞りF2.8で撮影した
「オリオン座とその周辺の星座」

撮影データ；FE 28mm F2 絞りF2.8 ソニーα7RII（ISO800，RAW）露出2分×4コマ加算平均 赤道儀で追尾撮影 Camera Rawで現像 Photoshop CCで画像処理

A3ノビ用紙にプリントしたときの星像の様子

実画面寸法：36×24mm　プリント寸法：480×320mm（プリント倍率13.3倍）

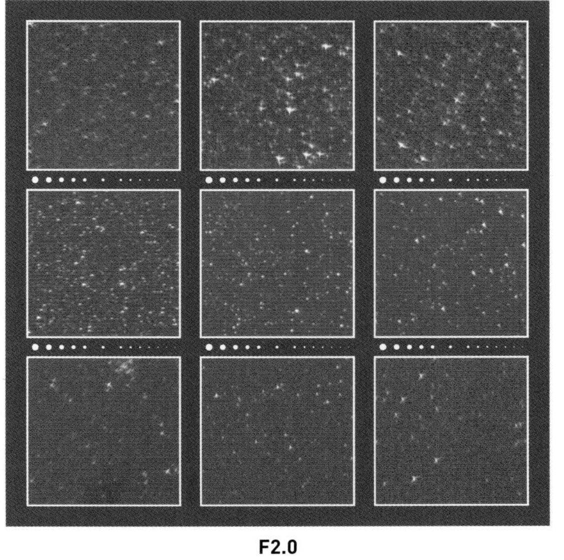

F2.0

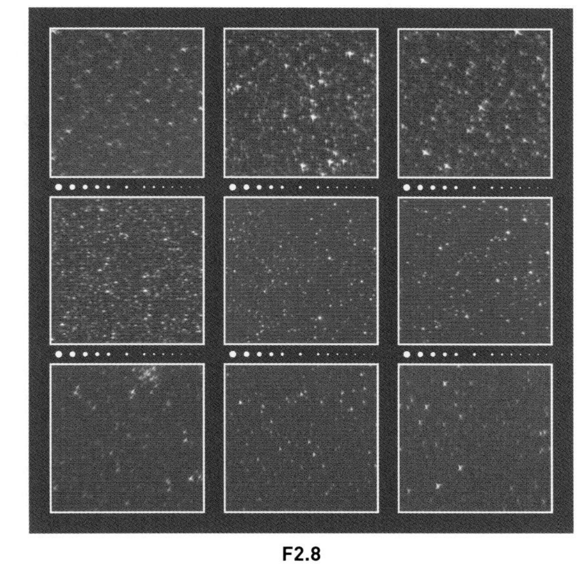

F2.8

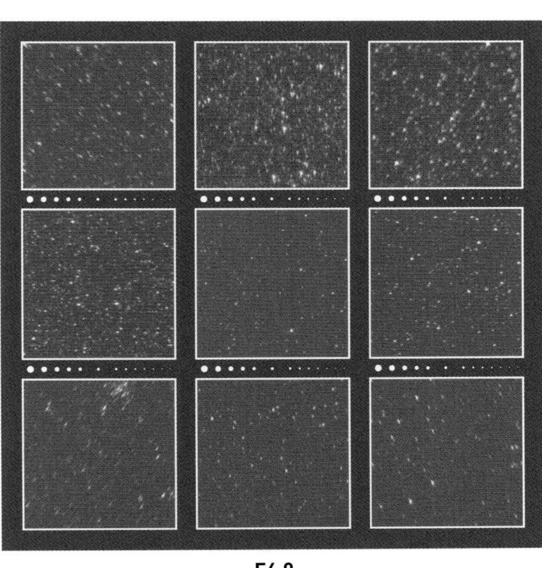

F4.0

星空を撮影したときの周辺減光の様子

F2.0

F2.8

F4.0

SONY
Sonnar T* FE 35mm F2.8 ZA

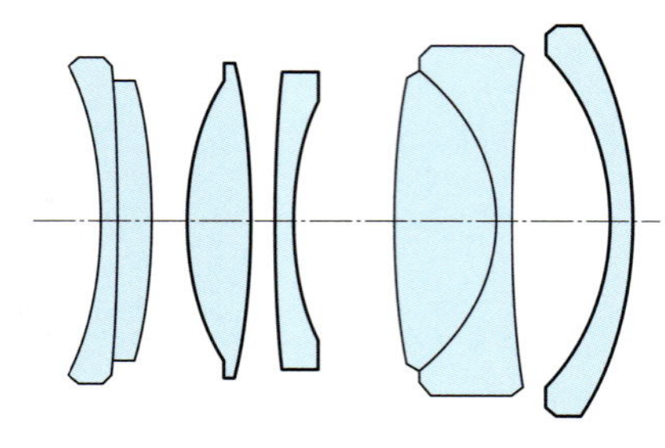

L3・L4・L7は非球面レンズ.

焦点距離：35mm
最大絞り：F2.8
最小絞り：F22
最短撮影距離：0.35m
対角線画角：63°
レンズ構成：5群7枚
絞り羽根：7枚
フィルター径：49mm
大きさ：φ61.5mm×L36.5mm
重さ：120g
価格(税別)：84,000円
発売年月：2013年11月

F2.8 —— 星像は絞り開放から全画面で良好ですばらしい．倍率の色収差はよく補正されているが，星像には色収差による極めてわずかなハロが認められる．周辺減光は画面四隅で2段分以上あり目立つ方である．その分だけ画面周辺の微光星の写りも物足りない．

F4.0 —— 周辺減光が改善される以外はF2.8とほとんど変わらない．

35mm F2.8くらいの，さほど明るくもない短焦点の準広角レンズは，昨今では薄型の“パンケーキ レンズ”以外ではほとんど見かけなくなった．このレンズは，非球面レンズを3枚も使った7枚構成という贅沢な仕様で，小型で高い描写性能をねらった特色のあるレンズである．実際，星像は絞り開放から極めてシャープで申し分ないのだが，周辺光量がもの足りないのが惜しい．

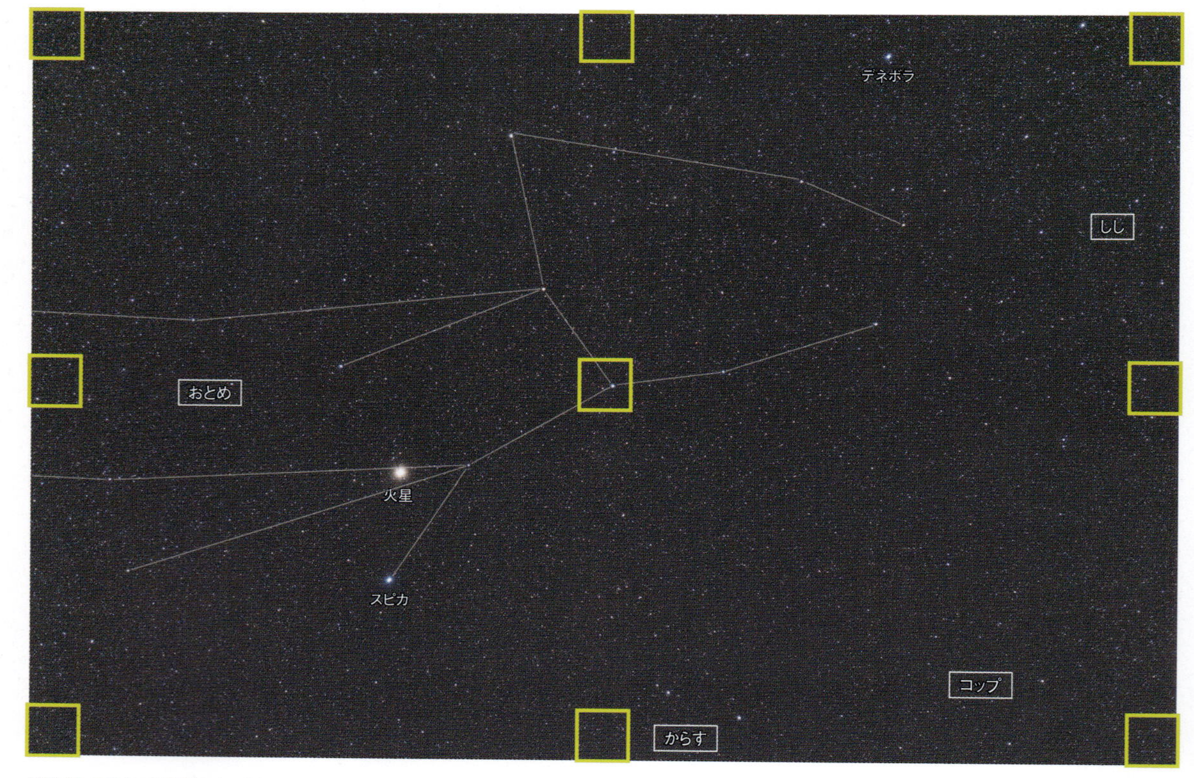

絞りF2.8開放で撮影した「おとめ座で輝く2014年4月の火星」

撮影データ;Sonnar T* FE 35mm F2.8 ZA ソニーα7R（ISO400，RAW）露出4分
赤道儀で追尾撮影 Camera Rawで現像 Photoshop CCで画像処理

A3ノビ用紙にプリントしたときの星像の様子

実画面寸法：36×24mm　プリント寸法：480×320mm（プリント倍率13.3倍）

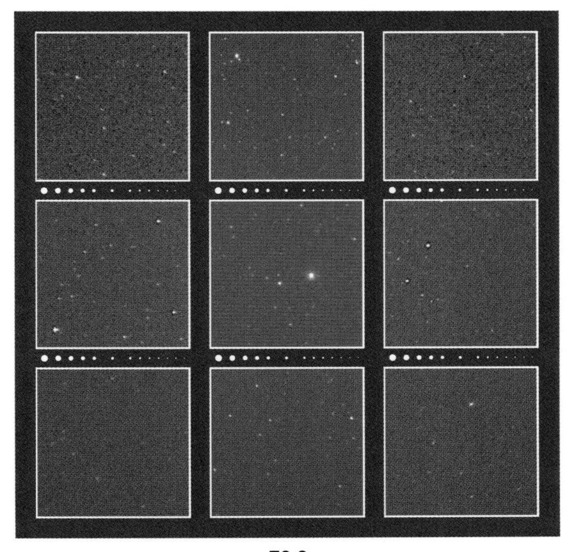

F2.8

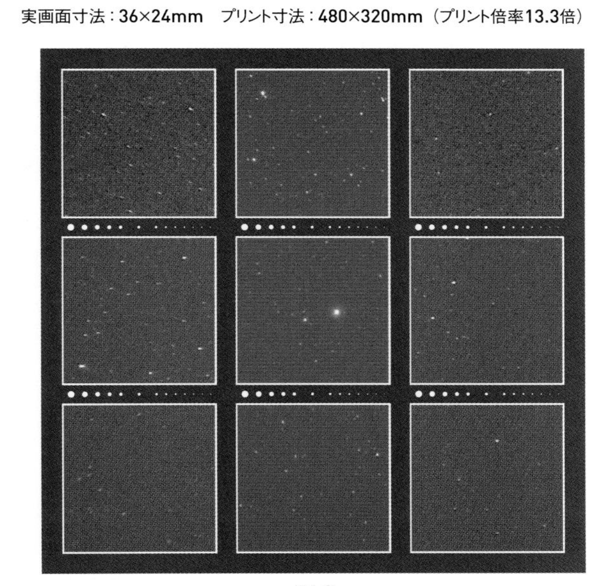

F4.0

星空を撮影したときの周辺減光の様子

F2.8

F4.0

SONY
Planar T* FE 50mm F1.4 ZA

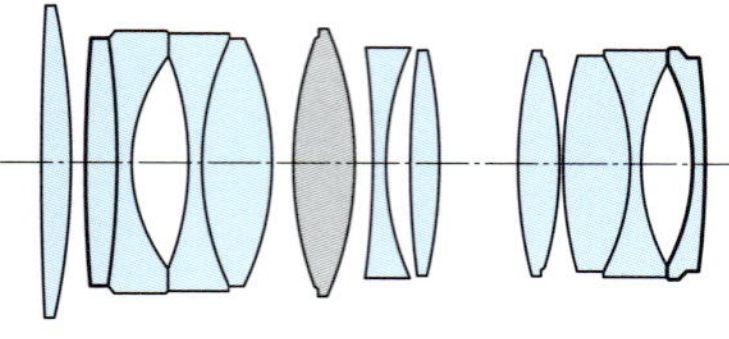

L2・L12は非球面レンズ．
L6はEDレンズ．

焦点距離：50mm
最大絞り：F1.4
最小絞り：F16
最短撮影距離：0.45m
対角線画角：47°
レンズ構成：9群12枚
絞り羽根：11枚
フィルター径：72mm
大きさ：φ83.5mm×L108mm
重さ：778g
価格(税別)：190,000円
発売年月：2016年7月

F1.4 —— F1.4と非常に明るい上に，星像はシャープである．周辺星像の崩れも極めて少ない．明るめの星には色収差による青いハロが見られるがわずかである．テスト画像の中心は青白い2等星だが，このくらいの明るい星になると光滲にかき消されて，その若干の青いハロも気にならなくなる．周辺光量は画面の四隅で2段分強の減光が認められる．

F2.0 —— 星像は画面全体的にさらに鋭さを増し，明るめの星の周りの若干の青いハロも気にならない量となる．周辺減光がまだ多い以外はすばらしい画質．

F2.8 —— 画面のごく四隅以外は周辺減光も目立たなくなって極めてすばらしい画面となる．画質の均一性も見事というほかない．

F4.0 —— 周辺光量もフラットになり文句のつけようがない．

非常に高価な標準レンズだが星像は絞り開放からすばらしく，SIGMAの50mm F1.4 DG HSMを凌いで．ZEISSのOtus 1.4/55に肉薄する最高水準の星像が得られる．

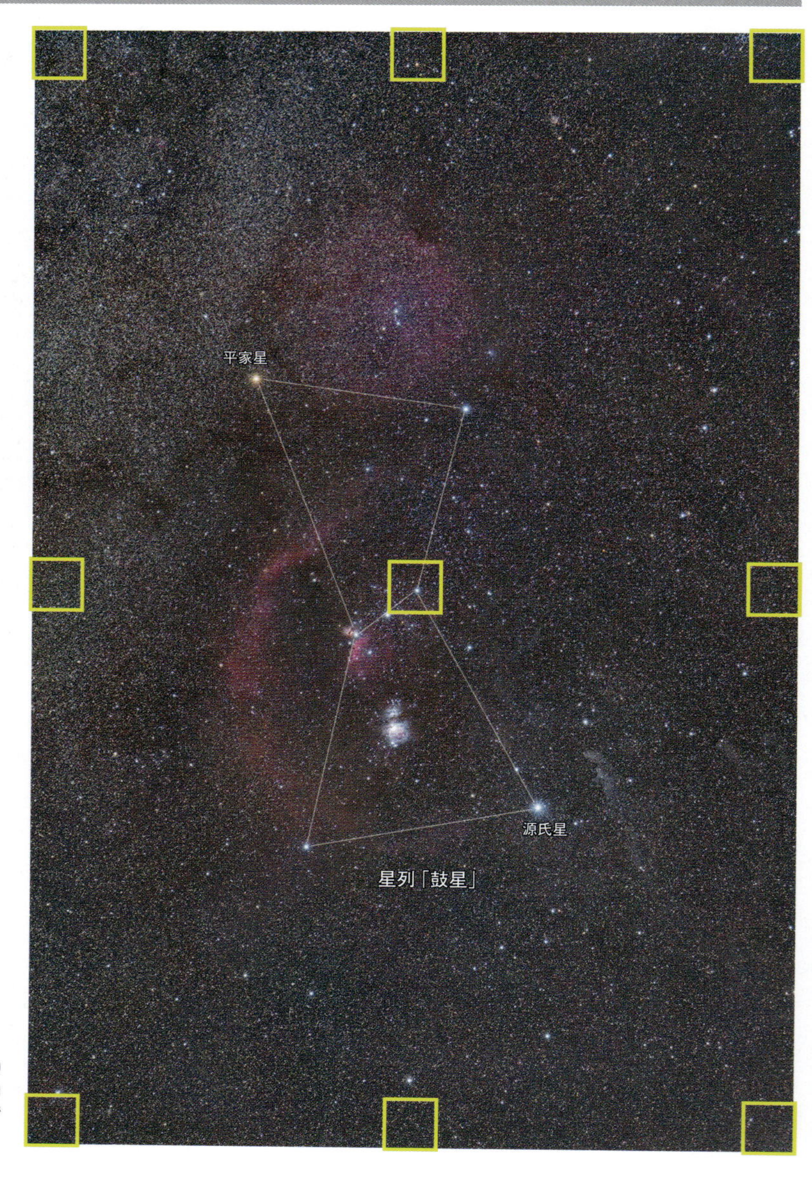

絞りF2.8で撮影した「鼓星(つづみぼし)」

撮影データ；Planar T* FE 50mm F1.4 ZA 絞りF2.8 ソニーα7RII(ISO800, RAW) 露出2分×4コマ加算平均 赤道儀で追尾撮影 Camera Rawで現像 Photoshop CCで画像処理

A3ノビ用紙にプリントしたときの星像の様子

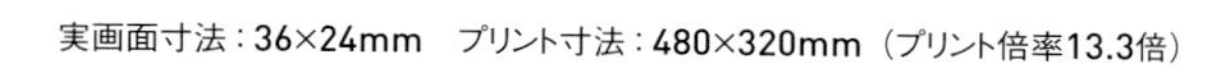
実画面寸法：36×24mm　プリント寸法：480×320mm（プリント倍率13.3倍）

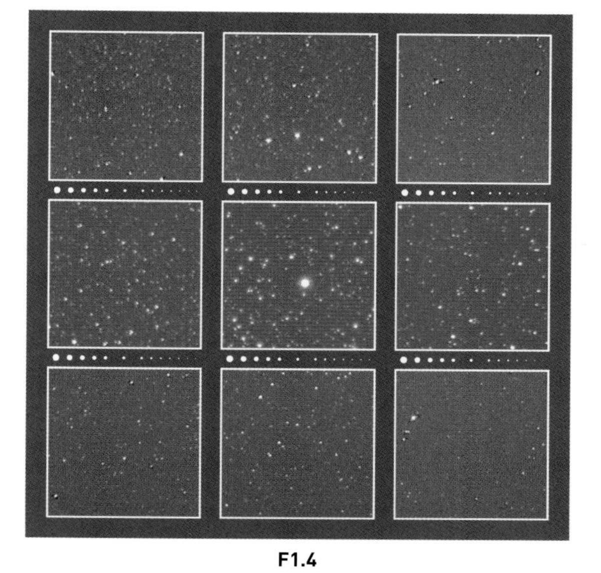
F1.4

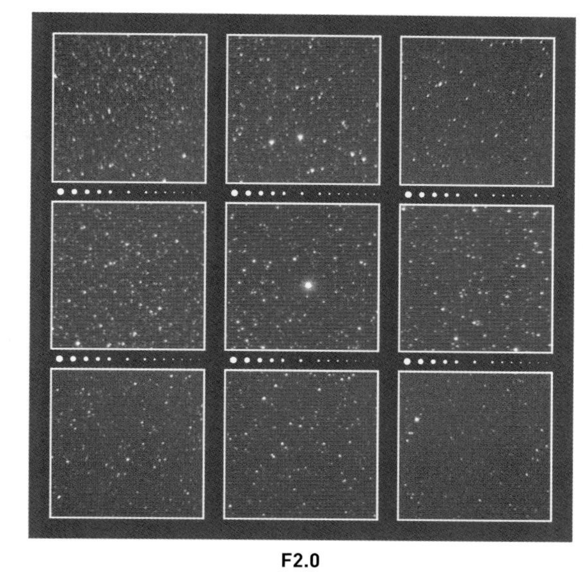
F2.0

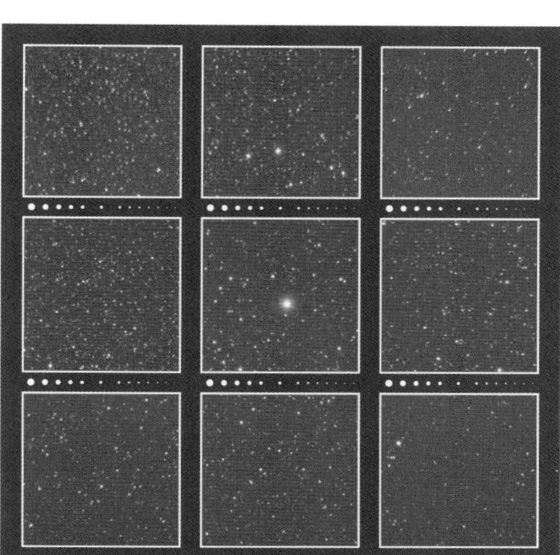
F2.8

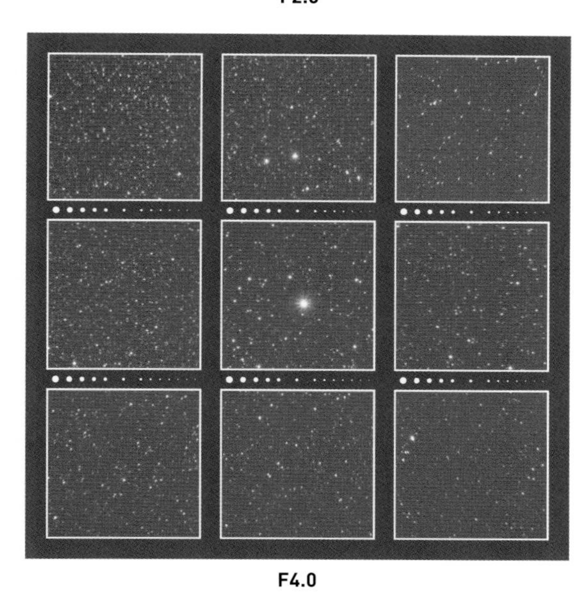
F4.0

星空を撮影したときの周辺減光の様子

F1.4

F2.0

F2.8

F4.0

SONY
FE 85mm F1.4 GM

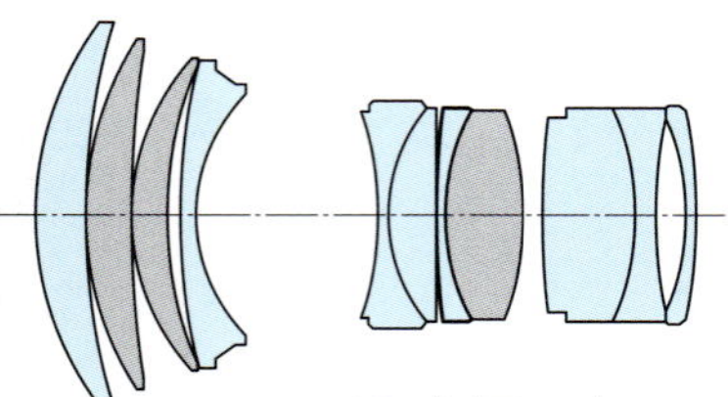

L7は非球面レンズ．
L2・L3・L8はEDレンズ．

焦点距離：85mm
最大絞り：F1.4
最小絞り：F16
最短撮影距離：0.85m（MF時は0.8m）
対角線画角：29°
レンズ構成：8群11枚
絞り羽根：11枚
フィルター径：77mm
大きさ：φ89.5mm×L107.5mm
重さ：820g
価格（税別）：225,000円
発売年月：2016年4月

F1.4 ―― F1.4という非常に明るい中望遠レンズとしてはそう悪い星像ではないが，中心付近でも明るめの星はあまさがあり，画面周辺の星像はサジッタル コマ フレアで同心円方向に流れたように写る．画面四隅の光量は2段分ほどの減光が認められる．

F2.0 ―― 1段絞っただけで，明るめの星のあまさも，画面四隅のコマフレアも一気に解消して，全画面ですばらしい星像が得られる．左上隅の拡大画像の中心に写っているのは光度9.4等，視直径10′の暗くて小さな散開星団だが，これも星がよく分離して写っている．

F2.8 ―― 星像はF2.0と大差はないが周辺減光が大幅に改善される．

F4.0 ―― 周辺光量はさらにフラットになって申し分のない画面となる．

星像はF2.0あたりから全画面で良好となるトップクラスの明るい中望遠レンズ．

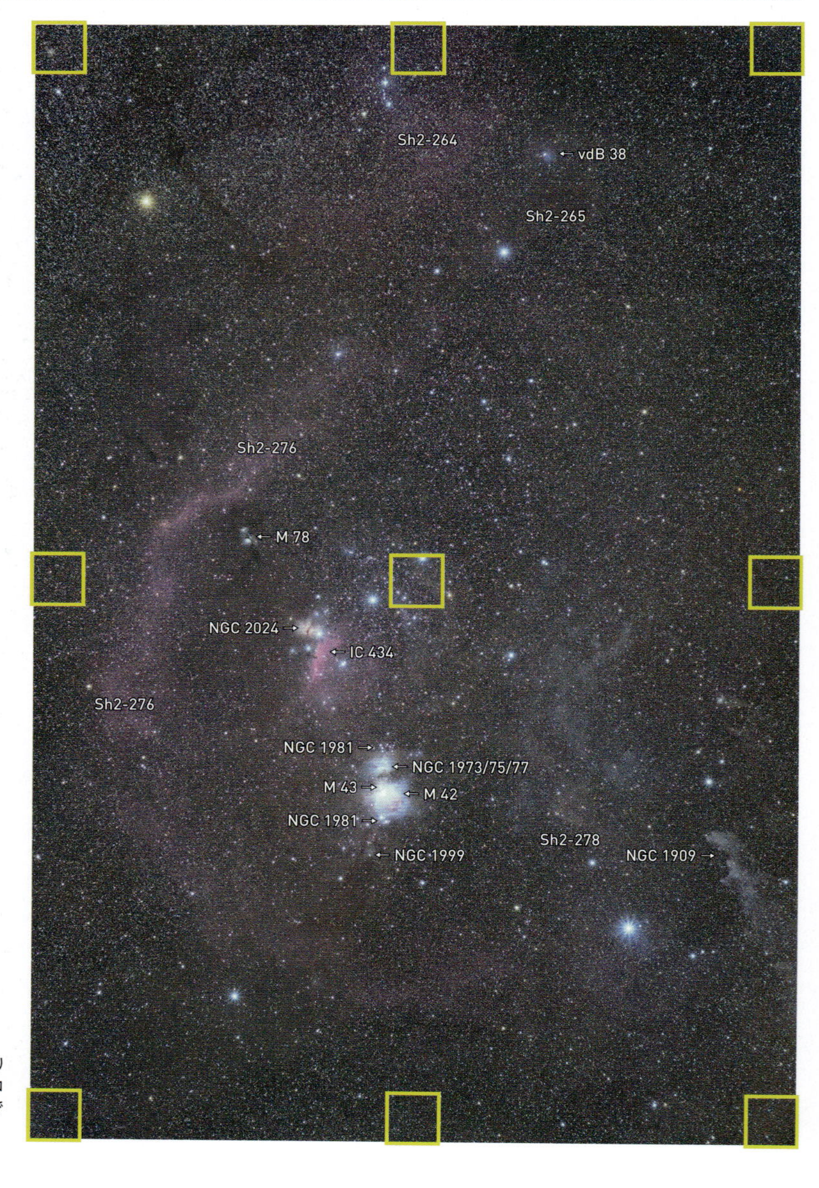

絞りF2.8で撮影した「オリオン座の散光星雲」

撮影データ；撮影データ；FE 85mm F1.4 GM 絞りF2.8 ソニーα7RII（ISO800，RAW） 露出2分×4コマ加算平均 赤道儀で追尾撮影 Camera Rawで現像 Photoshop CCで画像処理

A3ノビ用紙にプリントしたときの星像の様子

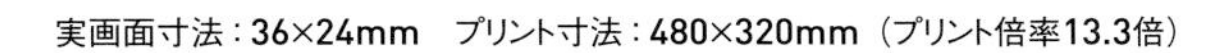
実画面寸法：36×24mm　プリント寸法：480×320mm（プリント倍率13.3倍）

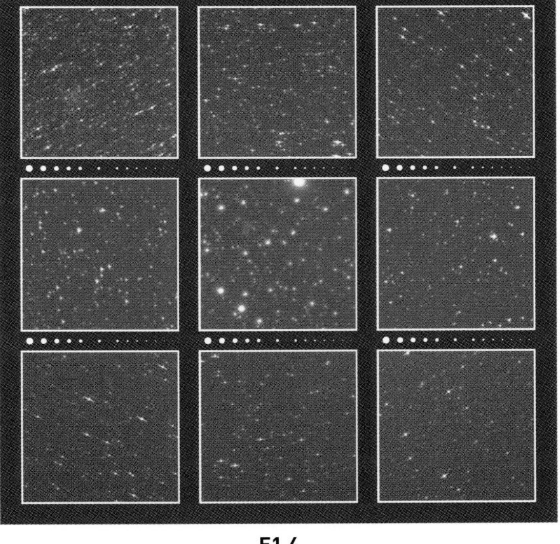

F1.4

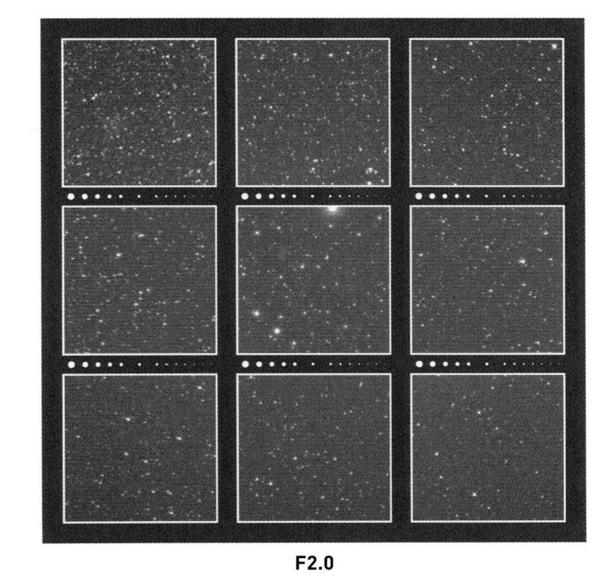

F2.0

F2.8

F4.0

星空を撮影したときの周辺減光の様子

F1.4

F2.0

F2.8

F4.0

SONY
FE 90mm F2.8 Macro G OSS

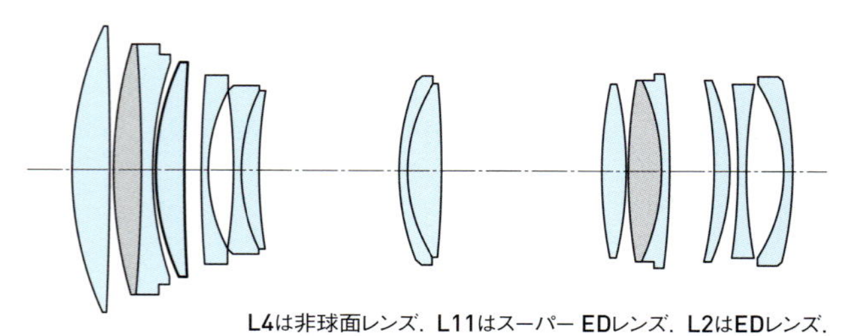

L4は非球面レンズ，L11はスーパーEDレンズ，L2はEDレンズ．

焦点距離：90mm	最短撮影距離：0.28m	絞り羽根：9枚	重さ：602g
最大絞り：F2.8	対角線画角：27°	フィルター径：62mm	価格(税別)：148,000円
最小絞り：F22	レンズ構成：11群15枚	大きさ：φ79mm×L130.5mm	発売年月：2015年6月

F2.8 ―― 絞り開放から微光星は良像基準を超えており，画面周辺部の明るい星の像の崩れもほとんどなく，画面の均一性がたいへん良い．縦色収差と倍率の色収差はともによく補正されていて星像の周りに色づきも見られない．周辺光量は，テスト画像で見るように画面周辺に向けて徐々に減光するタイプで，四隅では1段分くらいの減光が認められる．

F4.0 ―― とくに周辺減光が改善される以外は，絞り開放とほとんど差のない優れた画質．

このレンズはマクロレンズだが星空を撮影しても絞り開放からすばらしい画質が得られる．しかし焦点距離が5mmしか違わないSONY FE 85mm F1.4 GMをF2.8に絞った星像と比較するとシャープさは若干だが見劣りする．

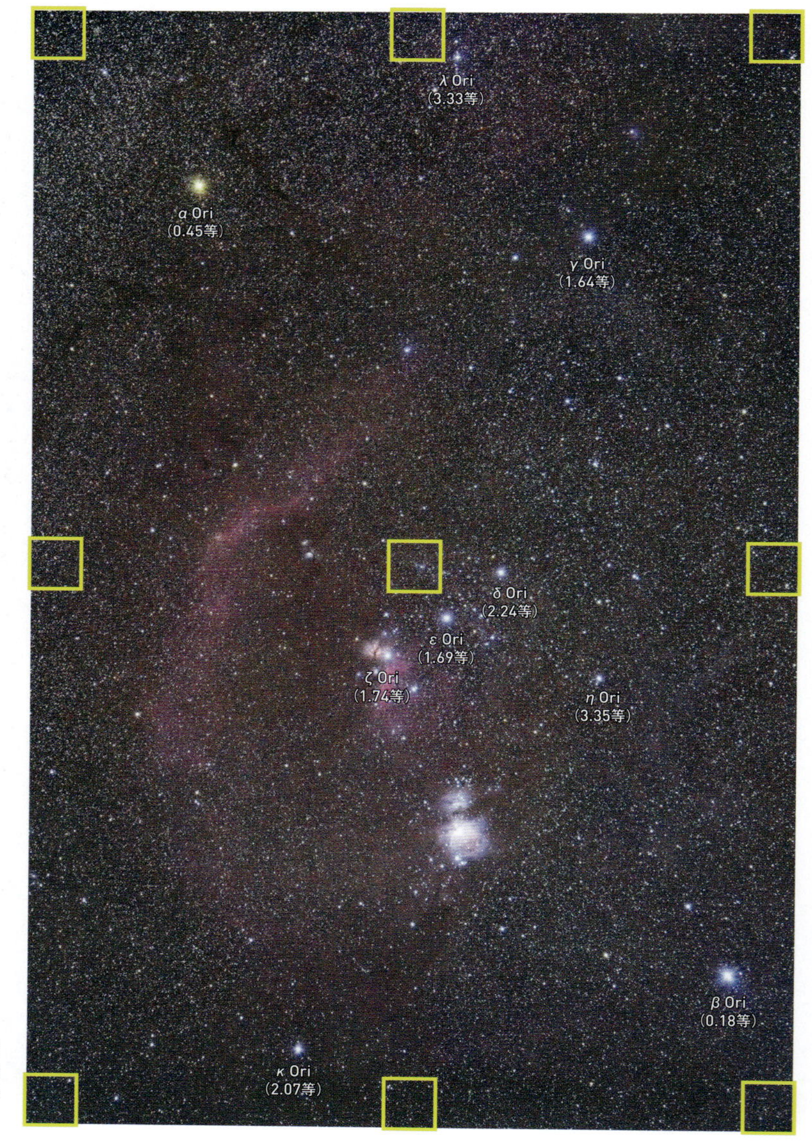

絞りF2.8開放で撮影した「明るい星が多いオリオン座」

撮影データ；FE 90mm F2.8 Macro G OSS 絞りF2.8 ソニーα7RII (ISO1600，RAW) 露出2分 赤道儀で追尾撮影 Camera Rawで現像 Photoshop CCで画像処理

A3ノビ用紙にプリントしたときの星像の様子

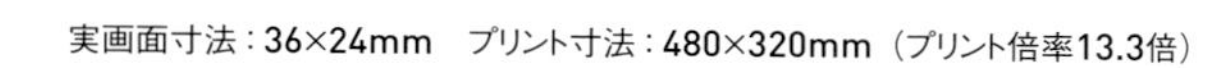
実画面寸法：36×24mm　プリント寸法：480×320mm（プリント倍率13.3倍）

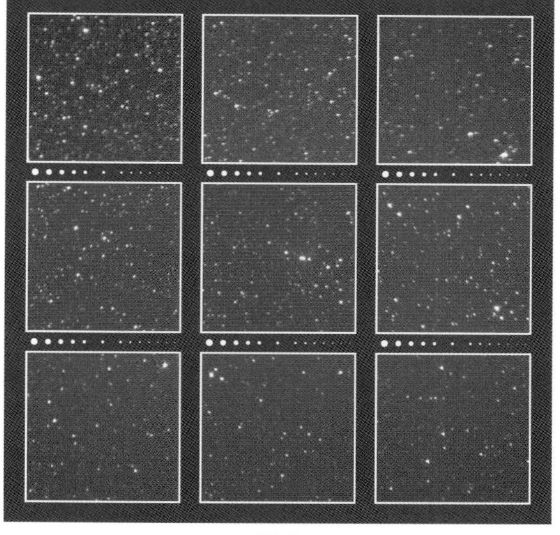
F2.8

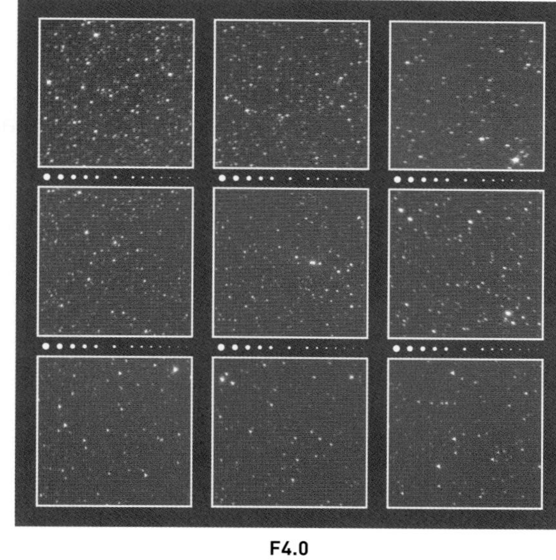
F4.0

星空を撮影したときの周辺減光の様子

F2.8

F4.0

TAMRON
SP 15-30mm F/2.8 Di VC USD

焦点距離：15-30mm
最大絞り：F2.8
最小絞り：F22
最短撮影距離：0.28m
対角線画角：110°5-71°6
レンズ構成：13群18枚
絞り羽根：9枚
フィルター：装着不可
大きさ：φ98.4mm×L145mm
重さ：1,100g
対応マウント：キヤノン，ニコン，ソニーE
価格（税別）：140,000円
発売年月：2014年12月

短焦点端 15mm

F2.8 —— 画面の左側に若干の星像の流れが認められるが，おそらくこれはテストレンズの個体の問題で，星像は絞り開放から非常に良い．画面の中心から80%くらいまでは微光星像も良像基準に達し，明るい星も崩れが少なく良好である．周辺光量はなだらかに減光し，画面の四隅では2段分ほどの減光が認められる．

F4.0 —— 口径食が減った分だけ，絞り開放よりも周辺部の微光星の描写が良くなる．周辺減光もそれだけ抑えられるので画面の均一性が高まって全体的にさらに良い画面となる．

PENTAXの15-30mm F2.8と光学系の基本設計は同じものと推察されるが，このレンズの短焦点端の星像もトップクラスといえる．両者の星像の軽微な差異はテスト個体に起因するものと思われ，それも興味深い．

絞りF2.8開放で撮影した「昇る夏の大三角と天の川」

撮影データ；SP 15-30mm F/2.8 Di VC USD　焦点距離15mm　絞りF2.8　キヤノンEOS 6D（ISO800，RAW）　露出2分　赤道儀で追尾撮影　Camera Rawで現像　Photoshop CCで画像処理　Nik Collection“Viveza”で光害カブリと地上風景を修整，同“Dfine”でノイズ低減

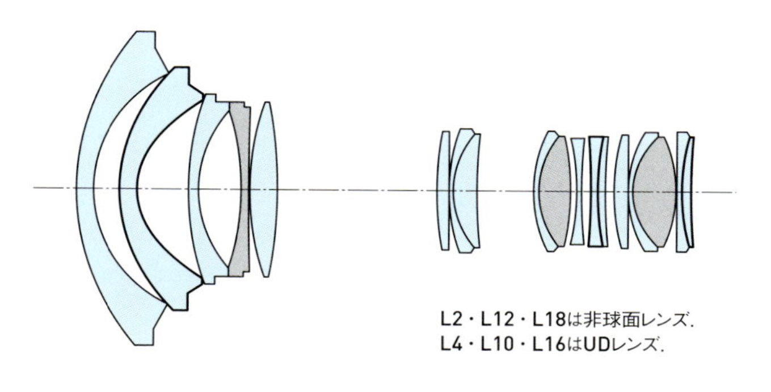

短焦点端 15mm

A3ノビ用紙にプリントしたときの星像の様子

実画面寸法：36×24mm　プリント寸法：480×320mm（プリント倍率13.3倍）

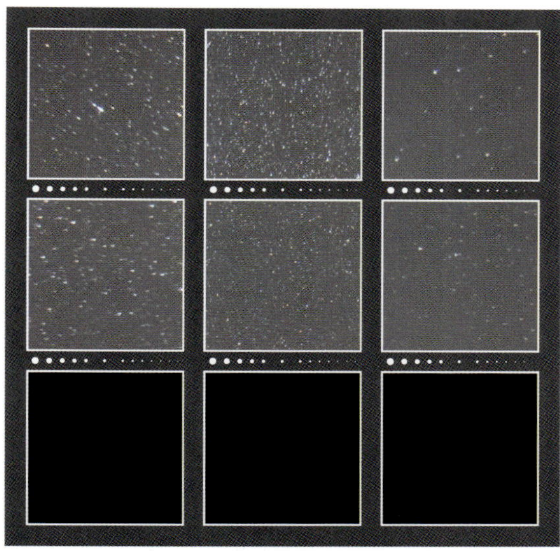

F2.8

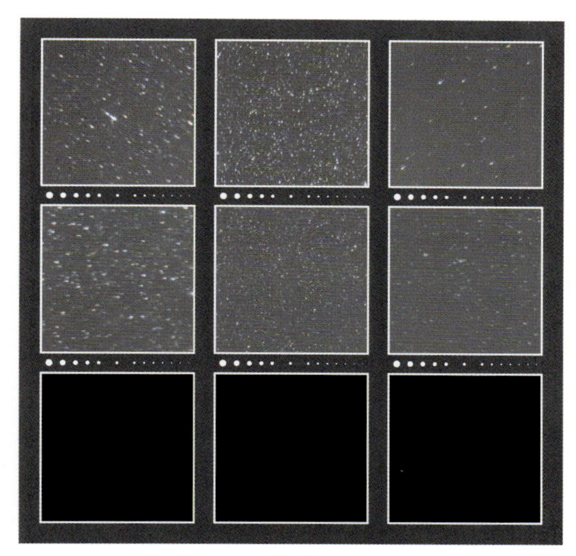

F4.0

星空を撮影したときの周辺減光の様子

F2.8

F4.0

TAMRON
SP 15-30mm F/2.8 Di VC USD

長焦点端 30mm

F2.8 —— 画面の右側を除き，星像は絞り開放から良好である．画面の左側は中心から80%を超えたあたりから明るめの星は小さな十文字状に描写されるが集光が良く目立たない．画面の右側はテストレンズの個体のトラブルと思われ，子細に見ると，星像はダルマ状にかなり歪んで写っている．

F4.0 —— 全体的に星像のシャープさが増し，周辺の微光星の描写も良くなり，周辺減光もかなり抑えられて，一段と良い画面となる．しかしトラブルを抱えた画面右側の星像は同じ傾向のままである．

光学系の基本設計は同じと思われるPENTAX15-30mm F2.8と比較すると，画面の左側は同様に優れているが，右側はテストレンズの個体の問題で星像が歪んでいて見劣りがする．機会があれば再テストをしてみたい．

絞りF2.8開放で撮影した「正中する さそり座と天の川銀河の中心方向」

撮影データ；SP 15-30mm F/2.8 Di VC USD 焦点距離30mm 絞りF2.8 キヤノンEOS 6D（ISO1600，RAW） 露出30秒×14コマ加算平均 赤道儀で追尾撮影 Camera Rawで現像 Photoshop CCで画像処理 Nik Collection “Viveza”で光害カブリと地上風景を修整，同“Dfine”でノイズ低減

長焦点端 30mm

A3ノビ用紙にプリントしたときの星像の様子

実画面寸法：36×24mm　プリント寸法：480×320mm（プリント倍率13.3倍）

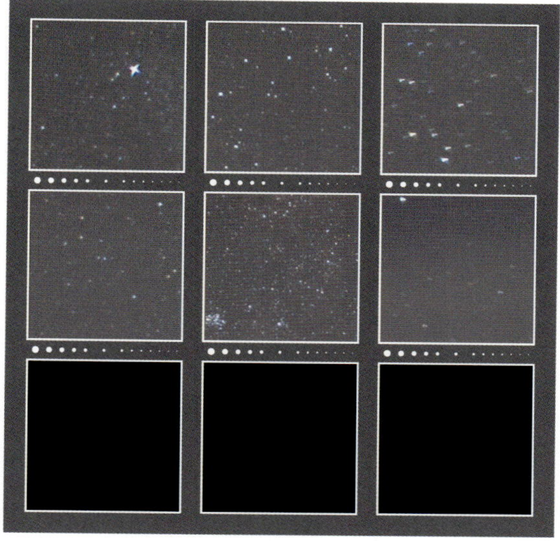

F2.8

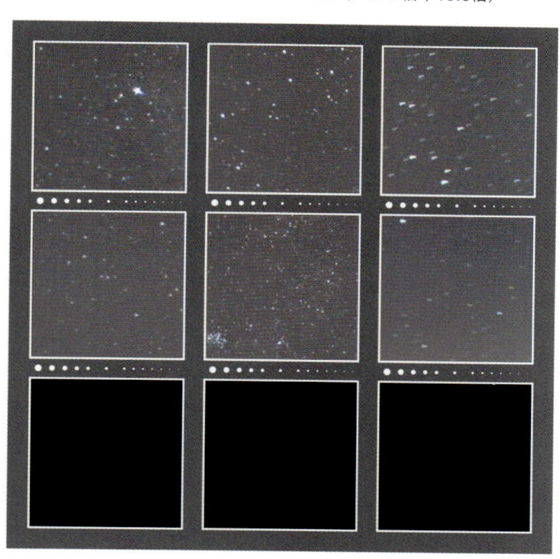

F4.0

星空を撮影したときの周辺減光の様子

F2.8

F4.0

TAMRON
SP 24-70mm F/2.8 Di VC USD G2

焦点距離：24-70mm
最大絞り：F2.8
最小絞り：F22
最短撮影距離：0.38m
対角線画角：84°1-34°4
レンズ構成：12群17枚
絞り羽根：9枚
フィルター径：82mm
大きさ：φ88.4mm×L111mm
重さ：905g
対応マウント：キヤノン，ニコン，ソニー E
価格（税別）：150,000円
発売年月：2017年8月

短焦点端 24mm

F2.8 —— 画面中心から70%くらいまでの広い範囲で星像はシャープで良好である．微光星像も鮮鋭度良く描写されている．画面周辺ほど星像は徐々にあまくなり，とくに画面右側では放射方向に流れたように描写されている．画面左側は隅までかなり良い星像を保っている．倍率の色収差も良く補正されており星像に色ズレは見られない．

F4.0 —— 口径食が減った分だけ画面周辺部の微光星像の描写はさらに良くなり，周辺減光も軽減されて，画面全体の均一性が増す．画面のごく右側だけは絞り開放時と同じような傾向で星像が流れ気味である．

画面左右の描写の優劣はテストレンズの個体差レベルの問題と思われる．

絞りF2.8開放で撮影した「山の端に隠れる さそり座・いて座・たて座の天の川と2017年の土星」

撮影データ；SP 24-70mm F/2.8 Di VC USD G2　焦点距離24mm　絞りF2.8　ニコンD810A（ISO800，RAW）　露出2分×4コマ加算平均　赤道儀で追尾撮影　Camera Rawで現像　Photoshop CCで画像処理　Nik Collection"Viveza"で光害カブリを修整，同"Dfine"でノイズ低減

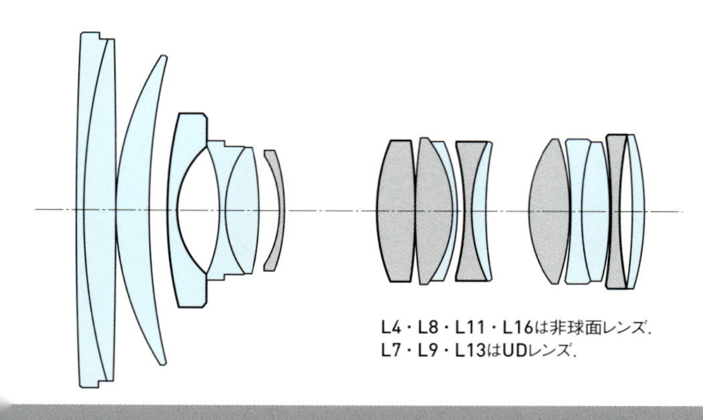

短焦点端 24mm

A3ノビ用紙にプリントしたときの星像の様子

実画面寸法：36×24mm　プリント寸法：480×320mm（プリント倍率13.3倍）

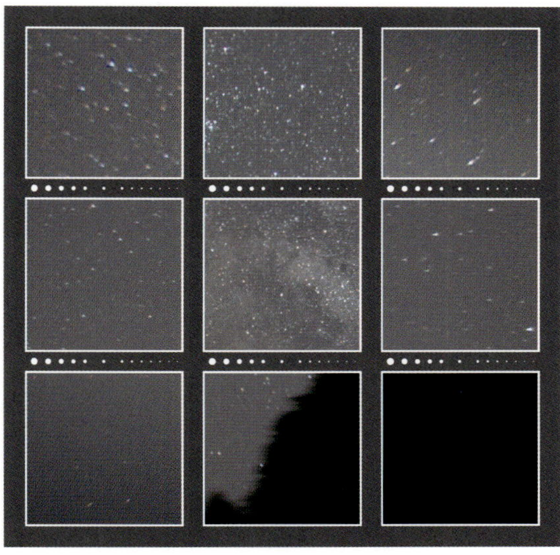

F2.8

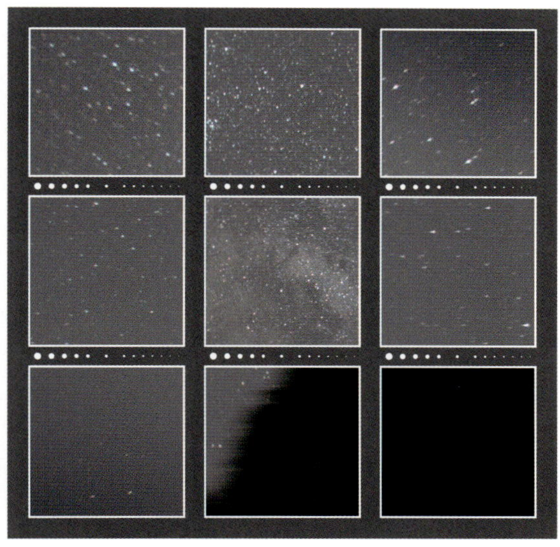

F4.0

星空を撮影したときの周辺減光の様子

F2.8

F4.0

TAMRON
SP 24-70mm F/2.8 Di VC USD G2

長焦点端 70mm

F2.8 —— 星像は絞り開放からわりと良好である．画面の四隅の方では星像は収差で三角形状に崩れて集光しているが，集光はかなり良いので微光星像までわりとしっかり写っている．テスト画像の左下隅には散開星団M35が写っているが，そのすぐ右下の小さな光芒が光度8.6等，視直径5′の散開星団NGC2158で，これもしっかりと写し出されていて集光の良さを物語っている．周辺光量は画面の四隅では2段分ほどの減光が認められる．

F4.0 —— 星像はさらにシャープさを増し，画面のごく四隅で明るめの星が小さな三角形状になる以外は全画面ですばらしい星像が得られる．周辺光量も増して，全体的に均質性が非常に良くなる．短焦点端で見られた画質の優劣の非対称性も見られない．

このレンズは，光学系の断面図と仕様から想像する限り，光学系の基本設計はPENTAX24-70mm F2.8と同様と思われる．しかし長焦点側の星像は，画面中心付近の広い一帯では同じようにシャープなものの，画面の周辺星像はこちらの方が明らかに良い．

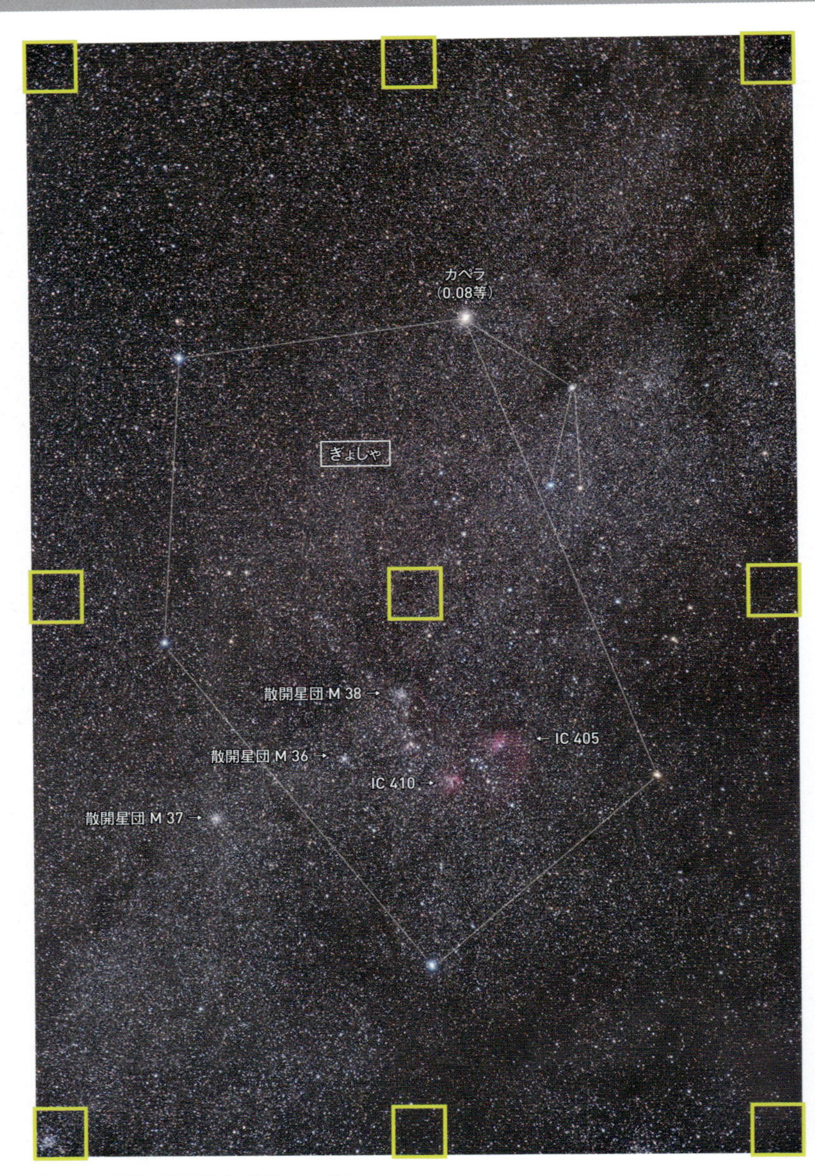

絞りF2.8開放で撮影した「ぎょしゃ座」

撮影データ；SP 24-70mm F/2.8 Di VC USD G2 焦点距離70mm 絞りF2.8 ニコンD810A（ISO800，RAW） 露出2分×4コマ加算平均 赤道儀で追尾撮影 Camera Rawで現像とノイズを低減 Photoshop CCで画像処理

長焦点端 70mm

A3ノビ用紙にプリントしたときの星像の様子

実画面寸法：36×24mm　プリント寸法：480×320mm（プリント倍率13.3倍）

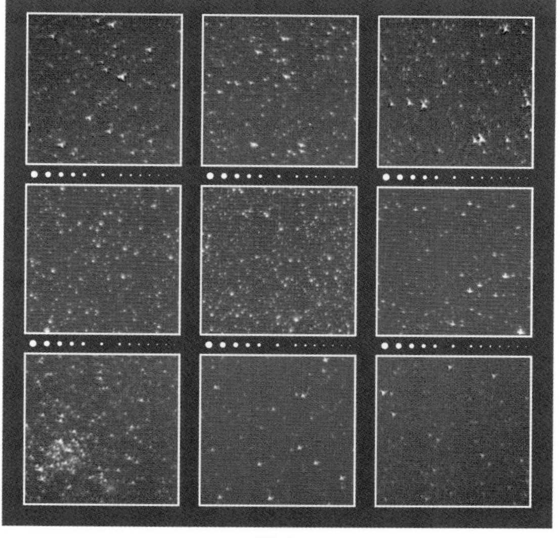

F2.8

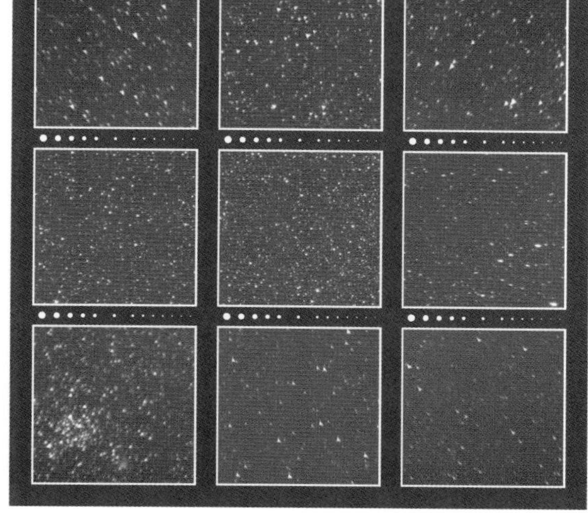

F4.0

星空を撮影したときの周辺減光の様子

F2.8

F4.0

TAMRON
SP 70-200mm F/2.8 Di VC USD G2

焦点距離：70-200mm
最大絞り：F2.8
最小絞り：F22
最短撮影距離：0.95m
対角線画角：34°.4-12°.4
レンズ構成：17群23枚
絞り羽根：9枚
フィルター径：77mm
大きさ：φ88mm×L193.8mm
重さ：1,500g
対応マウント：キヤノン，ニコン
価格（税別）：175,000円
発売年月：2017年2月

短焦点端 70mm

F2.8 —— 絞り開放から星像はかなり良い．子細に見ると，画面四隅の星像は小さな三角形状に写っているが，集光は鋭く崩れは僅少である．画面周辺の星像は外側が赤みを帯びて写っており軽微ながら倍率の色収差があることを示している．

F4.0 —— 絞り開放では三角形状だった画面の四隅の明るめの星像も丸く良い星像となり，全画面で極めて良好となる．画面四隅の減光はまだ1段分ほど残っている．

70-200mm F2.8クラスの短焦点端としては非常に優れた星像が期待できる．とくに画面の四隅の星像の良さは同クラスでは最高級である．

絞りF2.8開放で撮影した「いて座北部の天の川に見える星雲・星団と2017年の土星」

撮影データ；SP 70-200mm F/2.8 Di VC USD G2 焦点距離70mm 絞りF2.8 ニコンD810A（ISO800，RAW） 露出2分×2コマ加算平均 赤道儀で追尾撮影 Camera Rawで現像とノイズを低減 Photoshop CCで画像処理

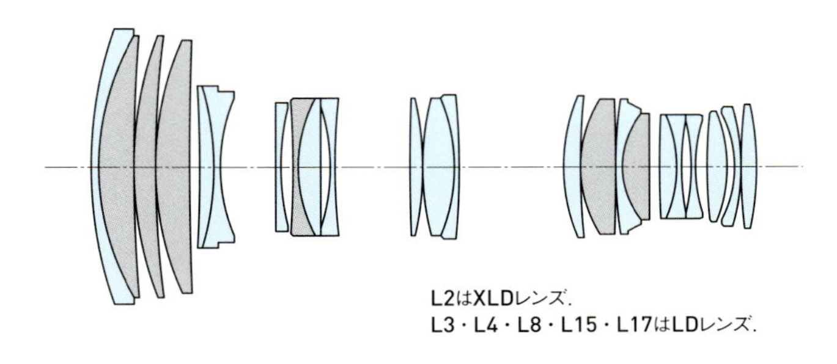

短焦点端 70mm

A3ノビ用紙にプリントしたときの星像の様子

実画面寸法：36×24mm　プリント寸法：480×320mm（プリント倍率13.3倍）

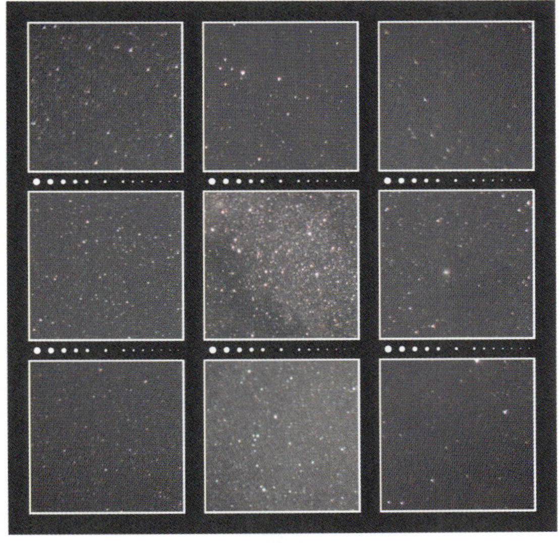
F2.8

F4.0

星空を撮影したときの周辺減光の様子

F2.8

F4.0

TAMRON
SP 70-200mm F/2.8 Di VC USD G2

長焦点端 200mm

F2.8 ―― 星像のシャープさは絞り開放から非常に素晴らしく見事という他ない．画面の四隅でも丸く小さく集光していて，微光星の像は全画面で良像基準を超えている．倍率の色収差も非常に良く補正され，周辺星像に色ズレも見られない．周辺光量は画面四隅で2段分弱の減光が見られるが，それが唯一の弱点ともいえる高水準の星像である．

F4.0 ―― 星像は絞り開放から良好なので，1段絞ってもわずかに鮮鋭度が高まる程度でほとんど変わらない．周辺減光が改善された分だけ均一性が高まり，さらに好印象な画面となる．

手ブレ補正光学系を内蔵した23枚ものレンズからなる複雑な望遠ズームだが，組み立て誤差の影響もほとんど見られず，短焦点端も長焦点端も星像は第一級である．星空撮影用としては最高の70-200mmズームレンズ．

絞りF2.8開放で撮影した「いて座の散光星雲M8付近の星野」

撮影データ；SP 70-200mm F/2.8 Di VC USD G2 焦点距離200mm 絞りF2.8 ニコンD810A（ISO800，RAW） 露出2分×2コマ加算平均 赤道儀で追尾撮影 Camera Rawで現像とノイズを低減 Photoshop CCで画像処理

長焦点端 200mm

A3ノビ用紙にプリントしたときの星像の様子

実画面寸法：36×24mm　プリント寸法：480×320mm（プリント倍率13.3倍）

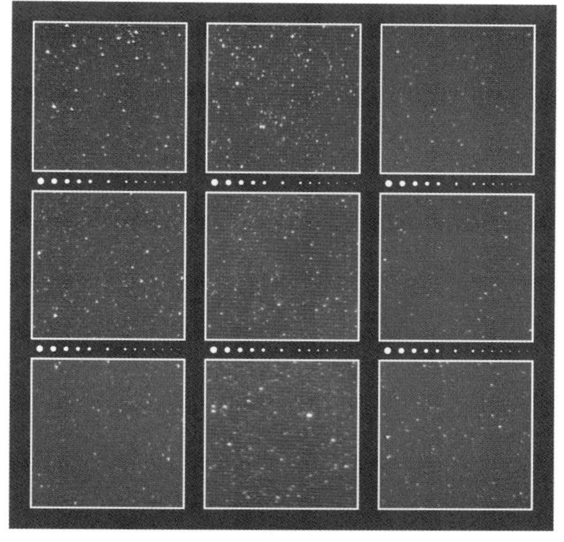

F2.8

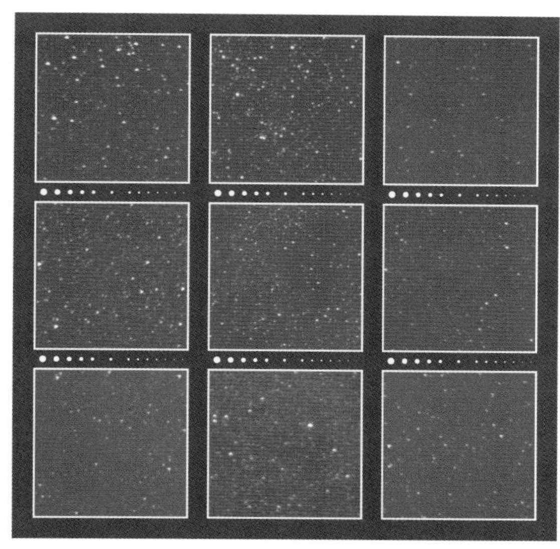

F4.0

星空を撮影したときの周辺減光の様子

F2.8　F4.0

TAMRON
SP 35mm F/1.8 Di VC USD

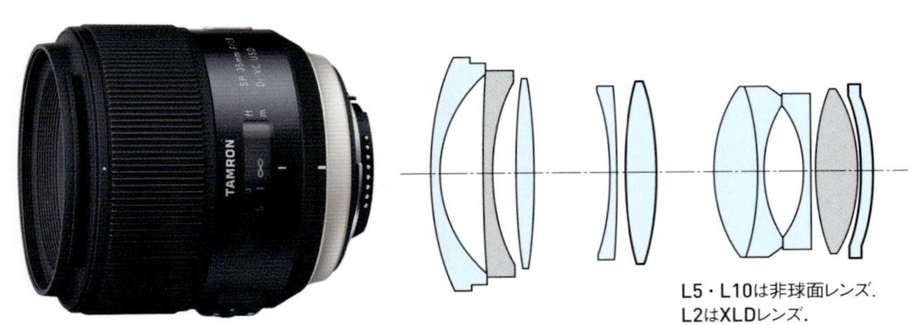

L5・L10は非球面レンズ.
L2はXLDレンズ.
L9はLDレンズ.

焦点距離：35mm
最大絞り：F1.8
最小絞り：F16
最短撮影距離：0.2m
対角線画角：63°4
レンズ構成：9群10枚
絞り羽根：9枚
フィルター径：67mm
大きさ：φ80.4mm×L80.8mm
重さ：480g
対応マウント：キヤノン，ニコン，ソニー E
価格(税別)：90,000円
発売年月：2015年9月

F1.8 ―― 画面中心から60%くらいまでの星像は良好である．画面周辺ほど星像はコマ収差で崩れて，四隅では翼を広げて飛翔する鳥のような形状になって，星像はサジッタル方向に流れて見える．倍率の色収差はよく補正されているが，収差の色による差があって，画面の周辺の恒星像は，その星の色温度によって色づいたハロが見える．画面中心付近の星も色収差によって極めてわずかながら色づきが認められる．

F2.0 ―― 絞り開放とほとんど変わらない．

F2.8 ―― 画面周辺の星像は飛躍的に良くなって画面全体が良好になる．星の明るさによっては微細な色づきはまだ確認できる．

F4.0 ―― 画面の隅々まで鋭い星像が得られ，絞り開放付近では四隅で2段分強ほどあった減光も解消されて非常に良い画面となる．

絞り開放付近の周辺星像は崩れ気味だが芯はしっかりしていて，1と1/3段絞ったF2.8でおおむね全画面で高画質が得られる点で良いレンズといえる．組み立て誤差も見られず，信頼性が高く堅調である．

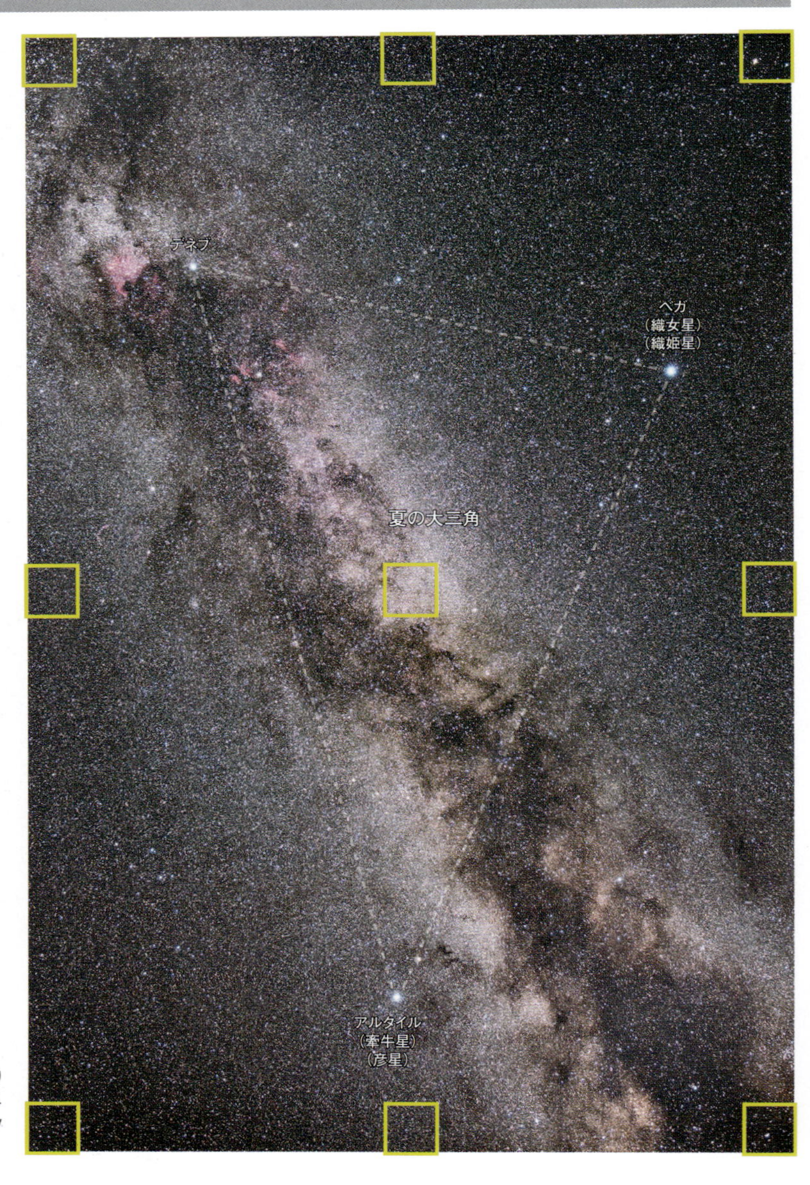

絞りF2.8で撮影した「夏の大三角」

撮影データ；SP 35mm F/1.8 Di VC USD 絞りF2.8 ニコンD810A（ISO800，RAW）露出2分×4コマ加算平均 赤道儀で追尾撮影 Camera Rawで現像 Photoshop CCで画像処理

A3ノビ用紙にプリントしたときの星像の様子

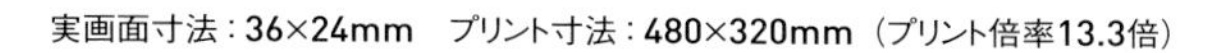
実画面寸法：36×24mm　プリント寸法：480×320mm（プリント倍率13.3倍）

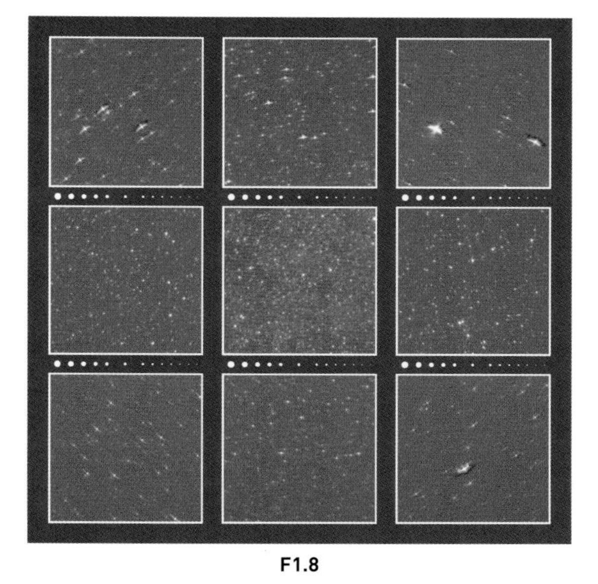
F1.8

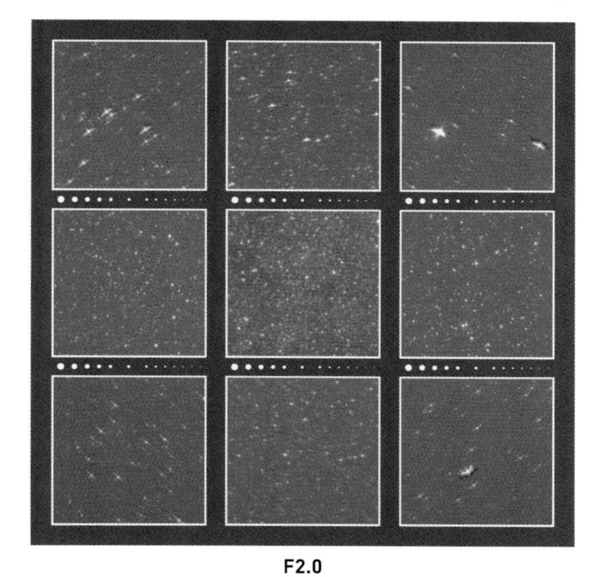
F2.0

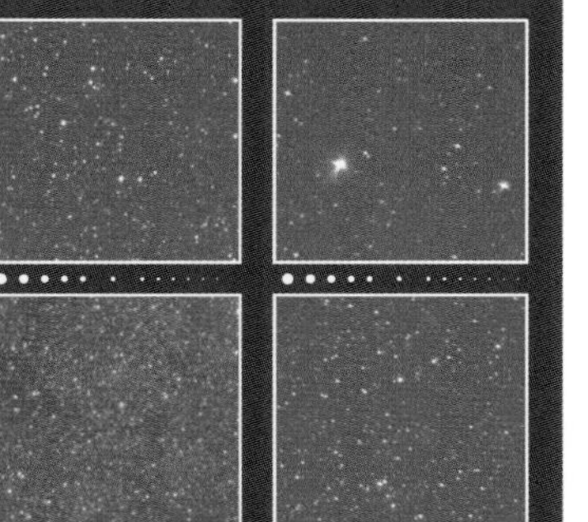
F2.8

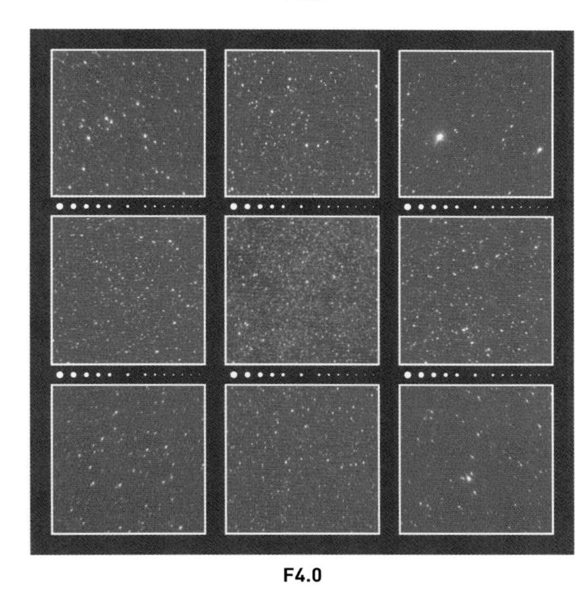
F4.0

星空を撮影したときの周辺減光の様子

F1.8

F2.0

F2.8

F4.0

TAMRON
SP 90mm F/2.8 Di MACRO 1:1 VC USD

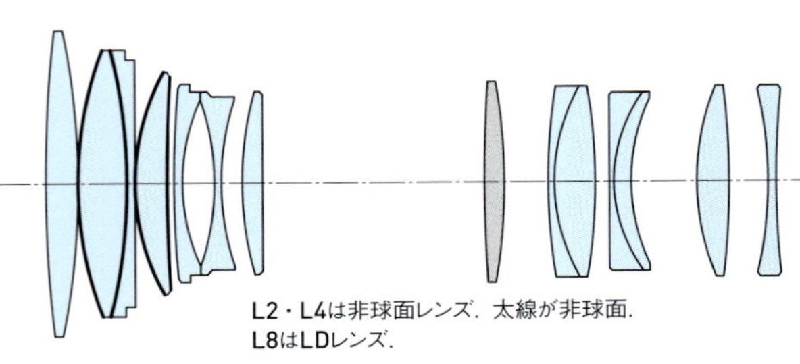

L2・L4は非球面レンズ．太線が非球面．
L8はLDレンズ．

焦点距離：90mm	対角線画角：27.0°	大きさ：φ79mm×L117.1mm	価格（税別）：90,000円
最大絞り：F2.8	レンズ構成：11群14枚	重さ：610g	発売年月：2016年2月
最小絞り：F32	絞り羽根：9枚	対応マウント：キヤノン，ニコン，ソニー E	
最短撮影距離：0.3m	フィルター径：62mm		

F2.8 —— 絞り開放から画面全面で星像は良好で，微光星も良像基準を超えてシャープに写っている．画面の周辺でストンっと落ちるように減光しており，四隅では1段分強の減光が見られる．星像の均一性は高いので，この周辺減光さえ修整すれば，良い星野写真を期待できる．倍率の色収差もよく補正されている．

F4.0 —— 周辺減光が改善され，星像も一段と鮮鋭度を増してコントラスが高まり，非常に良い画面となる．

タムロンのSP90mmマクロレンズは数十年に亘って代々評判が良い．テストしたレンズはその最新版で，手ブレ補正機構が内蔵され，2枚のXLDレンズと1枚のLDレンズで高画質を目指している．中望遠域のマクロレンズの中では，星野を撮影した結果もトップクラスの優れたレンズといえる．

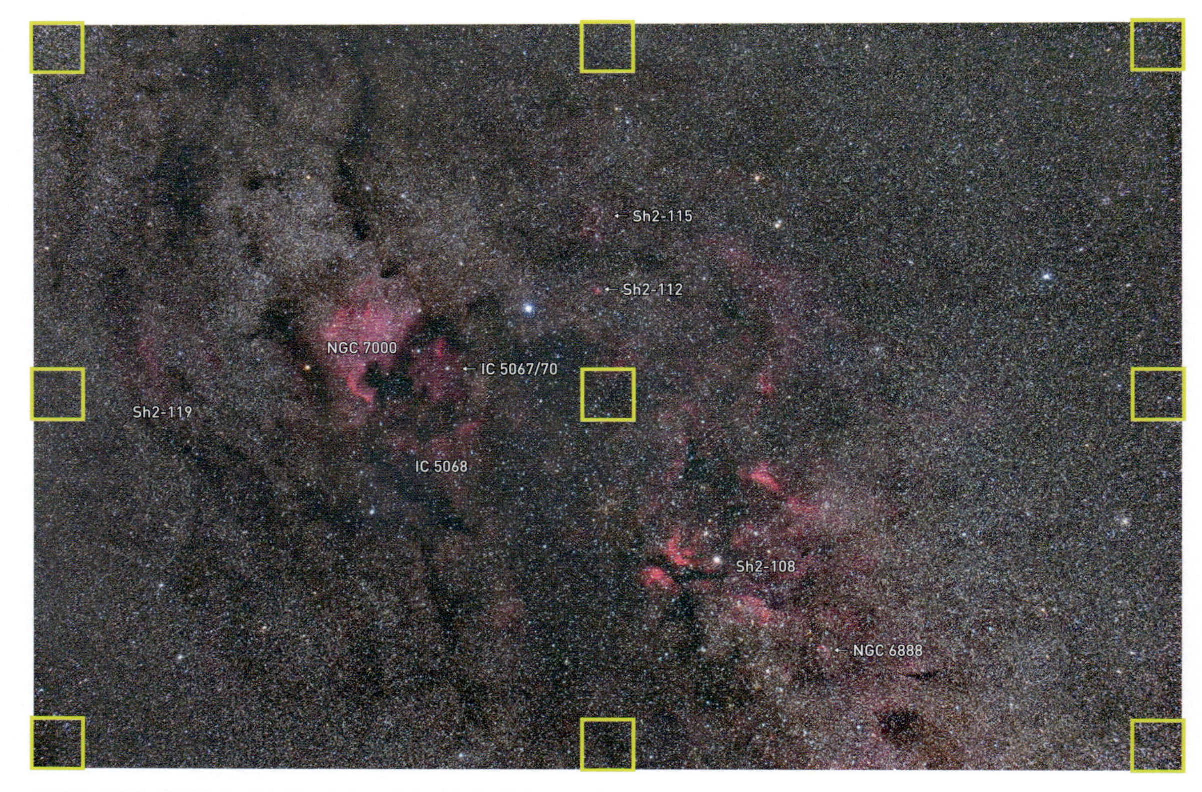

絞りF2.8開放で撮影した「はくちょう座の1等星デネブと散光星雲群」

撮影データ;SP 90mm F/2.8 Di MACRO 1:1 VC USD 絞りF2.8 ニコンD810A（ISO800，RAW）
露出2分×4コマ加算平均 赤道儀で追尾撮影 Camera Rawで現像 Photoshop CCで画像処理

A3ノビ用紙にプリントしたときの星像の様子

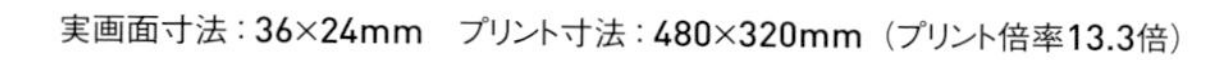
実画面寸法：36×24mm　プリント寸法：480×320mm（プリント倍率13.3倍）

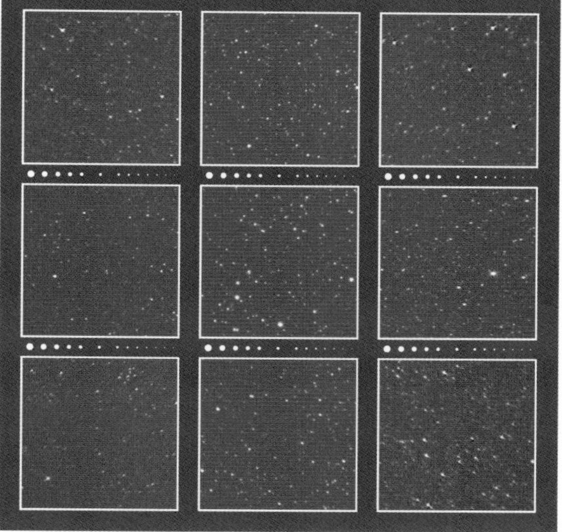

F2.8

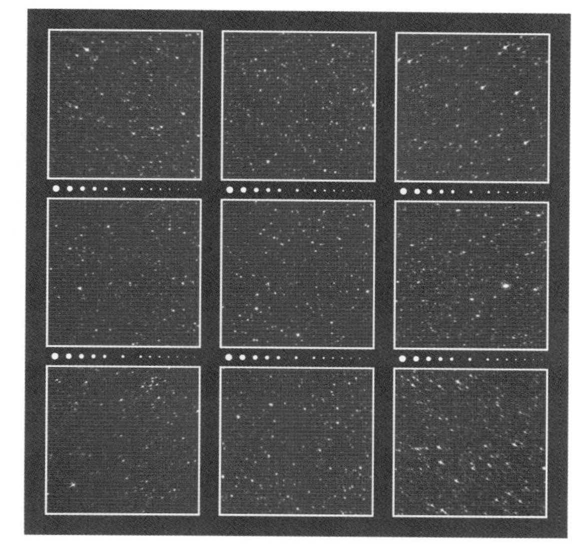

F4.0

星空を撮影したときの周辺減光の様子

F2.8

F4.0

TOKINA
AT-X 16-28 F2.8 PRO FX

（ケンコー・トキナー扱い）

焦点距離：16-28mm
最大絞り：F2.8
最小絞り：F22
最短撮影距離：0.28m
対角線画角：107°1-76°9
レンズ構成：13群15枚
絞り羽根：9枚
フィルター：装着不可
大きさ：φ90.0mm×L133.3mm
重さ：950g
対応マウント：キヤノン，ニコン
価格（税別）：118,000円
発売年月：2010年8月

短焦点端 16mm

F2.8 —— 画面中心付近の星像はまずまずだが，画面周辺の星像はかなりあまく，画面左側はメリジオナル コマとサジッタル コマで星像が崩れ，画面右側も同様だがサジッタル コマの方がやや目立っているので同心円方向に伸びたような星像になっている．周辺光量は，画面中心から周辺に向けてごくわずかに増光したあと減光に転じ，四隅では2段分弱の減光がある．

F4.0 —— 画面中心から70%くらいの星像はおおむね良好になる．周辺星像は，サジッタル コマが軽減されて画面の右側の星像は飛躍的に良くなるが，メリジオナル コマがまだ残っているので画面左側の星像は放射方向に伸びたような印象である．星空撮影用としてはF4.0よりもさらに絞る必要がある．周辺光量は飛躍的に高まるが，いったんわずかに増光してから減光に転じる性質は同じでテスト画像でも見てとれる．

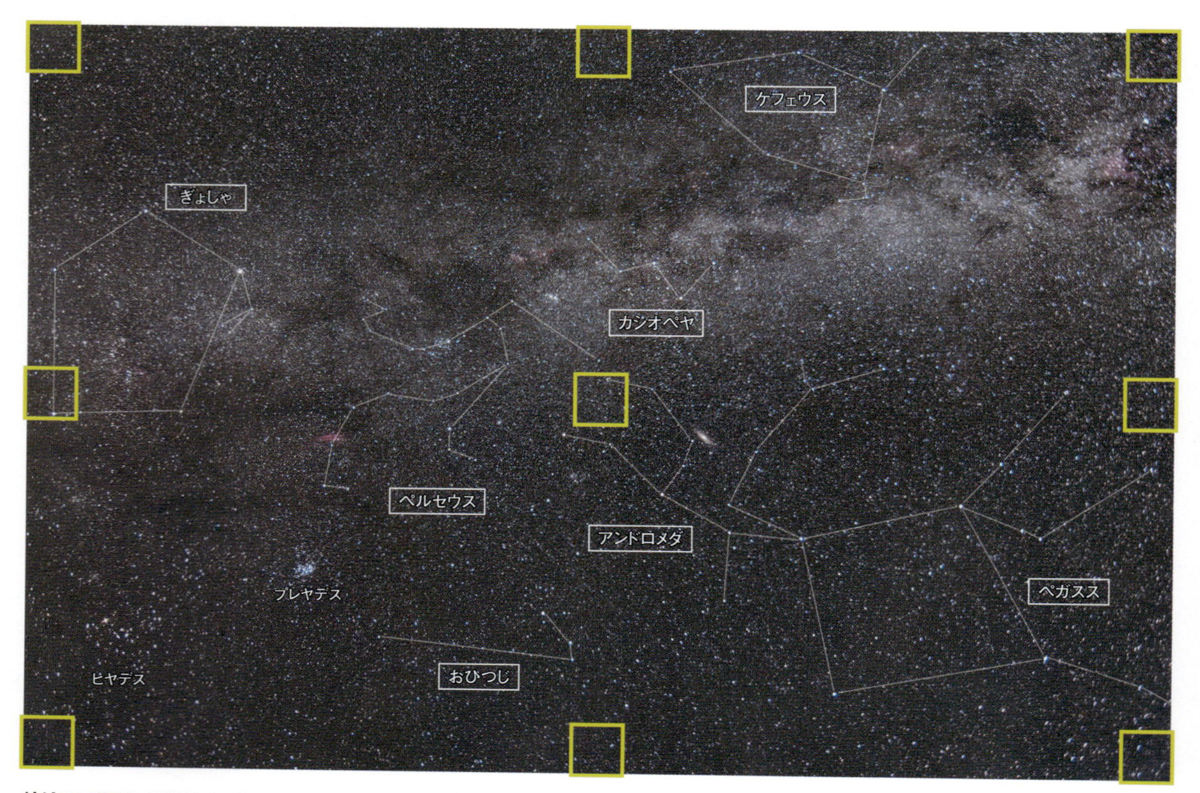

絞りF2.8開放で撮影した「エチオピア王家の3星座とペルセウス座・ペガスス座」

撮影データ；AT-X 16-28 F2.8 PRO FX 焦点距離16mm 絞りF2.8 ニコンD810A（ISO800，RAW）露出2分×4コマ加算平均 赤道儀で追尾撮影 Camera Rawで現像 Photoshop CCで画像処理

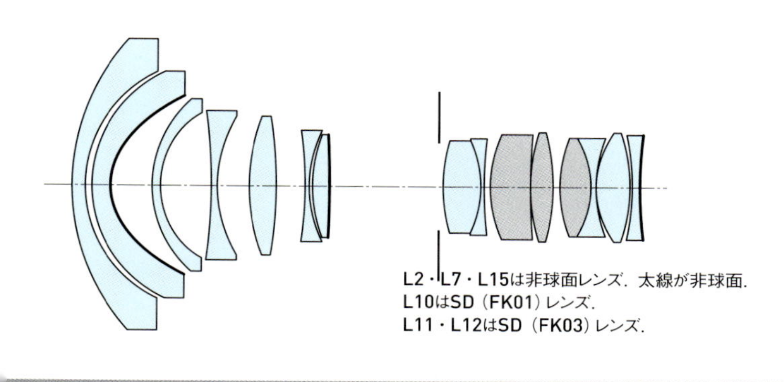

短焦点端 16mm

A3ノビ用紙にプリントしたときの星像の様子

実画面寸法：36×24mm　プリント寸法：480×320mm（プリント倍率13.3倍）

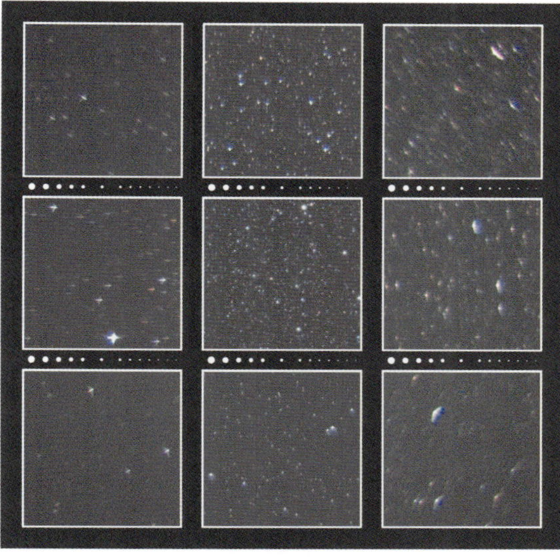

F2.8

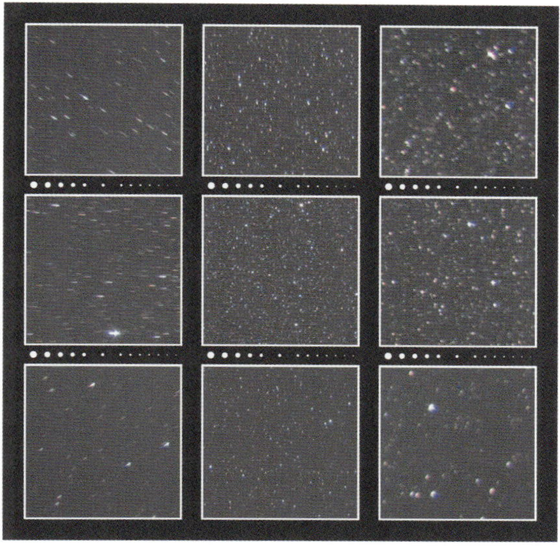

F4.0

星空を撮影したときの周辺減光の様子

F2.8

F4.0

TOKINA
AT-X 16-28 F2.8 PRO FX

長焦点端 28mm

F2.8 —— 画面全体的に星像はあまい．ピントは画面の中心が最良になるように合わせているが，その中心像にも光学系の偏芯の影響が見られ，画面の部位によって崩れ方もばらばらである．全体的には画面の右上の方が画質が良い．周辺光量はかなり豊富で，画面の四隅でも1段分くらいの減光に止まっている．

F4.0 —— 全体的にシャープさは向上するが，それでもまだ星像は全体的にあまい．周辺光量は非常に豊富ですばらしい．像の崩れが大きいので正確な判断はしかねるが，縦色収差も倍率の色収差もよく補正されているようだ．

16mmからのF2.8の広角ズームとしては価格が非常に安いのはよいが，短焦点端も長焦点端も，周辺星像は不規則にかなり崩れていて見劣りがする．テストレンズ個体は大きなトラブルをかかえていると思われるので機会があれば再テストをしたい．

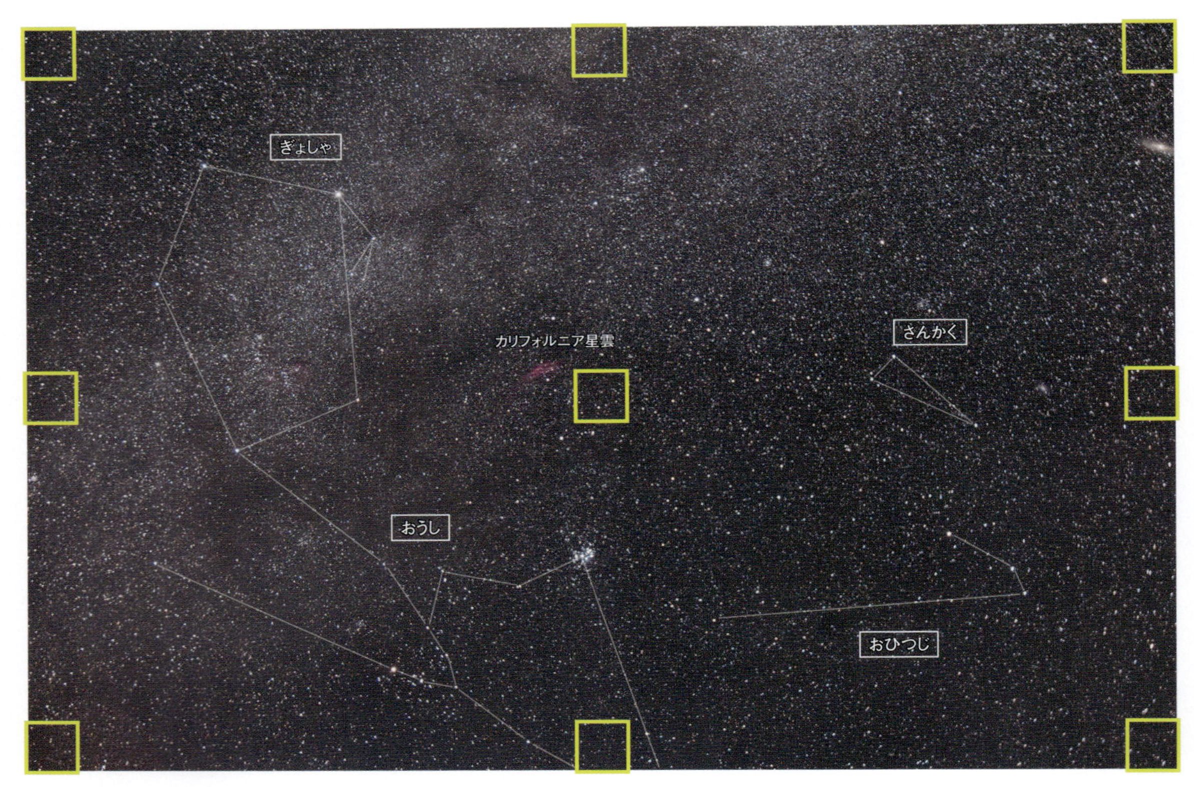

絞りF2.8開放で撮影した
「さんかく座・おひつじ座・ペルセウス座・ぎょしゃ座」

撮影データ；AT-X 16-28 F2.8 PRO FX 焦点距離28mm 絞りF2.8 ニコンD810A（ISO800，RAW） 露出2分×4コマ加算平均 赤道儀で追尾撮影 Camera Rawで現像 Photoshop CCで画像処理

長焦点端 28mm

A3ノビ用紙にプリントしたときの星像の様子

実画面寸法：36×24mm　プリント寸法：480×320mm（プリント倍率13.3倍）

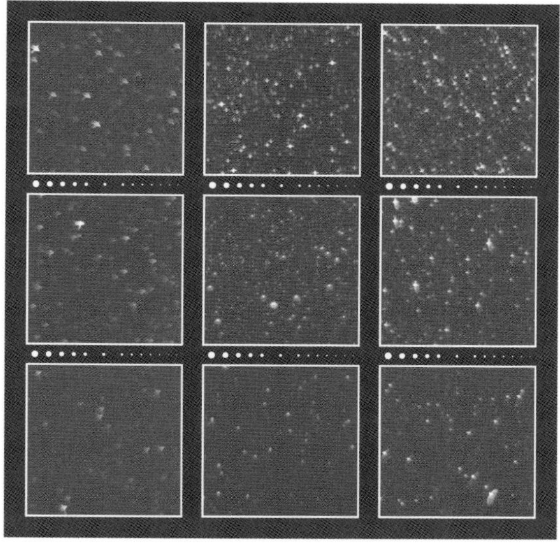
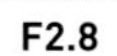

F2.8

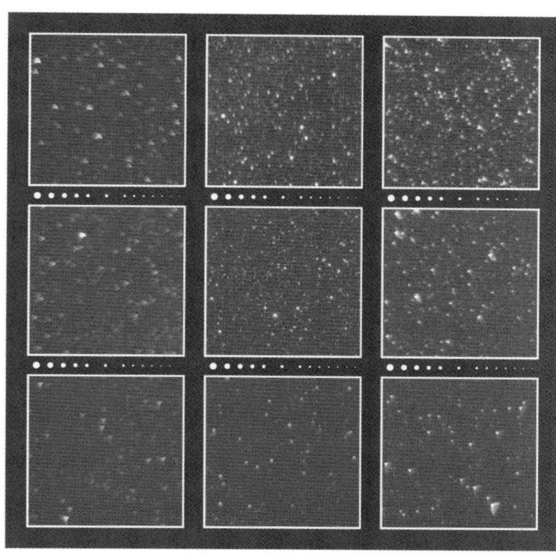

F4.0

星空を撮影したときの周辺減光の様子

F2.8

F4.0

TOKINA
AT-X 24-70 F2.8 PRO FX (ケンコー・トキナー扱い)

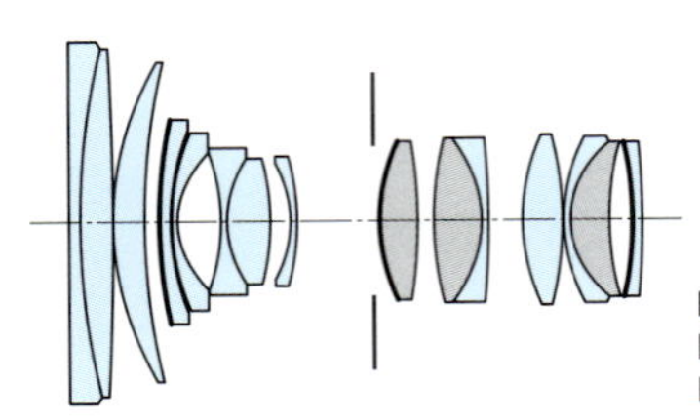

L4・L9・L15は非球面レンズ．太線が非球面．
L14はSD（FK03）レンズ．
L9・L10はSD（FK01）レンズ．

焦点距離：24-70mm	対角線画角：84°2-34°5	大きさ：φ89.6mm×L107.5mm	発売年月：2015年6月
最大絞り：F2.8	レンズ構成：11群15枚	重さ：1,010g	
最小絞り：F22	絞り羽根：9枚	対応マウント：キヤノン，ニコン	
最短撮影距離：0.38m	フィルター径：82mm	価格（税別）：150,000円	

短焦点端 24mm

F2.8 ―― 星像は絞り開放から画面全体でかなり良好である．微光星も良像基準に達していて，画面周辺の明るい星の崩れも大きくないので印象は良い．周辺光量は，画面の周辺でストンっと落ちるような減光を示し，四隅では2段分強の減光が認められる．縦色収差はよく補正されているが，画面の上の方の星像は倍率の色収差によると色ズレが認められる．

F3.4 ―― 開放から1/2段絞っただけで画面全体的に星像のシャープさも鮮鋭度も非常に良くなる．

F4.0 ―― 星像は画面全体で均一性を増して一段とシャープになる．周辺光量もかなり良好になるが，画面の四隅ではまだ1段分くらいの減光が見られる．

画面の上の方だけで見られる星像のわずかな色ズレは個体レベルのばらつきの範囲と思われる．それ以外はトップクラス．

絞りF4.0で撮影した「ペルセウス座・ぎょしゃ座・ふたご座の天の川」

撮影データ；AT-X 24-70 F2.8 PRO FX 焦点距離24mm 絞りF4.0 キヤノンEOS 6D（SEO-SP4改造，ISO1600，RAW）露出2分×8コマ加算平均 赤道儀で追尾撮影 Camera Rawで現像とノイズ低減 Photoshop CCで画像処理

A3ノビ用紙にプリントしたときの星像の様子

実画面寸法：36×24mm　プリント寸法：480×320mm（プリント倍率13.3倍）

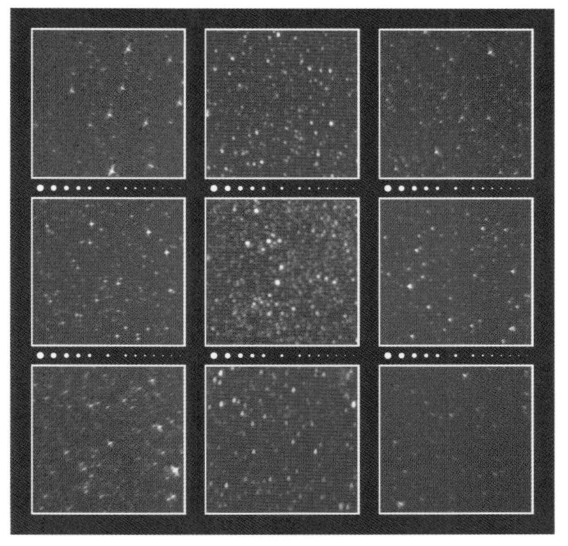

F2.8

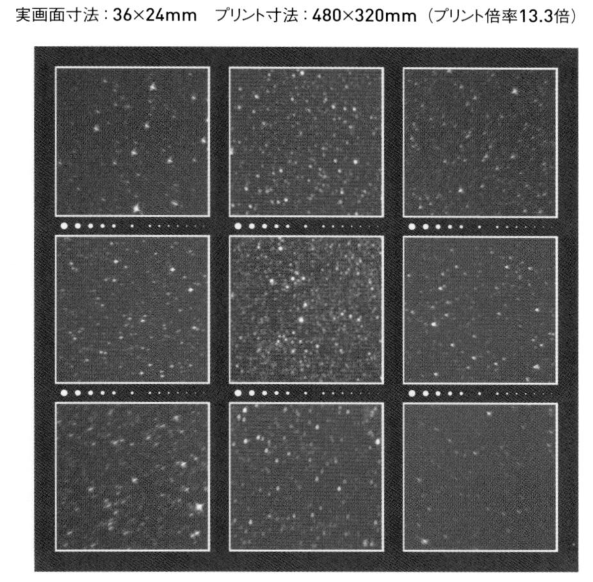

F3.4

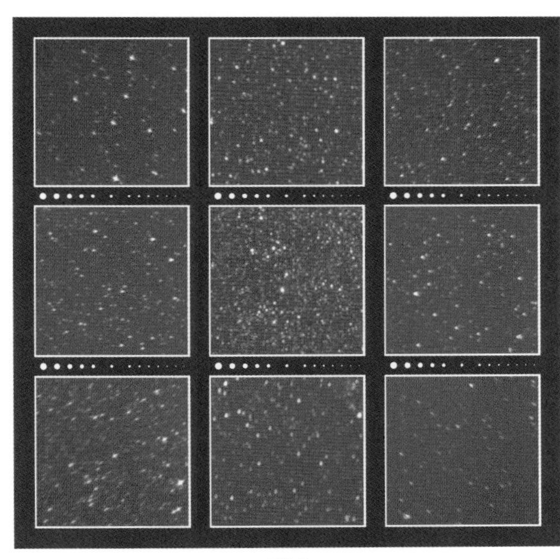

F4.0

星空を撮影したときの周辺光量の様子

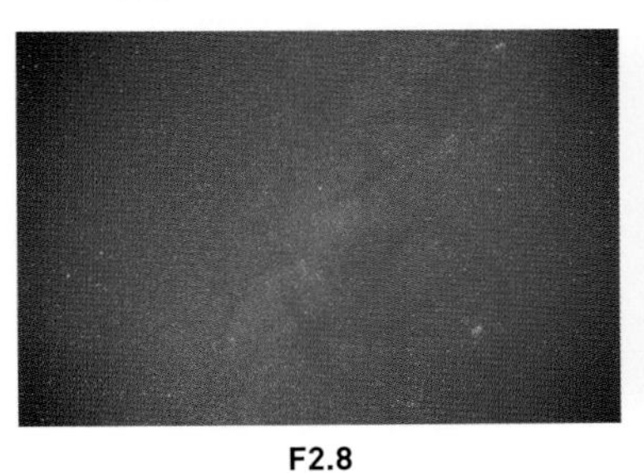

F2.8

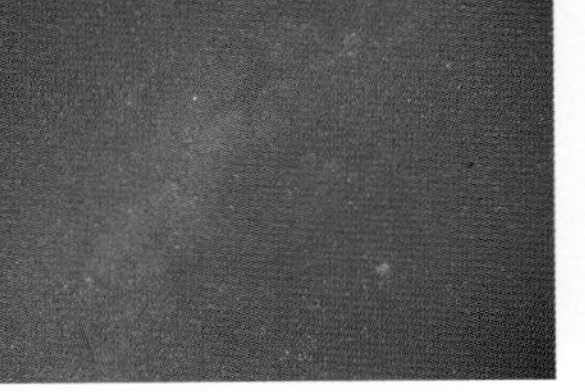

F3.4

F4.0

TOKINA
AT-X 24-70 F2.8 PRO FX

長焦点端 70mm

F2.8 —— 24-70mm F2.8ズームの長焦点端の絞り開放の星像としてはかなり良い画面．画面の中心から70％くらいまでの星像はとくに良好で微光星の写りも良い．周辺の星像は三角形状に収束しているが崩れは大きくはない．周辺光量は，画面の四隅で1段分強の減光がある．縦色収差の影響は明るめの星の周りに青色のハロとして認められる．短焦点端と同様に，画面の上の方の星像のみ倍率の色収差による色ズレが認められる．

F3.4 —— 全体的に星像のシャープさが増して周辺減光も改善されるが，画質は絞り開放時と大差はない．

F4.0 —— 星像のシャープさが格段に向上し，色収差による明るめの星の青いハロもほぼ見られなくなって非常に良い星像となる．周辺光量も増して画質の均一性も高まる．

このレンズは絞り開放から星像はかなり良好で，短焦点端も長焦点端も1段程度絞るとトップクラスに迫る良好な星像が得られる．コストパフォーマンスは高い．

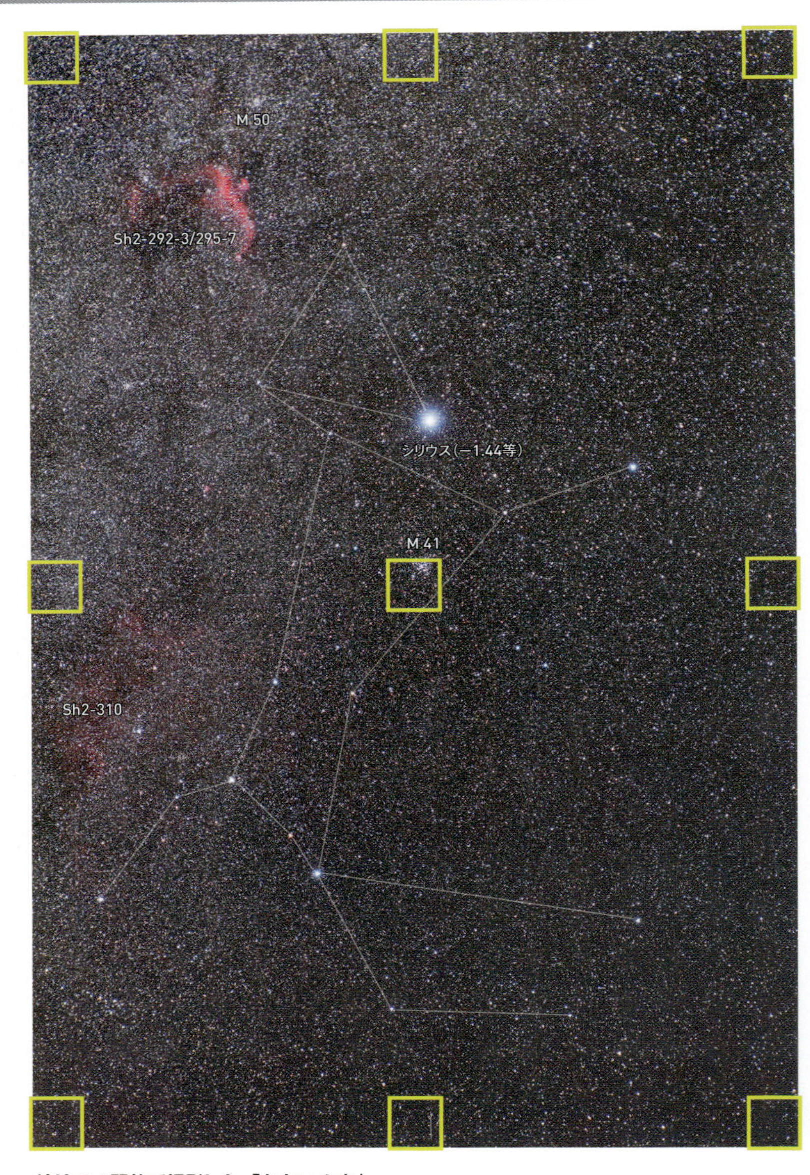

絞りF2.8開放で撮影した「おおいぬ座」

撮影データ:AT-X 24-70 F2.8 PRO FX 焦点距離70mm 絞りF4.0 キヤノンEOS 6D（SEO-SP4改造，ISO1600，RAW） 露出1分×8コマ加算平均 赤道儀で追尾撮影 Camera Rawで現像とノイズ低減 Photoshop CCで画像処理

A3ノビ用紙にプリントしたときの星像の様子

実画面寸法：36×24mm　プリント寸法：480×320mm（プリント倍率13.3倍）

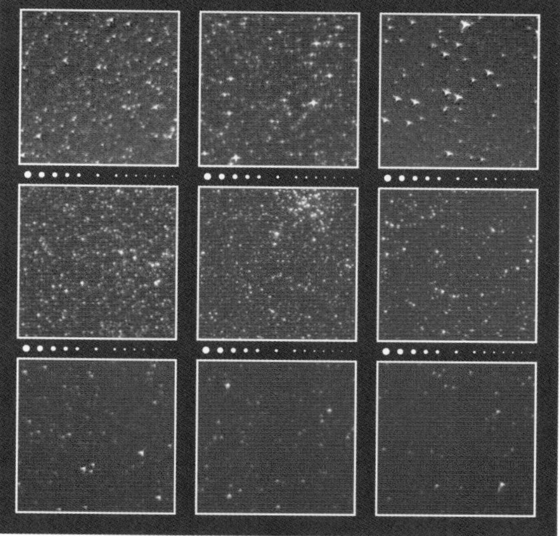

F2.8

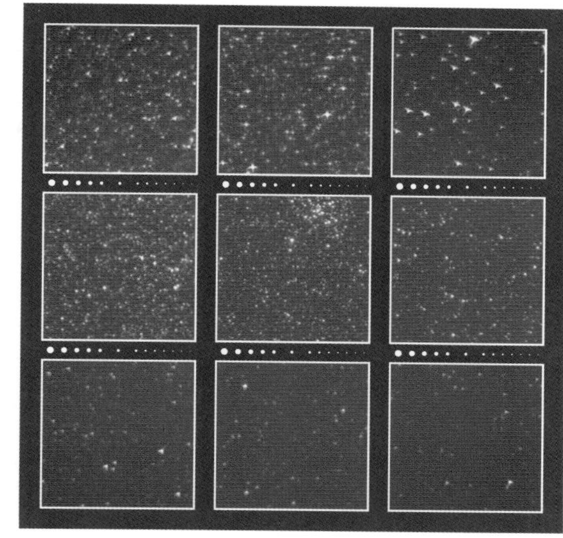

F3.4

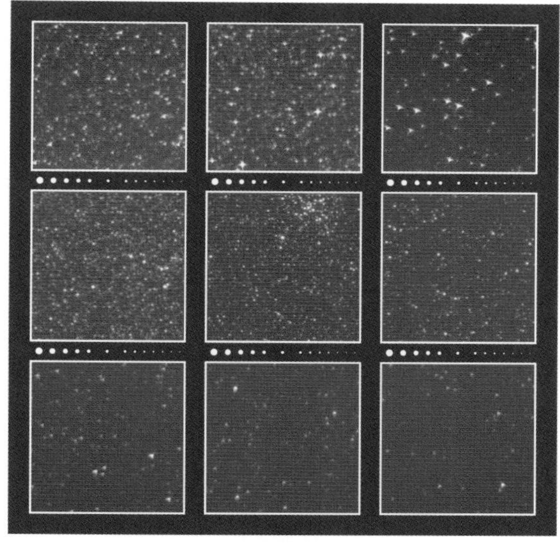

F4.0

星空を撮影したときの周辺光量の様子

F2.8

F3.4

F4.0

ZEISS
Milvus 2.8/15 (Distagon T*15mm f/2.8) (コシナ扱い)

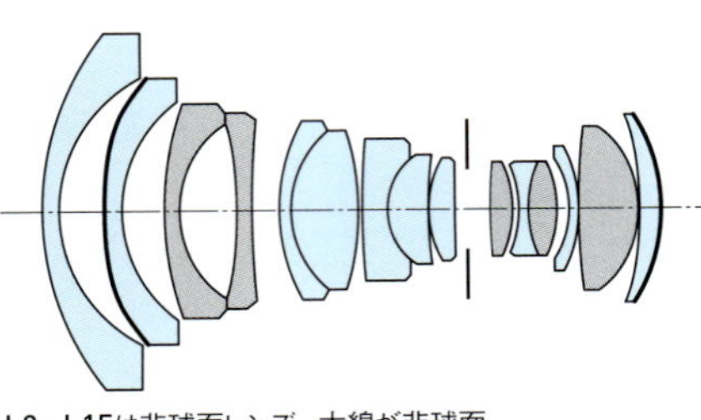

L2・L15は非球面レンズ．太線が非球面．
L2・L4・L10・L12・L14は異常部分分散ガラス製レンズ．

焦点距離：15mm
最大絞り：F2.8
最小絞り：F22
最短撮影距離：0.25m
対角線画角：110°
レンズ構成：12群15枚
絞り羽根：9枚
フィルター径：95mm
大きさ：φ100.3mm×L92.6mm
重さ：830g
対応マウント：キヤノン，ニコン
価格(税別)：282,000円
発売年月：2017年2月

F2.8 —— 対角線画角110°の超広角レンズのF2.8の絞り開放として非常に高画質．画面中心から70%くらいまではとくにすばらしく申し分ない，画面の四隅の星像は三角形状に収束しているものの崩れはたいへん少ない．倍率の色収差もよく補正されていて四隅の星像にも色ズレは見られない．周辺光量は，徐々に減光するタイプで，画面の四隅では2段分ほどの減光が認められる．

F3.4 —— 絞り開放から1/2段絞っても星像に大きな違いはない．周辺減光はやや改善される．

F4.0 —— 画面周辺の微光星の描写が鮮明になる以外は，星像はほとんど変わらない．周辺光量は，画面四隅でまだ1段分ほどあるが，中心から徐々に減光するタイプなので非常に修整しやすい．

MF専用のレンズである．星像は絞り開放から非常に良好で，周辺光量の修整がしやすいという点でも星空撮影には好適な超広角レンズといえる．組み立て誤差などの影響も見られず信頼性も高い．

絞りF2.8で撮影した「男体山から昇る冬の星座」

撮影データ；Milvus 2.8/15 絞りF2.8 キヤノンEOS 6D MarkII (ISO1600, RAW) 露出2分 赤道儀で追尾撮影 Camera Rawで現像 Photoshop CCで画像処理 Nik Collection"Viveza"で光害カブリを修整，同"Dfine"でノイズ低減

A3ノビ用紙にプリントしたときの星像の様子

実画面寸法：36×24mm　プリント寸法：480×320mm（プリント倍率13.3倍）

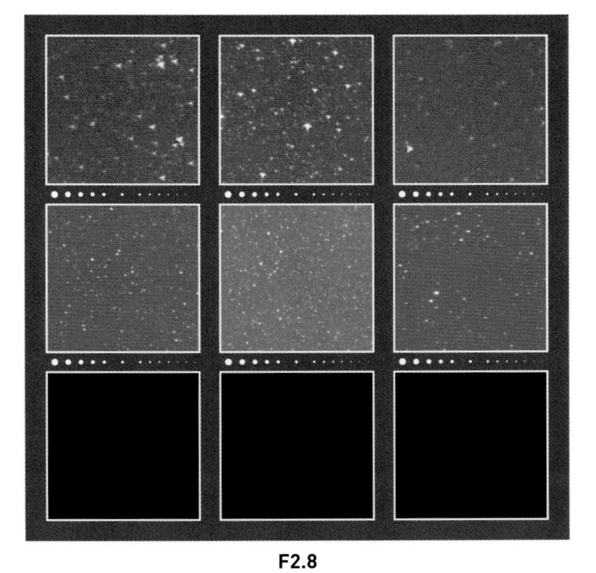

F2.8

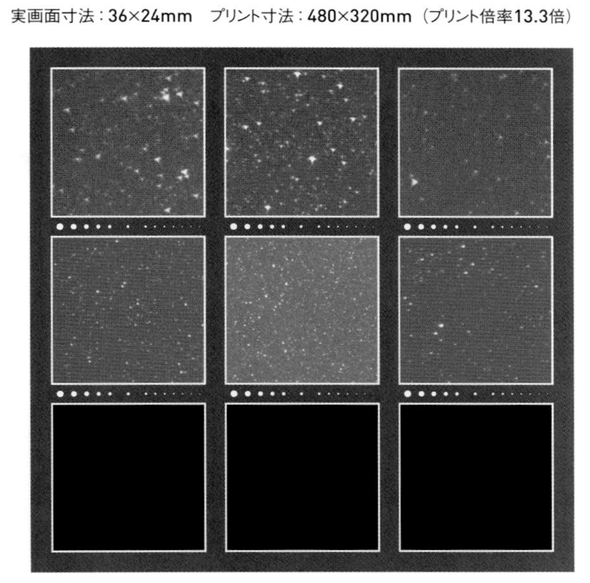

F3.4

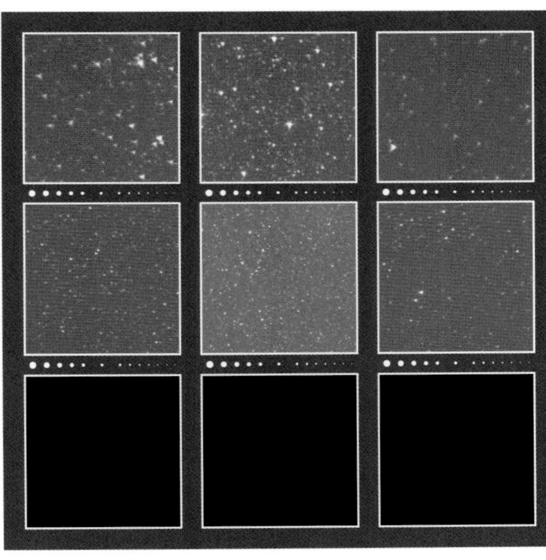

F4.0

星空を撮影したときの周辺減光の様子

F2.8

F3.4

F4.0

ZEISS
Otus 1.4/28 (Apo-Distagon T*28mm f/1.4) (コシナ扱い)

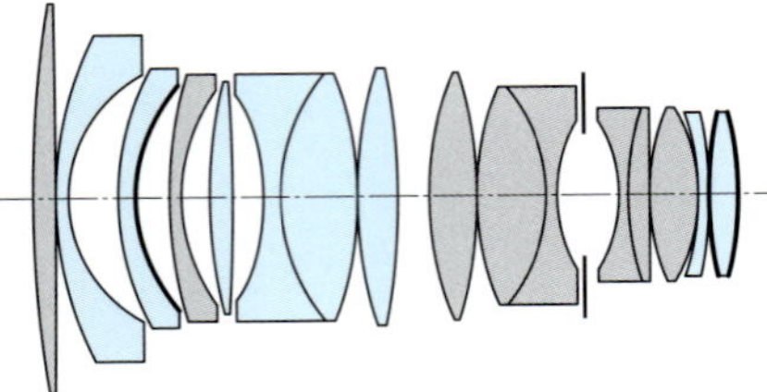

L3・L16は非球面レンズ．太線が非球面．
L1・L4・L9・L10・L11・L12・L13・L14は異常部分分散ガラス製レンズ．

焦点距離：28mm
最大絞り：F1.4
最小絞り：F16
最短撮影距離：0.30m
対角線画角：75°
レンズ構成：13群16枚
絞り羽根：9枚
フィルター径：95mm
大きさ：φ109mm×L129.5mm
重さ：1,340g
対応マウント：キヤノン，ニコン
価格(税別)：629,000円
発売年月：2016年3月

F1.4 ―― F1.4の絞り開放とは思えないほど星像はすばらしい．テスト画像で見るように，微光星像は絞り開放から良像基準を楽々と超えて極めてシャープである．子細に見ると画面四隅の星像はサジッタル コマ フレアで流れているが，集光が鋭く，非常に軽微な流れなのでほとんど気にならない．周辺光量はなだらかで徐々に低下していくタイプで，画面の四隅では2段分強の減光が見られる．

F2.0 ―― 絞り開放とほとんど変わらない優れた星像．

F2.8 ―― 画面の隅々まで針でついたような丸く鋭い星像が得られ．縦色収差も倍率の色収差も認められない．見事という他にない．

F4.0 ―― F2.8と星像は大差ないが，周辺光量はより豊富になって申し分がない．

このレンズはMF専用レンズである．光学系に偏芯などの影響が見られない点も良い．24～28mmクラスの単焦点レンズの中では，飛び抜けて大きく，飛び抜けて重く，飛び抜けて高価で，飛び抜けて高画質である．

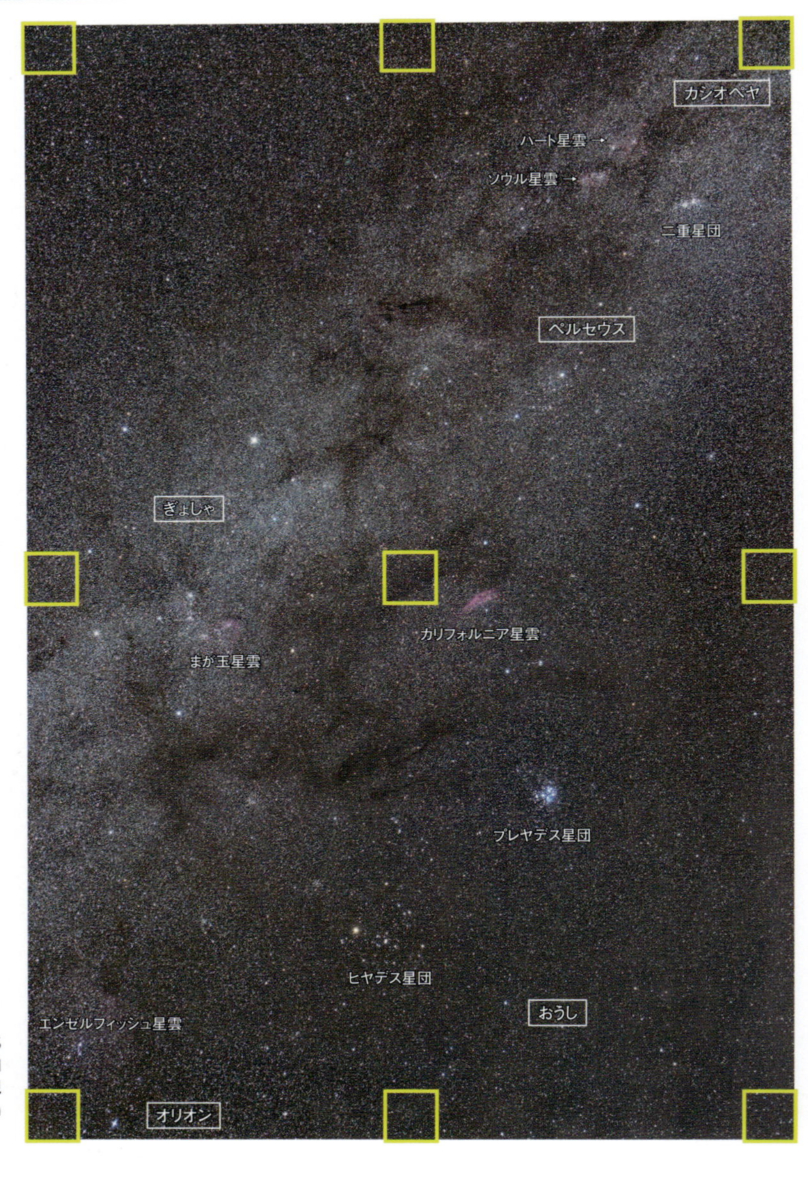

絞りF2.8で撮影した「ペルセウス座・ぎょしゃ座の天の川」

撮影データ；Otus 1.4/28　絞りF2.8　キヤノンEOS 6D MarkII（ISO800，RAW）露出4分×4コマ加算平均　赤道儀で追尾撮影　Camera Rawで現像　Photoshop CCで画像処理　Nik Collection "Dfine"でノイズ低減

A3ノビ用紙にプリントしたときの星像の様子

実画面寸法：36×24mm　プリント寸法：480×320mm（プリント倍率13.3倍）

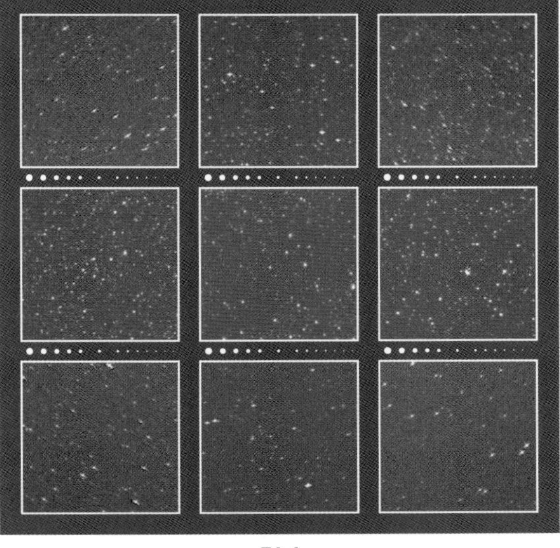

F1.4

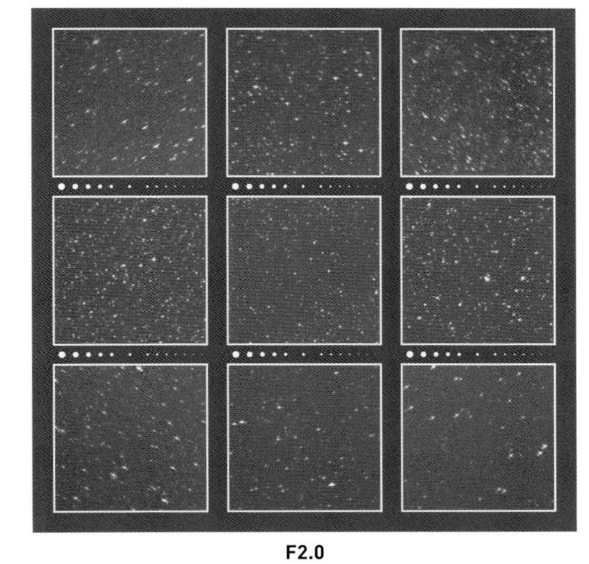

F2.0

F2.8

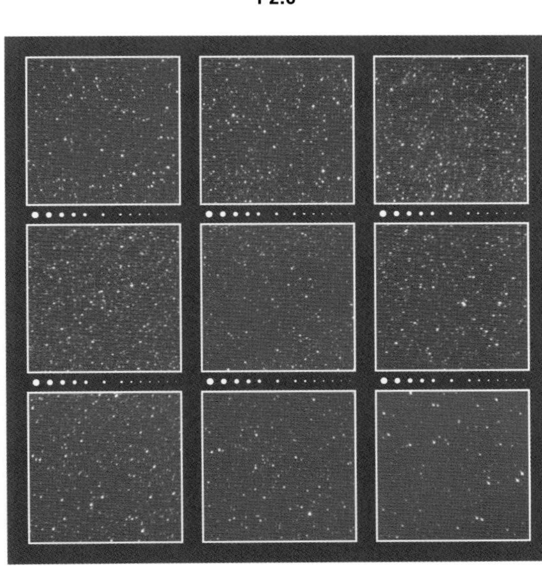

F4.0

星空を撮影したときの周辺減光の様子

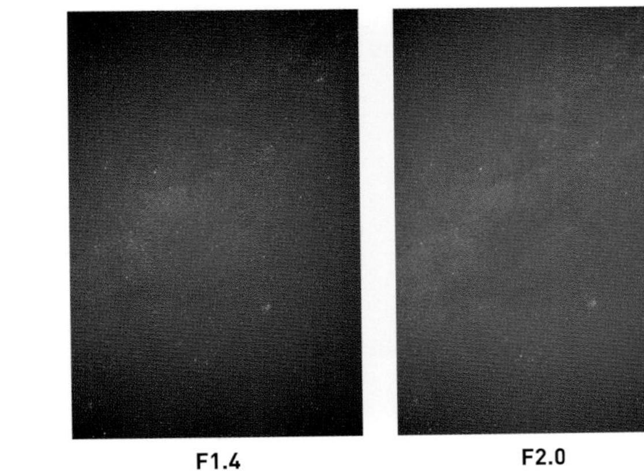

F1.4

F2.0

F2.8

F4.0

ZEISS
Otus 1.4/55 (Apo-Distagon T*55mm f/1.4) (コシナ扱い)

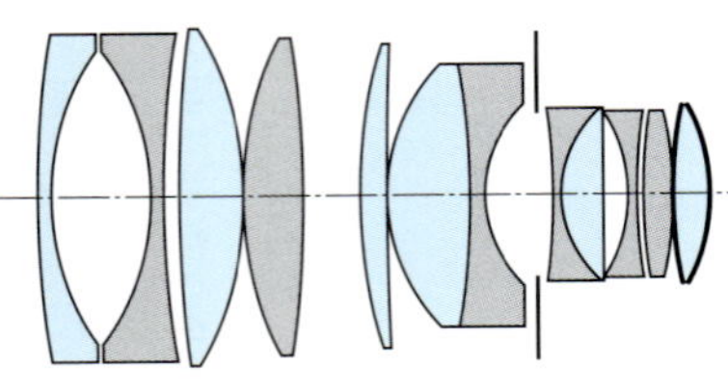

L12は非球面レンズ．太線が非球面．
L2・L4・L7・L8・L10・L11は異常部分分散ガラス製レンズ．

焦点距離：55mm
最大絞り：F1.4
最小絞り：F16
最短撮影距離：0.50m
対角線画角：43°7
レンズ構成：10群12枚
絞り羽根：9枚
フィルター径：77mm
大きさ：φ92.4mm×L119.6mm
重さ：1,010g
対応マウント：キヤノン，ニコン
価格(税別)：425,000円
発売年月：2014年5月

F1.4 —— F1.4標準レンズの絞り開放とは思えないほど集光が鋭いすばらしい星像が得られる．テスト画像で確認できるように，画面四隅の星像は収差で崩れてあまくなるが，それはごくわずかである．縦色収差も倍率の色収差も認められない．周辺光量は，Otus 1.4/28と同様に，なだらかで徐々に低下していくタイプで，画面の四隅では2段分ほどの減光が見られる．
F2.0 —— 絞り開放とほとんど変わらない優れた星像．
F2.8 —— 画面の隅々まで針でついたような鋭い星像が得られる．
F4.0 —— シャープさはF2.8と大差ないが，画面の四隅まで丸く鋭い星像が得られる点で比肩する標準レンズはない．
このレンズはMF専用の飛び抜けて高価な標準レンズだが性能は最高である．

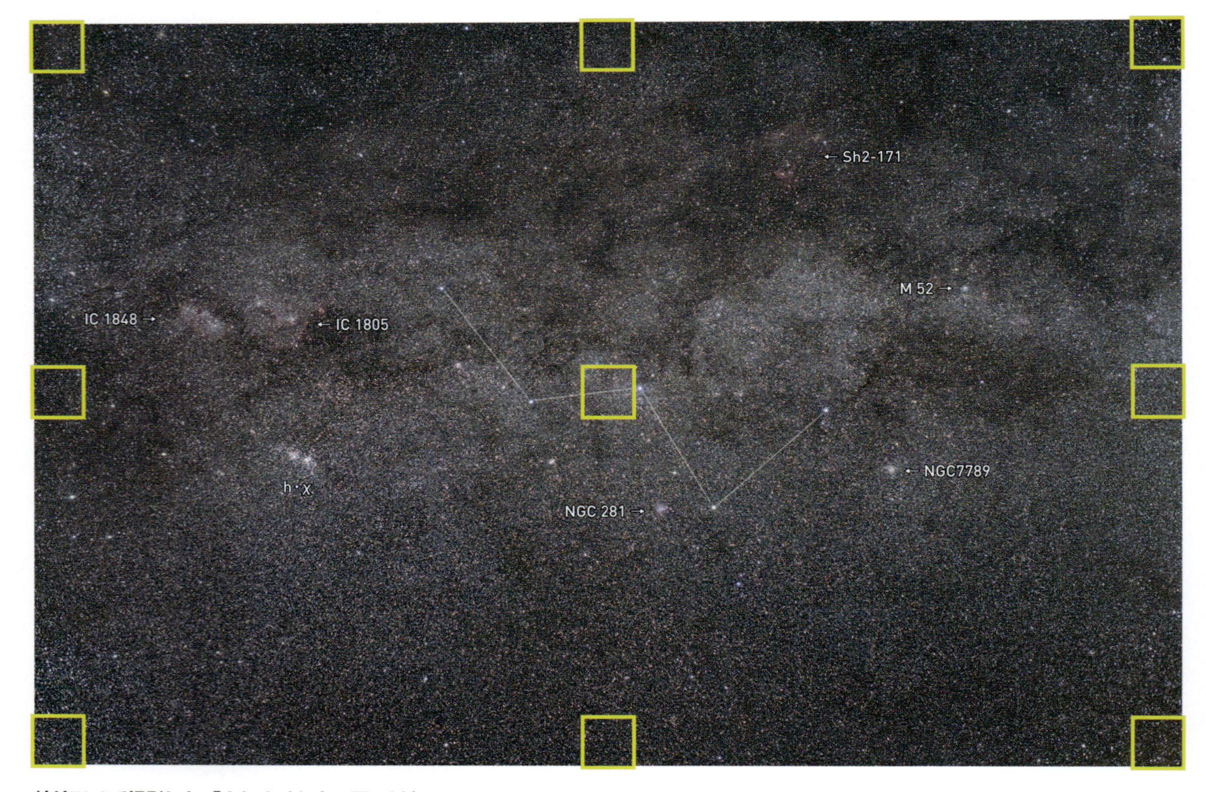

絞りF2.0で撮影した「カシオペヤ座の天の川」

撮影データ；Otus 1.4/55 絞りF2.0 キヤノンEOS 6D MarkⅡ（ISO800，RAW） 露出2分×4コマ加算平均 赤道儀で追尾撮影 Camera Rawで現像 Photoshop CCで画像処理 Nik Collection"Dfine"でノイズ低減

A3ノビ用紙にプリントしたときの星像の様子

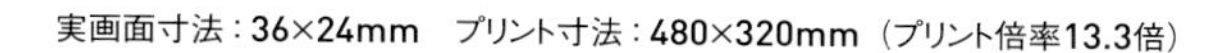
実画面寸法：36×24mm　プリント寸法：480×320mm（プリント倍率13.3倍）

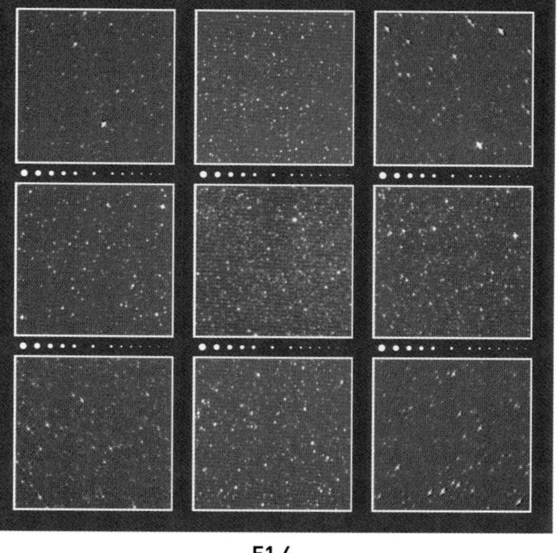
F1.4

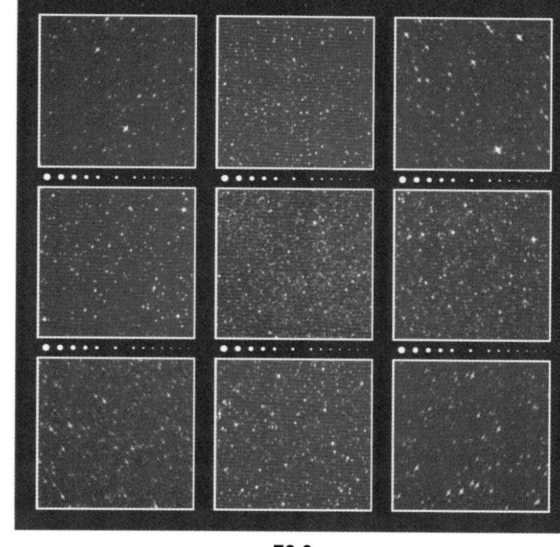
F2.0

F2.8

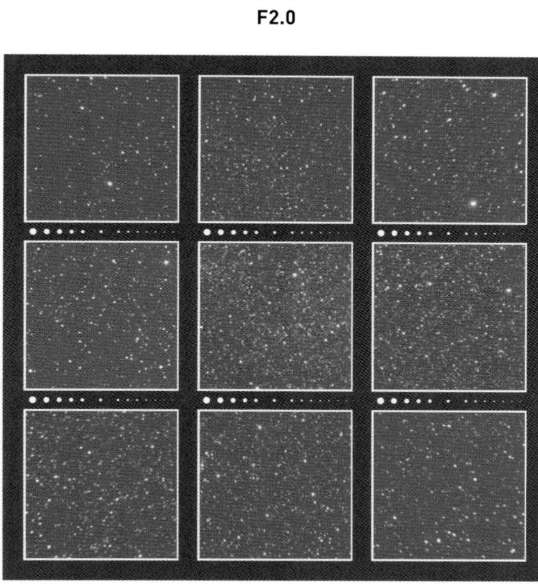
F4.0

星空を撮影したときの周辺光量の様子

F1.4

F2.0

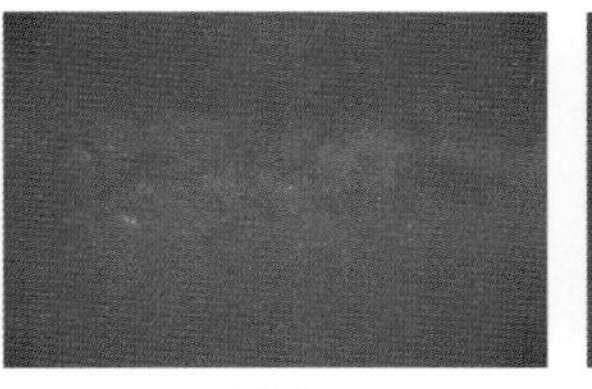
F2.8

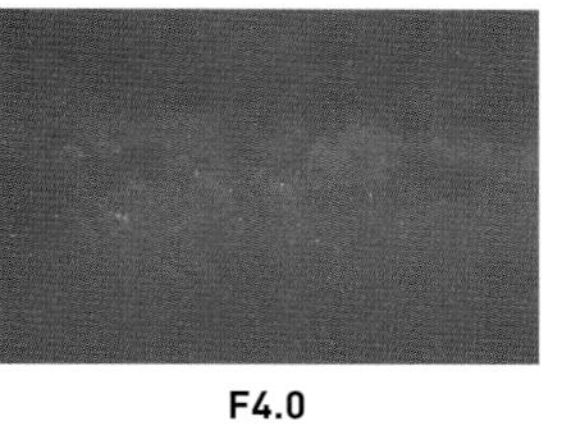
F4.0

ZEISS
Otus 1.4/85 (Apo-Planar T*85mm f/1.4) (コシナ扱い)

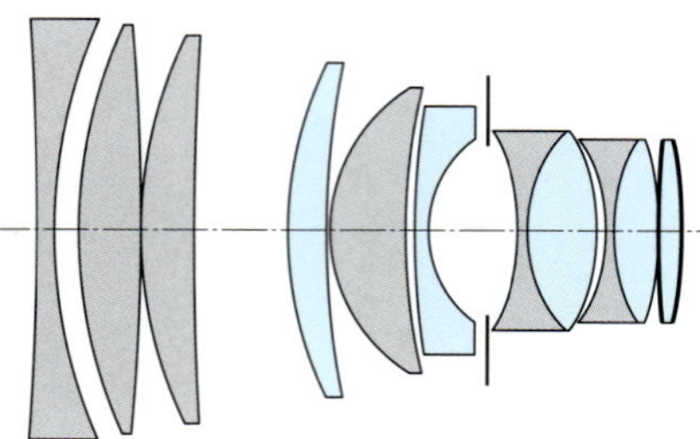

L11は非球面レンズ. 太線が非球面.
L1・L2・L3・L5・L7・L9は異常部分分散ガラス製レンズ.

焦点距離：85mm
最大絞り：F1.4
最小絞り：F16
最短撮影距離：0.8m
対角線画角：28.2°
レンズ構成：9群11枚
絞り羽根：9枚
フィルター径：86mm
大きさ：φ101mm×L116.3mm
重さ：1,150g
対応マウント：キヤノン, ニコン
価格(税別)：490,000円
発売年月：2015年4月

F1.4 —— 絞り開放から全画面でかなり良好な星像が得られる. 画面中心で最小芯になるように（微光星がもっともよく写るように）ピントを合わせると, 画面中心付近の明るめの星には高次の球面収差の影響と思われる弱いハロが生じる. 画面四隅の星は集光が良く, 微光星の描写もしっかりしている. 周辺光量は他のOtusと同様に徐々に低下していくタイプでレタッチソフトによる修整作業が非常にしやすい. 画面の四隅では2段分ほどの減光が見られる.

F2.0 —— 高次の球面収差の影響がなくなって, 飛躍的にシャープでコントラストの良い星像となる.

F2.8 —— 画面のごく四隅の軽微なサジッタル コマの影響もなくなり, 全画面で極めてすばらしい丸く鋭い星像となる. 縦色収差も倍率の色収差もよく補正されていることがわかる.

F4.0 —— F2.8とほぼ変わらない.

85mm F1.4クラスのレンズはいくつかあるが, 絞り開放での周辺星像とF2.0以上に絞ったときの星像は最高である. 絞り開放での中心星像だけはもっと良いレンズもある.

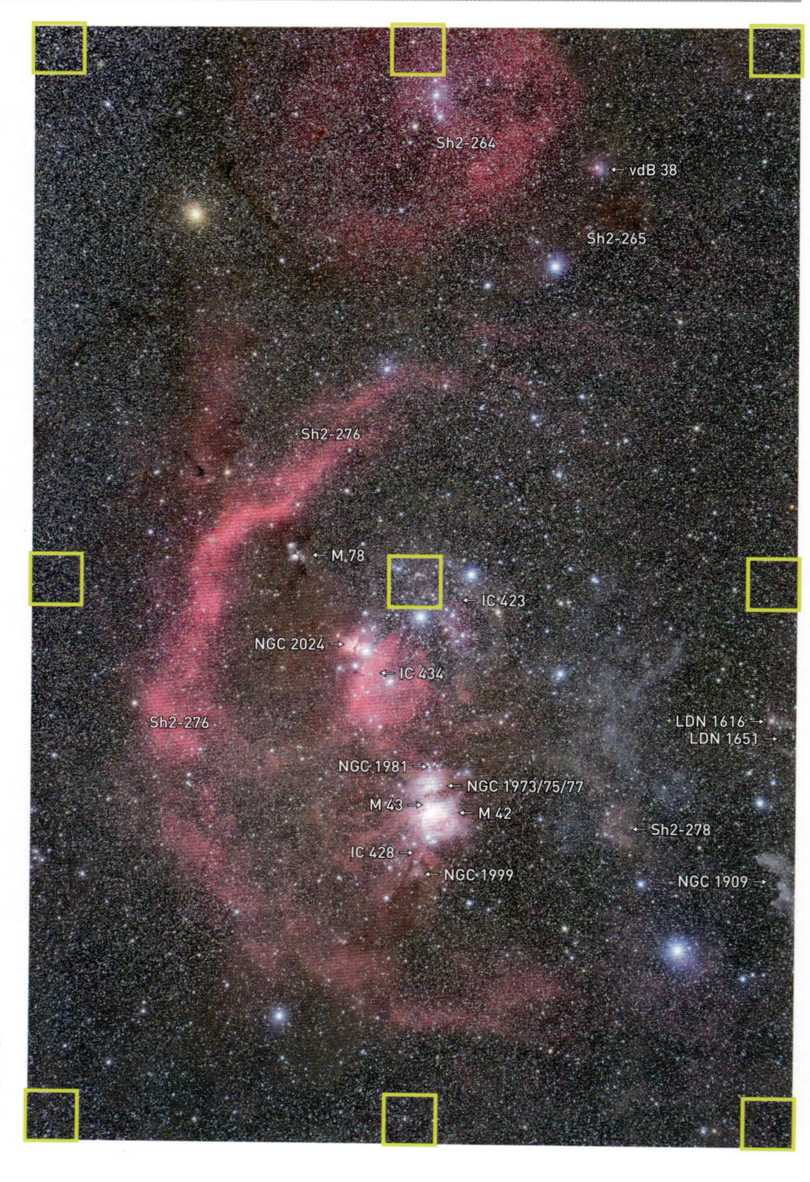

絞りF2.8で撮影した「オリオン座の散光星雲」

撮影データ；Otus 1.4/85 絞りF2.8 キヤノンEOS 6D（SEO-SP4, ISO800, RAW） 露出4分×6コマ加算平均 赤道儀で追尾撮影 Camera Rawで現像 Photoshop CC, Nik Collection"Sier Efex Pro"で画像処理 同"Dfine"でノイズ低減

A3ノビ用紙にプリントしたときの星像の様子

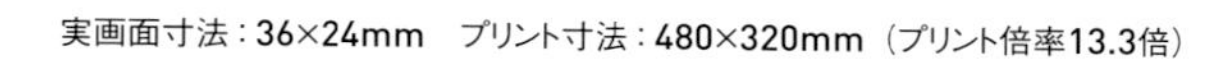
実画面寸法：36×24mm　プリント寸法：480×320mm（プリント倍率13.3倍）

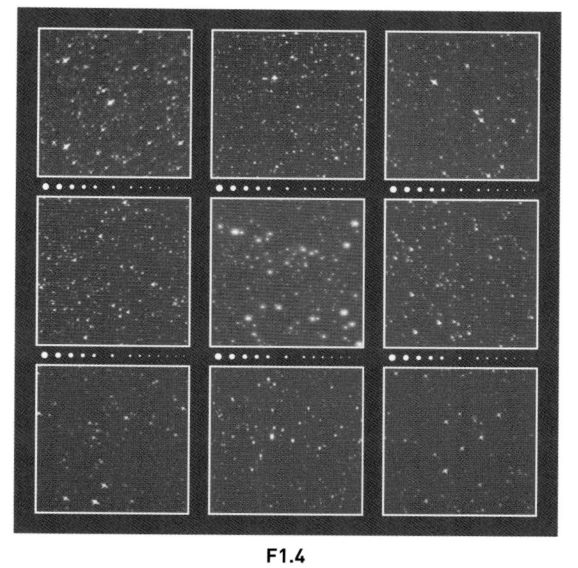

F1.4

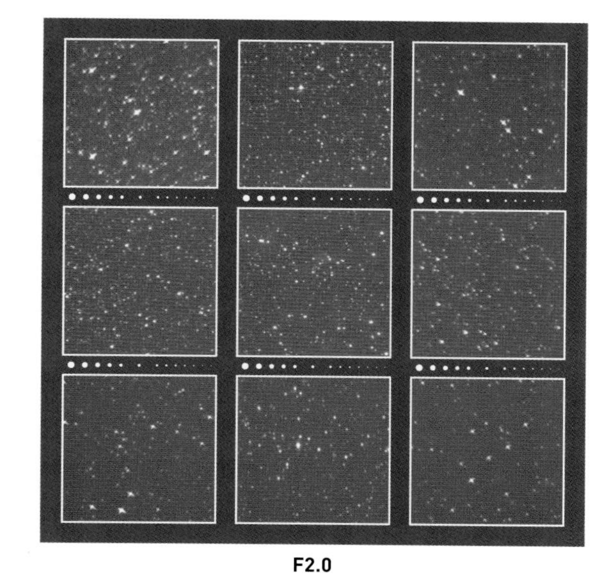

F2.0

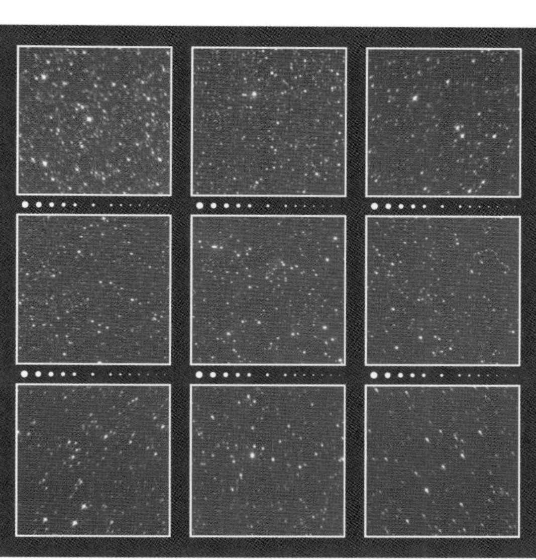

F2.8

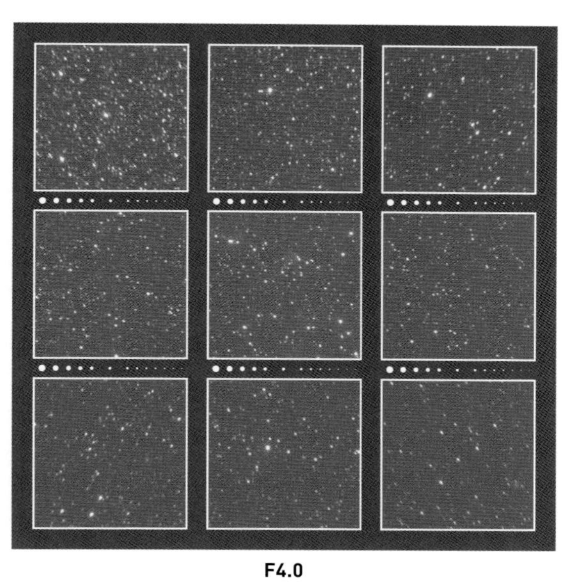

F4.0

星空を撮影したときの周辺減光の様子

F1.4

F2.0

F2.8

F4.0

ZEISS
Milvus 2/135 (Apo-Sonnar T*135mm f/2) (コシナ扱い)

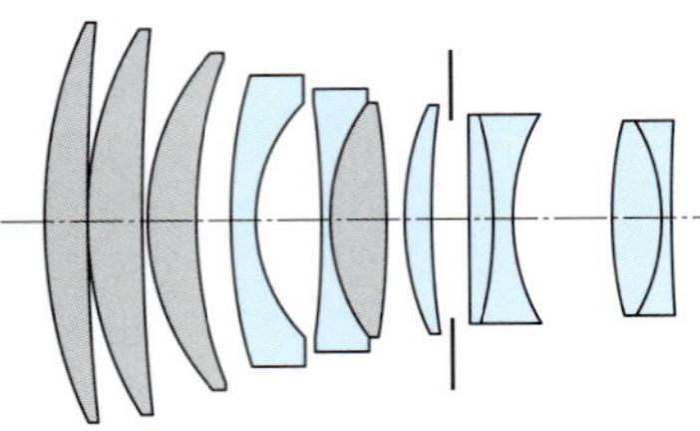

L1・L2・L3・L6・L7・L9は異常部分分散ガラス製レンズ.

焦点距離：135mm
最大絞り：F2.0
最小絞り：F22
最短撮影距離：0.8m
対角線画角：18°7
レンズ構成：8群11枚
絞り羽根：9枚
フィルター径：77mm
大きさ：φ90.2mm×L107.9mm
重さ：1,015g
対応マウント：キヤノン，ニコン
価格(税別)：226,500円
発売年月：2017年2月

F2.0 ―― 絞り開放から星像は画面全域で非常にシャープ．縦色収差も倍率の色収差も極めて良く補正されている．周辺光量は画面四隅に向けて徐々に減光し，四隅では2段分の減光が見られる．

F2.8 ―― 絞り開放から星像はすばらしいので，1段絞っても星像はほとんど変わらないが周辺部の微光星像の鮮鋭度はわずかに増して，周辺減光もかなり改善される．

F3.4 ―― F2.8から1/2段絞ると画面の光量の平坦性も増し，画面の隅々まで極めて鋭くすばらしい星像が得られる．

F4.0 ―― F3.4と変わらない高画質でもはやケチのつけようがない．

明るい望遠レンズだが，絞り開放からすばらしい星像が得られる．絞り開放での画面の四隅の星像はSIGMAの135mm F1.8 DG HSMと並ぶ最高の135mm単焦点レンズ．

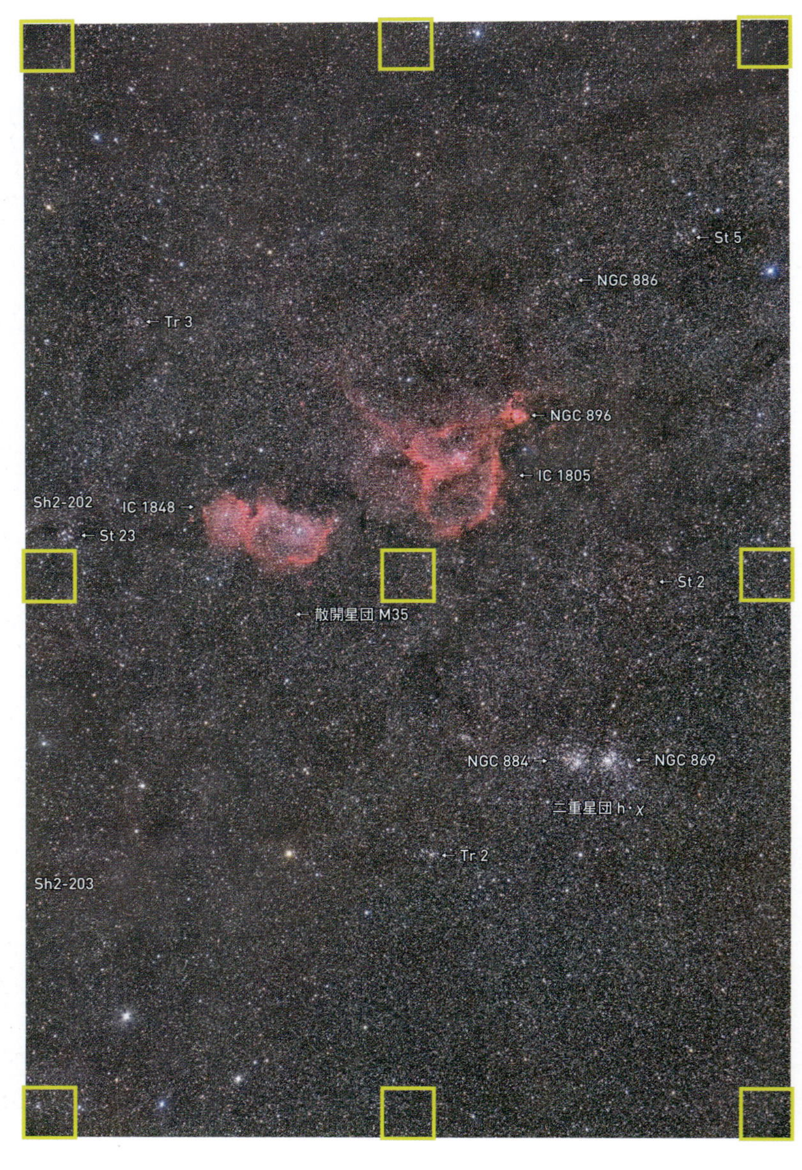

絞りF2.8で撮影した「ペルセウス座の二重星団と カシオペヤ座の散光星雲IC1805・IC1848」

撮影データ；Milvus 2/135 絞りF2.8 キヤノンEOS 6D（SEO-SP4，ISO1600，RAW） 露出2分×8コマ加算平均 赤道儀で追尾撮影 Camera Rawで現像 Photoshop CC，Nik Collection"Sier Efex Pro"で画像処理 同"Dfine"でノイズ低減

A3ノビ用紙にプリントしたときの星像の様子

実画面寸法：36×24mm　プリント寸法：480×320mm（プリント倍率13.3倍）

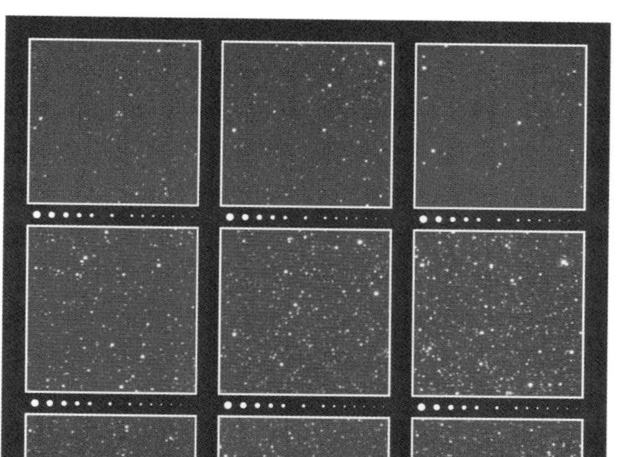

F2.0

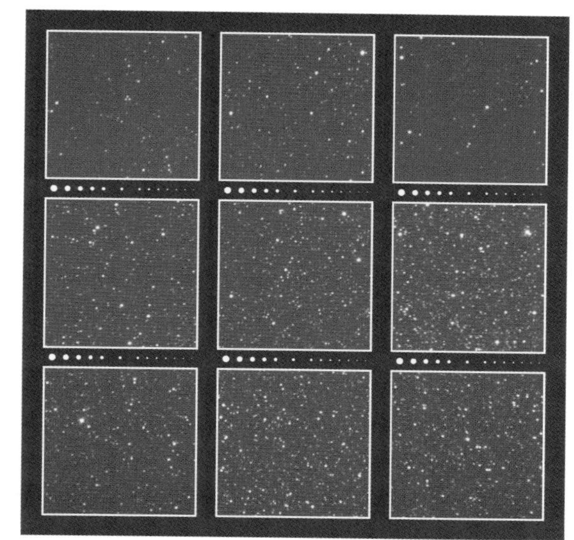

F2.8

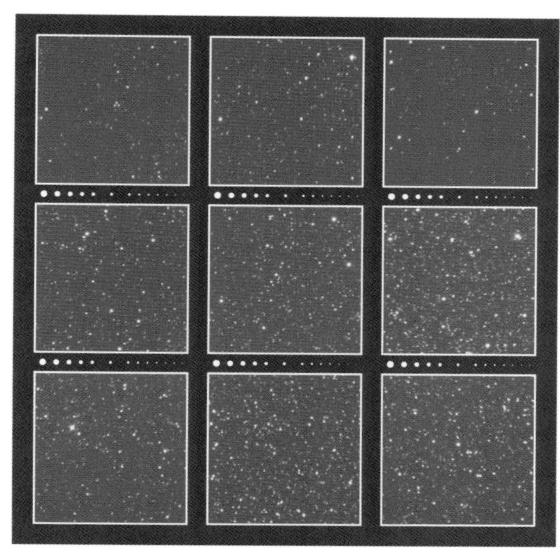

F3.4

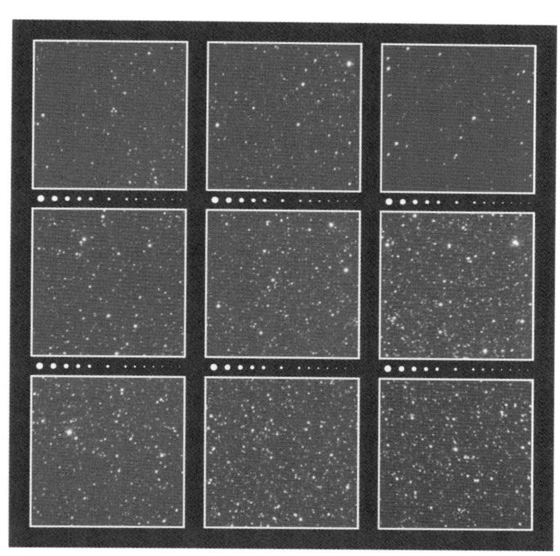

F4.0

星空を撮影したときの周辺減光の様子

F2.0

F2.8

F3.4

F4.0

ZEISS
Milvus 2/100M (Makro Planar T*100mm f/2.0) (コシナ扱い)

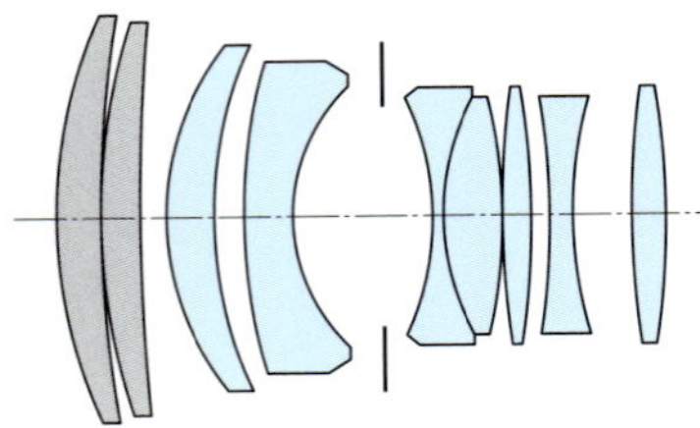

L1・L2は異常部分分散ガラス製レンズ.

焦点距離：100mm
最大絞り：F2.0
最小絞り：F22
最短撮影距離：0.44m
対角線画角：25°
レンズ構成：8群9枚
絞り羽根：9枚
フィルター径：67mm
大きさ：φ80.7mm×L96.5mm
重さ：730g
価格(税別)：214,500円
発売年月：2016年6月

F2.0 —— 星像は絞り開放からかなり良好だが，明るめの星の周りには色収差による青いハロが生じていて目立つ．画面周辺の星像は三角形状に集光しているが崩れる量は多くはない．周辺の微光星の描写もしっかりしている．倍率の色収差はよく補正されている．周辺光量は画面の四隅で2段分弱の減光が見られる．

F2.8 —— 口径食が減った分だけ周辺減光が改善され，周辺の微光星の描写がさらに向上する．

F3.4 —— F2.8から1/2段絞ると周辺減光も大幅に改善されて良好になる．星像も全画面で均一性を増して非常に良好になるが耀星の周りの青いハロは軽微ながらまだ認められる．人によってはこのようなハデに感じる星像を好む人も少なくない．

F4.0 —— F3.4とほとんど変わらない画質．

絞りF3.4で撮影した「ぎょしゃ座南部に位置する明るい散開星団と散光星雲」

撮影データ；Milvus 2/100M 絞りF3.4 キヤノンEOS 6D（SEO-SP4，ISO1600，RAW）露出2分×4コマ加算平均 赤道儀で追尾撮影 Camera Rawで現像とノイズ低減 Photoshop CCで画像処理

A3ノビ用紙にプリントしたときの星像の様子

実画面寸法：36×24mm　プリント寸法：480×320mm（プリント倍率13.3倍）

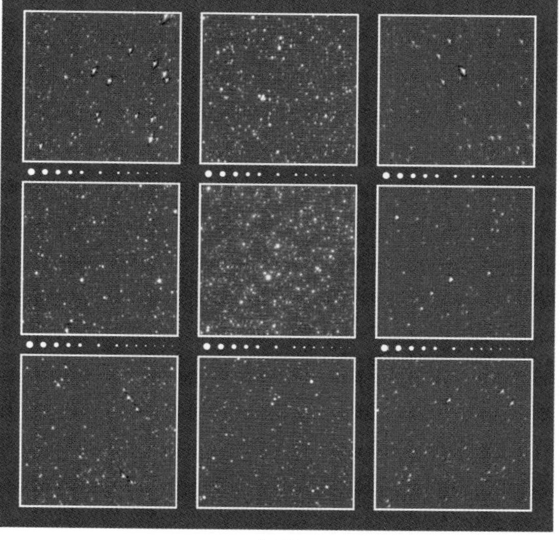

F2.0

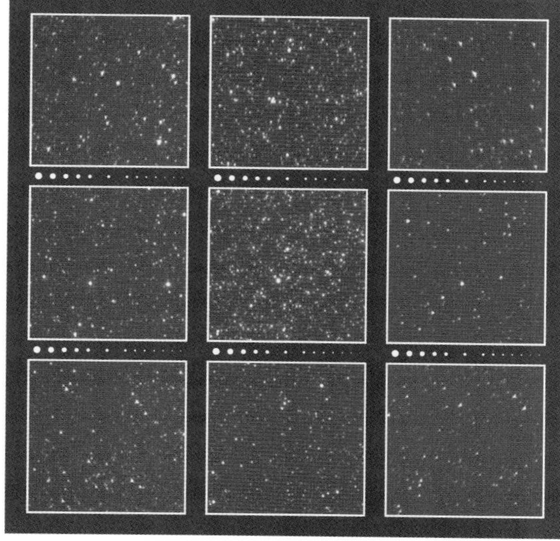

F2.8

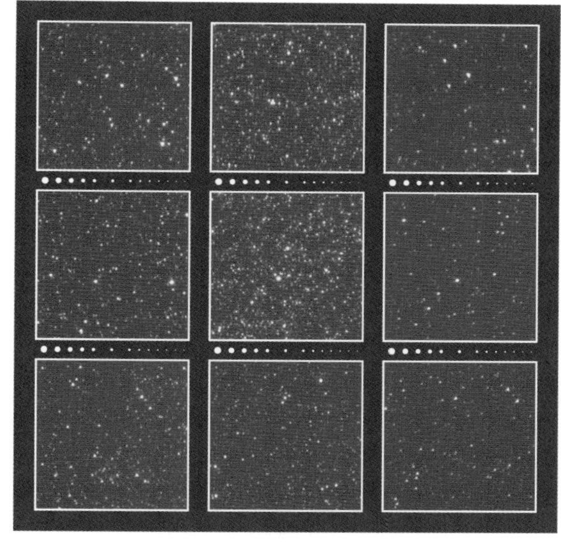

F3.4

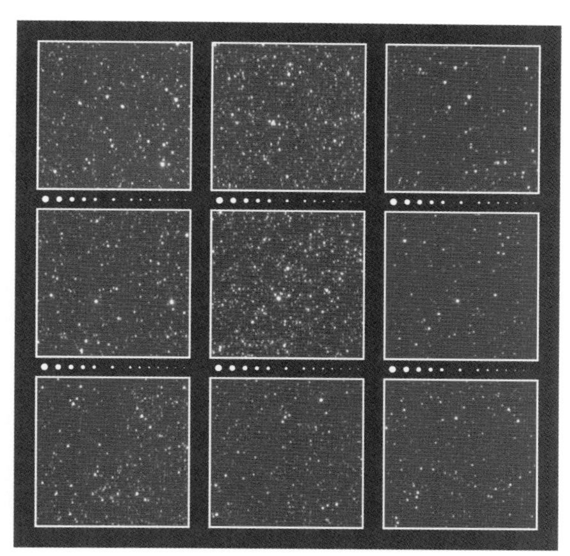

F4.0

星空を撮影したときの周辺光量の様子

F2.0

F2.8

F3.4

F4.0

夏

奥日光 戦場ヶ原の星空

戦場ヶ原は標高1400mくらいの高層湿原である．夏，真っ盛りの時季は，昼間に下界で暖められた空気が山肌に沿って上昇気流となって上空に積乱雲をつくり，ときに昼過ぎから夕方にかけて激しい雷雨をもたらす．そしてそのまま，夜間には霧となって立ち込めることが多い．このくらいの標高では，運が良ければ夜間に霧が晴れて頭上に星空が広がるが，運が悪いと夜明けまで霧の中である．夏の時季の山間部は，夜，なかなか晴れてくれない．

この写真は晩夏の戦場ヶ原で夜明けの薄明開始前に撮影してパノラマ展開したものである．放射冷却で急激に気温が下がり，夕方に降った雨をたっぷり含んだ地面からは霧が湯気のように湧きあがり，地表に沿ってゆっくりと流れ始めた．夜空には北寄りに秋の天の川のアーチが架かり（左側の明るいアーチ），南寄りには黄道光のアーチが架かる．

APS-C サイズ用交換レンズ

Lenses for APS-C size

EF-S17-55mm F2.8 IS USM
EF-M22mm F2 STM
EF-S24mm F2.8 STM
FUJINON XF10-24mmF4 R OIS
FUJINON XF16-55mmF2.8 R LM WR
FUJINON XF50-140mmF2.8 R LM OIS WR
FUJINON XF23mmF2 R WR
FUJINON XF27mmF2.8
FUJINON XF35mmF2 R WR
FUJINON XF50mmF2 R WR
FUJINON XF60mmF2.4 R Macro
AF-S DX NIKKOR 16-80mm f/2.8-4E ED VR
AF-S DX NIKKOR 35mm f/1.8G
AF-S DX Micro NIKKOR 40mm f/2.8G
smc PENTAX-DA 12-24mmF4 ED AL [IF]
HD PENTAX-DA 16-85mmF3.5-5.6ED DC WR
HD PENTAX-DA 20-40mmF2.8-4ED Limited DC WR
HD PENTAX-DA 15mmF4ED AL Limited
HD PENTAX-DA 40mmF2.8 Limited
HD PENTAX-DA 35mmF2.8 Macro Limited
18-35mm F1.8 DC HSM
50-100mm F1.8 DC HSM
4.5mm F2.8 EX DC CIRCULAR FISHEYE HSM
SP AF60mm F/2 Di Ⅱ LD [IF] MACRO 1：1
AT-X 11-20 PRO DX
AT-X 14-20 F2 PRO DX

CANON
EF-S17-55mm F2.8 IS USM

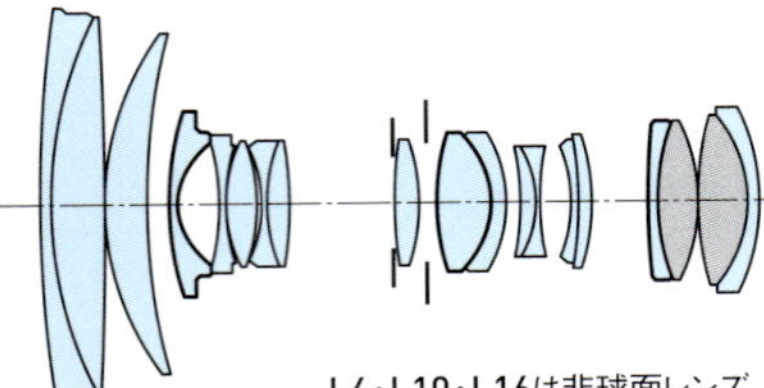

L4・L10・L16は非球面レンズ.
L17・L18はUDレンズ.

焦点距離：17-55mm
35mm判換算：27-88mm
最大絞り：F2.8
最小絞り：F22
最短撮影距離：0.35m
対角線画角：78.°5-27.°8
レンズ構成：12群19枚
絞り羽根：7枚
フィルター径：77mm
大きさ：φ83.5mm×L110.6mm
重さ：645g
価格(税別)：143,000円
発売年月：2006年5月

短焦点端 17mm

F2.8 —— 画面の中心から40%くらいまでの星像は非常に良好だが，そこから周辺に向けて徐々にあまくなり始める．画面の四隅ではサジッタルコマ フレアで星像はかなり崩れているが，中心から80%くらいまでの星像，とりわけ画面の右側はしっかりしているので，作例で見るようにそれほど嫌な感じはしない．左側がややあまいのはテストレンズ個体の問題だろう．明るめの青白い星には色収差による軽微なハロが認められる．また四隅の方の星像には倍率の色収差によって星像の外側がわずかに赤く色ズレしているのがわかる．周辺光量は画面の四隅で2段分くらいの減光が認められる．

F3.4 —— 画面周辺の微光星の写りがやや良好になる以外は，絞り開放とほとんど変わらない．

F4.0 —— 画面四隅の星像はまだあまさが残るが，コマ収差も，明るい星の青いハロも，周辺減光も目立たなくなって，全画面でおおむね良い画像が得られる．

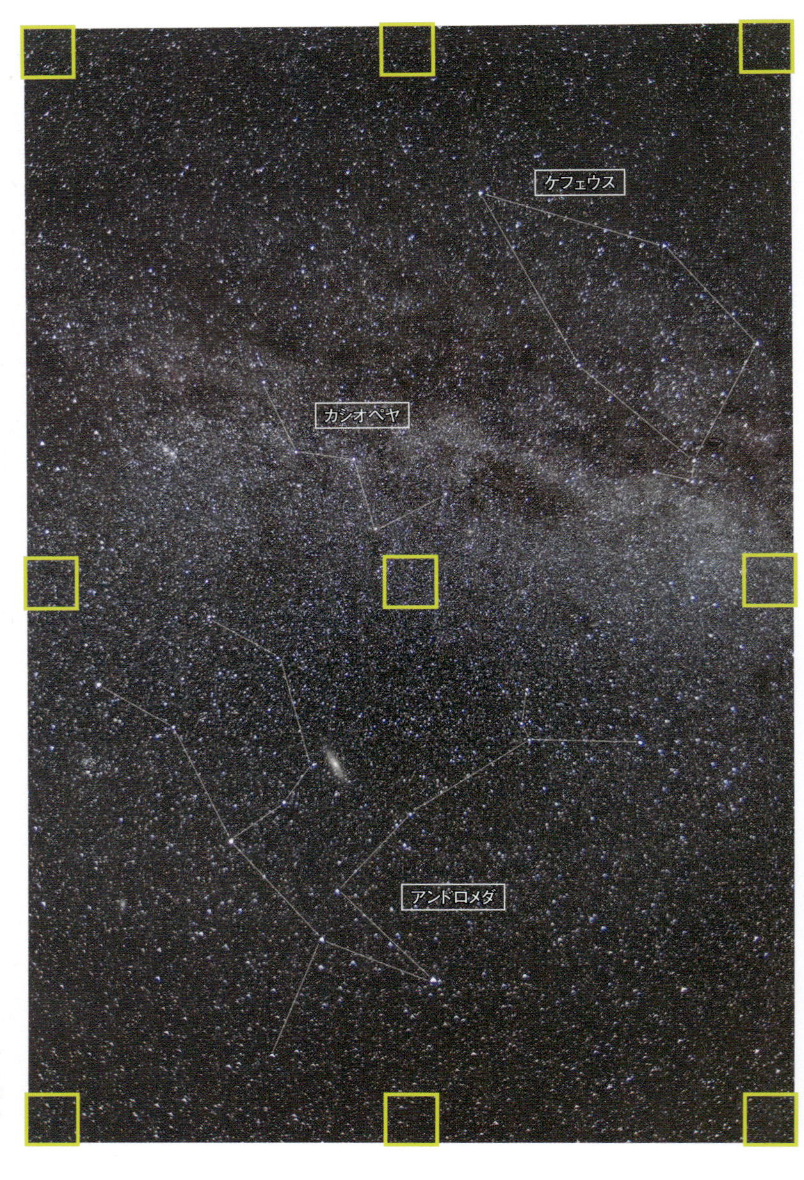

絞りF2.8開放で撮影した「ケフェウス座・カシオペヤ座・アンドロメダ座」

撮影データ；EF-S17-55mm F2.8 IS USM 焦点距離17mm 絞りF2.8 キヤノンEOS 80D（ISO800，RAW）露出4分×4コマ加算平均 赤道儀で追尾撮影 Camera Rawで現像とノイズ低減 Photoshop CCで画像処理

A3ノビ用紙にプリントしたときの星像の様子

実画面寸法：22.3×14.9mm　プリント寸法：480×320mm（プリント倍率21.5倍）

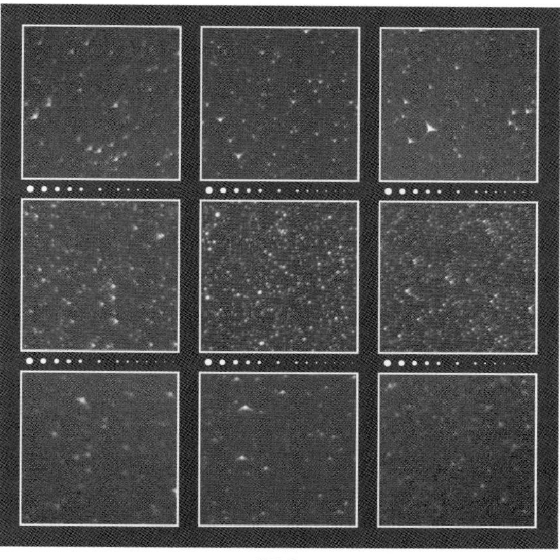

F2.8

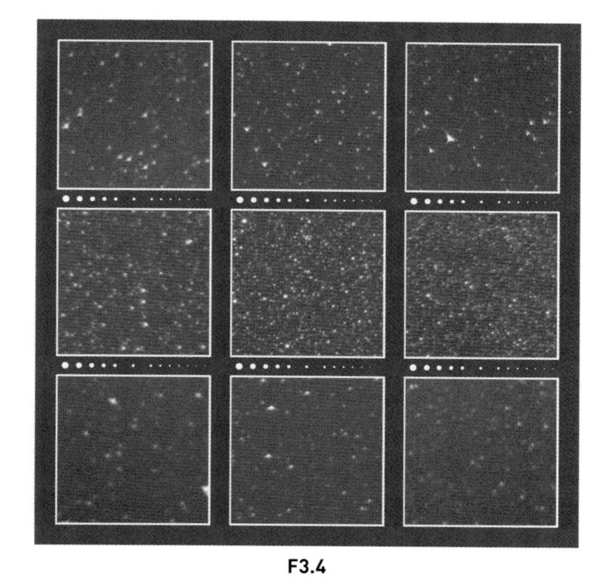

F3.4

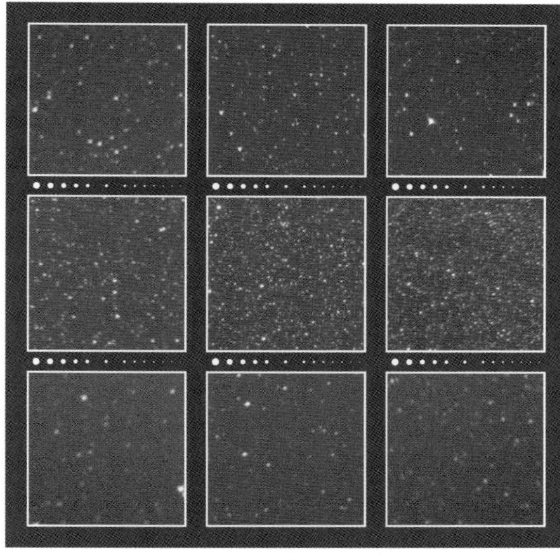

F4.0

星空を撮影したときの周辺光量の様子

F2.8

F3.4

F4.0

CANON
EF-S17-55mm F2.8 IS USM

長焦点端 55mm

F2.8 —— 全体的にかなり整った星像でコントラストも良い．画面の中心付近の広い範囲で星像は良いが，画面左下がかなり良好なのにくらべて，画面右上の方はあまい．これはテストレンズ個体の問題だろう．倍率の色収差はよく補正されている．周辺減光は画面の四隅で1段半くらいの減光がある．

F3.4 —— 絞り開放では，明るめの星の周りに極めて軽微な青いハロが確認できたが，それがわからないくらいまで軽減される．周辺の微光星の描写も少し向上する．

F4.0 —— 中心付近の星像は非常にシャープですっきりした描写になる．とくに画面の左下方向はかなりの高画質である．右上方向の星像はまだあまさが残るが，周辺光量がかなり豊富になるので全体的には印象の良い画質が得られる．

このレンズは発売から10年以上経っている．キヤノンEOSシリーズの発売当初には，APS-Cサイズ用の明るくて高性能な標準ズームとして魅力があったが，これを超える性能のレンズもいろいろ登場し，カメラの解像も飛躍的に上がって来た現在では色あせた感じは否めない．後継機の発売を強く期待したい．

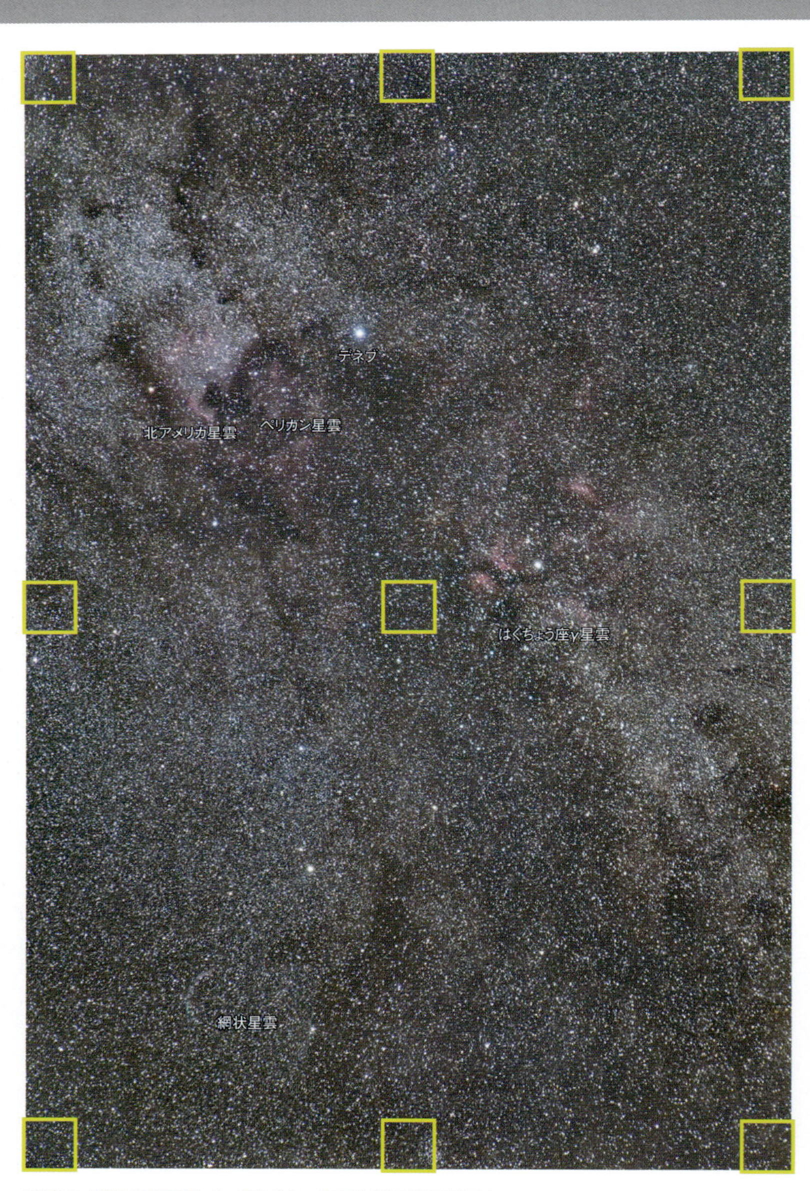

絞りF2.8開放で撮影した「はくちょう座北部の散光星雲」

撮影データ；EF-S17-55mm F2.8 IS USM 焦点距離55mm 絞りF2.8 キヤノンEOS 80D（ISO800，RAW）露出4分×4コマ加算平均 赤道儀で追尾撮影 Camera Rawで現像とノイズ低減 Photoshop CCで画像処理

A3ノビ用紙にプリントしたときの星像の様子

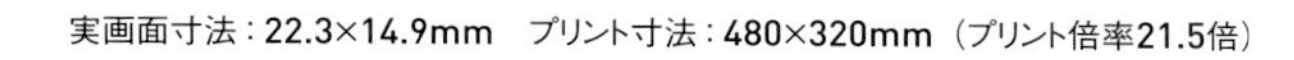
実画面寸法：22.3×14.9mm　プリント寸法：480×320mm（プリント倍率21.5倍）

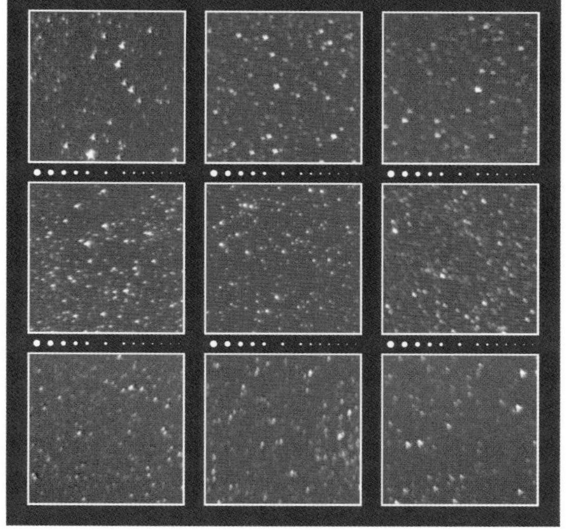
F2.8

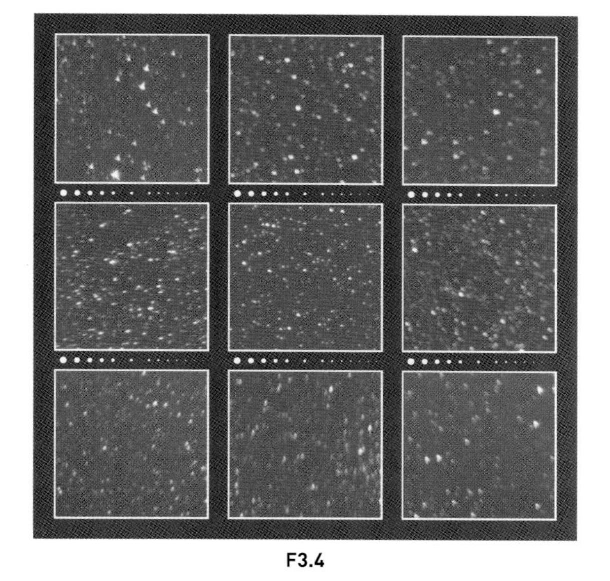
F3.4

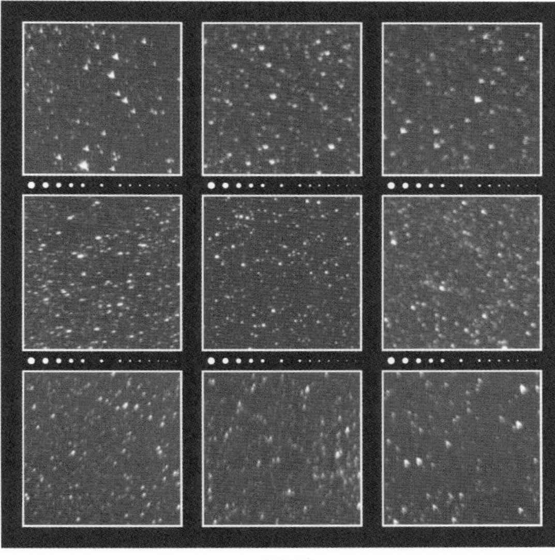
F4.0

星空を撮影したときの周辺光量の様子

F2.8

F3.4

F4.0

CANON
EF-M22mm F2 STM

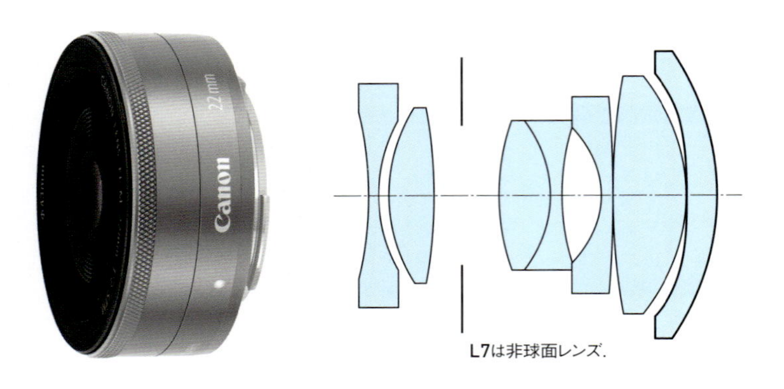

焦点距離	22mm
35mm判換算	35mm
最大絞り	F2.0
最小絞り	F22
最短撮影距離	0.15m
対角線画角	63.5°
レンズ構成	6群7枚
絞り羽根	7枚
フィルター径	43mm
大きさ	φ60.9mm×L23.7mm（沈胴時）
重さ	105g
価格（税別）	30,000円
発売年月	2012年9月

F2.0 —— 中心から60%くらいまでは絞り開放から極めて鮮鋭でシャープな星像を結ぶ．そこから画面周辺になるほど，星像はサジッタル コマ フレアで同心円方向に流れたような描写になる．倍率の色収差はよく補正されている．周辺減光は画面四隅で2段分強ありかなり目立つ．

F2.8 —— 画面周辺の星像のサジッタル コマが減って良像範囲がかなり広がる．周辺減光も改善される．

F4.0 —— 画面の隅々まで素晴らしくシャープで申し分のない星像となる．画面の四隅では周辺減光がまだ1段分弱ほどある．

EOS Mシリーズ専用の準広角レンズ．小型・軽量設計で安価なレンズだが，1段半から2段絞ると極めて鋭い星像が得られる堅調で優秀なレンズ．

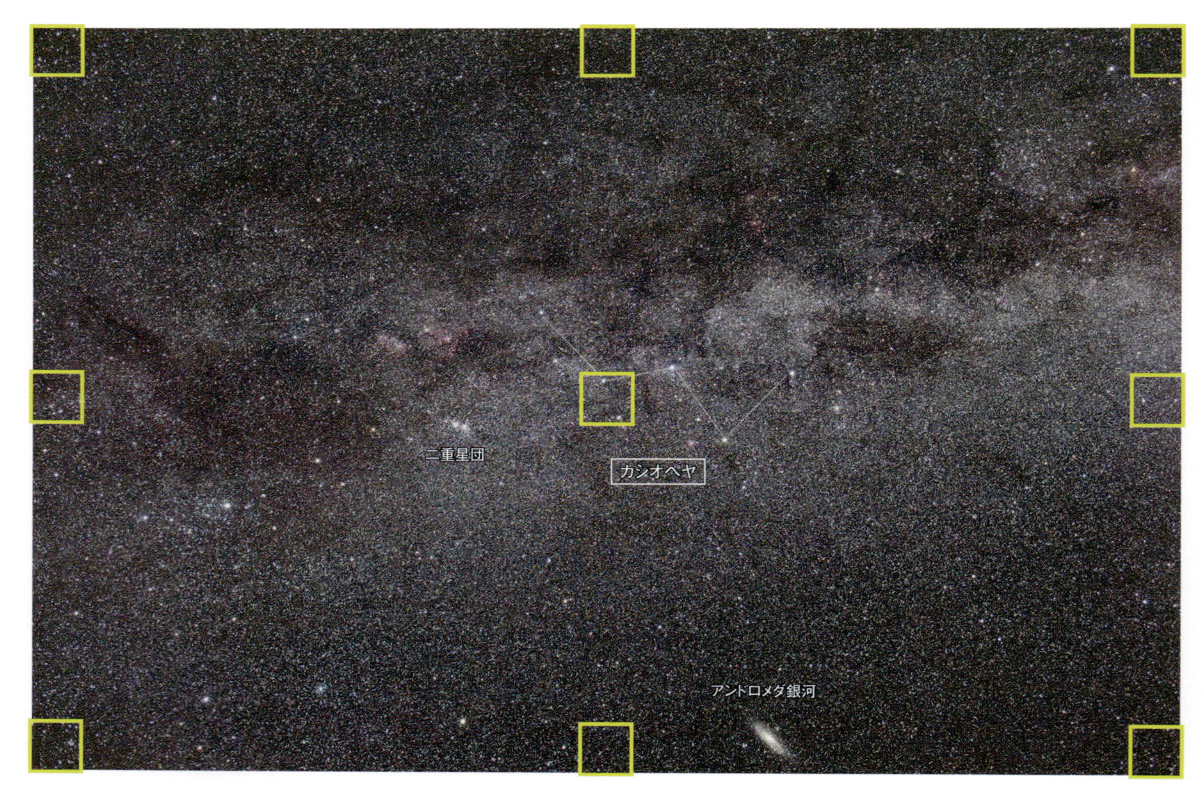

絞りF2.8で撮影した「カシオペヤ座の天の川」

撮影データ；EF-M22mm F2 STM 絞りF2.8 キヤノンEOS M（ISO800，RAW） 露出2分×4コマ加算平均 赤道儀で追尾撮影 Camera Rawで現像とノイズ低減 Photoshop CCで画像処理

A3ノビ用紙にプリントしたときの星像の様子

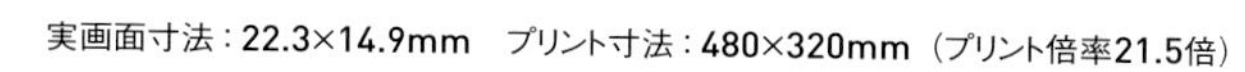
実画面寸法：22.3×14.9mm　プリント寸法：480×320mm（プリント倍率21.5倍）

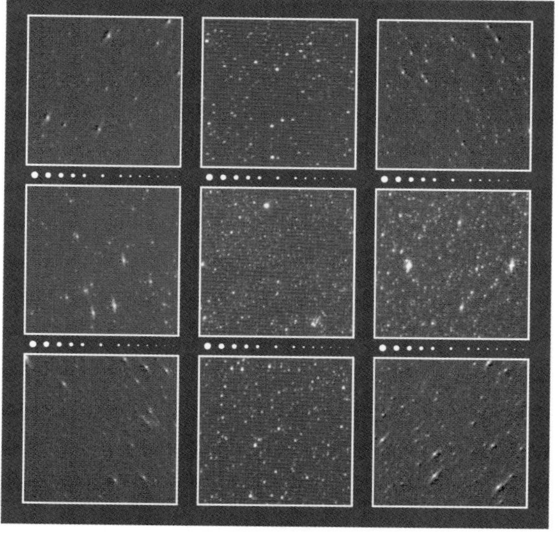
F2.0

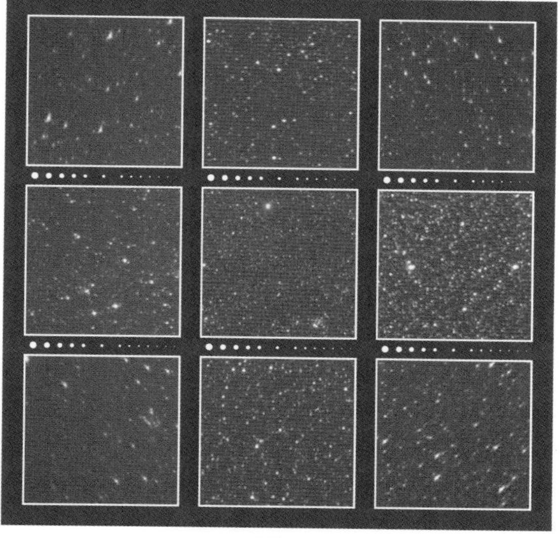
F2.8

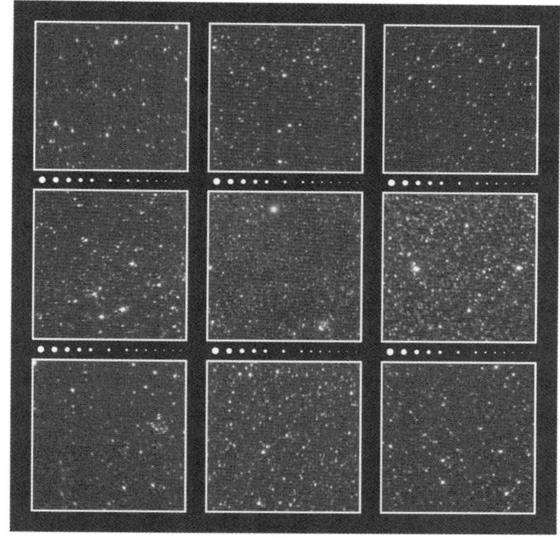
F4.0

星空を撮影したときの周辺減光の様子

F2.0

F2.8

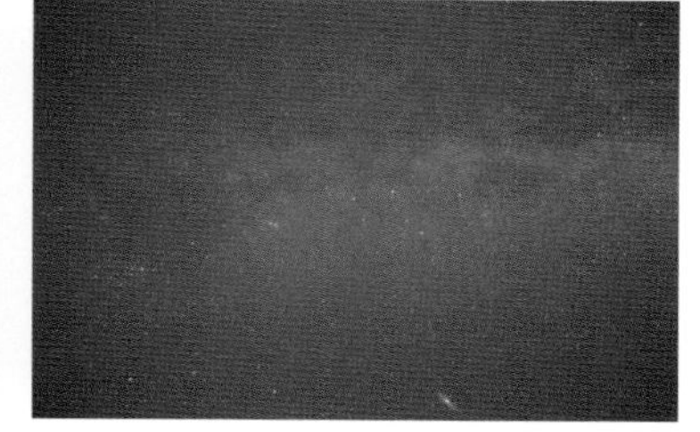
F4.0

CANON
EF-S24mm F2.8 STM

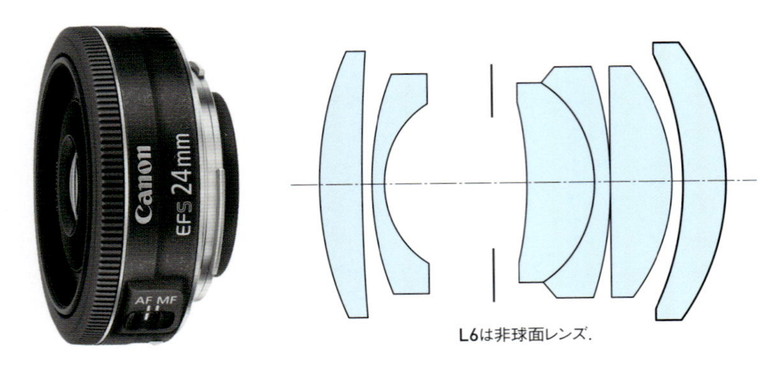

L6は非球面レンズ.

焦点距離：24mm
35mm判換算：38mm
最大絞り：F2.0
最小絞り：F22
最短撮影距離：0.16m
対角線画角：59°.2
レンズ構成：5群6枚
絞り羽根：7枚
フィルター径：52mm
大きさ：φ68.2mm×L22.8mm
重さ：125g
価格(税別)：23,000円
発売年月：2014年11月

F2.8 —— 画面の中心から60%くらいの範囲の星像は充分にシャープで整っている．そこから周辺に向けて星像は徐々にあまくなるが，四隅の星像はサジッタルとメリジオナル方向の収差が合わさってT字形になっている．しかし，そう大きく崩れてはいないので悪い画面ではない．倍率の色収差はよく補正されている．周辺光量は，画面の四隅で2段分くらいの減光が認められる．

F4.0 —— シャープさも微光星の鮮鋭度も少し向上する．画面四隅の星像は，サジッタル方向のコマが減った分，星像はI字形，すなわち放射方向に若干流れたように見える．周辺減光はまだ画面の四隅で1段分くらいある．

非常に薄く小型・軽量で安価なパンケーキレンズだが，星空の描写性能はそう悪いものではなく，絞りF2.8～4.0の開放付近でもまずまずの星像は期待できる．しかしEOS M用の22mm F2の方が明るくて高画質で魅力がある．

絞りF2.8開放で撮影した
「春の夜半過ぎに正中する さそり座」

撮影データ；EF-S24mm F2.8 STM 絞りF2.8 キヤノンEOS 70D (ISO400, RAW) 露出4分×4コマ加算平均 赤道儀で追尾撮影 Camera Rawで現像とノイズ低減 Photoshop CCで画像処理 Nik Collection"Viveza"で光害カブリを修整

A3ノビ用紙にプリントしたときの星像の様子

実画面寸法：22.3×14.9mm　プリント寸法：480×320mm（プリント倍率21.5倍）

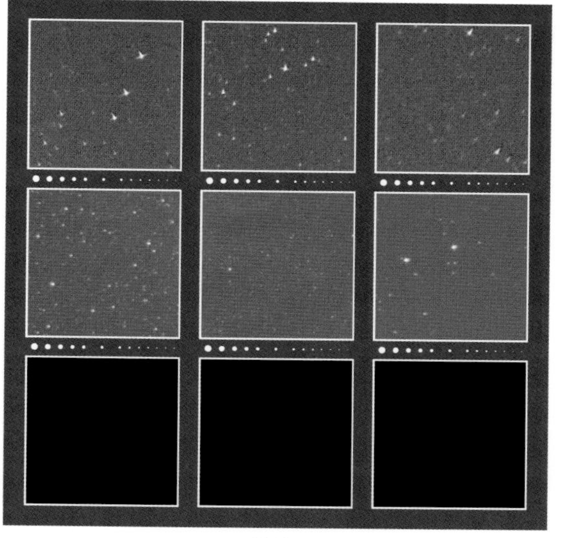

F2.8

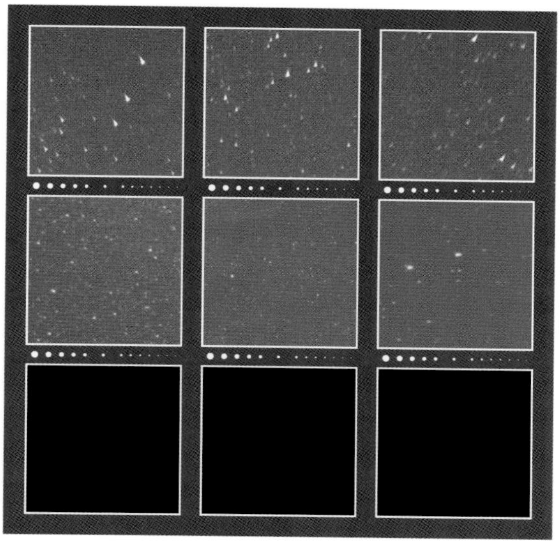

F4.0

星空を撮影したときの周辺減光の様子

F2.8

F4.0

FUJIFILM
FUJINON XF10-24mmF4 R OIS

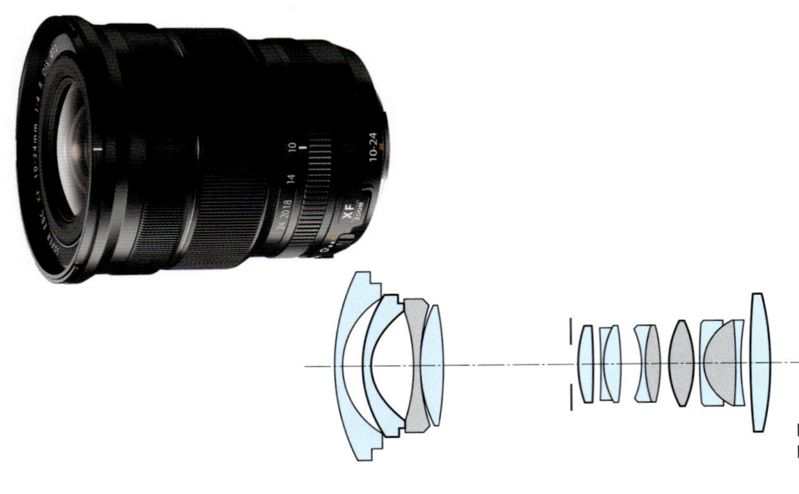

焦点距離：10-24mm
35mm判換算：15-36mm
最大絞り：F4.0
最小絞り：F22
最短撮影距離：0.5m（マクロ時0.24m）
対角線画角：110°-61.°2
レンズ構成：10群14枚
絞り羽根：7枚
フィルター径：72mm
大きさ：φ78mm×L87mm
重さ：410g
価格（税別）：131,000円
発売年月：2014年2月

L2・L5・L10・L14は非球面レンズ.
L3・L9・L10・L12はEDレンズ.

短焦点端 10mm

F4.0 —— 画面中心から80%くらいの範囲の星像は絞り開放からシャープで整っていて申し分がない．そこから周辺にかけては徐々にコマ収差が増えて星像は崩れるが，崩れは小さいので，超広角の絞り開放の画面としてはかなりの高画質である．

絞りF4.0開放で撮影した「さそり座からわし座にかけての天の川」

撮影データ；XF10-24mmF4 R OIS 焦点距離10mm 絞りF4.0 フジフイルム X-T2（ISO800，RAW） 露出2分 赤道儀で追尾撮影 Camera Rawで現像 Photoshop CCで画像処理 Nik Collection“Viveza”で光害カブリと地上風景を修整，同“Dfine”でノイズ低減

A3ノビ用紙にプリントしたときの星像の様子

実画面寸法：23.5mm×15.6mm　プリント寸法：480×320mm（プリント倍率20.4倍）

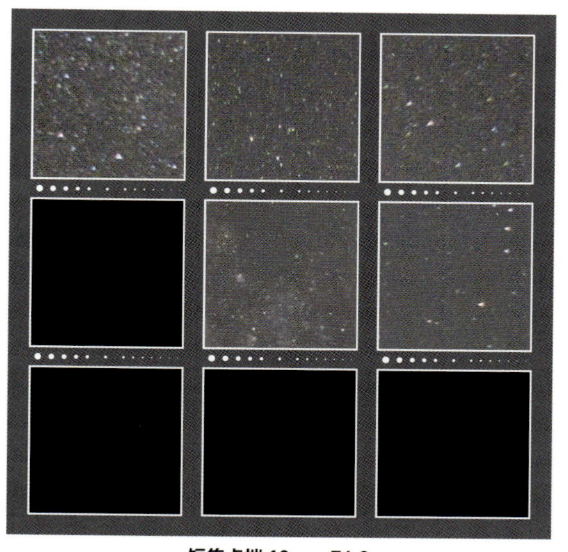

短焦点端 10mm F4.0

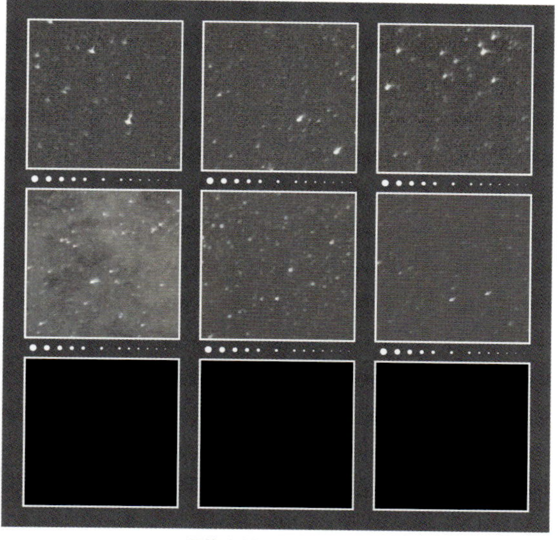

長焦点端 24mm F4.0

長焦点端 24mm

F4.0 —— ピントを合わせた画面の中心付近は良像だが，画面周辺に向かうにつれて，星像はすぐにあまくなり始めて良像範囲は狭い．周辺星像には彗星の尾のようなものが認めらる．しかもどの部位の拡大像を見ても，すべて画面の右ないしは右上の方に尾が伸びており，尾の広がり方と方向も微妙に統一性がない．この不均一さは短焦点端のテスト画像では見られない．このレンズは，レンズ名に「OIS」が付されているとおり，光学式手ブレ補正機構が内蔵されているが，もちろん，そのような機能は星空撮影時にはすべてOFFにしてある．

テストレンズは個体のトラブルをかかえていると思われるが，星像はそれなりに集光しているので，右の作例写真を見ると意外と整って見える．しかしよく見ると，画面中心付近以外の星像は何となくあまいことが見てとれる．このトラブルさえなければ，短焦点端も長焦点端もかなり期待できそうな印象ではある．

絞りF4.0開放で撮影した「さそり座」

撮影データ；XF10-24mmF4 R OIS　焦点距離10mm　絞りF4.0　フジフイルム X-T2（ISO800，RAW）　露出2分　赤道儀で追尾撮影　Camera Rawで現像　Photoshop CCで画像処理　Nik Collection“Viveza”で光害カブリと地上風景を修整，同“Dfine”でノイズ低減

FUJIFILM
FUJINON XF16-55mmF2.8 R LM WR

- 焦点距離：16-55mm
- 35mm判換算：24-84mm
- 最大絞り：F2.8
- 最小絞り：F22
- 最短撮影距離：0.6m（広角マクロ時0.3m）
- 対角線画角：83.2-29°
- レンズ構成：12群17枚
- 絞り羽根：9枚
- フィルター径：77mm
- 大きさ：φ83.3mm×L106.0mm
- 重さ：655g
- 価格（税別）：162,000円
- 発売年月：2015年2月

短焦点端 16mm

F2.8 —— F2.8の明るい標準ズームの短焦点端，それも35mm判換算で24mmの広角とは思えないほど，絞り開放から非常な高画質である．星像は丸くシャープで，微光星も全画面で良像基準を超えていて申し分ない．色収差も倍率の色収差もよく補正されている．周辺光量は，画面の四隅では2段分ほどの減光が見られる．

F4.0 —— 絞ることで口径食の影響が減った分だけ画面周辺部の微光星の描写が向上し，周辺減光もかなり改善されている．均一性の高い非常に良い画面．

レンズ名に付されているLMはリニアモーター（直線駆動するモーター），WRは防塵・防滴を表している．

絞りF2.8開放で撮影した「さそり座・いて座」

撮影データ；XF16-55mmF2.8 R LM WR 焦点距離16mm 絞りF2.8 フジフイルム X-T2（ISO800，RAW） 露出2分 赤道儀で追尾撮影 Camera Rawで現像 Photoshop CCで画像処理 Nik Collection“Viveza”で光害カブリと地上風景を修整，同“Dfine”でノイズ低減

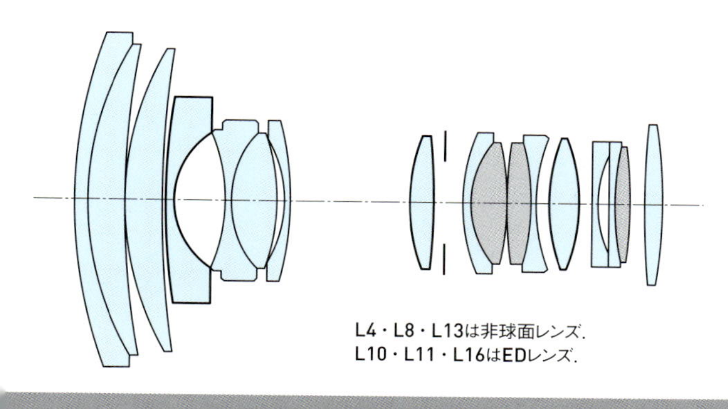

短焦点端 16mm

A3ノビ用紙にプリントしたときの星像の様子

実画面寸法：23.5mm×15.6mm　プリント寸法：480×320mm（プリント倍率20.4倍）

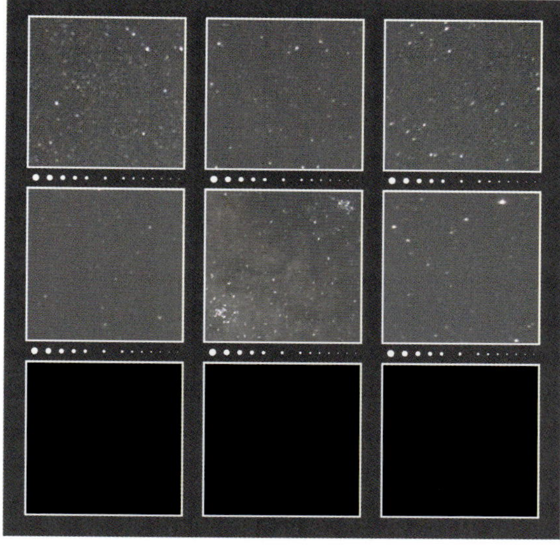

F2.8

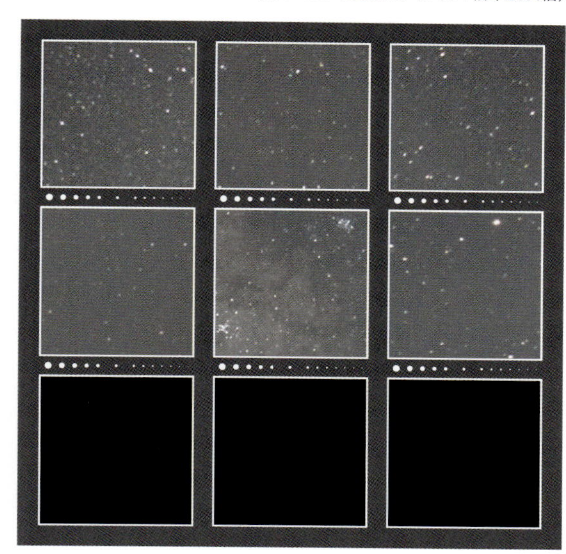

F4.0

星空を撮影したときの周辺光量の様子

F2.8

F4.0

FUJIFILM
FUJINON XF16-55mmF2.8 R LM WR

長焦点端 55mm

F2.8 —— 35mm判フルサイズ換算で84mmの中望遠域のF2.8開放の星像としては大変良好．中心付近の広い一帯でシャープさは申し分ない．画面四隅の方では中心付近よりも多少あまさを感じるが星像は崩れていない．倍率の色収差もよく補正されており星像に色ズレも見られない．周辺光量は画面の四隅で1段分ほどの減光が見られる．

F4.0 —— 口径食が減った分だけ，画面周辺の微光星の描写が向上し，周辺減光が改善される以外は絞り開放と変わらない．

富士フイルムのAPS-Cサイズのミラーレス一眼カメラの明るい標準ズームレンズである．ミラーレス一眼カメラは，一眼レフと比して，ミラーボックスが不要な分だけフランジバックバック（マウント基準面から像面までの距離）が短いので，高性能な光学系を設計する条件としてはかなり有利になる可能性がある．このレンズはそうした利点がどのくらい活かされているかは知らないが，光学式手ブレ補正機構が内蔵されていないとはいえ，明るい標準レンズとしてはかなり軽量コンパクトに仕上がっており，短焦点端から長焦点まで星像は文句なしに良い．星空撮影用としては最高のAPS-Cサイズ用F2.8標準ズーム．

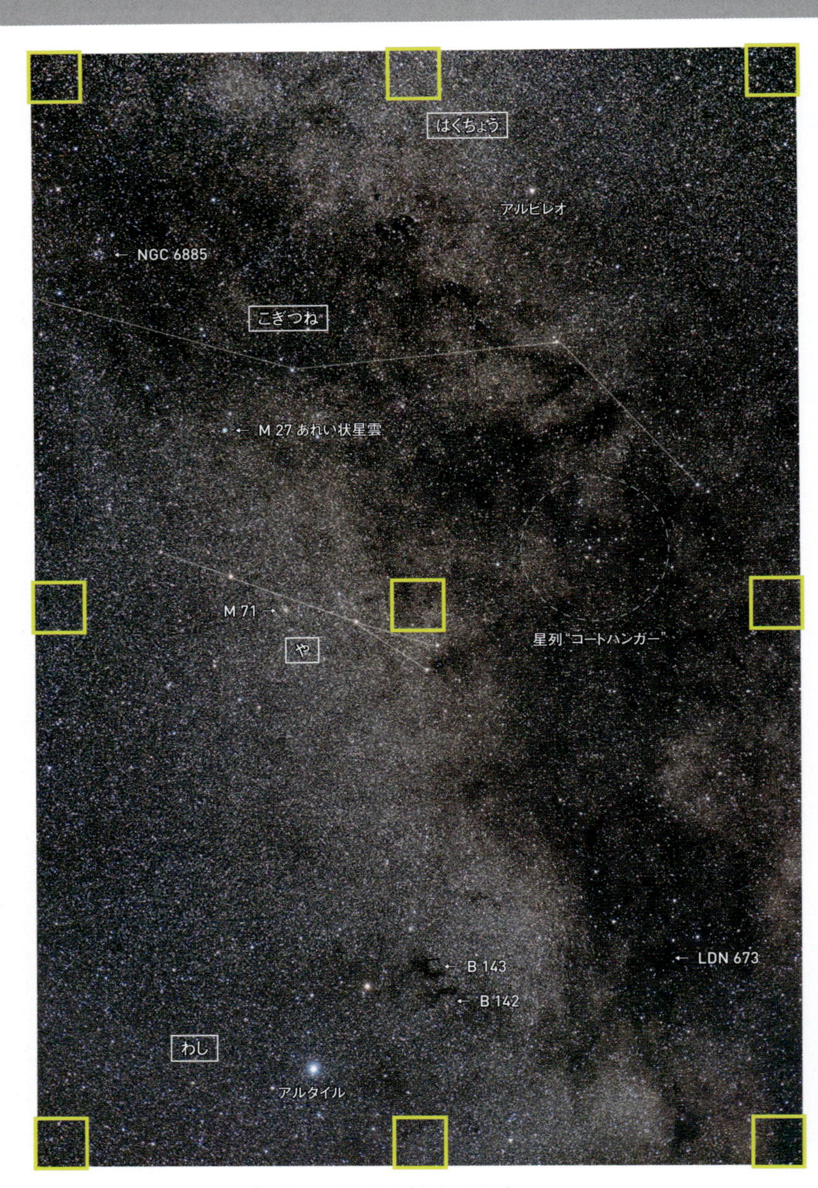

絞りF2.8開放で撮影した「や座～こぎつね座付近の星野」

撮影データ；XF16-55mmF2.8 R LM WR 焦点距離16mm 絞りF2.8 フジフイルム X-T2（ISO800，RAW）露出2分 赤道儀で追尾撮影 Camera Rawで現像 Photoshop CCで画像処理 Nik Collection"Viveza"で光害カブリと地上風景を修整，同"Dfine"でノイズ低減

長焦点端 55mm

A3ノビ用紙にプリントしたときの星像の様子

実画面寸法：23.5mm×15.6mm　プリント寸法：480×320mm（プリント倍率20.4倍）

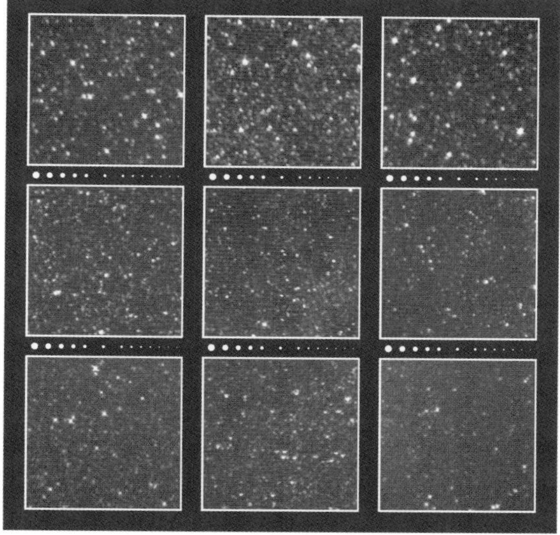

F2.8

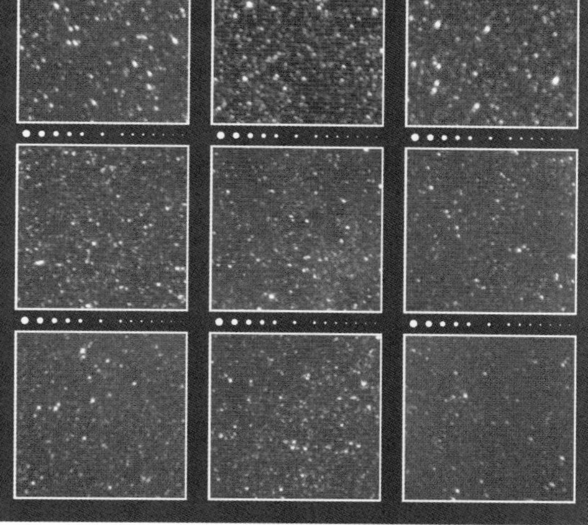

F4.0

星空を撮影したときの周辺光量の様子

F2.8

F4.0

FUJIFILM
FUJINON XF50-140mmF2.8 R LM OIS WR

焦点距離：50-140mm
35mm判換算：76-213mm
最大絞り：F2.8
最小絞り：F22
最短撮影距離：1m
対角線画角：31.7°-11.6°
レンズ構成：16群23枚
絞り羽根：7枚
フィルター径：72mm
大きさ：φ82.9mm×L175.9mm
重さ：995g
価格（税別）：218,000円
発売年月：2014年11月

短焦点端 50mm

F2.8 —— 絞り開放から画面全域で星像は非常にシャープで，微光星は良像基準を超え，輝星像もまったくといってよいほど形が崩れていない．ごく四隅の星像を子細に見ると，極めてわずかに放射方向に伸びているのがわかるが，相当近づいて見ないとわからないほどである．縦色収差，倍率の色収差もよく補正されていて，極度に発達した単焦点レンズに比肩する素晴らしい描写である．周辺光量は，画面の四隅では1段分くらいの減光が見られる．

F4.0 —— 口径食が減った分だけ周辺星像の描写と周辺減光が若干向上する以外は絞り開放と変わらない優れた画質．

明るい望遠ズームの短焦点端としては文句なしに良い．

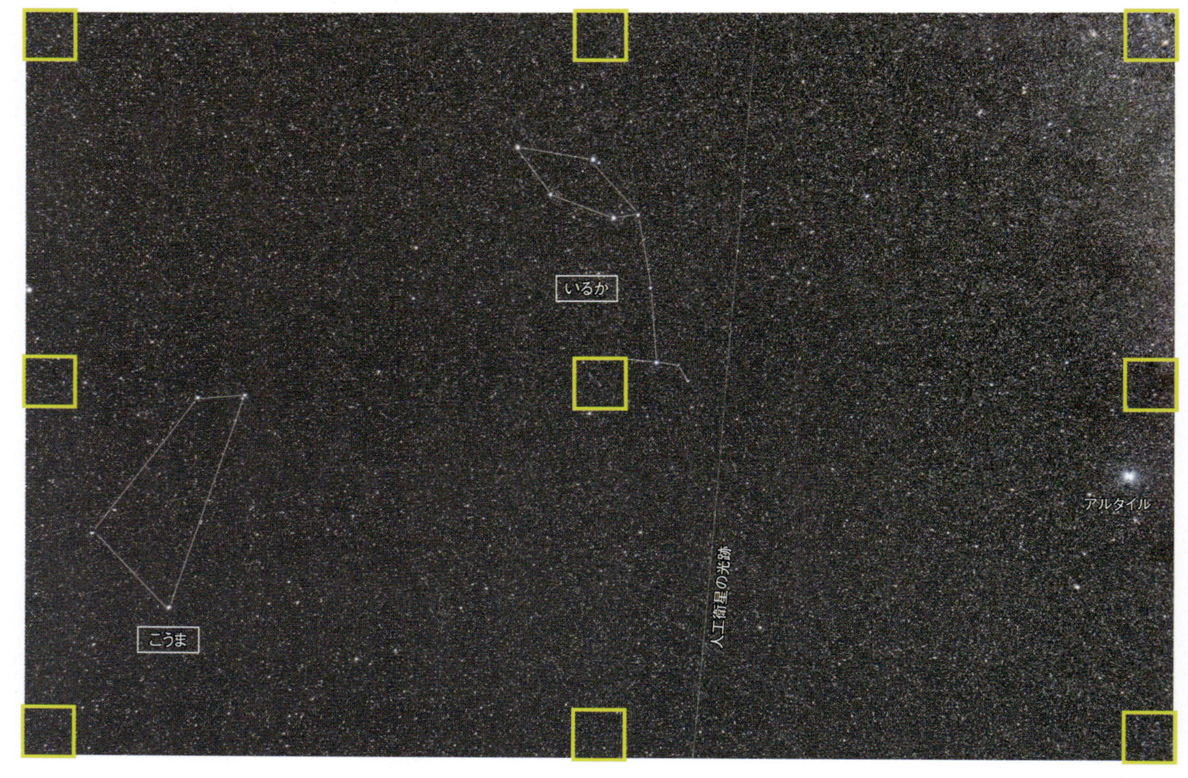

絞りF2.8開放で撮影した「わし座の1等星アルタイルの東にある小星座 いるか座・こうま座」

撮影データ；XF50-140mmF2.8 R LM OIS WR 焦点距離50mm 絞りF2.8 フジフイルム X-T2（ISO800，RAW）露出3分 赤道儀で追尾撮影 Camera Rawで現像とノイズ低減 Photoshop CCで画像処理

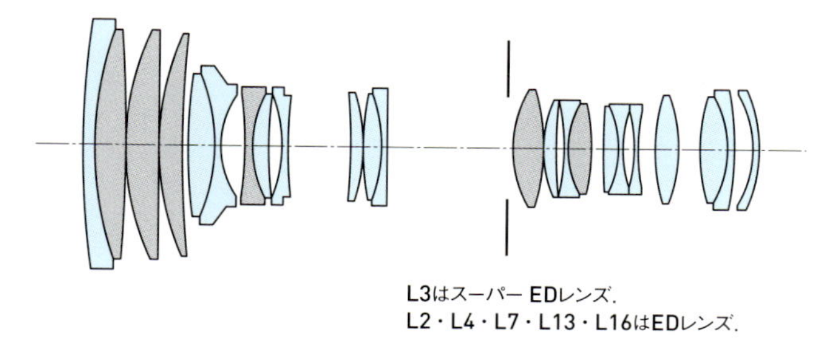

L3はスーパー EDレンズ.
L2・L4・L7・L13・L16はEDレンズ.

短焦点端 50mm

A3ノビ用紙にプリントしたときの星像の様子

実画面寸法：23.5mm×15.6mm　プリント寸法：480×320mm（プリント倍率20.4倍）

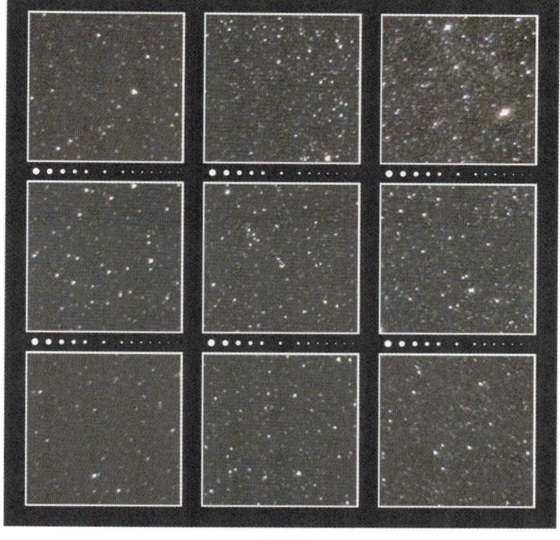

F2.8

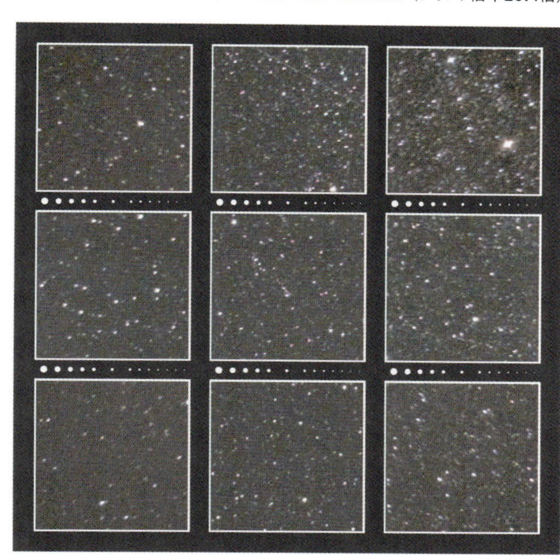

F4.0

星空を撮影したときの周辺光量の様子

F2.8

F4.0

FUJIFILM
FUJINON XF50-140mmF2.8 R LM OIS WR

長焦点端 140mm

F2.8 —— 画面中心から周辺まで画質差が少ない．拡大像はシーイング（大気の揺らぎ）の影響が見込まれるが，それでも充分にシャープである．子細に見ると，画面の四隅の星像は極めてわずかに放射方向に伸びがあるが，よく整っていて極めて良好である．縦色収差と倍率の色収差はともによく補正されており，色のにじみや色ズレは認められない．周辺光量は，画面の四隅で光量がストンと落ちるように1段分強の減光が認められる．

F4.0 —— 絞り開放とほとんど変わらない優れた星像と画質．

このレンズは光学式手ぶれ補正機構が内蔵されていて光学系は複雑だが，偏芯などの影響が認められず，星像も画質も素晴らしい．APS-Cサイズ用のF2.8クラスの明るい望遠ズームとしてトップレベルの良いレンズ．

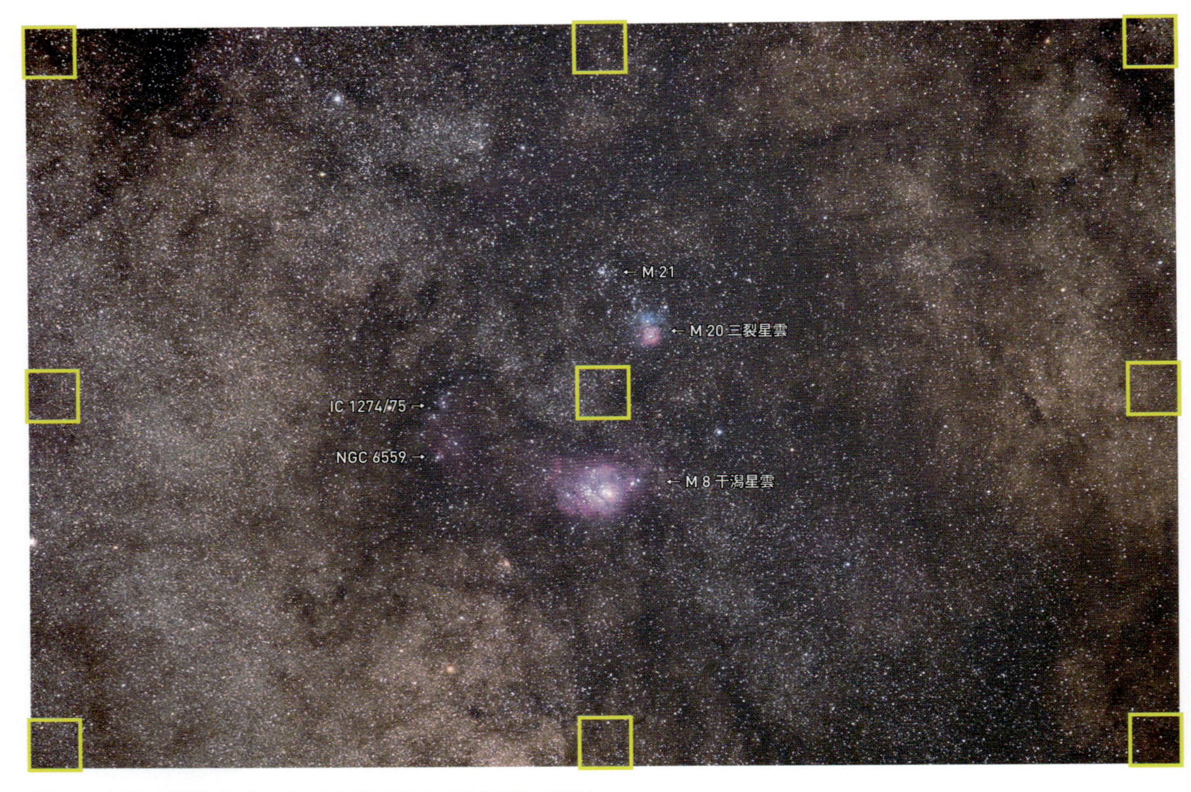

絞りF2.8開放で撮影した「いて座の散光星雲M8・M20付近の星野」

撮影データ；XF50-140mmF2.8 R LM OIS WR 焦点距離140mm 絞りF2.8 フジフイルム X-T2（ISO800，RAW） 露出3分 赤道儀で追尾撮影 Camera Rawで現像とノイズ低減 Photoshop CCで画像処理

長焦点端 140mm

A3ノビ用紙にプリントしたときの星像の様子

実画面寸法：23.5mm×15.6mm　プリント寸法：480×320mm（プリント倍率20.4倍）

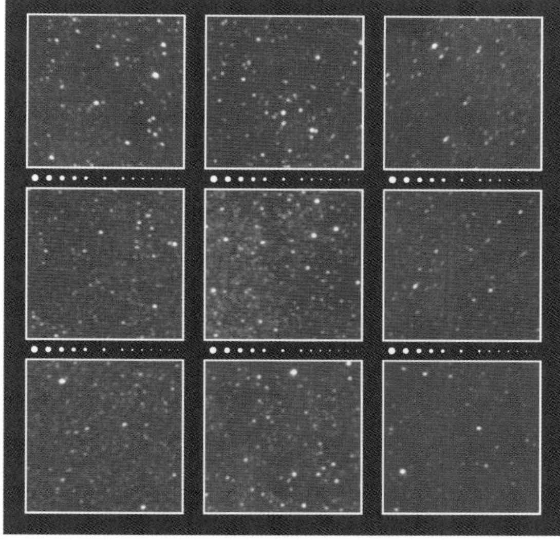

F2.8

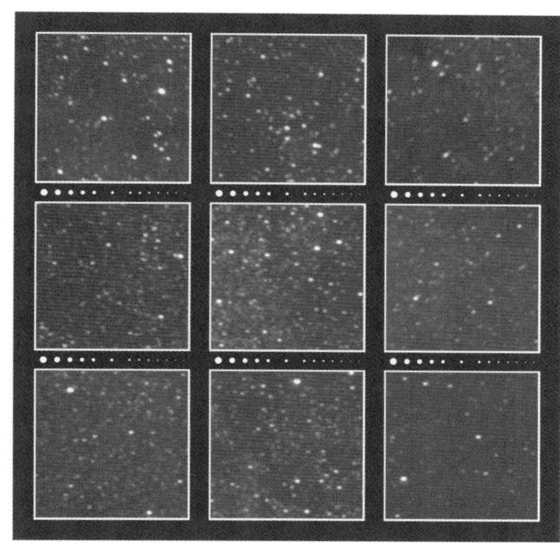

F4.0

星空を撮影したときの周辺光量の様子

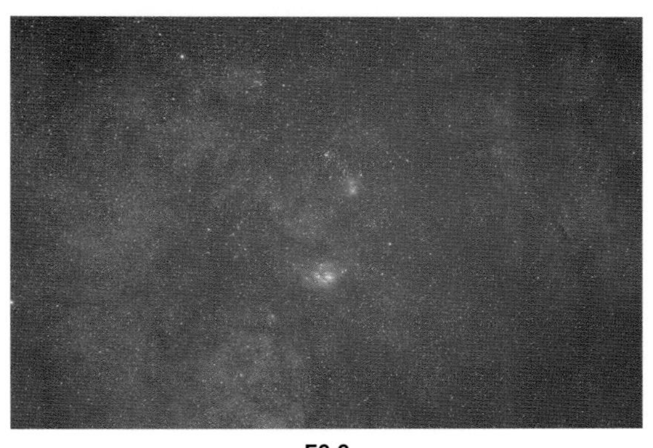

F2.8

F4.0

FUJIFILM
FUJINON XF23mmF2 R WR

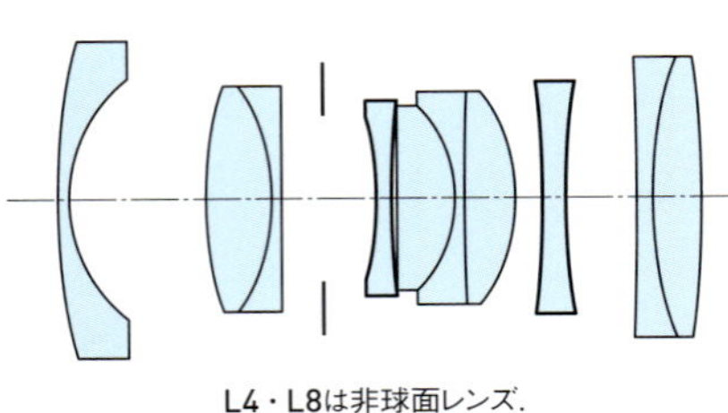

L4・L8は非球面レンズ.

焦点距離：23mm
35mm判換算：35mm
最大絞り：F2.0
最小絞り：F16
最短撮影距離：0.22m
対角線画角：63°4
レンズ構成：6群10枚
絞り羽根：9枚
フィルター径：43mm
大きさ：φ60.0mm×L51.9mm
重さ：180g
価格(税別)：62,000円
発売年月：2016年10月

F2.0 —— 画面の中心から70％までの広い範囲で，星像は絞り開放から良い．そこから画面の四隅に向けて星像はサジッタル コマ フレアで星徐々にあまくなるが，そう大きくは崩れていない．個体の問題で画面右上の方の星像が若干あまいが，差はわずかである．縦色収差と倍率の色収差はよく補正されている．周辺光量は，画面の四隅で2段分ほどの減光が認められる．

F2.8 —— サジッタルコマフレアがかなり抑えられ，口径食が減った分だけ周辺の微光星の描写が向上して周辺光量も改善するので，全体的に画質は高まる．

F4.0 —— 画面の四隅まで申し分のない星像が得らえる．やはり画面の右上隅の星像はわずかに見劣りすることがわかる．

絞り開放での星像はかなり良好で四隅での崩れもわりと少なく，絞ると確実に画質が上がる信頼性の高いレンズ．

絞りF2.0開放で撮影した「いて座」

撮影データ；XF23mmF2 R WR 絞りF2.0 フジフイルム X-T2（ISO800, RAW） 露出1分 赤道儀で追尾撮影 Camera Rawで現像 Photoshop CCで画像処理 Nik Collection"Viveza"で光害カブリと地上風景を修整，同"Dfine"でノイズ低減

A3ノビ用紙にプリントしたときの星像の様子

実画面寸法：23.5mm×15.6mm　プリント寸法：480×320mm（プリント倍率20.4倍）

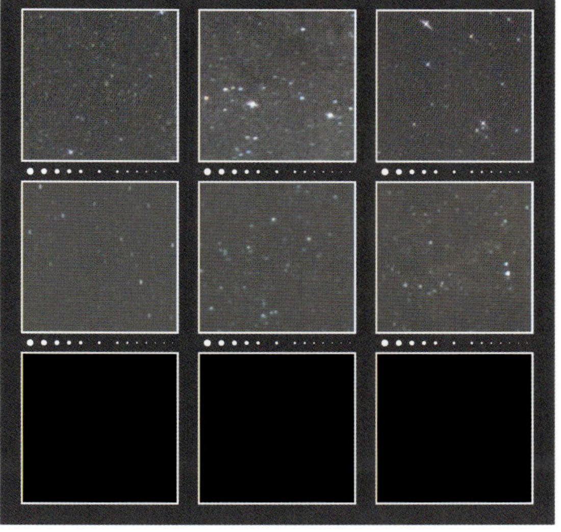

F2.0

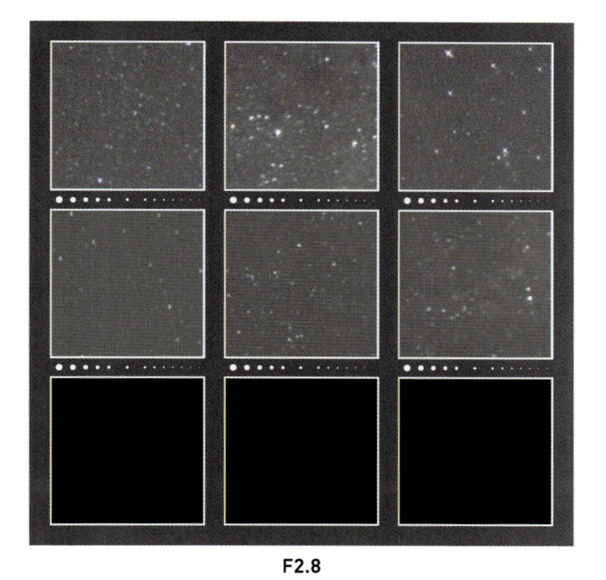

F2.8

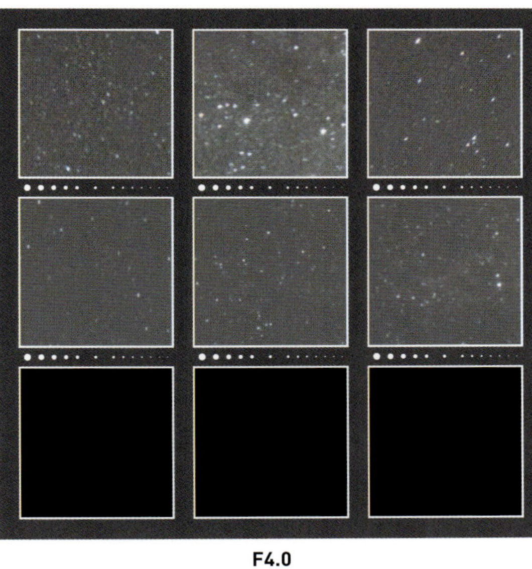

F4.0

星空を撮影したときの周辺減光の様子

F2.0

F2.8

F4.0

FUJIFILM
FUJINON XF27mmF2.8

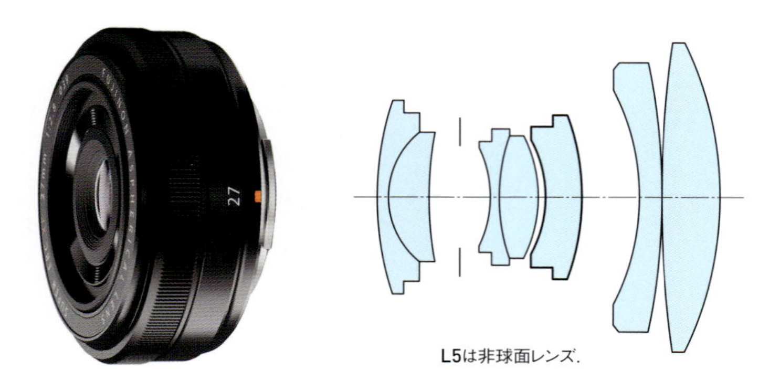

焦点距離：27mm
35mm判換算：41mm
最大絞り：F2.8
最小絞り：F16
最短撮影距離：0.6m（マクロ時0.34m）
対角線画角：55.5
レンズ構成：5群7枚
絞り羽根：7枚
フィルター径：39mm
大きさ：φ61.2mm×L23mm
重さ：78g
価格（税別）：62,000円
発売年月：2013年7月

F2.8 —— 画面中心から40%くらいの星像は良好である．そこから周辺に向けて星像はあまくなり始め，画面の四隅の方では崩れる量は大きくないものの微光星の写りは良くない．倍率の色収差はよく補正されていて周辺星像に色ズレは認められない．画面の四隅では2段分弱くらいの減光が認められる．

F4.0 —— サジッタル コマがかなり抑えられて周辺星像の質は向上するが，シャープさはまだ不足している．画面四隅の周辺減光はまだ1段分弱ほどある．

薄型で非常に軽いパンケーキレンズである．このレンズには絞りリングはなく（絞りリングのあるレンズには，レンズ名にRが付されている），絞り操作はカメラ本体で行なう．星像はそう悪くはないが，F4.0でも周辺星像はもの足りず魅力に乏しい．

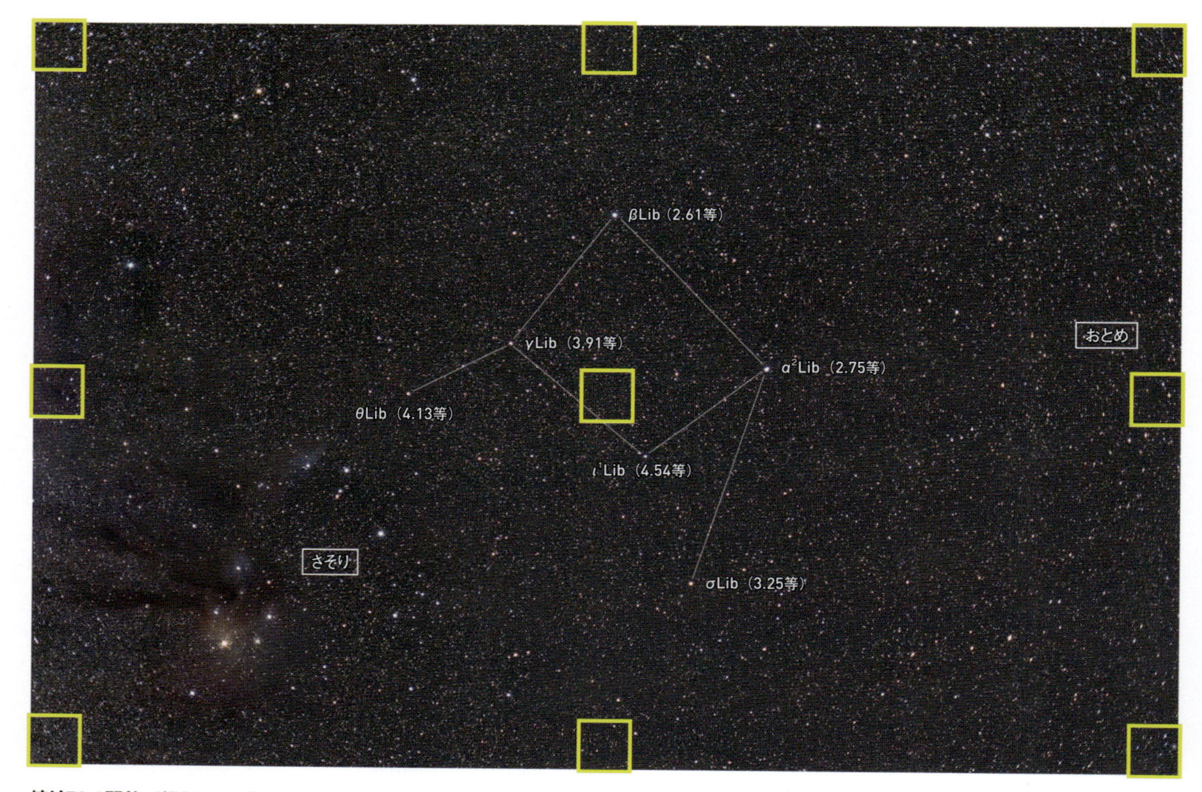

絞りF2.8開放で撮影した「てんびん座」

撮影データ；XF27mmF2.8 絞りF2.8 フジフイルム X-T2（ISO800，RAW）露出2分 赤道儀で追尾撮影
Camera Rawで現像とノイズ低減 Photoshop CCで画像処理

A3ノビ用紙にプリントしたときの星像の様子

実画面寸法：23.5mm×15.6mm　プリント寸法：480×320mm（プリント倍率20.4倍）

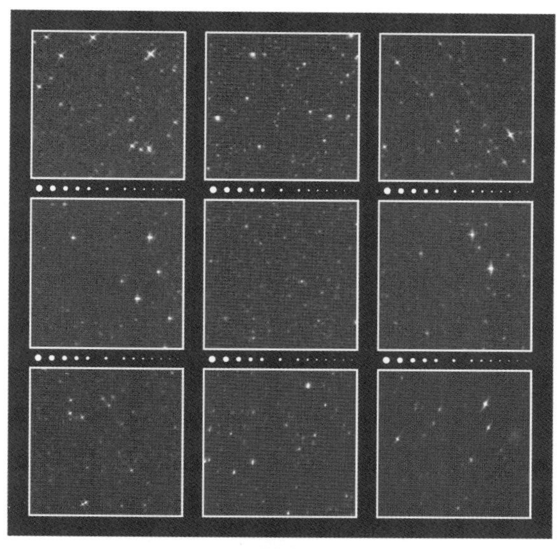

F2.8

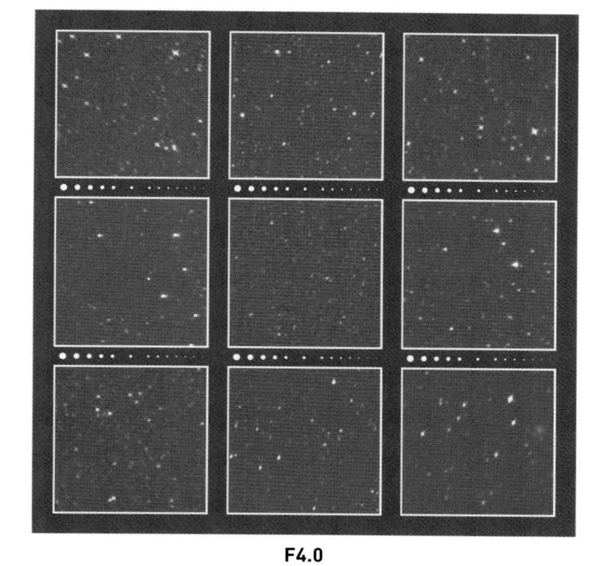

F4.0

星空を撮影したときの周辺光量の様子

F2.8

F4.0

FUJIFILM
FUJINON XF35mmF2 R WR

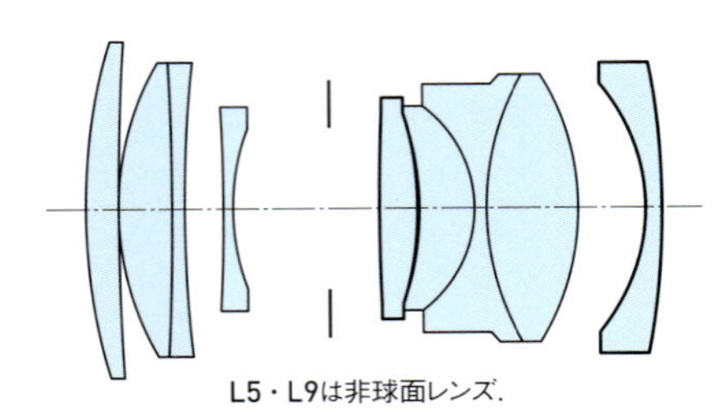

L5・L9は非球面レンズ.

焦点距離：35mm
35mm判換算：53mm
最大絞り：F2.0
最小絞り：F16
最短撮影距離：0.35m
対角線画角：44.°2
レンズ構成：6群9枚
絞り羽根：9枚
フィルター径：43mm
大きさ：φ60.0mm×L45.9mm
重さ：170g
価格(税別)：56,000円
発売年月：2015年11月

F2.0 —— 画面の中心から60%くらいまでの星像は，F2.0の絞り開放とは思えないほど極めてシャープで申し分がない．しかしそこから周辺に向けて星像は急落し，画面四隅の星像はコマ収差でかなり崩れる．周辺光量は画面の四隅で2段分強ほどある．

F2.8 —— コマ収差はかなり抑えられるが周辺星像はまだかなりあまい．

F4.0 —— 周辺星像は格段に良くなる．画面の中心から90%くらいまでの星像，すなわち画面のごく四隅を除いて良好な星像が得られる．画面の四隅にある明るめの星は，収差で三角形状をしているが集光はよく，微光星の写りも周辺減光も大幅に改善される．

絞り開放付近での周辺星像の悪さが残念だが，1段半から2段絞ると非常に鮮鋭な星像を結ぶレンズ．

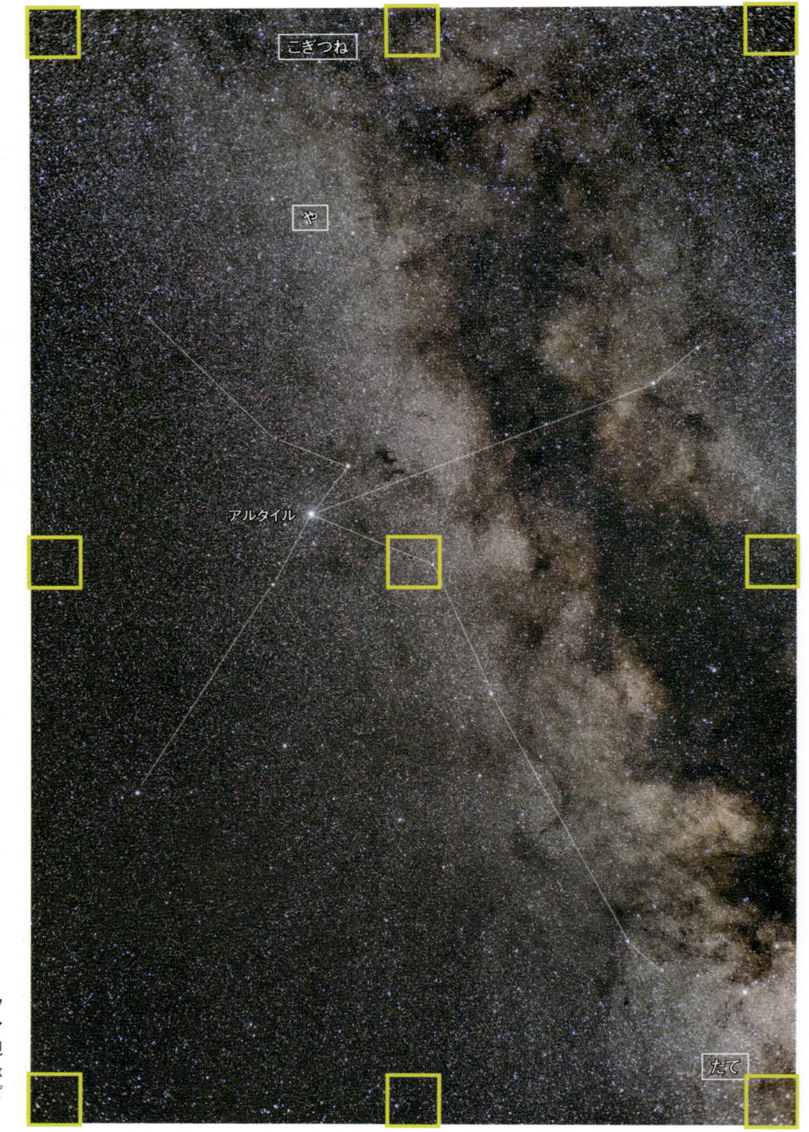

絞りF2.8で撮影した「わし座」

撮影データ；XF35mmF2 R WR 絞りF2.8 フジフイルム X-T2（ISO800，RAW） 露出3分×4コマ加算平均 赤道儀で追尾撮影 Camera Rawで現像 Photoshop CC，Nik Collection"Silver Efex Pro"で画像処理 Nik Collection"Dfine"でノイズ低減

A3ノビ用紙にプリントしたときの星像の様子

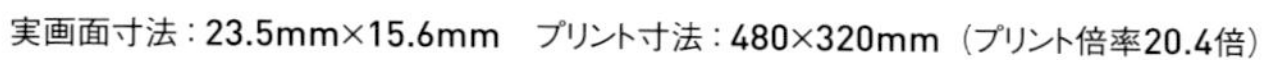

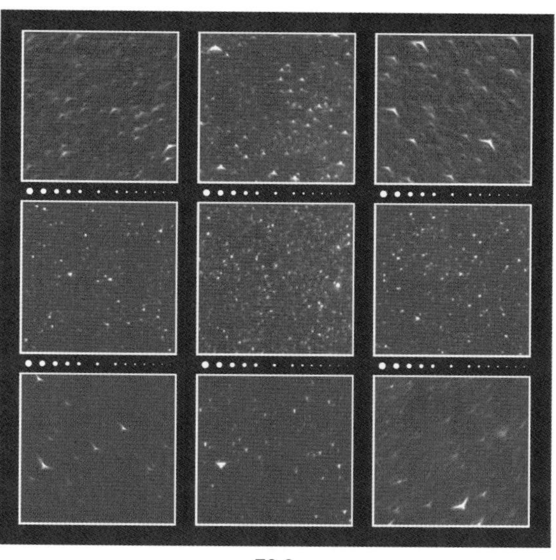

F2.0

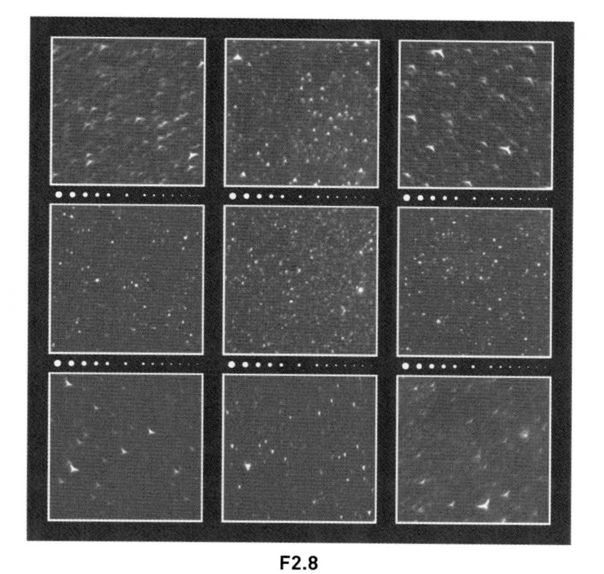

F2.8

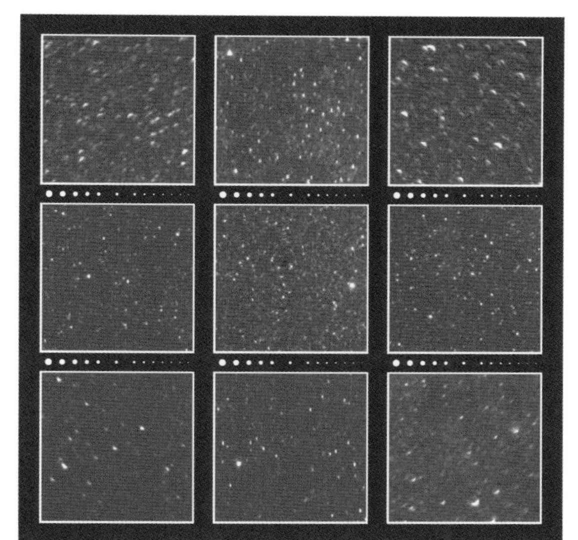

F4.0

星空を撮影したときの周辺減光の様子

F2.0

F2.8

F4.0

FUJIFILM
FUJINON XF50mmF2 R WR

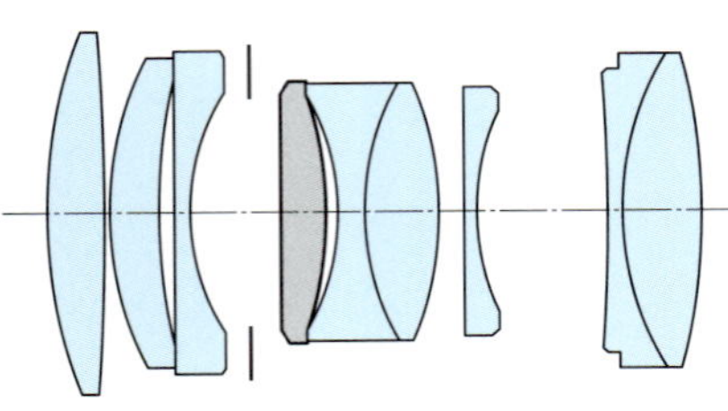

L4は非球面EDレンズ.

焦点距離：50mm
35mm判換算：76mm
最大絞り：F2.0
最小絞り：F16
最短撮影距離：0.39m
対角線画角：31.°7
レンズ構成：7群9枚
絞り羽根：9枚
フィルター径：46mm
大きさ：φ60.0mm×L59.4mm
重さ：200g
価格(税別)：62,000円
発売年月：2017年2月

F2.0 —— 絞り開放としては悪くない星像．子細に見ると，中間画角部で星像はいったん放射方向にわずかに伸び，そらから再び星像はややあまくはなるものの丸く整い，最周辺では軽微なサジッタル コマで同心円方向に伸びる感じである．倍率の色収差はよく補正されていて周辺星像に色ズレは認められないが，色収差は残っていて青白い星には軽微ながら青色のハロが生じる．このハロはF2.0でもわずかに認められ，F4.0で充分に抑えられる．周辺光量は，画面の四隅で1段半くらいの減光がある．

F2.8 —— サジッタル コマが減って四隅の星像が目立って良好になる．

F4.0 —— 全画面で星像は充分シャープになり，周辺減光も改善されて非常に良い画面になる．

絞り開放から星像はわりと良く，絞り開放付近では青白い星に軽微な青ハロがともなうのが特徴のレンズ．そうした描写が好みの人には好適と思われる．F4.0に絞るとそのような特色は薄まる．

絞りF2.8で撮影した「いて座の天の川」

撮影データ；XF50mmF2 R WR 絞りF2.8 フジフイルム X-T2（ISO800，RAW） 露出3分×4コマ加算平均 赤道儀で追尾撮影 Camera Rawで現像 Photoshop CC，Nik Collection"Silver Efex Pro"で画像処理 Nik Collection"Dfine"でノイズ低減

A3ノビ用紙にプリントしたときの星像の様子

実画面寸法：23.5mm×15.6mm　プリント寸法：480×320mm（プリント倍率20.4倍）

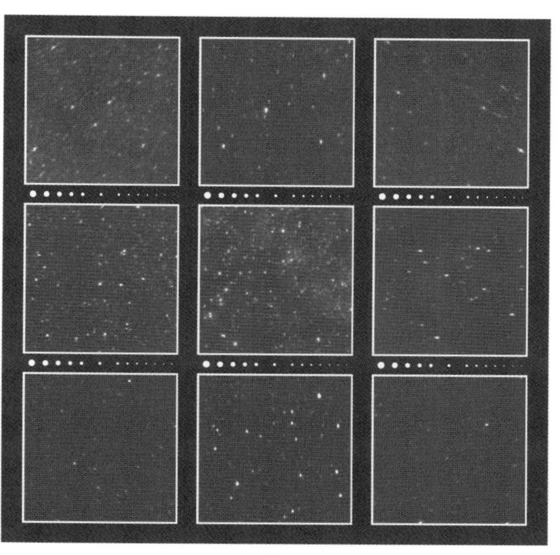

F2.0

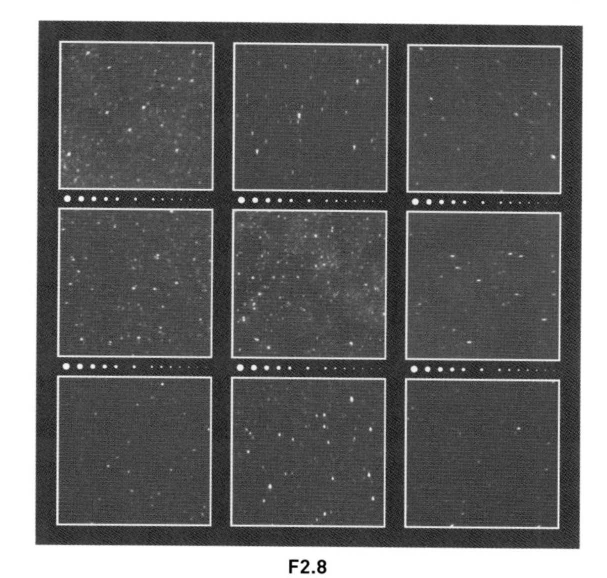

F2.8

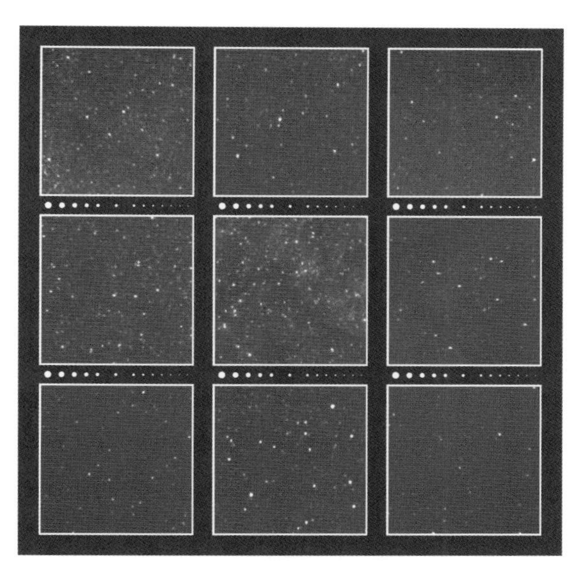

F4.0

星空を撮影したときの周辺減光の様子

F2.0

F2.8

F4.0

FUJIFILM
FUJINON XF60mmF2.4 R Macro

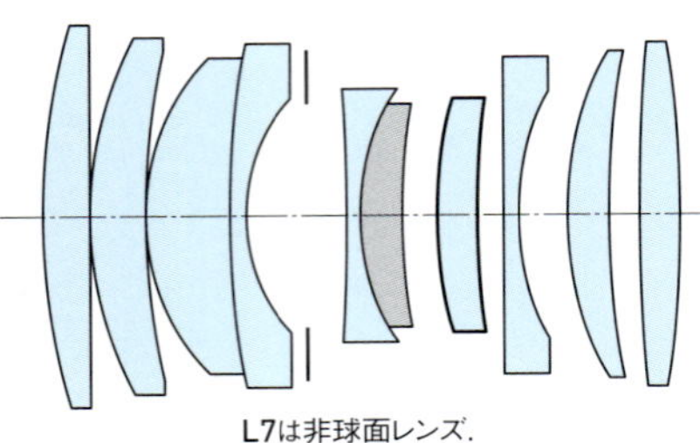

L7は非球面レンズ.
L6はEDレンズ.

焦点距離	60mm
35mm判換算	91mm
最大絞り	F2.4
最小絞り	F22
最短撮影距離	0.6m(マクロ時0.267m)
対角線画角	26.6°
レンズ構成	8群10枚
絞り羽根	9枚
フィルター径	39mm
大きさ	φ64.1mm×L63.6mm
重さ	215g
価格(税別)	87,000円
発売年月	2012年2月

F2.4 —— 中心から80%くらいまでの星像はシャープさも充分で絞り開放から良い. 画面の四隅の明るめの星像は三角形状に収束しているが集光はよく崩れは小さい. 縦色収差も倍率の色収差もよく補正されている. 周辺光量は, 画面の四隅で1段強ほどの減光がある. 全体としてかなり良好な画面である.

F2.8 —— 画質は全体的にわずかに向上するが, 絞り開放とそう大きくは違わない.

F4.0 —— 口径食が減った分だけ周辺減光が低減し, 画面周辺の微光星の描写が向上し, 一段と均一性が高まって非常に良い画面となる.

マクロレンズなので, 単焦点の中望遠レンズとしてはそう明るくはないが, 絞り開放から良像が得られる信頼性の高いレンズ.

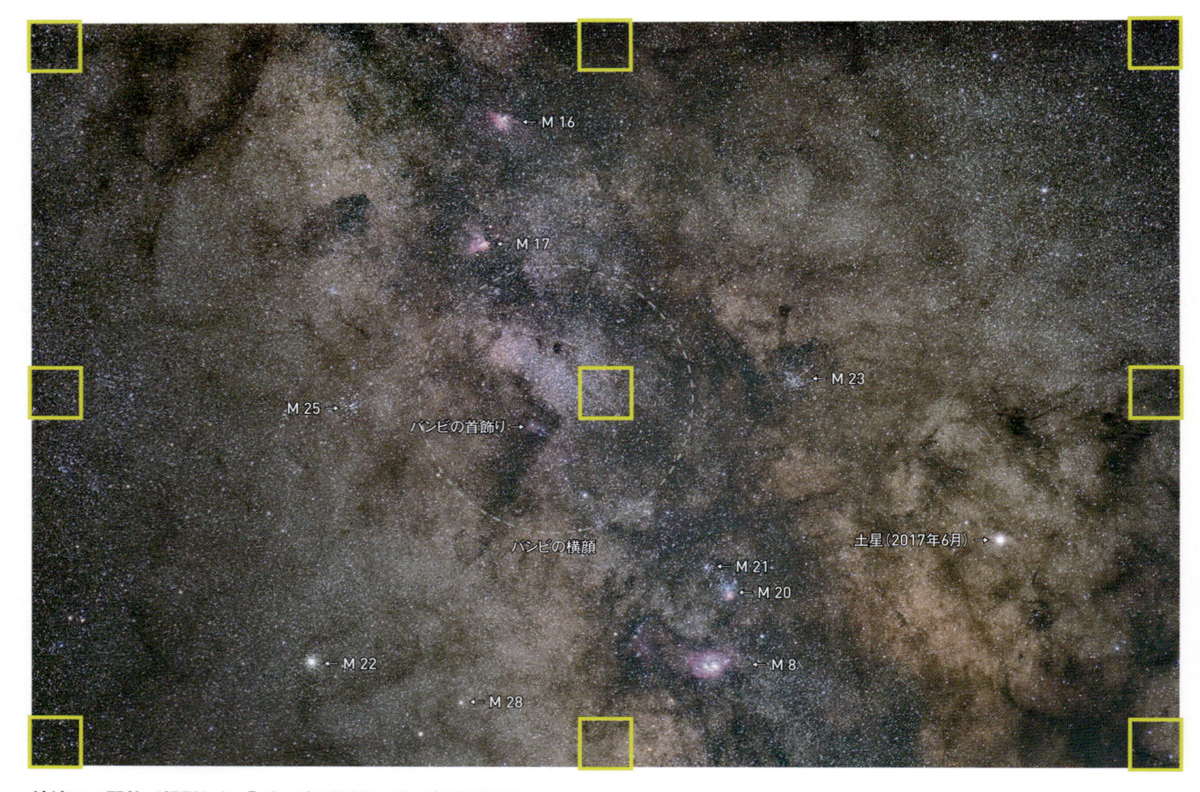

絞りF2.8開放で撮影した「バンビの横顔とバンビの首飾り」

撮影データ;XF60mmF2.4 R Macro 絞りF2.8 フジフイルム X-T2(ISO800, RAW) 露出3分×4コマ加算平均 赤道儀で追尾撮影 Camera Rawで現像 Photoshop CC, Nik Collection"Silver Efex Pro"で画像処理 Nik Collection"Dfine"でノイズ低減

A3ノビ用紙にプリントしたときの星像の様子

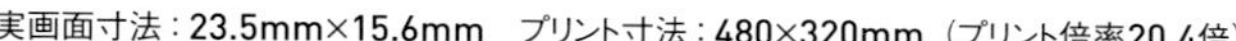
実画面寸法：23.5mm×15.6mm　プリント寸法：480×320mm（プリント倍率20.4倍）

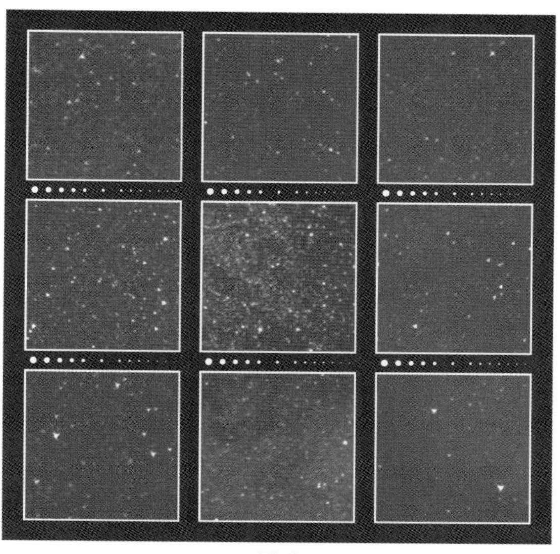

F2.4

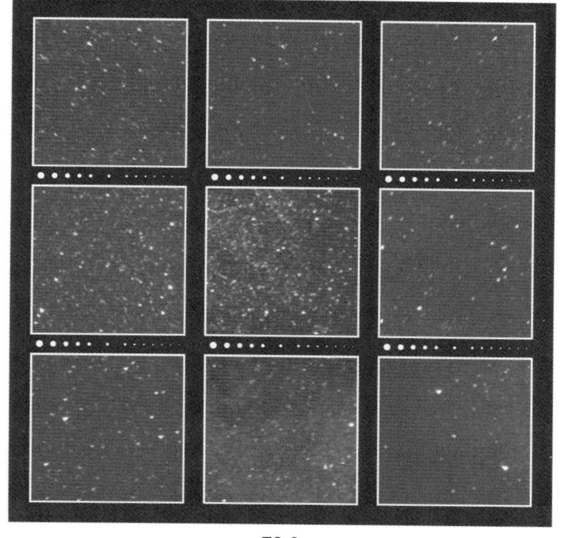

F2.8

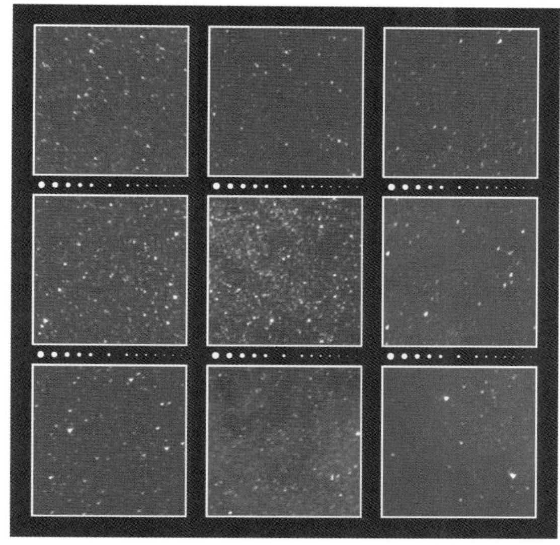

F4.0

星空を撮影したときの周辺減光の様子

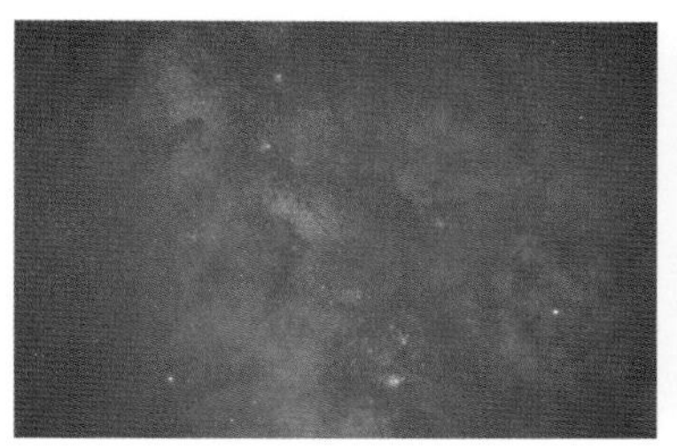

F2.4

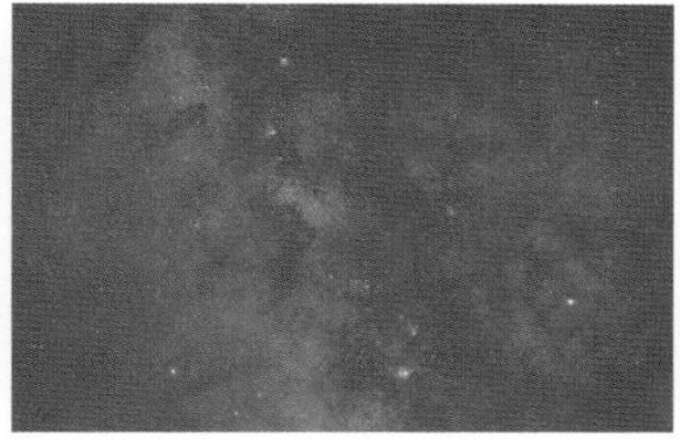

F2.8

F4.0

NIKON

AF-S DX NIKKOR 16-80mm f/2.8-4E ED VR

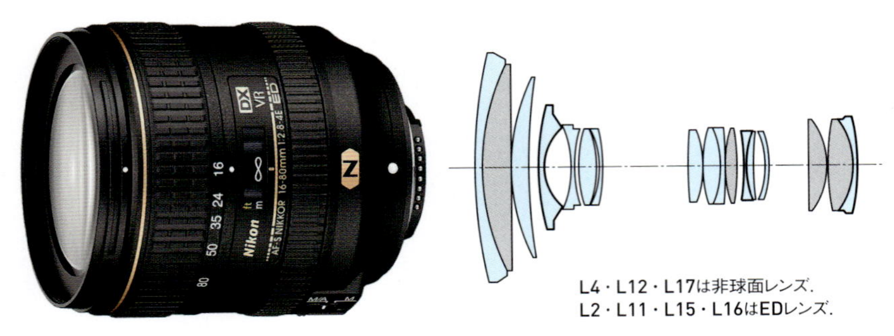

焦点距離	16-80mm
35mm判換算	24-120mm
最大絞り	F2.8-4.0
最小絞り	F22-32
最短撮影距離	0.35m
対角線画角	83°-20°
レンズ構成	13群17枚
絞り羽根	7枚
フィルター径	72mm
大きさ	φ80mm×L85.5mm
重さ	480g
価格(税別)	125,000円
発売年月	2015年7月

短焦点端 16mm

F2.8 —— 画面の中心から70%くらいの範囲の星像は充分にシャープで良好. そこから周辺に向けて星像はコマ収差で徐々に崩れ始めるが, 画面の四隅でも崩れる量はそう大きくはないので, 作例で見るように画面全体の印象は悪くない. 周辺光量は, 画面の四隅で2段分強の減光が認められる.

F4.0 —— コマ収差が抑えられて画面の四隅の星像も大幅に良くなる. 周辺減光も大幅に改善されて, F2.8開放とは見違えるような画面が得られる.

F5.6 —— F5.6まで絞るとさすがに星像は素晴らしく, 画面の四隅まで非常に良い星像となる. 周辺光量も良好で, 均質で高画質な画面となる.

　絞り開放での周辺星像があまいのが惜しいが, F4.0でまずは良好な画面が得られるので信頼性はある.

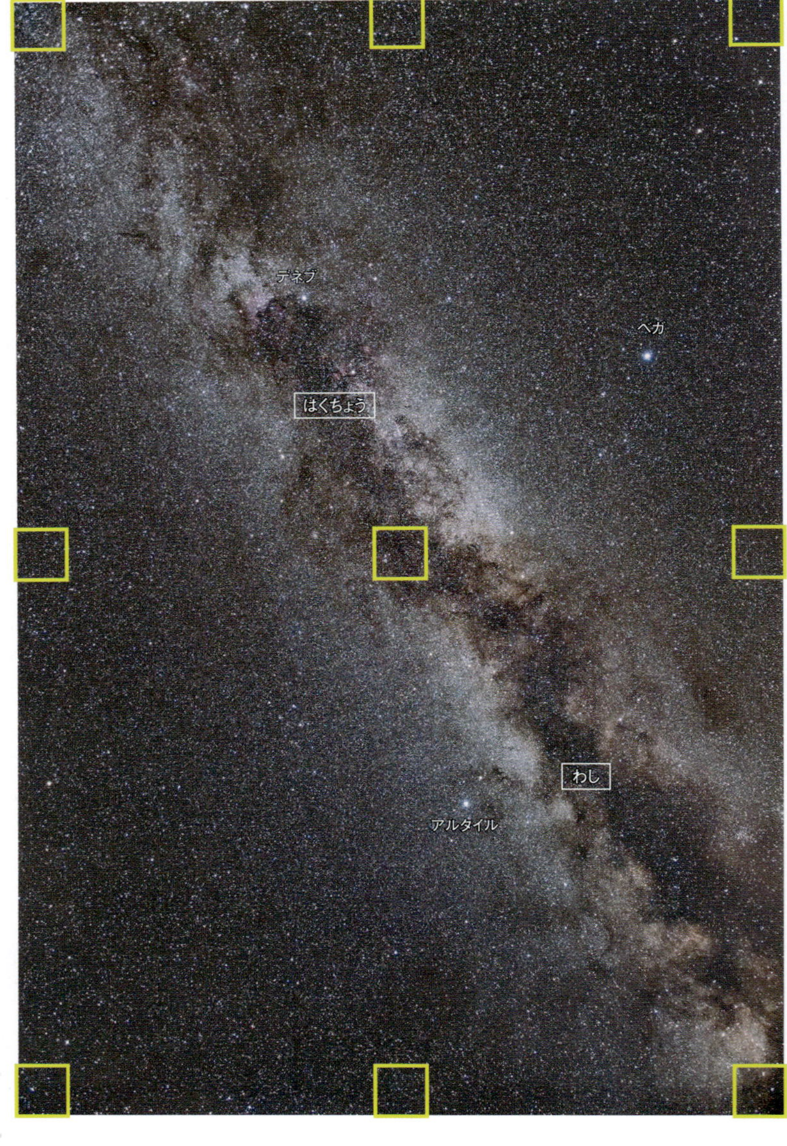

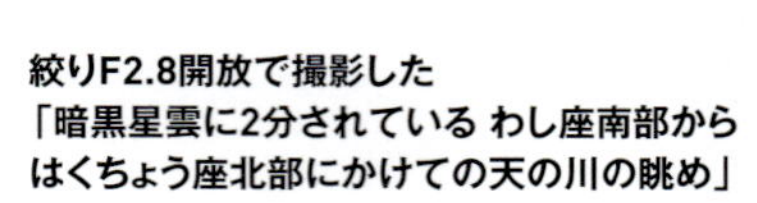

絞りF2.8開放で撮影した
「暗黒星雲に2分されている わし座南部からはくちょう座北部にかけての天の川の眺め」

撮影データ;AF-S DX NIKKOR 16-80mm f/2.8-4E ED VR 焦点距離16mm 絞りF2.8 ニコンD500 (ISO1600, RAW) 露出1分×4コマ加算平均 赤道儀で追尾撮影 Camera Rawで現像とノイズ低減 Photoshop CCで画像処理

A3ノビ用紙にプリントしたときの星像の様子

実画面寸法：23.5mm×15.7mm　プリント寸法：480×320mm（プリント倍率20.4倍）

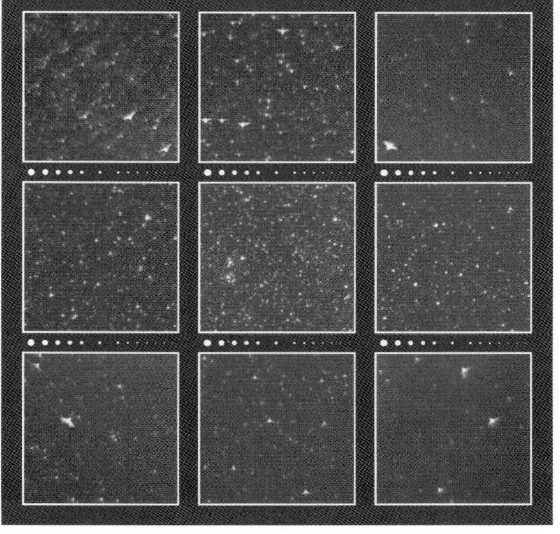

F2.8

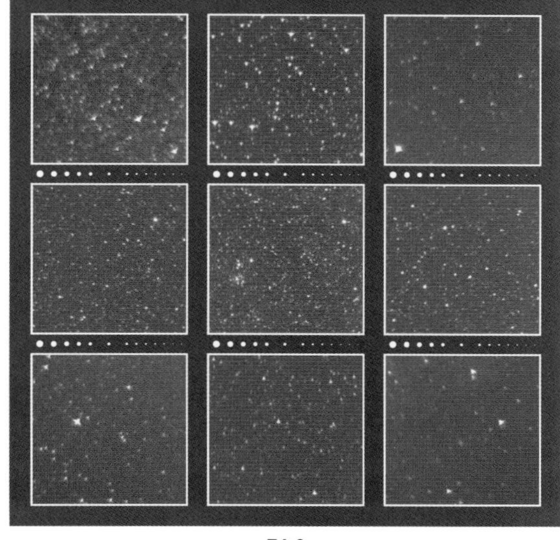

F4.0

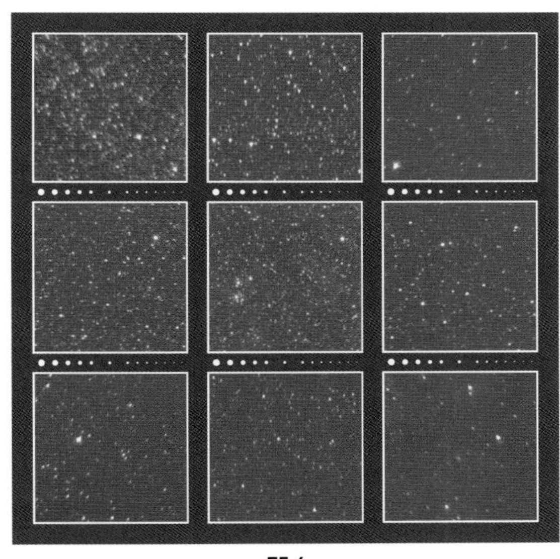

F5.6

星空を撮影したときの周辺光量の様子

F2.8

F4.0

F5.6

NIKON
AF-S DX NIKKOR 16-80mm f/2.8-4E ED VR

長焦点端 80mm

F4.0 ―― 画面の四隅の明るめの星像の形状がやや崩れているが集光は良く，微光星の写りも良好である．縦色収差も倍率の色収差もよく補正されていて極端な青いハロや色ズレは見られない．周辺光量は，画面の四隅でストンっと落ちるように1段半分くらい減光する．全体として絞り開放としてはかなり良い画面．

F5.6 ―― 星像は絞り開放とほとんど変わらない．周辺光量はかなり豊富に改善されるが，画面のごく四隅だけ1段弱ほどの減光が見られる．

このレンズは35mm判フルサイズ換算で24-120mm相当の画角が得られる5倍ズームである．光学式手ぶれ補正機構が内蔵された13群17枚構成の複雑な光学系だが，良い像を結んでいるので安心である．星空撮影用としては，短焦点端の絞り開放での周辺星像のシャープさがもう少し欲しかったが，まずは信頼性のある堅調な標準ズームといえる．

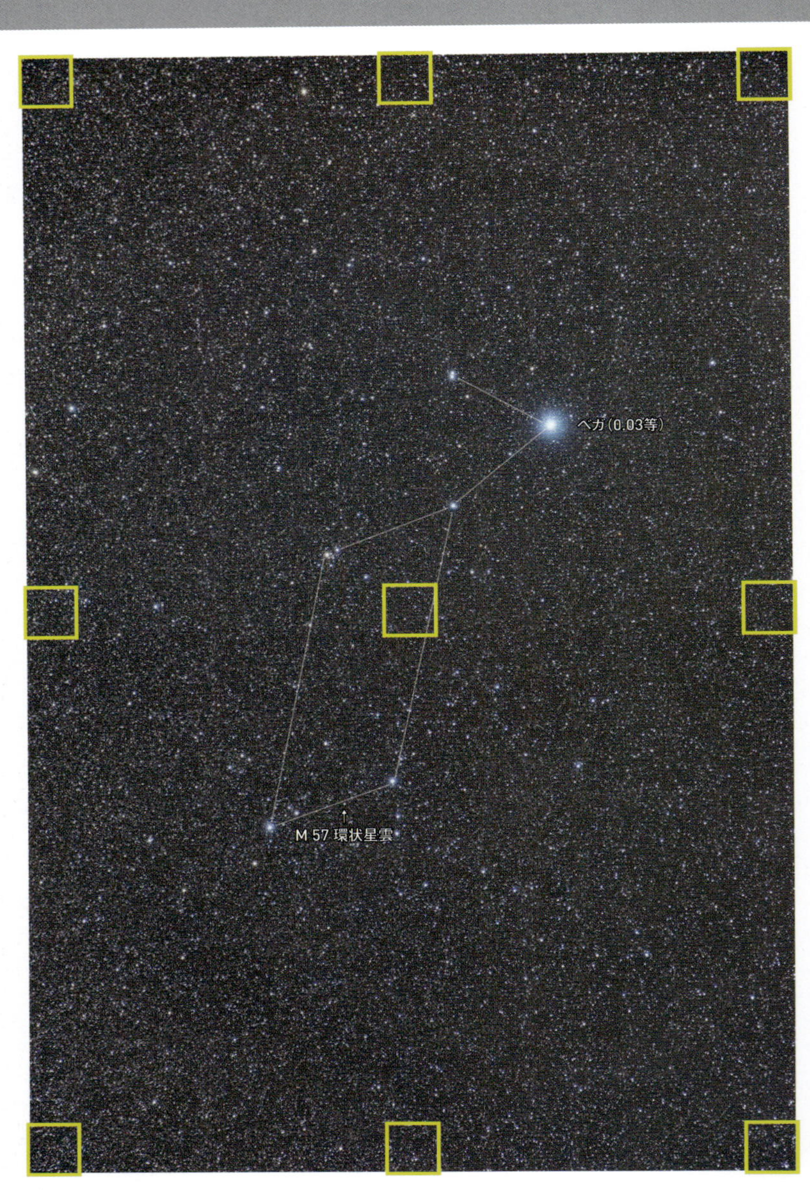

絞りF4.0開放で撮影した「こと座」

撮影データ；AF-S DX NIKKOR 16-80mm f/2.8-4E ED VR　焦点距離80mm　絞りF4.0　ニコンD500（ISO1600，RAW）　露出2分×2コマ加算平均　赤道儀で追尾撮影　Camera Rawで現像とノイズ低減　Photoshop CCで画像処理

長焦点端 80mm

A3ノビ用紙にプリントしたときの星像の様子

実画面寸法：23.5mm×15.7mm　プリント寸法：480×320mm（プリント倍率20.4倍）

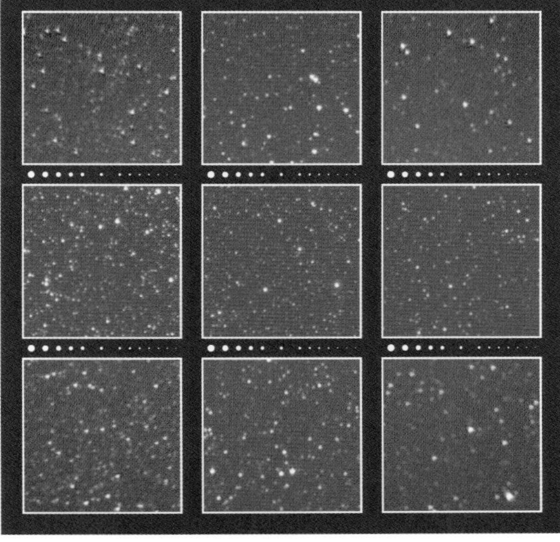

F4.0

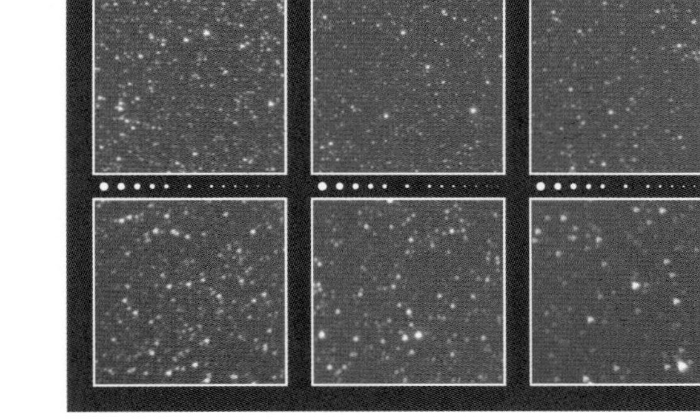

F5.6

星空を撮影したときの周辺光量の様子

F4.0

F5.6

NIKON
AF-S DX NIKKOR 35mm f/1.8G

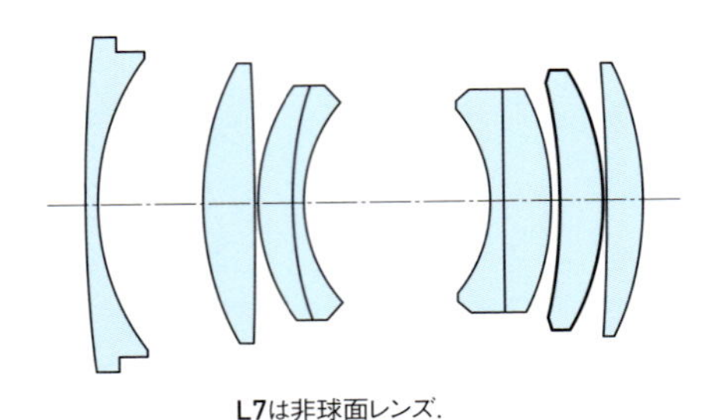

L7は非球面レンズ.

焦点距離：35mm
35mm判換算：52.5mm
最大絞り：F1.8
最小絞り：F22
最短撮影距離：0.3m
対角線画角：44°
レンズ構成：6群8枚
絞り羽根：7枚
フィルター径：52mm
大きさ：φ70mm×L52.5mm
重さ：200g
価格(税別)：35,000円
発売年月：2009年3月

F1.8 ―― 全体的に星像は整っているがコントラストが不足していてあまい．子細に見ると，中心付近の明るい星にも画面の上の方に向かって短い彗星の尾のようなハロがあって，軽微な偏芯誤差があることを示している．画面の四隅はサジッタル コマフレアで星像があまい．縦色収差と倍率の色収差はよく補正されている．周辺光量は画面の四隅で2段分くらいの減光が認められる．

F2.0 ―― 絞り開放とほとんど変わらない．

F2.8 ―― 画面中心付近の彗星の尾のようなハロはなくなって良像範囲が広がる．周辺星像はまだあまさが残るがサジッタル コマが抑えられて星像の形が整うので，作例で見るように全体的には悪い感じはしない．

F4.0 ―― 良像範囲が一段と広がり，周辺減光も目立たなくなる．画面四隅の星像をよく見ると，収差でわずかに流れているように見えるが，その流れの方向がメリジオナル面に対して対称になっておらず，やはり軽微な偏芯があることがわかる．

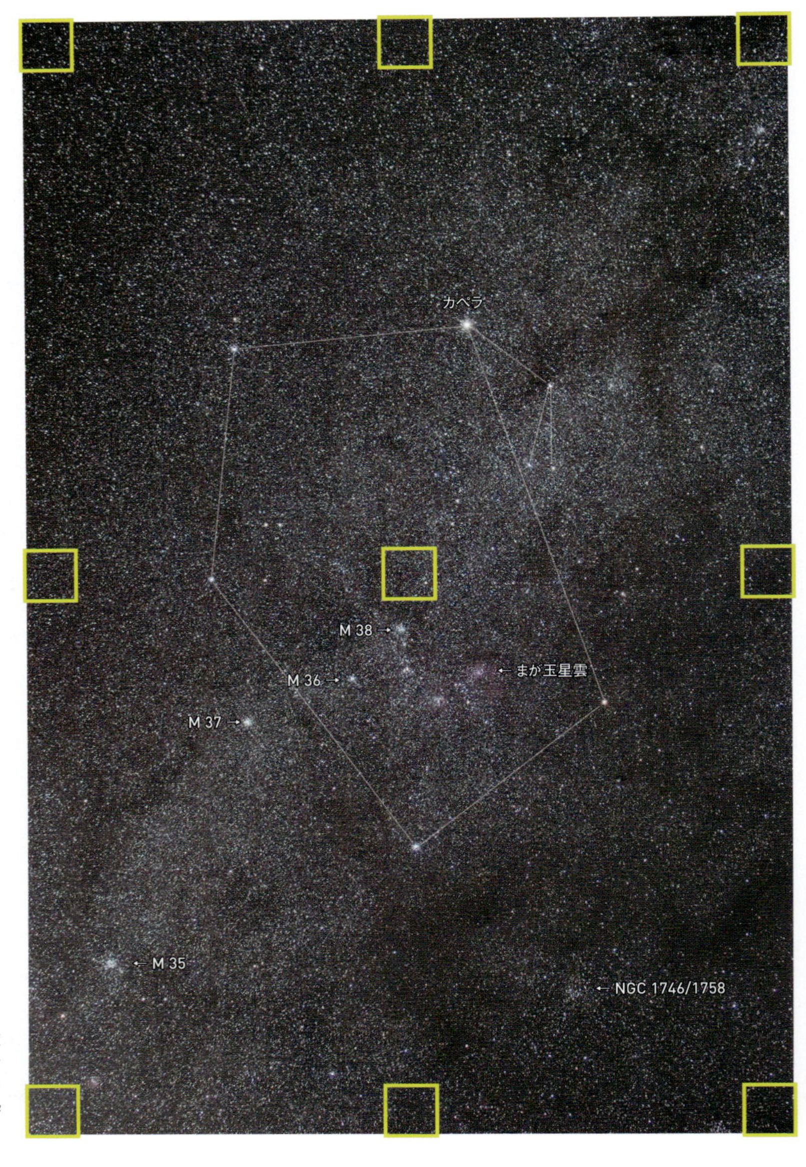

絞りF2.8で撮影した「ぎょしゃ座」

撮影データ；AF-S DX NIKKOR 35mm f/1.8G 絞りF2.8 ニコンD500（ISO800，RAW） 露出2分×2コマ加算平均 赤道儀で追尾撮影 Camera Rawで現像とノイズ低減 Photoshop CCで画像処理

A3ノビ用紙にプリントしたときの星像の様子

実画面寸法：23.5mm×15.7mm　プリント寸法：480×320mm（プリント倍率20.4倍）

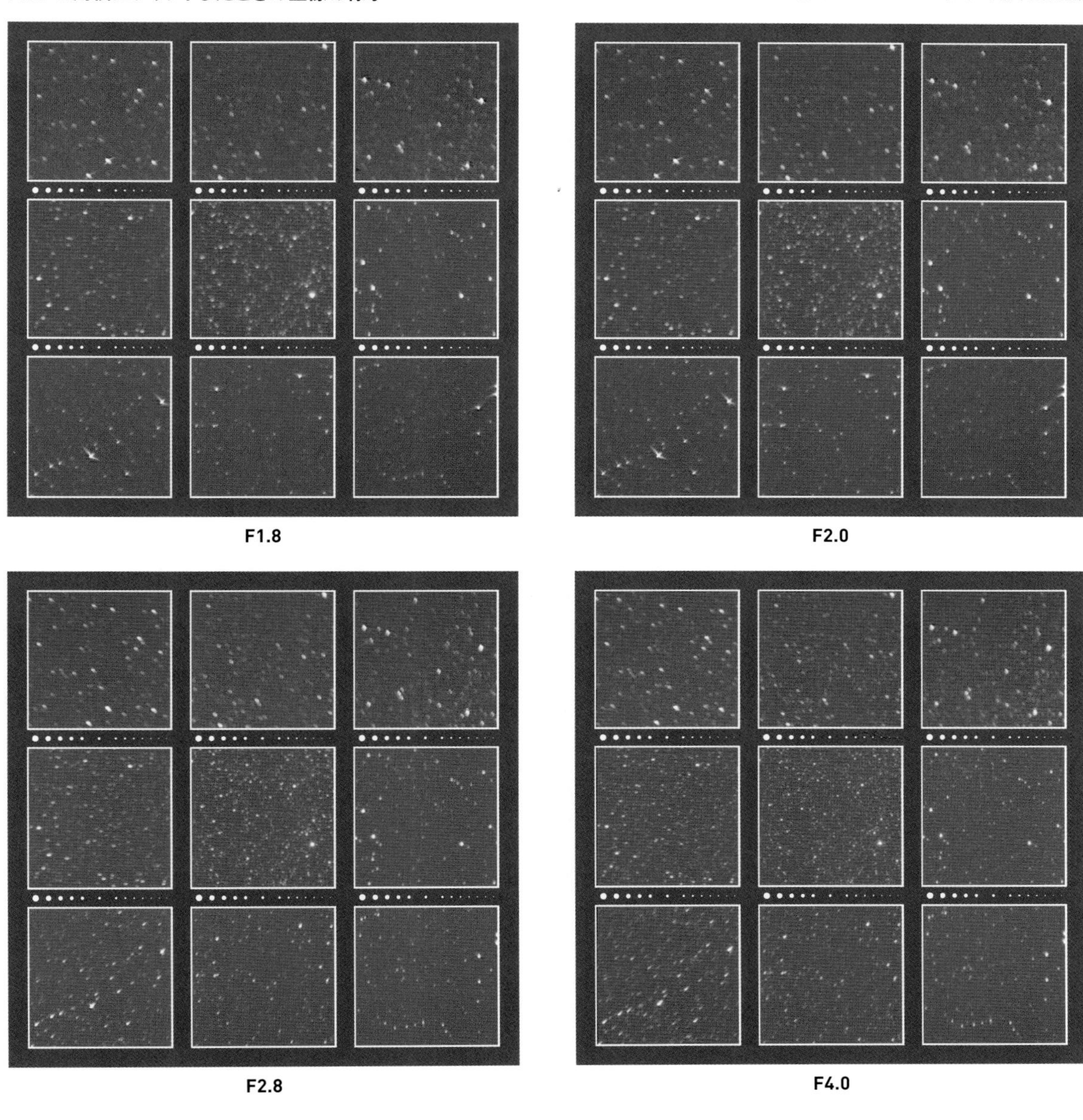

F1.8　F2.0　F2.8　F4.0

星空を撮影したときの周辺減光の様子

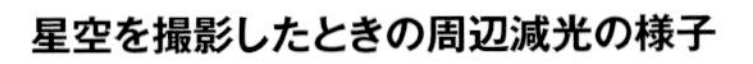

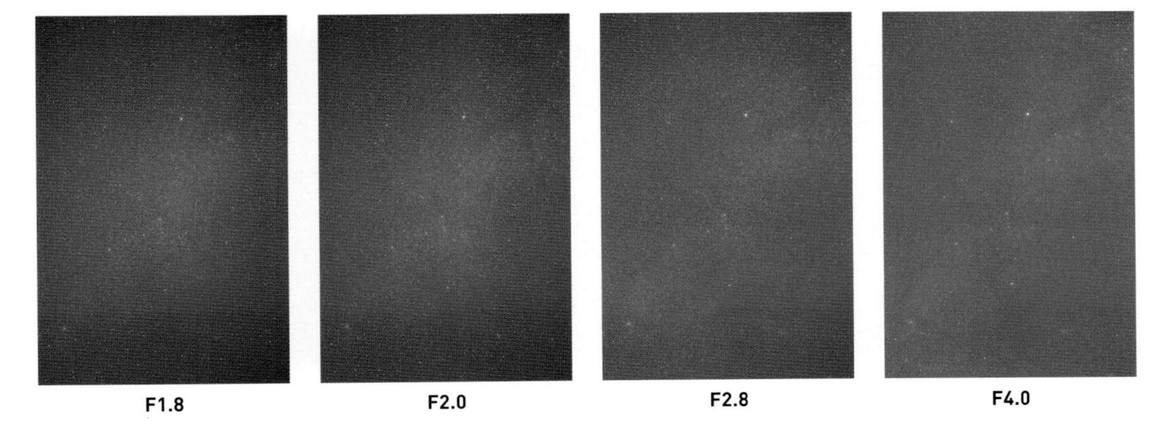

F1.8　F2.0　F2.8　F4.0

NIKON
AF-S DX Micro NIKKOR 40mm f/2.8G

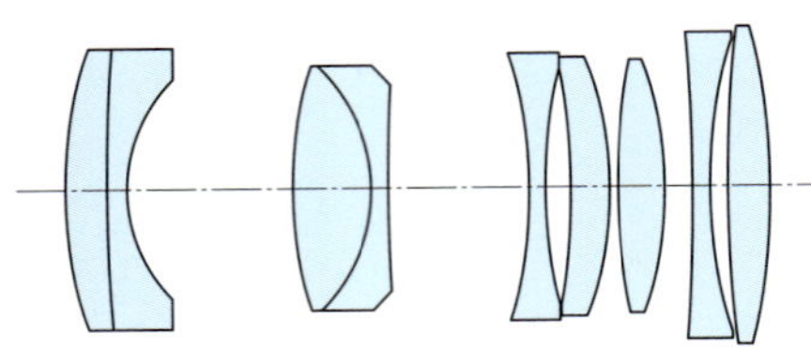

焦点距離：40mm
35mm判換算：60mm
最大絞り：F2.8
最小絞り：F22
最短撮影距離：0.163m
対角線画角：38.8°
レンズ構成：7群9枚
絞り羽根：7枚
フィルター径：52mm
大きさ：φ68.5mm×L64.5mm
重さ：235g
価格(税別)：40,000円
発売年月：2011年8月

F2.8 —— 星像は全体的にかなりあまい．中心付近も画面の右側ほどあまくボケたような感じで，周辺は星像に生じたサジッタル コマ フレアで同心円方向に流れたようなイメージである．とくに明るめの赤っぽい星にはオレンジ色の軽微なハロがあることがわかる．周辺の明るい星には青色のコマ フレアが目立つ．倍率の色収差はよく補正されていて周辺星像に色ズレはない．周辺光量は，画面の四隅で2段分ほどの減光がある．

F4.0 —— サジッタルコマが減った分だけ全体的なイメージはだいぶ良くなり，像の均一性も向上する．しかし画面の右側は星像があまい．色収差による青色やオレンジ色の微小なハロはまだ認められる．

周辺像の崩れ方がメリジオナル面に対して対称性がずれていて，テストレンズは個体の問題を抱えていることがわかる．

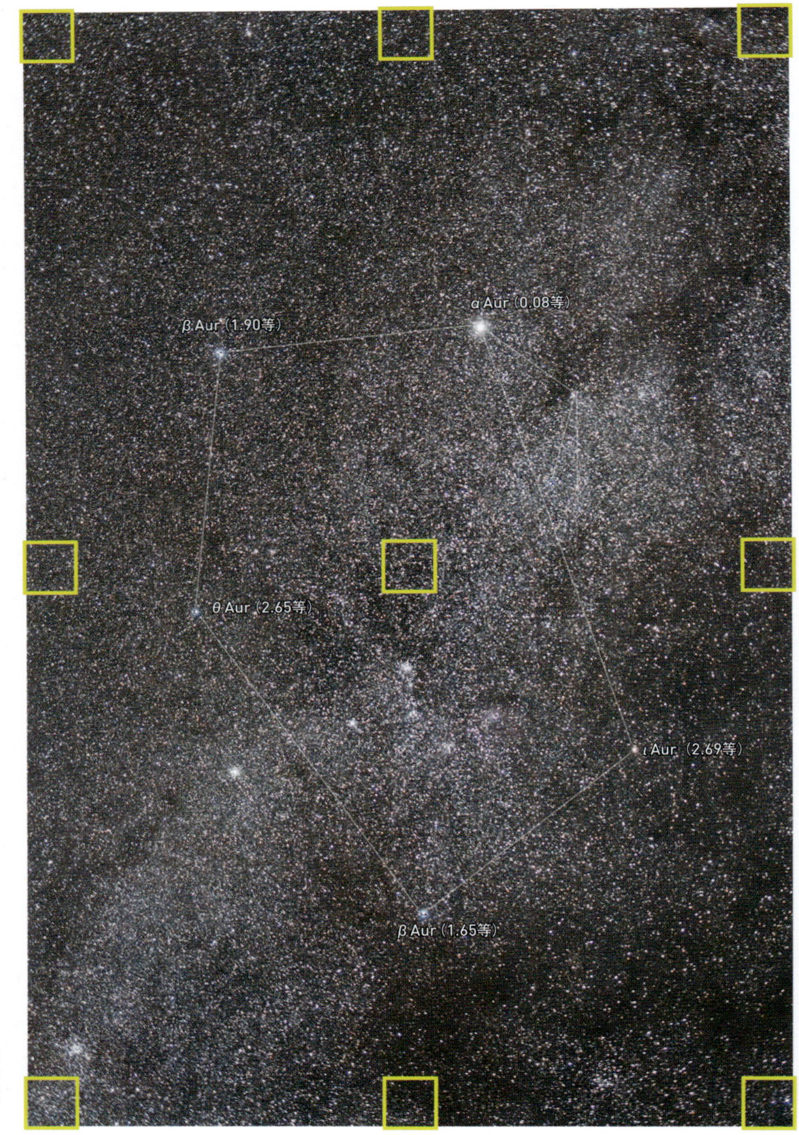

絞りF2.8開放で撮影した「ぎょしゃ座」

撮影データ；AF-S DX Micro NIKKOR 40mm f/2.8G 絞りF2.8 ニコンD500 (ISO800, RAW) 露出2分×赤道儀で追尾撮影 Camera Rawで現像とノイズ低減 Photoshop CCで画像処理

A3ノビ用紙にプリントしたときの星像の様子

実画面寸法：23.5mm×15.7mm　プリント寸法：480×320mm（プリント倍率20.4倍）

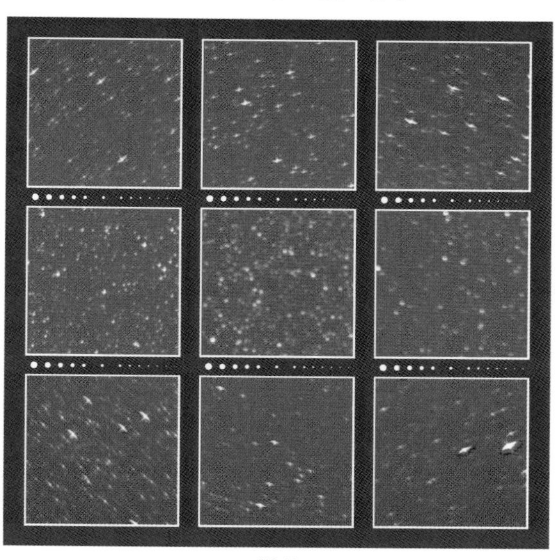

F2.8

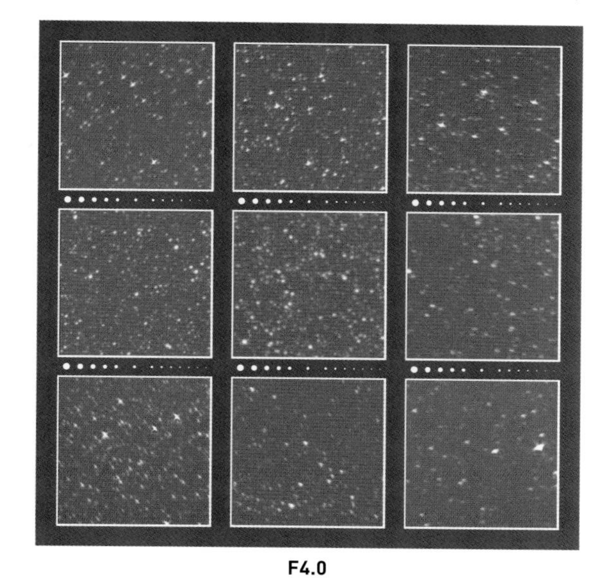

F4.0

星空を撮影したときの周辺光量の様子

F2.8

F4.0

PENTAX
smc PENTAX-DA 12-24mmF4 ED AL[IF]

焦点距離：12-24mm
35mm判換算：18.5-37mm
最大絞り：F4.0
最小絞り：F22
最短撮影距離：0.3m
対角線画角：99°-61°
レンズ構成：11群13枚
絞り羽根：8枚
フィルター径：77mm
大きさ：φ84mm×L87.5mm
重さ：430g
価格（税別）：オープン
発売年月：2005年10月

L2・L11は非球面レンズ.
L12はEDレンズ.

短焦点端 12mm

F4.0 —— 画面中心から60%くらいの範囲の星像は絞り開放から充分にシャープ．70～80%付近の周辺画角部では，星像は放射方向に線状にかなり伸びて写る．四隅では放射方向の伸びはやや短くなってサジッタル方向の広がりが増える．

絞りF4.0開放で撮影した「北極星」

撮影データ；smc PENTAX-DA 12-24mmF4 ED AL[IF] 焦点距離12mm 絞りF4.0 ペンタックスK-3（ISO800, RAW） 露出4分 赤道儀で追尾撮影 Camera Rawで現像 Photoshop CCで画像処理 Nik Collection"Viveza"で光害カブリを修整，同"Dfine"でノイズ低減

A3ノビ用紙にプリントしたときの星像の様子　　実画面寸法：23.5mm×15.6mm　プリント寸法：480×320mm（プリント倍率20.4倍）

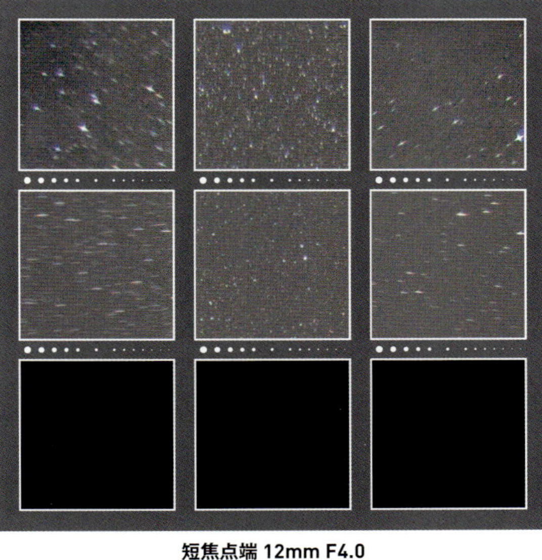

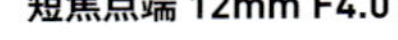

短焦点端 12mm F4.0

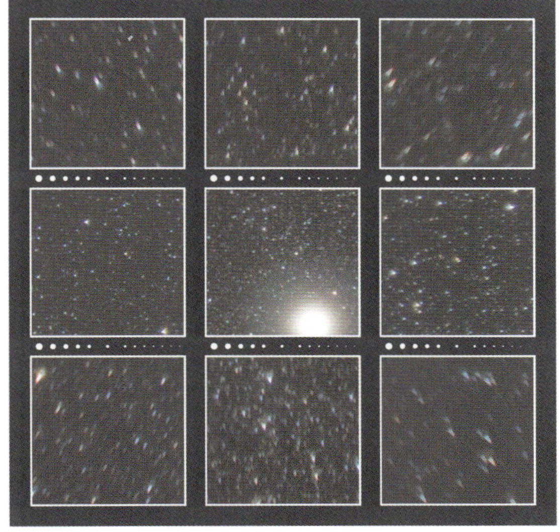

長焦点端 24mm F4.0

長焦点端 24mm

F4.0 —— 画面の中心付近の星像は充分にシャープだが，周辺星像はコマ収差で非常にあまい．良像範囲は狭い．とくに画面の右側の像はあまく，周辺星像の崩れ方がメリジオナル面に対して対称性が崩れていることから，テストレンズでは長焦点端で偏芯が生じていたと思われる．これは個体の問題だろう．

このレンズは発売から12年以上も経ており，長足の進歩を遂げている最新のレンズと比較すると弱点が目立つ．後継機を期待したい．

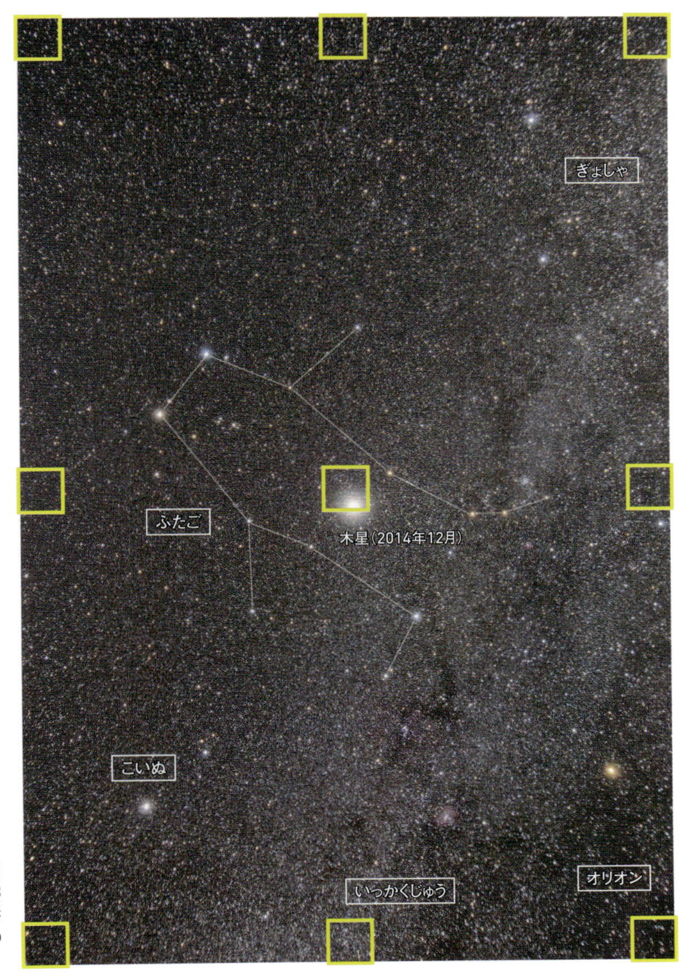

絞りF4.0開放で撮影した「ふたご座で輝く木星」

smc PENTAX-DA 12-24mmF4 ED AL[IF]　焦点距離24mm　絞りF4.0　ペンタックスK-3（ISO800，RAW）　露出4分　赤道儀で追尾撮影　Camera Rawで現像とノイズ低減　Photoshop CCで画像処理

PENTAX
HD PENTAX-DA 16-85mmF3.5-5.6ED DC WR

L4・L12・L13は非球面レンズ．
L16はEDレンズ．

焦点距離：16-85mm
35mm判換算：24.5-130mm
最大絞り：F3.5-5.6
最小絞り：F22-38
最短撮影距離：0.35m
対角線画角：83°-19°
レンズ構成：12群16枚
絞り羽根：7枚
フィルター径：72mm
大きさ：φ78mm×L94mm
重さ：488g
価格（税別）：オープン
発売年月：2014年6月

短焦点端 16mm

F3.5 —— 画面中心から70%くらいの範囲の星像はおおむねシャープ．ただし画面右上の方は星像はあまく放射方向に流れている．また右上の方だけ星像にわずかな色ズレが認められるが，これは倍率の色収差ではないと思われる．

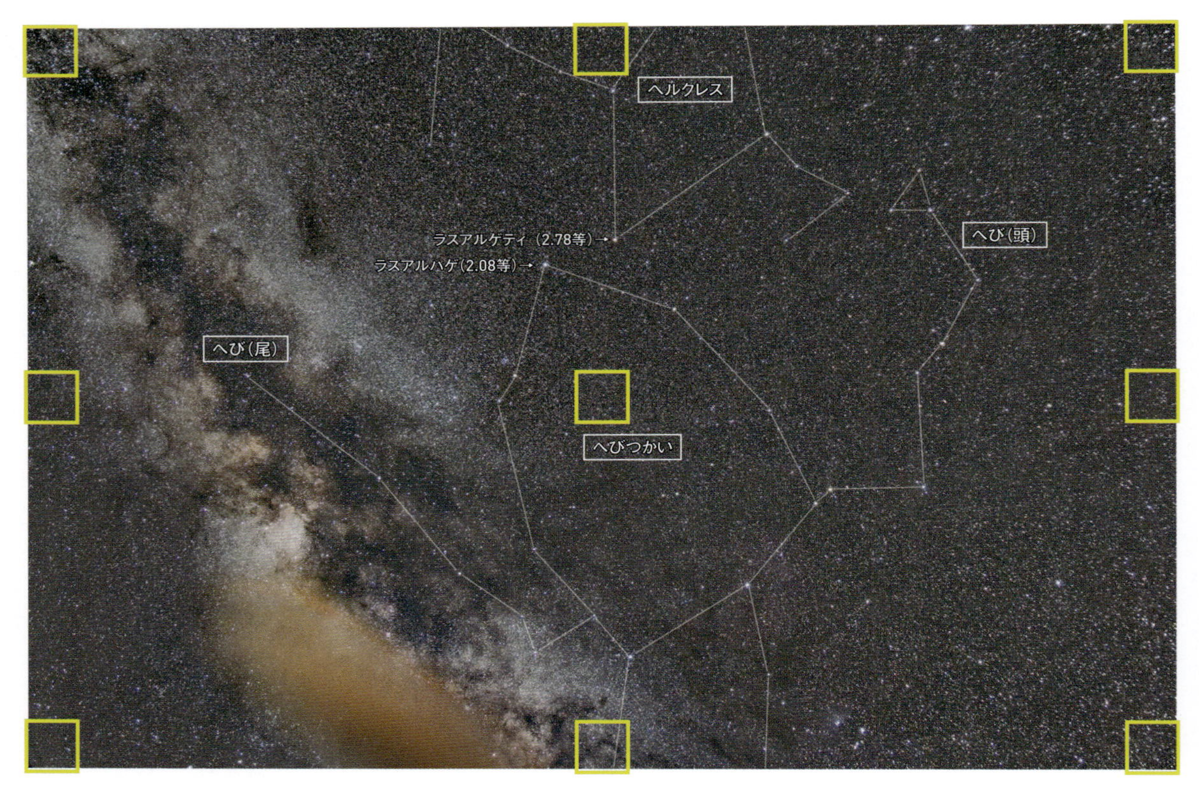

絞りF3.5開放で撮影した「へびつかい座」

HD PENTAX-DA 16-85mmF3.5-5.6ED DC WR 焦点距離16mm 絞りF3.5 ペンタックスK-P（ISO1600，RAW）露出2分×4コマ加算平均 赤道儀で追尾撮影 Camera Rawで現像とノイズ低減 Photoshop CCで画像処理 Nik Collection"Viveza"で光害カブリ修整 ※画面左下は雲

A3ノビ用紙にプリントしたときの星像の様子　　実画面寸法：23.5mm×15.6mm　プリント寸法：480×320mm（プリント倍率20.4倍）

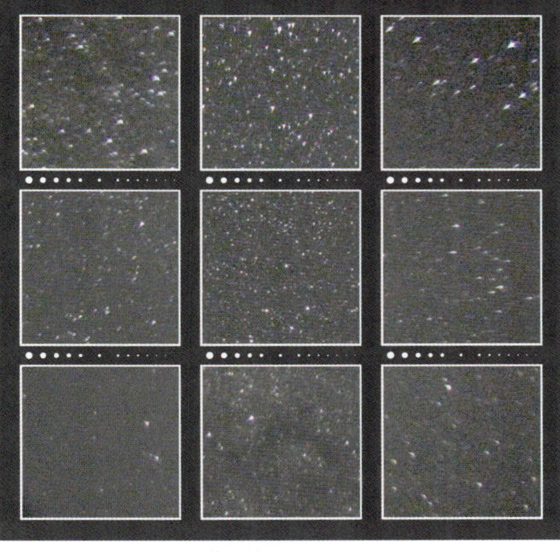

短焦点端 16mm F3.5　　長焦点端 85mm F5.6

長焦点端 85mm

F5.6 —— 周画面の中心から70%くらいまでの星像は充分にシャープである．そこから画面の四隅にいくほど星像は収差であまくなるが，崩れは小さいので，そうは気にならない．画面の上辺と下辺の6枚を子細に見ると，星像の形がメリジオナル面に対して対称性がない．短焦点端も同じように対称性が崩れているので，それなりのトラブルを抱えていると思われる．

このレンズは長焦点端がF4.0よりも暗いが，比較的安価で光学的特性が良いとのことで薦められてテストしてみた．画面周辺の星像は最高級水準ではないが，崩れは大きくなく，全体的にシャープな印象なので，5倍強のズーム比をもつ標準ズームレンズとしては星空撮影を充分楽しめるレンズといえる．

絞りF5.6開放で撮影した
「かんむり座と変光する人工衛星の光跡」

HD PENTAX-DA 16-85mmF3.5-5.6ED DC WR 焦点距離85mm 絞りF5.6 ペンタックスK-P（ISO1600，RAW） 露出4分×3コマ加算平均 赤道儀で追尾撮影 Camera Rawで現像とノイズ低減 Photoshop CCで画像処理

PENTAX
HD PENTAX-DA 20-40mmF2.8-4ED Limited DC WR

焦点距離：20-40mm
35mm判換算：30.5-61.5mm
最大絞り：F2.8-4.0
最小絞り：F22-32
最短撮影距離：0.28m
対角線画角：70°-39°
レンズ構成：8群9枚
絞り羽根：9枚
フィルター径：55mm
大きさ：φ71mm×L68.5mm
重さ：283g
価格(税別)：オープン
発売年月：2013年12月

短焦点端 20mm

F2.8 —— 画面の中心から50%くらいの範囲は非常に良い星像である．そこから周辺にかけて80%くらいまでは微光星も良像基準に達していてシャープだが，明るい星にはかすかなコマ フレアがあって像にあまさを感じる．縦色収差と倍率の色収差はよく補正されていて色ズレはない．明るい標準ズームの短焦点端の絞り開放の星像としては良い方である．周辺光量は，画面の四隅で2段分くらいの減光が認められる．

F4.0 —— 星像は鋭さを増し，微光星は画面全体でシャープになる．画面の四隅にある明るめの星は，わずかに残るコマ収差で三角形状に写るが，崩れは非常に小さいので気になることはほとんどないだろう．周辺減光も改善されて，均一性が良くなった画面は非常に高画質である．

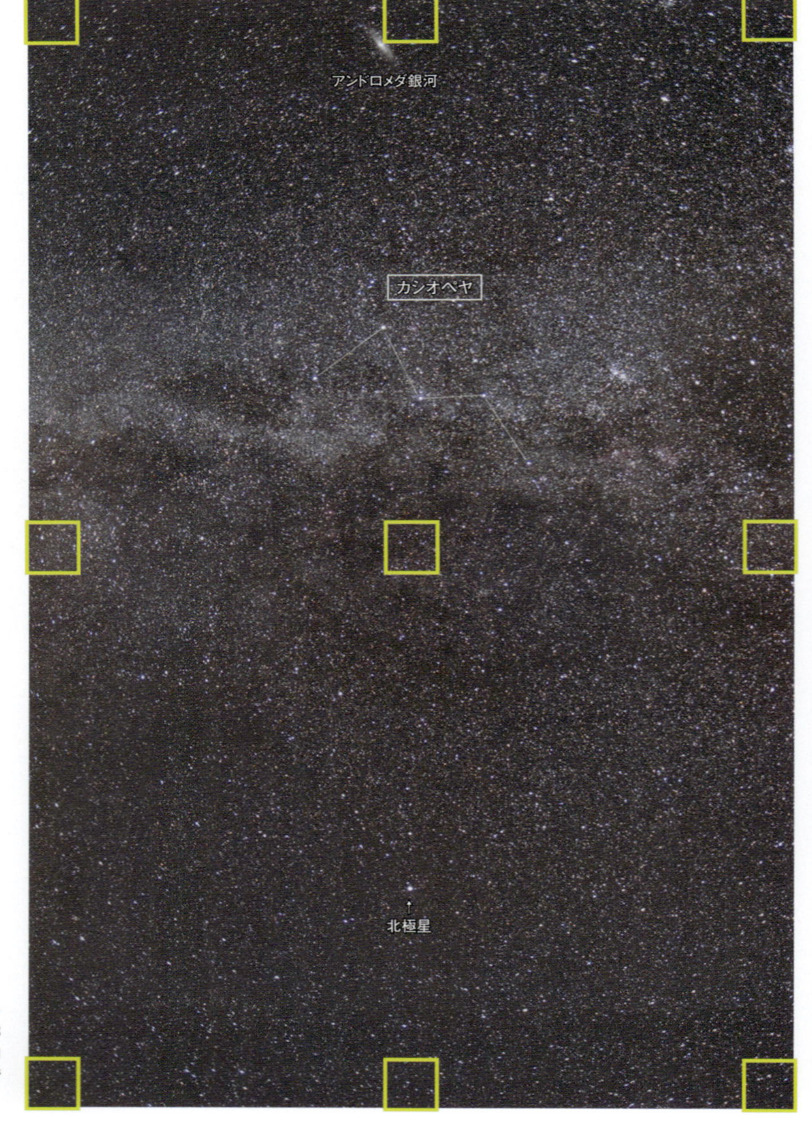

絞りF2.8開放で撮影した「カシオペヤ座と北極星」

撮影データ；HD PENTAX-DA 20-40mmF2.8-4ED Limited DC WR 焦点距離20mm 絞りF2.8 ペンタックスK-3（ISO800, RAW） 露出3分×4コマ加算平均 赤道儀で追尾撮影 Camera Rawで現像とノイズ低減 Photoshop CCで画像処理

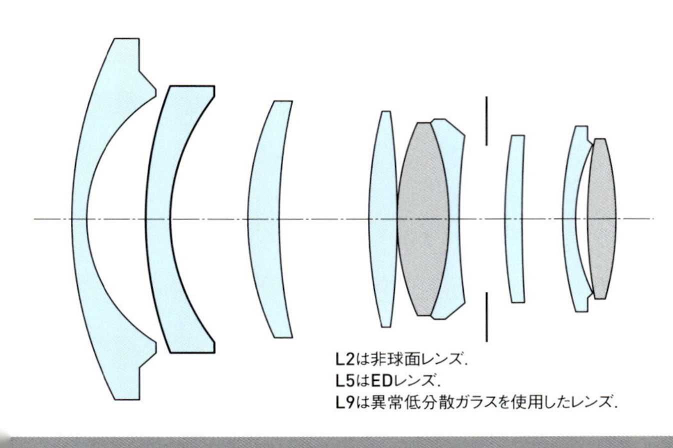

短焦点端 20mm

A3ノビ用紙にプリントしたときの星像の様子

実画面寸法：23.5mm×15.6mm　プリント寸法：480×320mm（プリント倍率20.4倍）

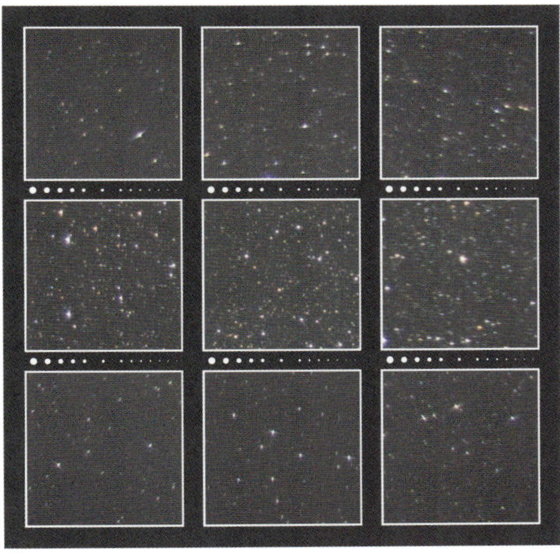
F2.8

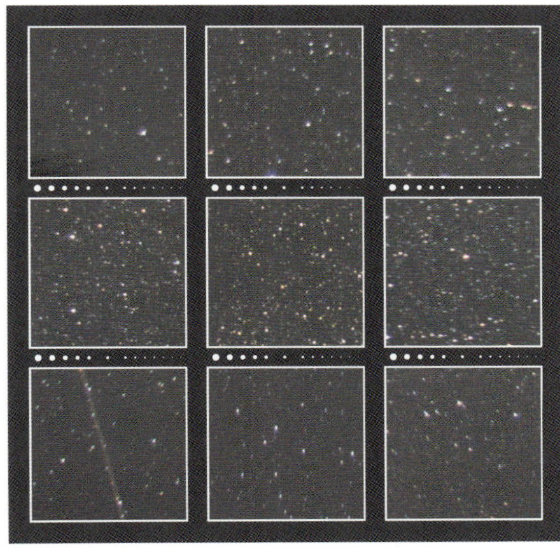
F4.0

星空を撮影したときの周辺減光の様子

F2.8

F4.0

PENTAX
HD PENTAX-DA 20-40mmF2.8-4ED Limited DC WR

長焦点端 40mm

F4.0 —— 長焦点端は開放Fナンバーが4.0となるが，星像は絞り開放から良い．子細に見ると，画面のごく四隅の星像はコマ収差で三角形状をしているが，よく集光していて崩れは小さいので，ほとんど気にならない．縦色収差も倍率の色収差もよく補正されている．周辺光量は，画面の四隅で1段半分くらいストンっと落ちるように減光する．

ズーム倍率は低いが，絞り開放から比較的良像が得られる信頼性の高い標準ズームレンズ．

Sh2-264
ベテルギウス
Sh2-276
M 78
NGC 2024
IC 434
NGC 1973/75/77
M 43
M42
NGC 1909
リゲル

絞りF4.0開放で撮影した「オリオン座」

撮影データ；HD PENTAX-DA 20-40mmF2.8-4ED Limited DC WR 焦点距離40mm 絞りF4.0 ペンタックスK-3（ISO1600，RAW） 露出3分×3コマ加算平均 赤道儀で追尾撮影 Camera Rawで現像とノイズ低減 Photoshop CCで画像処理

A3ノビ用紙にプリントしたときの星像の様子

実画面寸法：23.5mm×15.6mm　プリント寸法：480×320mm（プリント倍率20.4倍）

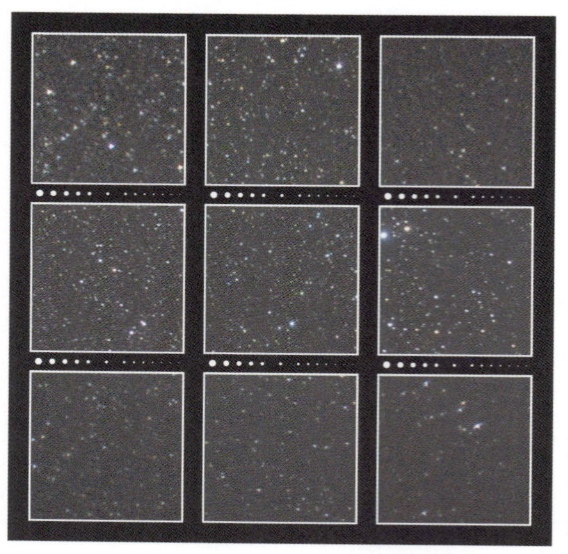

F4.0

星空を撮影したときの周辺光量の様子

F4.0

PENTAX
HD PENTAX-DA 15mmF4ED AL Limited

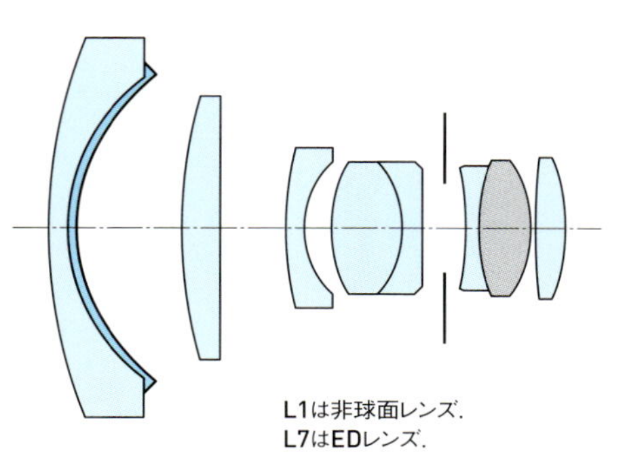

L1は非球面レンズ.
L7はEDレンズ.

焦点距離：15mm
35mm判換算：23mm
最大絞り：F4.0
最小絞り：F22
最短撮影距離：0.18m
対角線画角：86°
レンズ構成：6群8枚
絞り羽根：7枚
フィルター径：49mm
大きさ：φ63mm×L39.5mm
重さ：189g
価格（税別）：オープン
発売年月：2013年9月

F4.0 —— 画面の中心から70%くらいまの星像は良好．画面周辺の明るい星にはサジッタル コマによるフレアが認められるが，フレアは大きいが非常にかすかである．かすかなのは15mmという短焦点でF4.0，すなわち有効口径が15/4=3.75mmと小口径であるのと無関係ではない．星空風景撮影旅行などには小型・軽量で好適．

絞りF4.0開放で撮影した「山稜に沈むオリオン座」

撮影データ；HD PENTAX-DA 15mmF4ED AL Limited 焦点距離15mm 絞りF4.0 ペンタックスK-3（ISO1600, RAW） 露出1.5分×2コマ加算平均 赤道儀で追尾撮影 Camera Rawで現像 Photoshop CCで画像処理 Nik Collection"Viveza"で光害カブリを修整，同"Dfine"でノイズ低減

A3ノビ用紙にプリントしたときの星像の様子

実画面寸法：23.5mm×15.6mm プリント寸法：480×320mm（プリント倍率20.4倍）

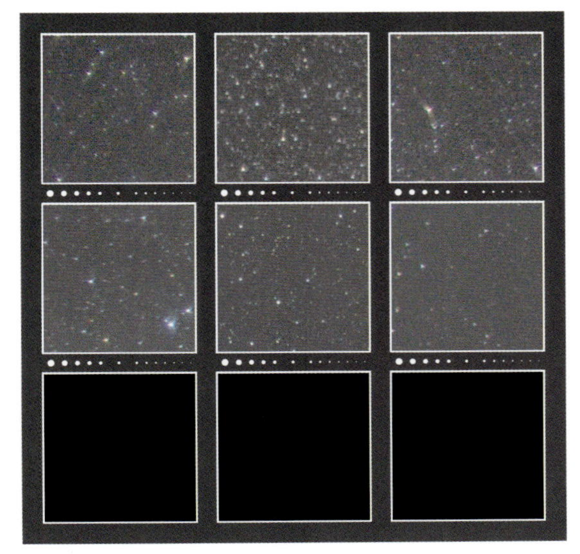

F4.0

星空を撮影したときの周辺光量の様子

F4.0

PENTAX
HD PENTAX-DA 40mmF2.8 Limited

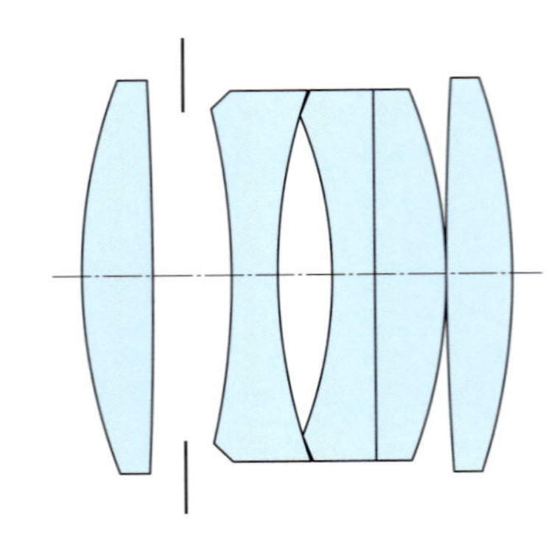

焦点距離：40mm
35mm判換算：61mm
最大絞り：F2.8
最小絞り：F22
最短撮影距離：0.4m
対角線画角：39°
レンズ構成：4群5枚
絞り羽根：9枚
フィルター径：30.5mmまたは49mm
大きさ：φ63mm×L15mm
重さ：89g
価格（税別）：オープン
発売年月：2013年9月

F2.8 —— 絞り開放から全画面で非常にシャープな印象．微光星像は全域で良像基準に達しており，薄くて小さなパンケーキレンズとは思えないほどの高画質である．子細に見ると，画面の四隅にある星像はコマ収差で三角形状に写っているが集光は良く崩れはたいへん小さい．明るい星には青色のごくわずかなハロがともなっているが目立つものではない．周辺光量は，画面の四隅で1段半分ほどの減光が認めれらるが減光がなだらかで目立ちにくい．

F4.0 —— 画面の四隅の明るめの星で認められた軽微なコマや，わずかな青いハロが抑えられ，周辺減光も改善されて，全画面で素晴らしく均質で良好な画像となる．

フルサイズ換算で61mm相当の画角をもつ薄型・軽量な標準レンズ．星空を撮影したときは画質は非常に良好で，標準画角をもつパンケーキレンズの中では最高のレンズ．

絞りF2.8開放で撮影した「わし座の天の川」

撮影データ；HD PENTAX-DA 40mmF2.8 Limited 絞りF2.8 ペンタックス K-P（ISO1600，RAW）露出2分×3コマ加算平均 赤道儀で追尾撮影 Camera Rawで現像 Photoshop CC，Nik Collection“Silver Efex Pro”で画像処理 Nik Collection“Dfine”でノイズ低減

A3ノビ用紙にプリントしたときの星像の様子

実画面寸法：23.5mm×15.6mm　プリント寸法：480×320mm（プリント倍率20.4倍）

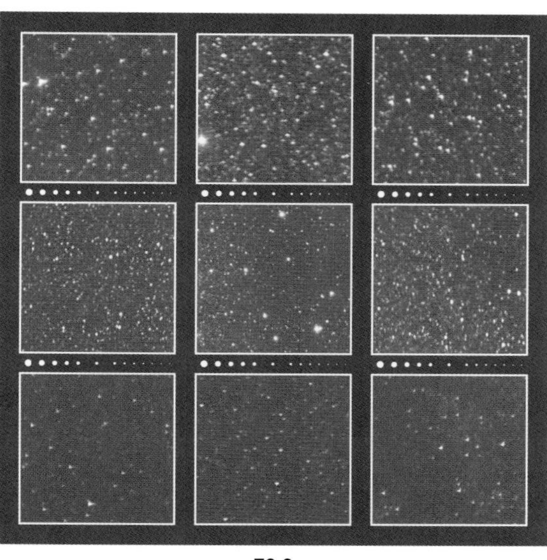

F2.8

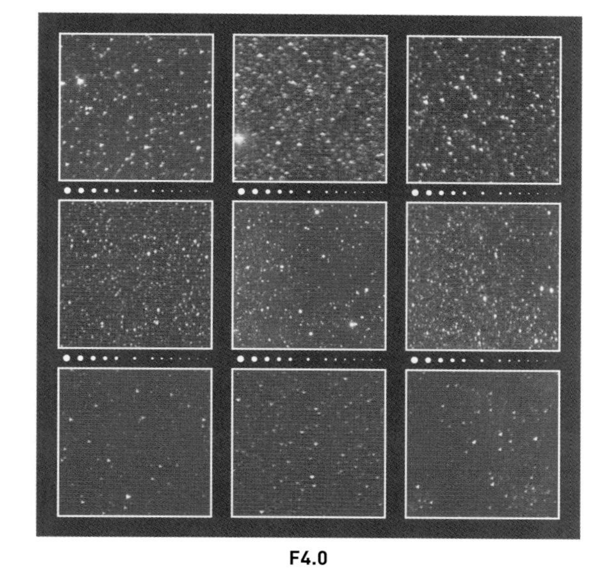

F4.0

星空を撮影したときの周辺減光の様子

F2.8

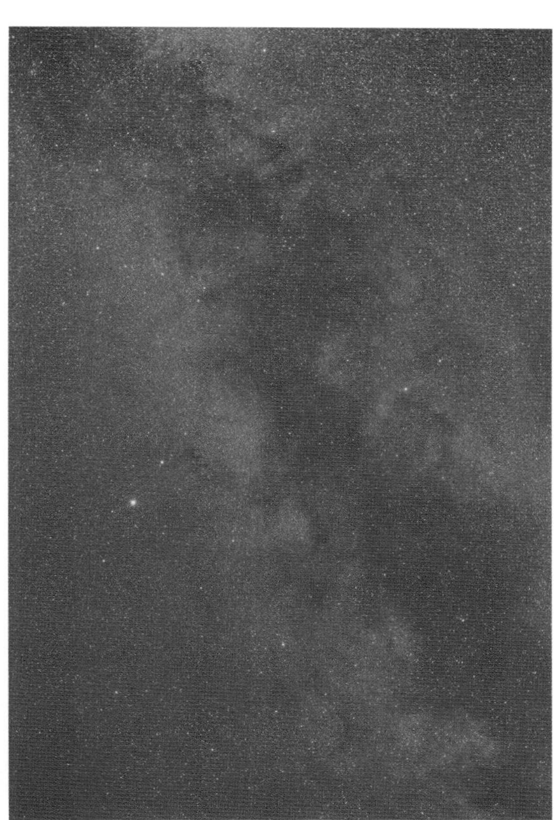

F4.0

PENTAX
HD PENTAX-DA 35mmF2.8 Macro Limited

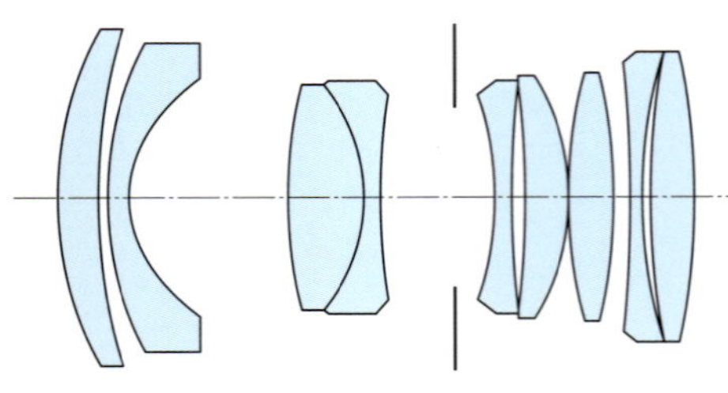

焦点距離：35mm
35mm判換算：53.5mm
最大絞り：F2.8
最小絞り：F22
最短撮影距離：0.139m
対角線画角：44°
レンズ構成：8群9枚
絞り羽根：9枚
フィルター径：49mm
大きさ：φ63mm×L46.5mm
重さ：214g
価格（税別）：オープン
発売年月：2008年3月

F2.8 —— 画面の中心から60%くらいまでの星像はシャープである．そこから周辺になるほど，明るい星はサジッタル コマ フレアで像が崩れるが，集光が良いせいか微光星の写りは不思議なほど良い．明るい星には色収差による青紫色のハロが認められる．倍率の色収差はよく補正されている．周辺光量は，画面の四隅で1段分程度の減光が認めれるが，これはかなり目立たない方である．

F4.0 —— コマフレアが抑えられ，周辺減光が改善される．画面周辺の明るい星はまだ小さな三角形状に写っているが，おおむね全画面で良好な画質となり，作例のように印象は非常に良い．

1段絞ると星空を撮影したときの画質は良好になるが，右ページの周辺減光のテスト画像のように，硬調処理を行わなければ絞り開放でもかなりの高画質を期待できる．堅調で良質な標準マクロレンズ．

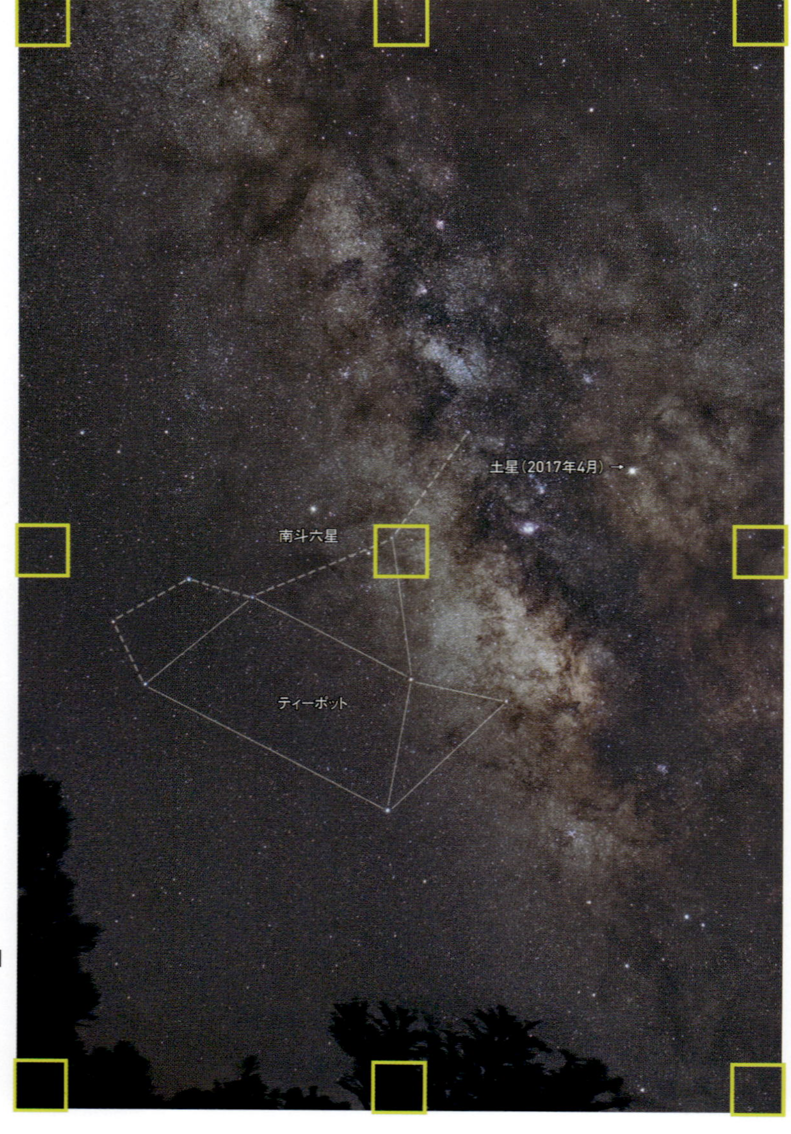

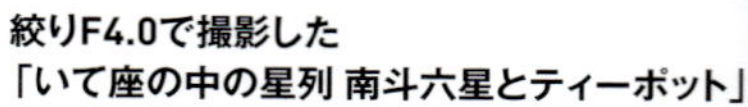
絞りF4.0で撮影した
「いて座の中の星列 南斗六星とティーポット」

撮影データ；HD PENTAX-DA 35mmF2.8 Macro Limited 絞りF4.0 ペンタックス K-P（ISO1600，RAW） 露出1分 赤道儀で追尾撮影 Camera Rawで 現 像 Photoshop CC，Nik Collection "Silver Efex Pro"で 画 像 処 理 Nik Collection "Dfine"でノイズ低減

A3ノビ用紙にプリントしたときの星像の様子

実画面寸法：23.5mm×15.6mm　プリント寸法：480×320mm（プリント倍率20.4倍）

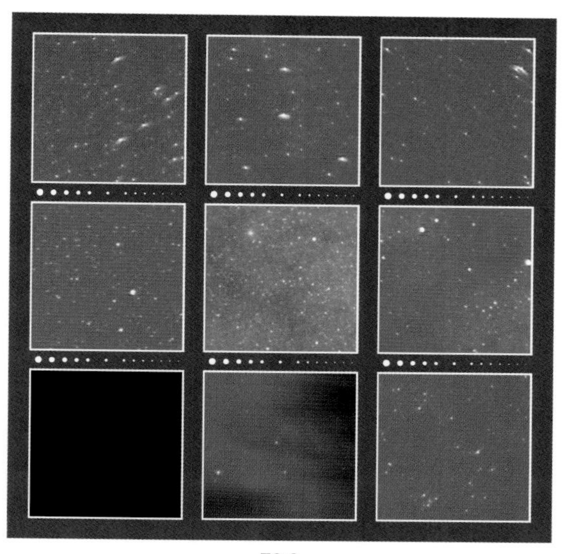

F2.8

F4.0

星空を撮影したときの周辺減光の様子

F2.8

F4.0

SIGMA
18-35mm F1.8 DC HSM

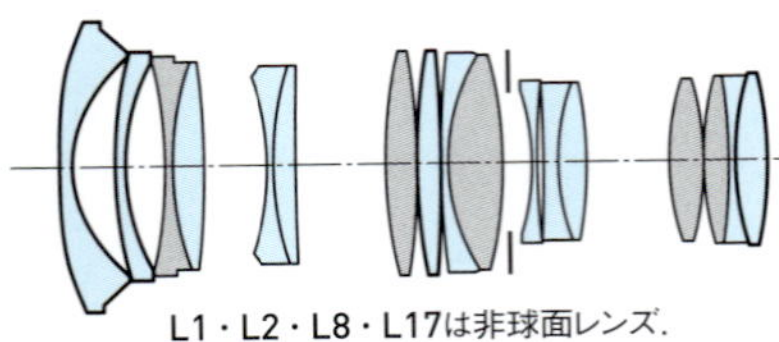

L1・L2・L8・L17は非球面レンズ．
L3・L7・L10・L14・L15はSLDレンズ．

焦点距離：18-35mm
35mm判換算：27-52.5mm
最大絞り：F1.8
最小絞り：F16
最短撮影距離：0.28m
対角線画角：76.5°-44.2°
レンズ構成：12群17枚
絞り羽根：9枚
フィルター径：72mm
大きさ：φ78mm×L121mm
重さ：810g
対応マウント：キヤノン，ニコン，ペンタックス，シグマ，ソニー
価格（税別）：108,000円
発売年月：2013年6月

短焦点端 18mm

F1.8 ―― 画面の中心から70%くらいまでの範囲の星像は，F1.8という非常に明るい標準ズームとは思えないほど，微光星から輝星まで申し分のないシャープさである．画面中心の拡大像の上の方に写っている光芒は大型の球状星団M22だが，星の密集度がまばらな星団外側の方は星々が分離しかけているほどである．中心から70%よりも外側では，周辺ほどコマ収差で星像はあまくなる．縦色収差と倍率の色収差はともによく補正されている．画面四隅の減光は2段分弱ほどで少ない方である．

F2.0 ―― 開放から1/3段絞った程度ではほとんど変わらない．中心付近のディテール描写がわずかに向上．

F2.8 ―― コマ収差が抑えられて周辺星像が目立って良くなる．画面左上隅の星像だけ放射方向に流れているのは個体の問題だろう．

F4.0 ―― 周辺光量が改善され，画面四隅でストンっと落ちるように1/2段分ほどの減光に止まっている．

絞りF2.8で撮影した
「いて座・たて座の天の川」

撮影データ；18-35mm F1.8 DC HSM　焦点距離18mm　絞りF2.8　キヤノンEOS 80D（ISO800，RAW）　露出2分　赤道儀で追尾撮影　Camera Rawで現像　Photoshop CCで画像処理　Nik Collection"Viveza"で光害カブリ修整

A3ノビ用紙にプリントしたときの星像の様子

実画面寸法：22.3×14.9mm　プリント寸法：480×320mm（プリント倍率21.5倍）

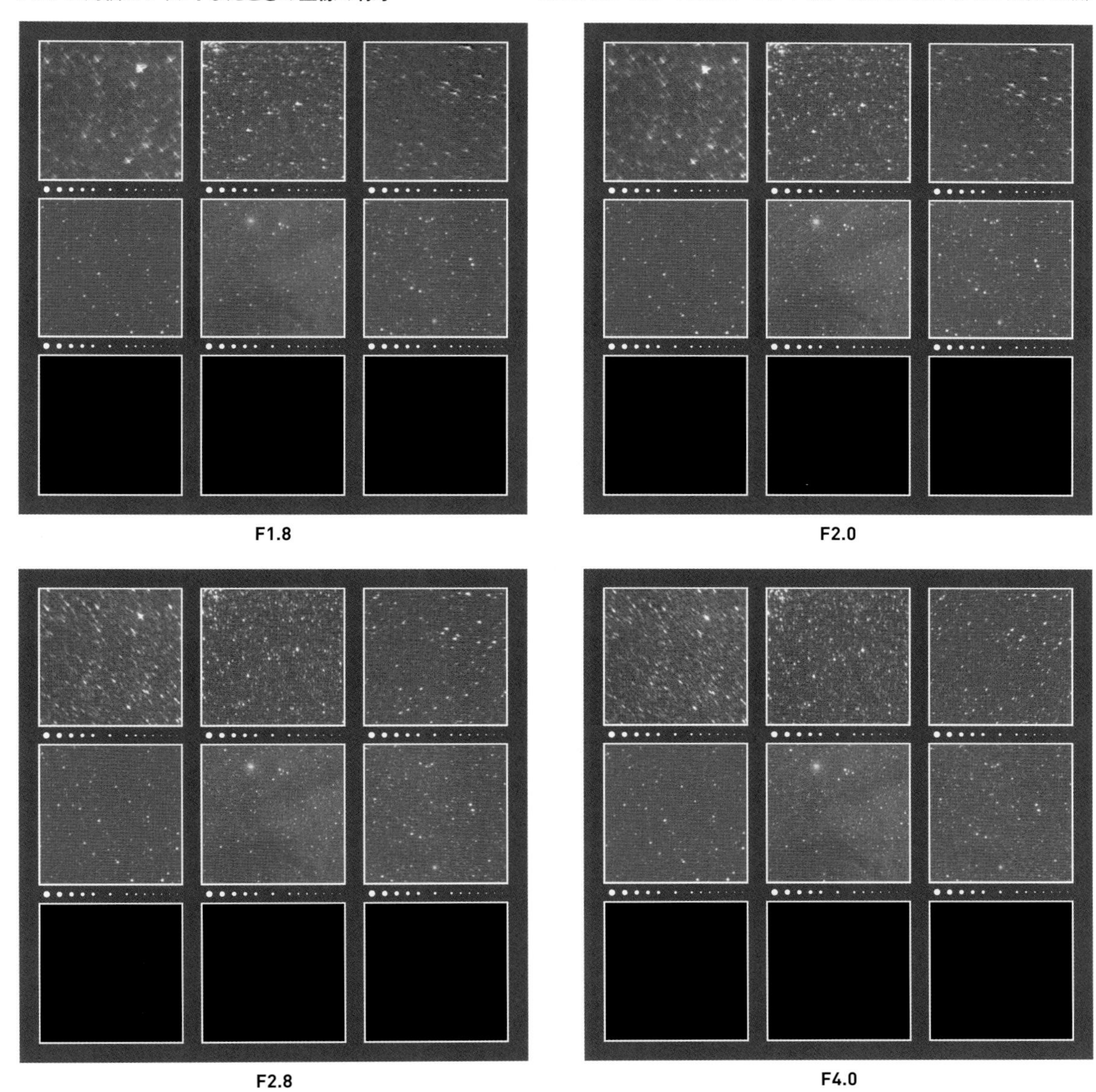

F1.8　F2.0　F2.8　F4.0

星空を撮影したときの周辺光量の様子

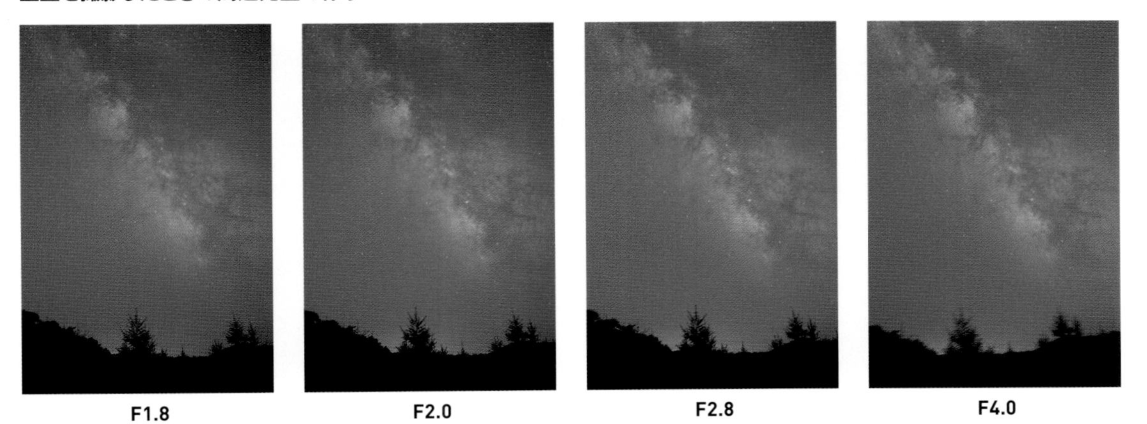

F1.8　F2.0　F2.8　F4.0

SIGMA
18-35mm F1.8 DC HSM

長焦点端 35mm

F1.8 ―― 画面の中心から70%くらいまでの範囲は非常にシャープな星像が得られる．そこから周辺になるほど星像はあまくなるが，明るい星でも崩れは大きくなく，F1.8という明るいズームレンズの絞り開放の像としてはきわめて良好といえる．縦色収差も倍率の色収差もよく補正され，画面四隅の減光は1段半分ほどと少ない．

F2.0 ―― 絞り開放とほとんど変わらないが中心付近のディテール描写はわずかに向上する．

F2.8 ―― 画面の四隅まで素晴らしい星像が得られる．星像のエッジは，絞り開放付近と比較すると，鮮鋭で素晴らしい．

F4.0 ―― 周辺光量が改善され，均一性の高い非常に良い画面．

ズーム倍率は2倍弱と低く，そして大きくて重いが，F1.8と単焦点レンズなみに明るく，最高の画質が得られる準広角ズーム．

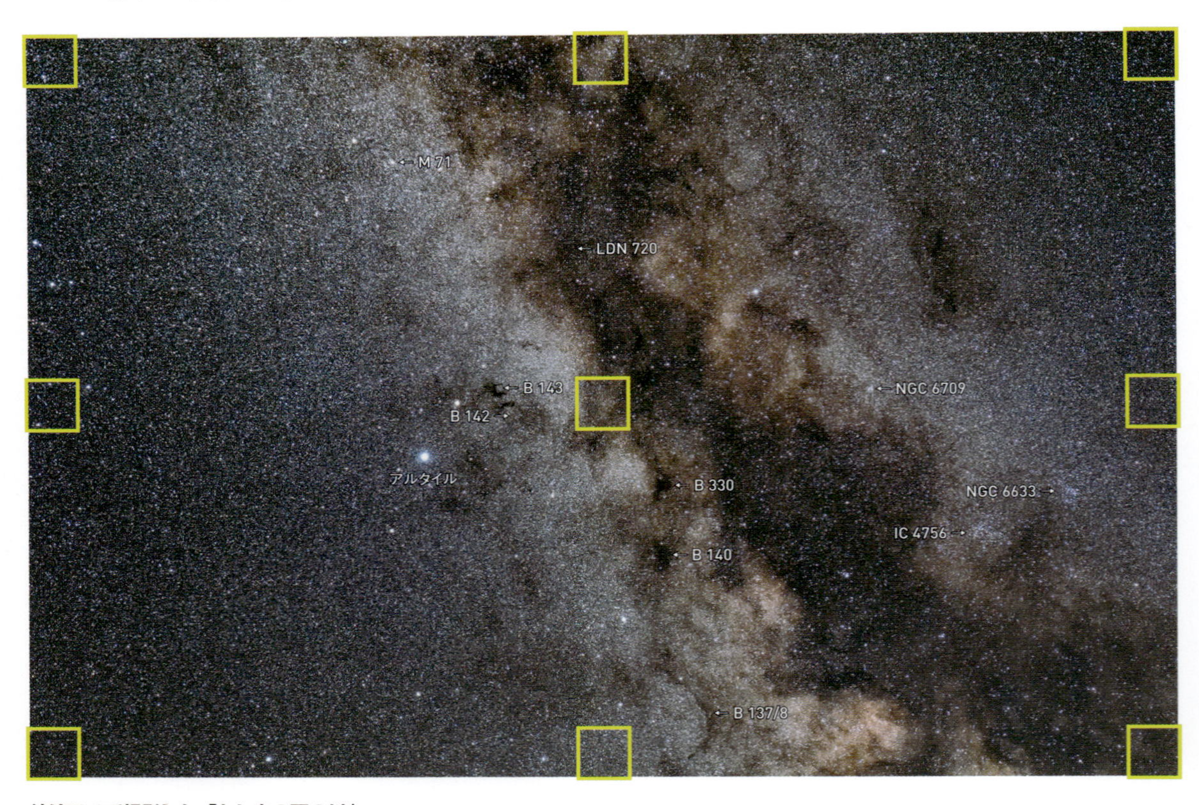

絞りF2.8で撮影した「わし座の天の川」

撮影データ；18-35mm F1.8 DC HSM 焦点距離35mm 絞りF2.8 キヤノンEOS 80D（ISO800，RAW）露出4分×4コマ 赤道儀で追尾撮影 Camera Rawで現像 Photoshop CC，Nik Collection“Silver Efex Pro”で画像処理 Nik Collection“Dfine”でノイズを低減

A3ノビ用紙にプリントしたときの星像の様子

実画面寸法：22.3×14.9mm　プリント寸法：480×320mm（プリント倍率21.5倍）

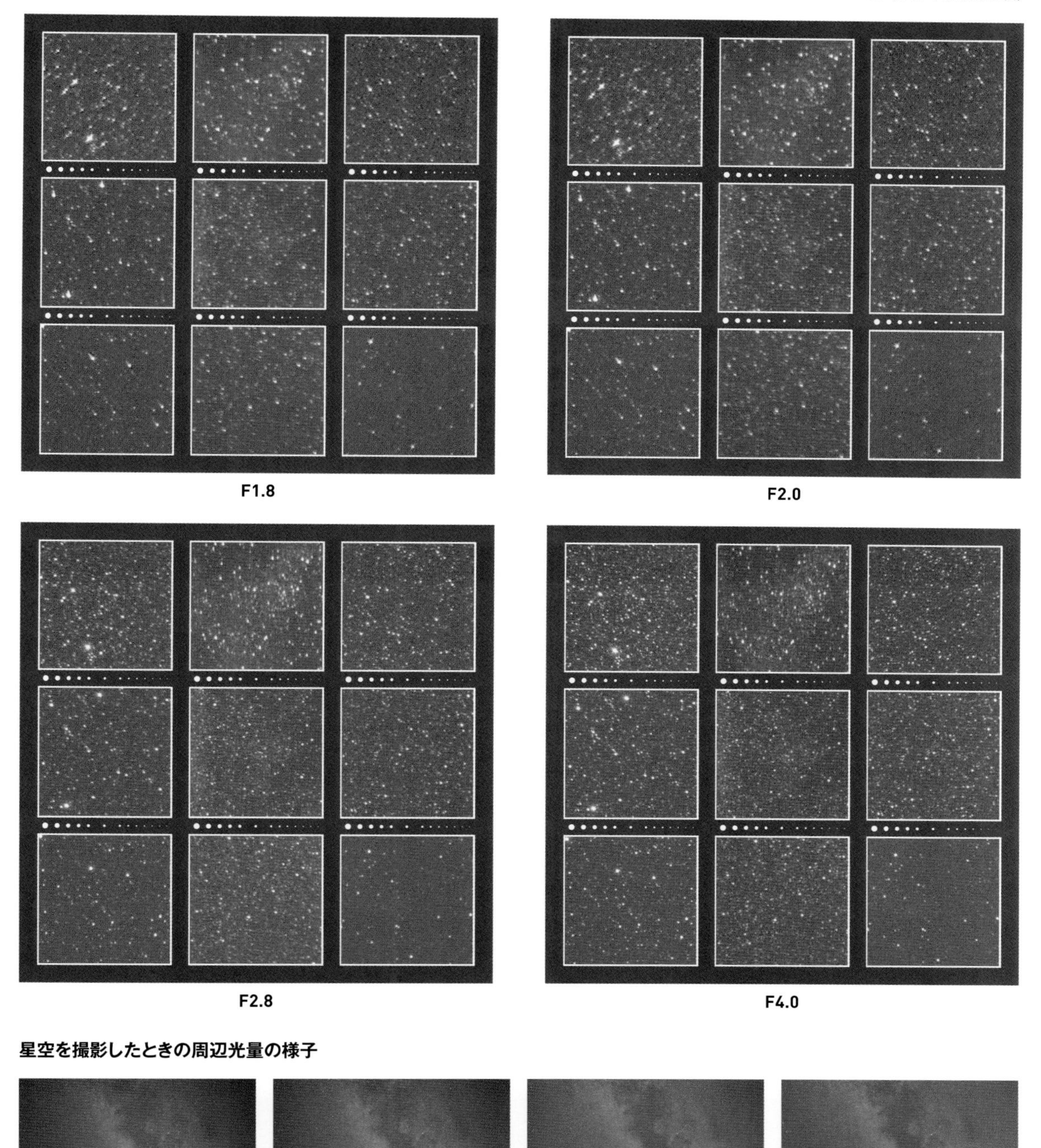

F1.8　F2.0

F2.8　F4.0

星空を撮影したときの周辺光量の様子

F1.8　F2.0　F2.8　F4.0

SIGMA
50-100mm F1.8 DC HSM

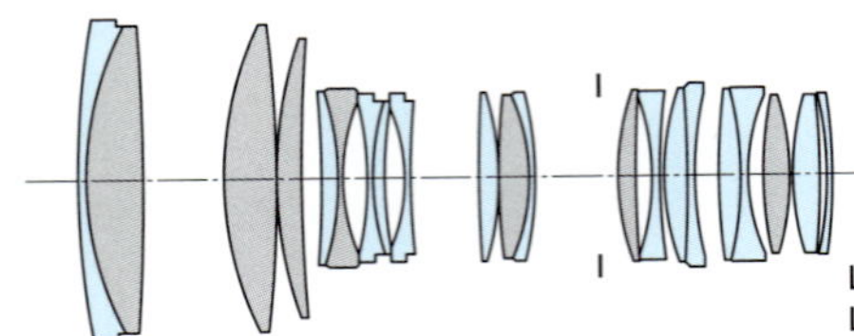

L2・L4・L6はFLDレンズ.
L3・L11・L13・L19はSLDレンズ.

焦点距離:50-100mm	最短撮影距離:0.95	フィルター径:82mm	価格(税別):155,000円
35mm判換算:75-150mm	対角線画角:31°7-16°2	大きさ:φ93.5mm×L170.7mm	発売年月:2016年4月
最大絞り:F1.8	レンズ構成:15群21枚	重さ:1,490g	
最小絞り:F16	絞り羽根:9枚	対応マウント:キヤノン, ニコン, シグマ	

短焦点端 50mm

F1.8 —— 画面の中心から70%くらいまでの範囲はシャープな良像が得られている. 中心から70%よりも外側では, 周辺になるほど星像は放射方向にわずかに流れ始め, 四隅ではコマ収差で明るめの星は三角形状に写っている. 倍率の色収差はよく補正されている. 青白く明るめの星には青色のハロが認められる. 画面四隅の減光は1段半ほど.

F2.0 —— 周辺減光がわずかに改善される以外, 星像は絞り開放時とほとんど変わらない.

F2.8 —— 青いハロとコマ収差が抑えられ, 画質は飛躍的に高まる. 周辺の微光星の描写も鮮明になる. 画面のごく四隅の星像はまだわずかに放射方向に流れて見えるが, これなら充分な画質といえる.

F4.0 —— 周辺光量が改善され, 減光がほとんどわからないレベルになる. 均一性も増して素晴らしい画面.

右の作例は, 晴れているにもかかわらず, 上空に粉雪が漂っている中で撮影してみたもの. このような状況で星空を撮影すると, 星の光が散乱されて, 輝星がほどよく滲んで写る.

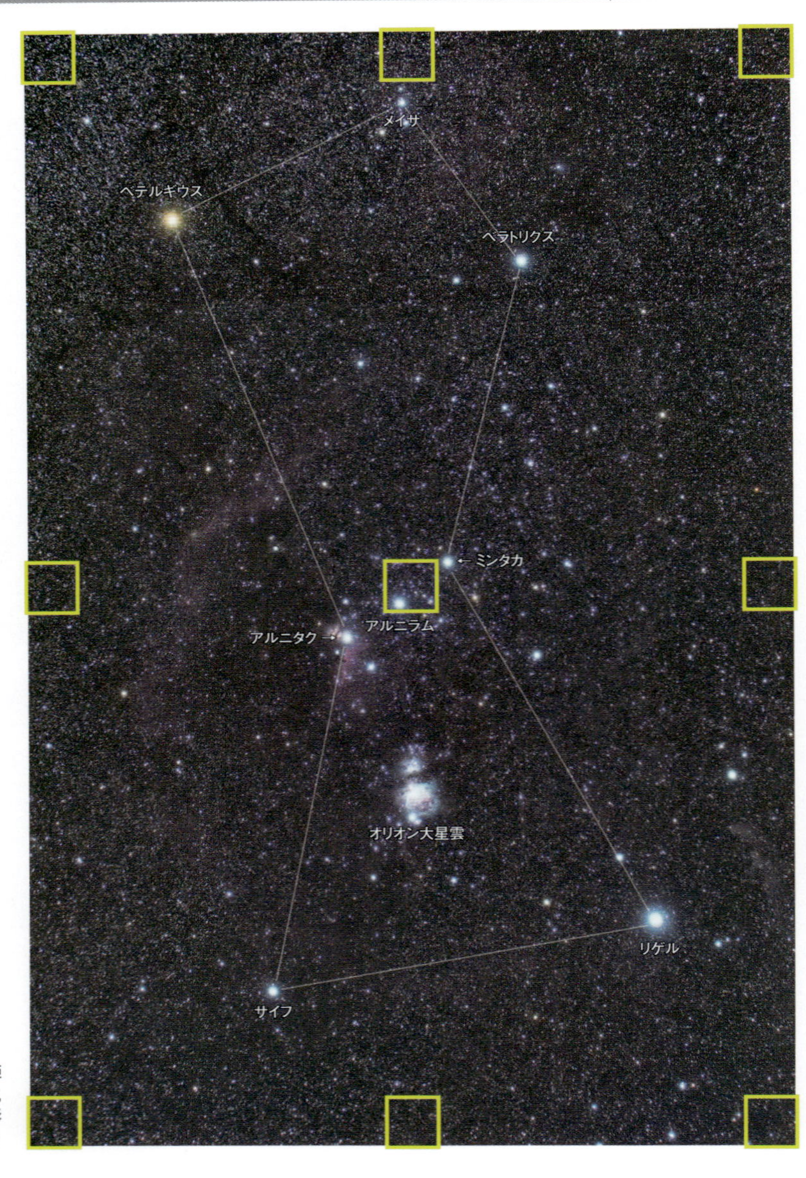

絞りF2.5で撮影した
「風花で輝星がにじむオリオン座」

撮影データ;50-100mm F1.8 DC HSM 焦点距離50mm 絞りF2.8 キヤノンEOS 80D (ISO1600, RAW) 露出1分×4コマ 赤道儀で追尾撮影 Camera Rawで現像 Photoshop CCで画像処理

A3ノビ用紙にプリントしたときの星像の様子

実画面寸法：22.3×14.9mm　プリント寸法：480×320mm（プリント倍率21.5倍）

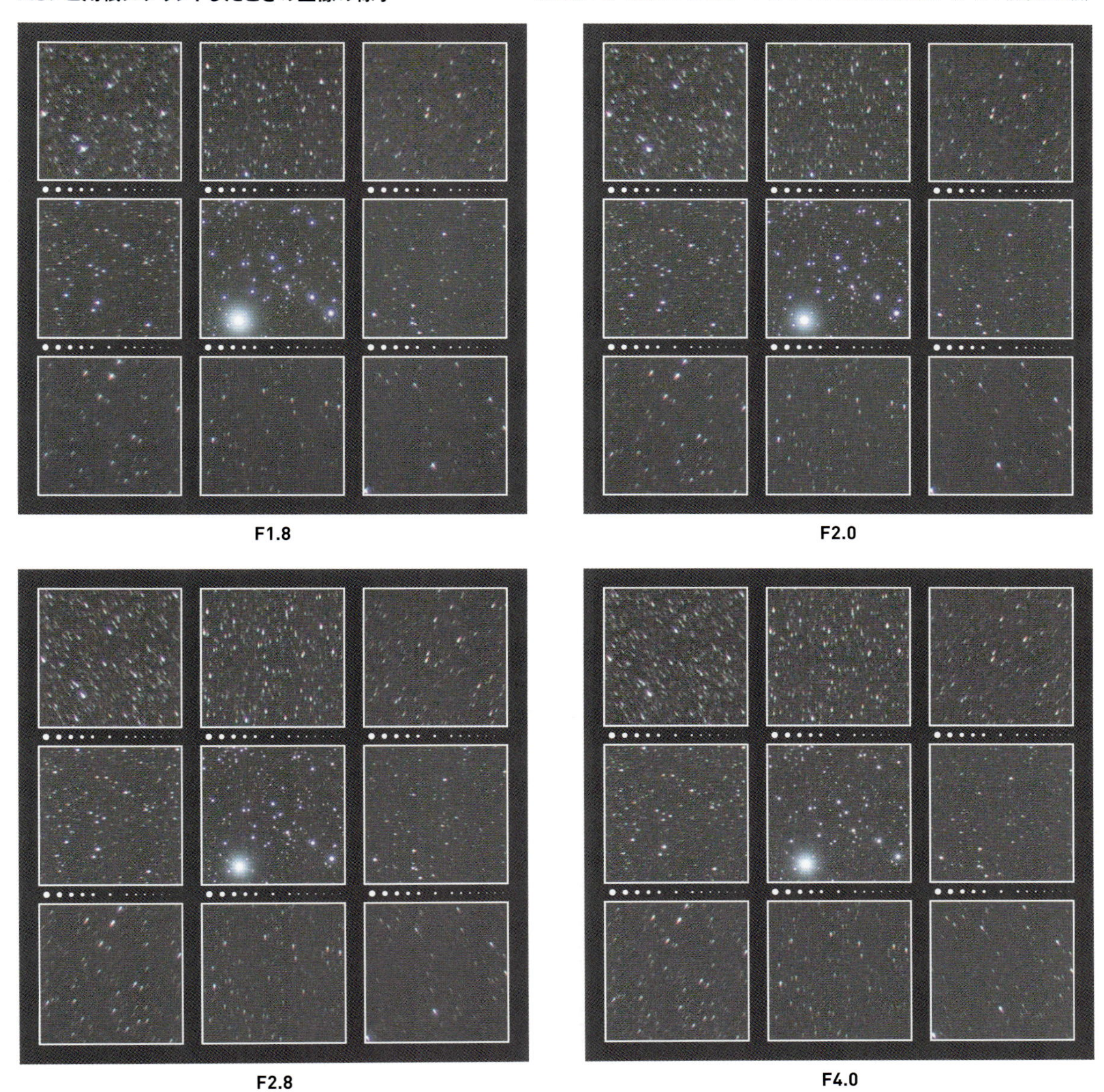

F1.8　F2.0　F2.8　F4.0

星空を撮影したときの周辺光量の様子

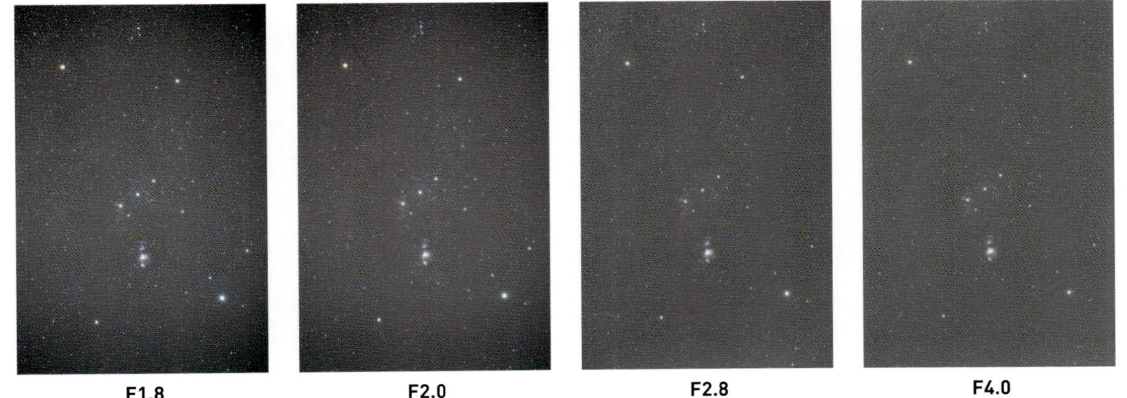

F1.8　F2.0　F2.8　F4.0

SIGMA
50-100mm F1.8 DC HSM

長焦点端 100mm

F1.8 ―― 画面の全体で星像の崩れは少ないが，テストレンズでは画面の左側の方があまくなっている．これはテストレンズ個体の問題だろう．縦色収差と倍率の色収差はともによく補正されている．画面四隅の減光は1段分強ほどである．

F2.0 ―― 絞り開放から1/3段絞ったF2.0では星像はど変わらない．

F2.8 ―― 画面の左画は以外は，画面中心付近も周辺も星像がシャープに締りも増して非常に良い画面になる．この右側の画質が所期の性能を発揮していると思われる．

F4.0 ―― 周辺減光がほとんどわからないレベルになる．画面の左辺以外，非常に素晴らしい画質．

長焦点端の画面左側に個体トラブルがあるが，それ以外はF1.8の非常に明るい望遠ズームとは思えない高性能．

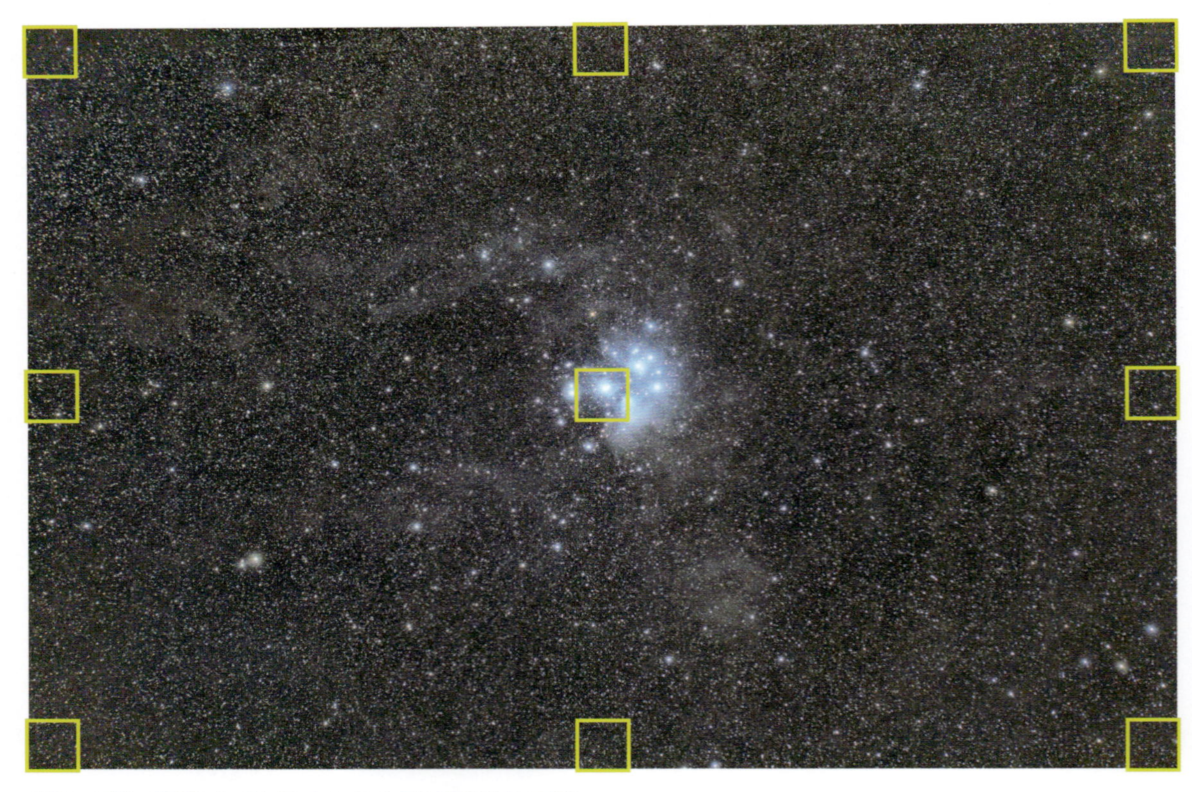

絞りF1.8開放で撮影した「おうし座のプレヤデス星団付近の星野」

撮影データ；50-100mm F1.8 DC HSM 焦点距離100mm 絞りF1.8 キヤノンEOS 80D（ISO1600，RAW）露出1分×8コマ 赤道儀で追尾撮影 Camera Rawで現像 Photoshop CCで画像処理

A3ノビ用紙にプリントしたときの星像の様子

実画面寸法：22.3×14.9mm　プリント寸法：480×320mm（プリント倍率21.5倍）

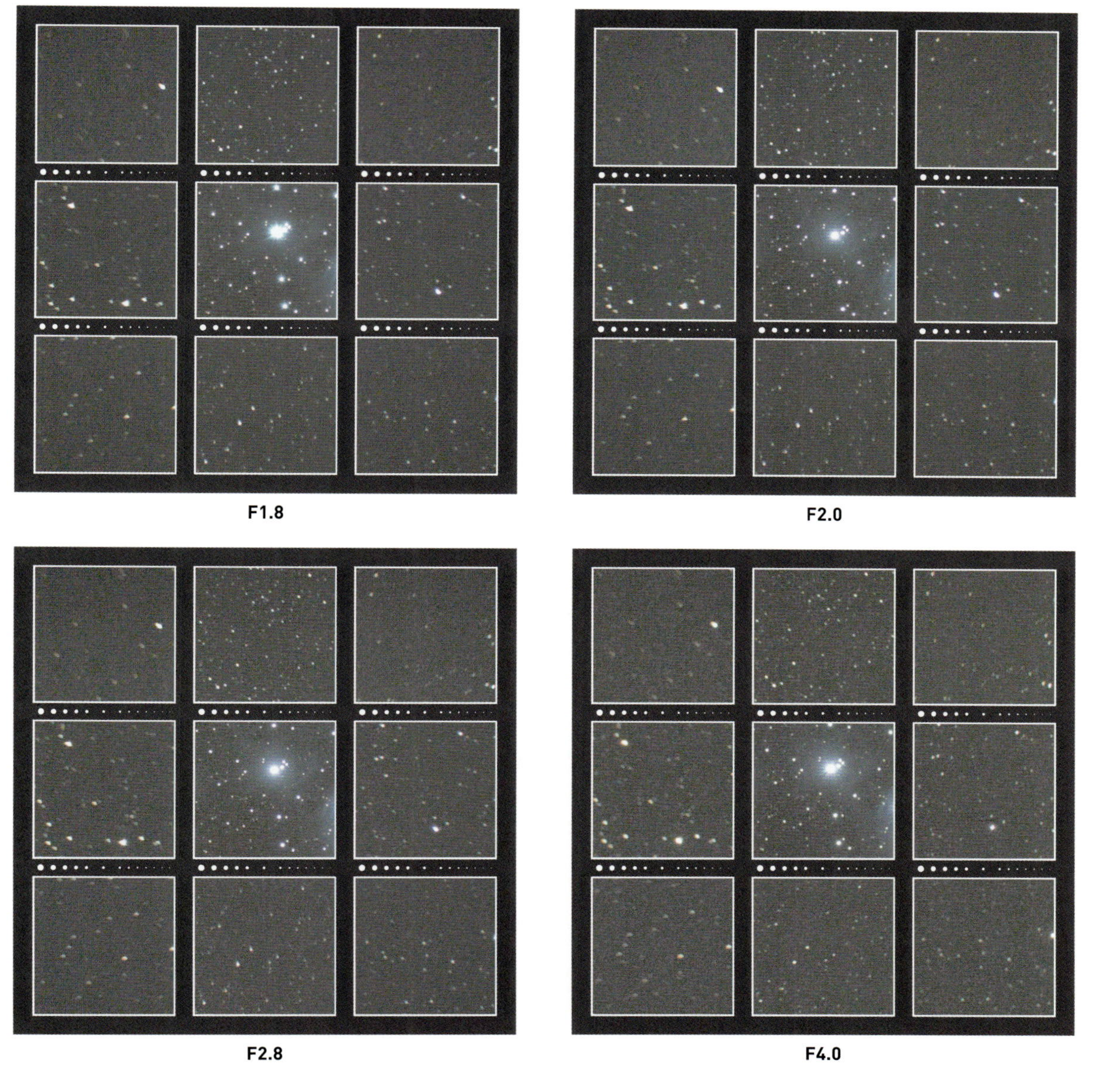

F1.8　F2.0　F2.8　F4.0

星空を撮影したときの周辺光量の様子

F1.8　F2.0　F2.8　F4.0

SIGMA
4.5mm F2.8 EX DC CIRCULAR FISHEYE HSM

焦点距離：4.5mm
35mm判換算：6.75mm
最大絞り：F2.8
最小絞り：F22
最短撮影距離：0.135m
対角線画角：180°
レンズ構成：9群13枚
絞り羽根：6枚
フィルター径：後部挟み込み式
大きさ：φ76.2mm×L77.8mm
重さ：470g
価格（税別）：114,300円
発売年月：2008年1月

天頂に向けて撮影したので画面周辺に星像が写っておらず，作例にオーバーレイ表示したように，変則的な位置の星像を次ページに拡大表示した．四隅に表示したのが中心から約85%，四辺に表示したのが中心から約60%の像高に相当する．表示倍率は他と同じである．

画角は180°で，等立体角射影方式の円周魚眼レンズである．レンズ後部にはシートフィルターを装着できる．

F2.8 —— 画面の大部分で星像は良像基準に達していてシャープなイメージである．周辺部の星像は円周方向に若干流れているが，絞り開放から安心して星空撮影に使える良質な魚眼レンズといえる．絞りF4.0でのテストは天気の関係でできなかった．

このレンズはレンズアダプターを介して一部のマイクロフォーサーズカメラでも正方形画面にケラレなしで使用できる．

絞りF2.8で撮影した「カシオペヤ座の天の川」

撮影データ；4.5mm F2.8 EX DC CIRCULAR FISHEYE HSM 絞りF2.8 キヤノン 70D（ISO1600，RAW） 露出1.5分 赤道儀で追尾撮影 Camera Rawで現像 Photoshop CCで画像処理 Nik Collection"Viveza"で光害カブリ修整

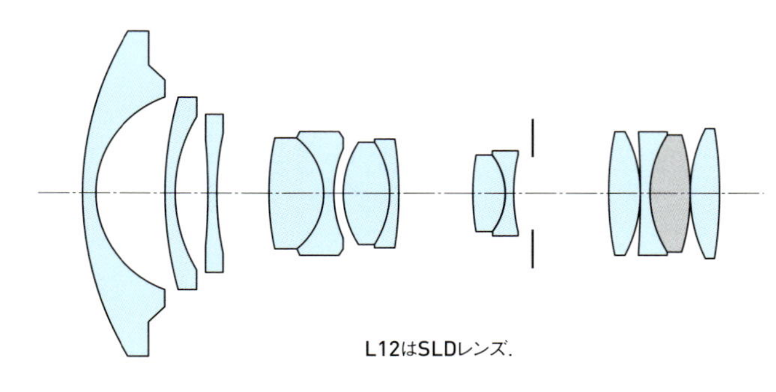

L12はSLDレンズ.

A3ノビ用紙にプリントしたときの星像の様子

実画面寸法：22.3×14.9mm　プリント寸法：480×320mm（プリント倍率21.5倍）

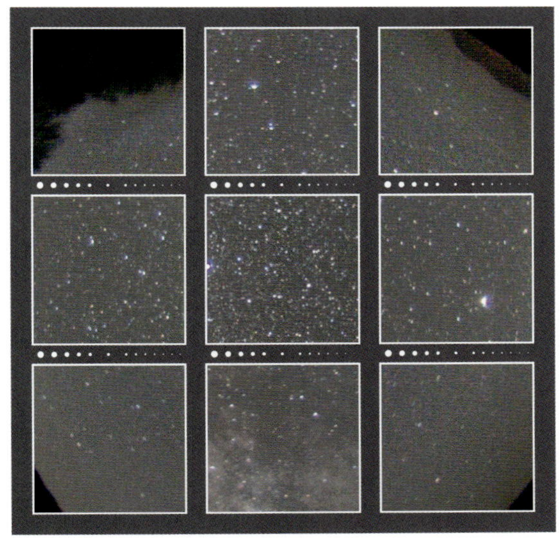

F2.0

星空を撮影したときの周辺減光の様子

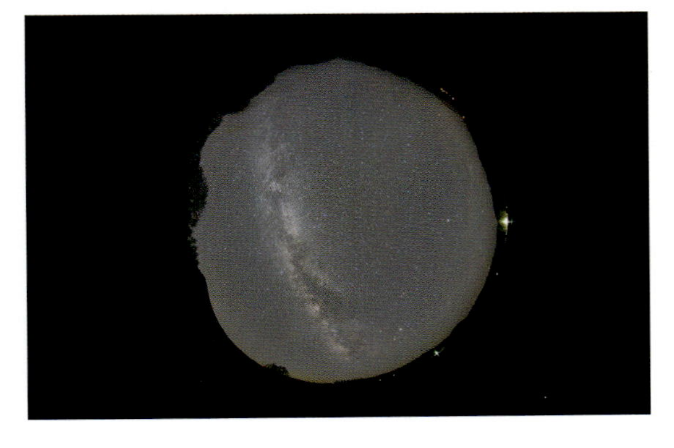

F2.0

TAMRON
SP AF60mm F/2 Di II LD [IF] MACRO 1:1

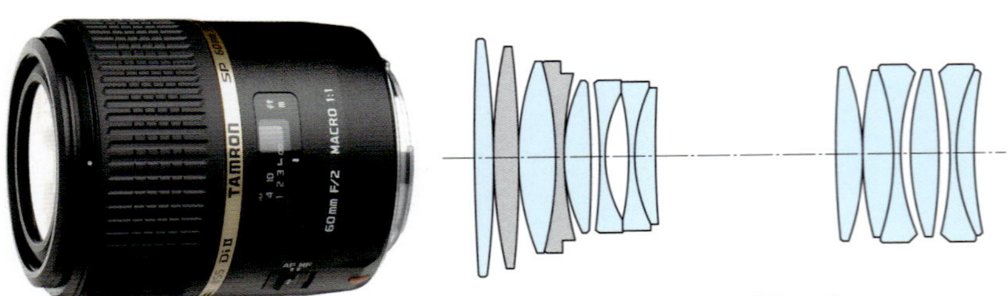
L2・L4はLDレンズ.

焦点距離：60mm
35mm判換算：91mm
最大絞り：F2.0
最小絞り：F22
最短撮影距離：0.23m
対角線画角：26°2
レンズ構成：10群14枚
絞り羽根：7枚
フィルター径：55mm
大きさ：φ73mm×L80mm
重さ：350g
価格(税別)：71,000円
発売年月：2009年6月

F2.0 —— 画面の左辺の星像はテストレンズ個体の問題で若干あまくなっているが，それ以外は絞り開放から星像は大変良好である．微光星は画面全域でシャープ．画面の四隅にある明るめの星はコマ収差で三角形状に収束しているが崩れは大変小さい．倍率の色収差はよく補正されていて周辺星像に色ズレは認められない．青白い明るめの星には軽微な青色のハロが見られるが些細な量である．周辺光量は画面の四隅で1段半強ほどの減光がある．
F2.8 —— 絞り開放時の像と大きくは違わない．周辺減光はかなり改善される．
F4.0 —— 画面全域で星像は非常にシャープになり，周辺減光もほとんど認められなくなって，素晴らしい画質となる．
APS-Cサイズ用の明るい中望遠マクロレンズとして優れた画質をもっている堅調なレンズ．

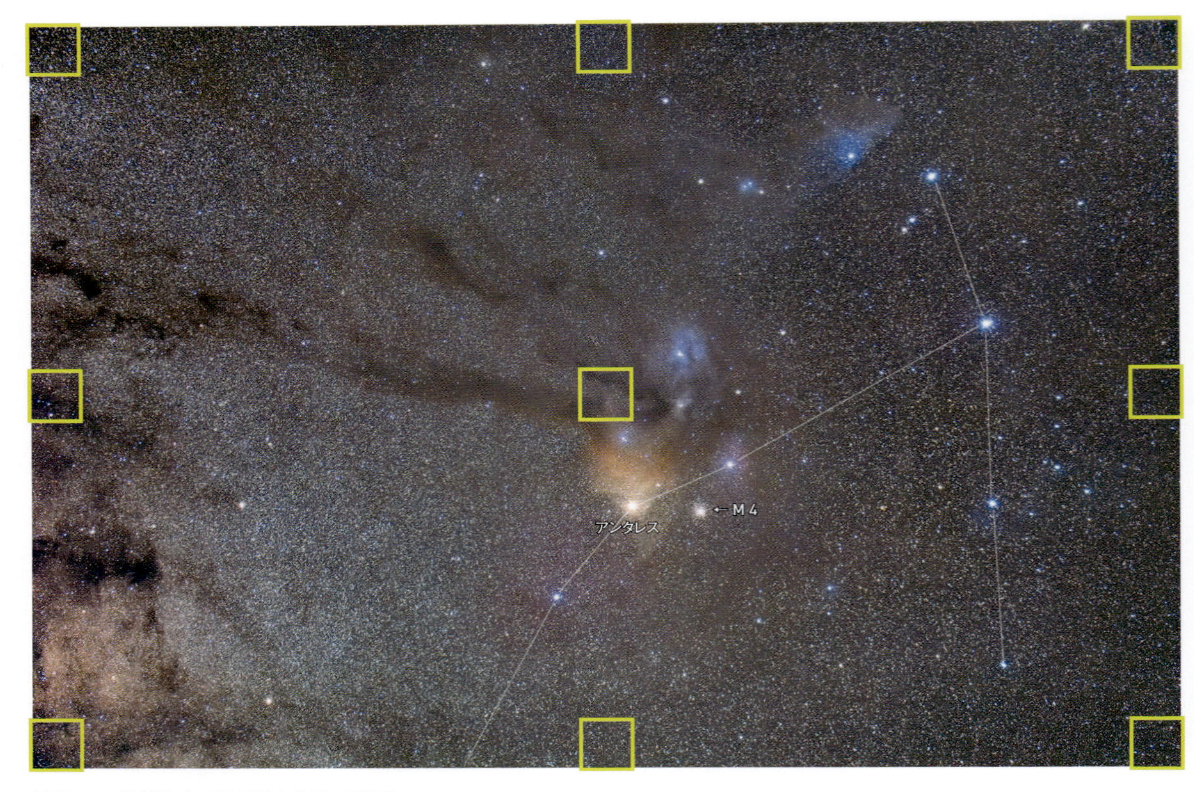

絞りF2.8で撮影した「さそり座北部の星野」

撮影データ：SP AF60mm F/2 Di II LD [IF] MACRO 1:1 絞りF2.8 ニコンD500（ISO800，RAW） 露出2分×8コマ加算平均 赤道儀で追尾撮影 Camera Rawで現像 Photoshop CC，Nik Collection"Silver Efex Pro"で画像処理 Nik Collection"Dfine"でノイズ低減

A3ノビ用紙にプリントしたときの星像の様子

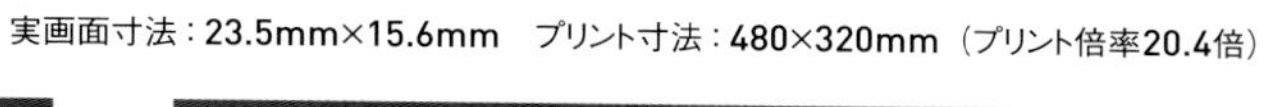
実画面寸法：23.5mm×15.6mm　プリント寸法：480×320mm（プリント倍率20.4倍）

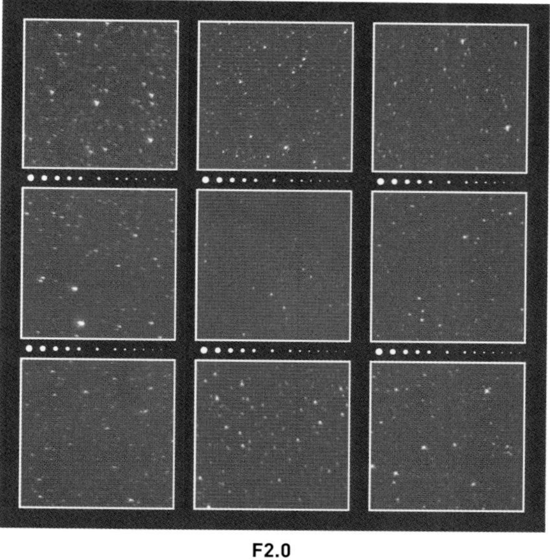
F2.0

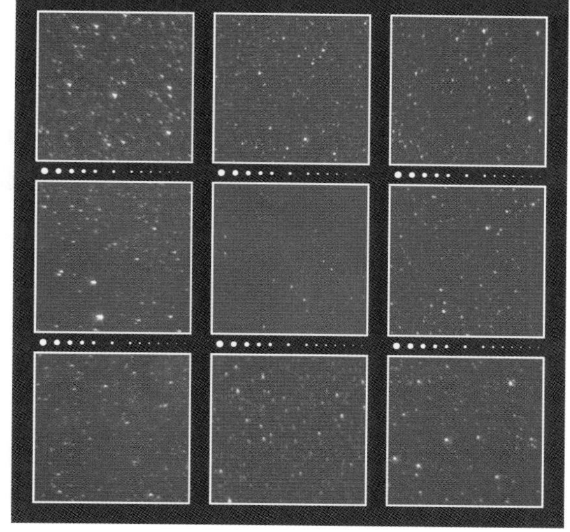
F2.8

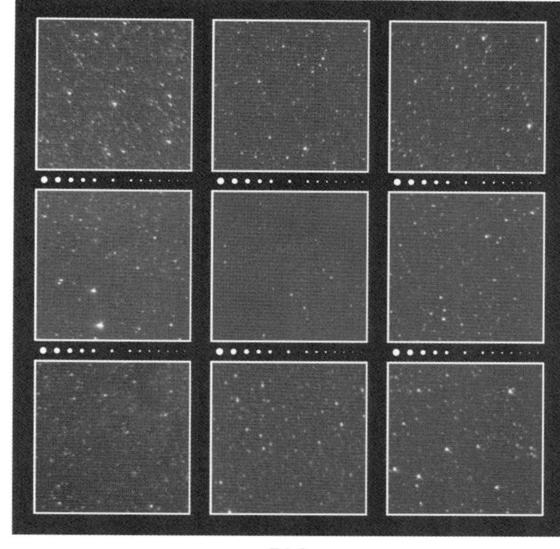
F4.0

星空を撮影したときの周辺減光の様子

F2.0

F2.8

F4.0

TOKINA
AT-X 11-20 PRO DX

焦点距離：11-20mm
35mm判換算：16.5-30mm
最大絞り：F2.8
最小絞り：F22
最短撮影距離：0.28m
対角線画角：104°3-72°4
レンズ構成：12群14枚
絞り羽根：9枚
フィルター径：82mm
大きさ：φ89.0mm×L92.0mm
重さ：560g
価格（税別）：100,000円
発売年月：2015年2月

短焦点端 11mm

F2.8 —— 画面の中心から60%くらいまでの星像は良好である．そこから周辺に向けて星像は収差で徐々にあまくなる．周辺星像の崩れは流れたような形状ではないので，実際の写真では作例のように印象は悪くない．ただし微光星の写りはもの足りない．縦色収差と倍率の色収差はよく補正されているが，周辺の明るめの星にはコマ収差の色による差で青色の軽微なフレアがともなっている．周辺光量は画面の中心からいったんわずかに上昇してから減光に転じる感じで，画面の四隅では1段半くらいの減光がある．

F4.0 —— 画質は向上するが画面の四隅に写っている星像はまだあまい．周辺光量はかなり改善されて全体的に均一性が高まる．

絞りF2.8開放で撮影した「カシオペヤ座～オリオン座の天の川」

撮影データ；AT-X 11-20 PRO DX 焦点距離11mm 絞りF2.8 ニコンD7500（ISO800，RAW） 露出2分×4コマ加算平均 赤道儀で追尾撮影 Camera Rawで現像 Photoshop CCで画像処理

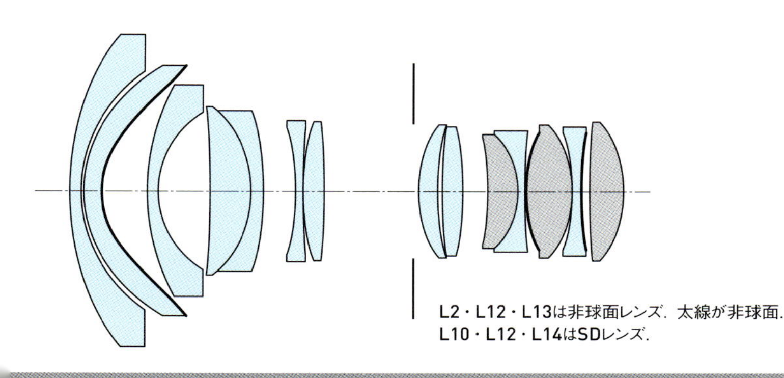

L2・L12・L13は非球面レンズ．太線が非球面．
L10・L12・L14はSDレンズ．

短焦点端 11mm

A3ノビ用紙にプリントしたときの星像の様子

実画面寸法：23.5mm×15.6mm　プリント寸法：480×320mm（プリント倍率20.4倍）

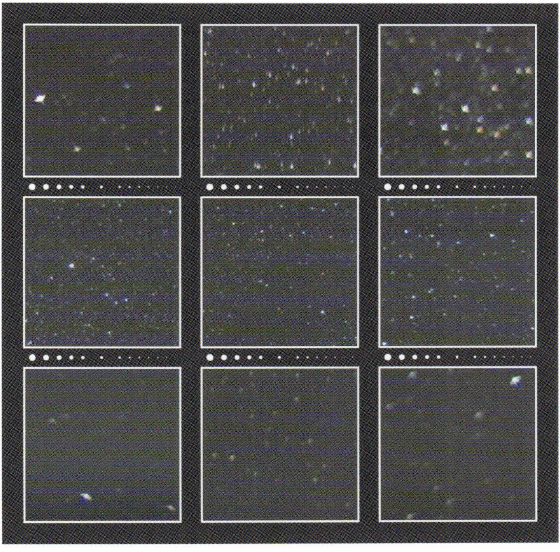

F2.8

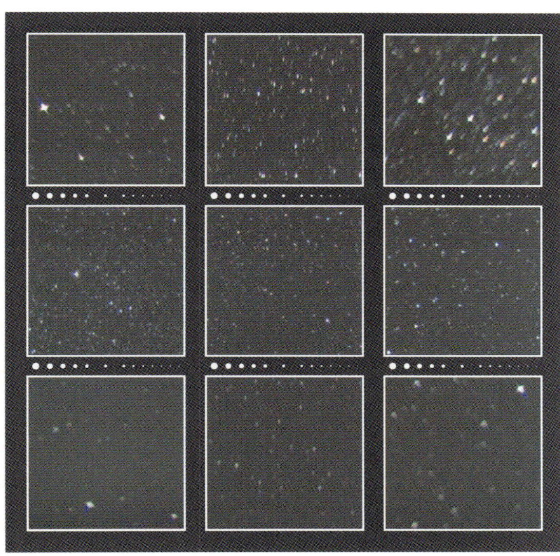

F4.0

星空を撮影したときの周辺光量の様子

F2.8

F4.0

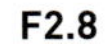

TOKINA
AT-X 11-20 PRO DX

長焦点端 20mm

F2.8 —— 画面中心付近の星に偏芯したハロがともなっていて，テストレンズは明らかにトラブルをかかえた個体であることがわかる．画面の左上方向はかなり高画質だが，右下半分は放射方向の流れが目立つ．縦色収差と倍率の色収差はよく補正されているようだ．周辺光量はストンっと落ちるように画面の四隅で2段分弱の減光が認められる．

F4.0 —— 偏芯の影響は大幅に減って，星像はかなり良好になる．それでもまだ右下半分はあまさが残り，星像は放射方向に流れて見える．

このレンズは35mm判フルサイズ換算で16.5～30mmの画角を有し,F2.8という明るい広角ズームなので星空風景を撮影するには好適な仕様である．仕様からすると実勢価格はかなり安価で，しかも短焦点端はわりと良い星像が得られる．一方，長焦点端は，画面左上半分は高画質だが，右下半分は画質が悪い．偏芯がなければどのような像を結ぶのかはわからないので良否の判断はできない．

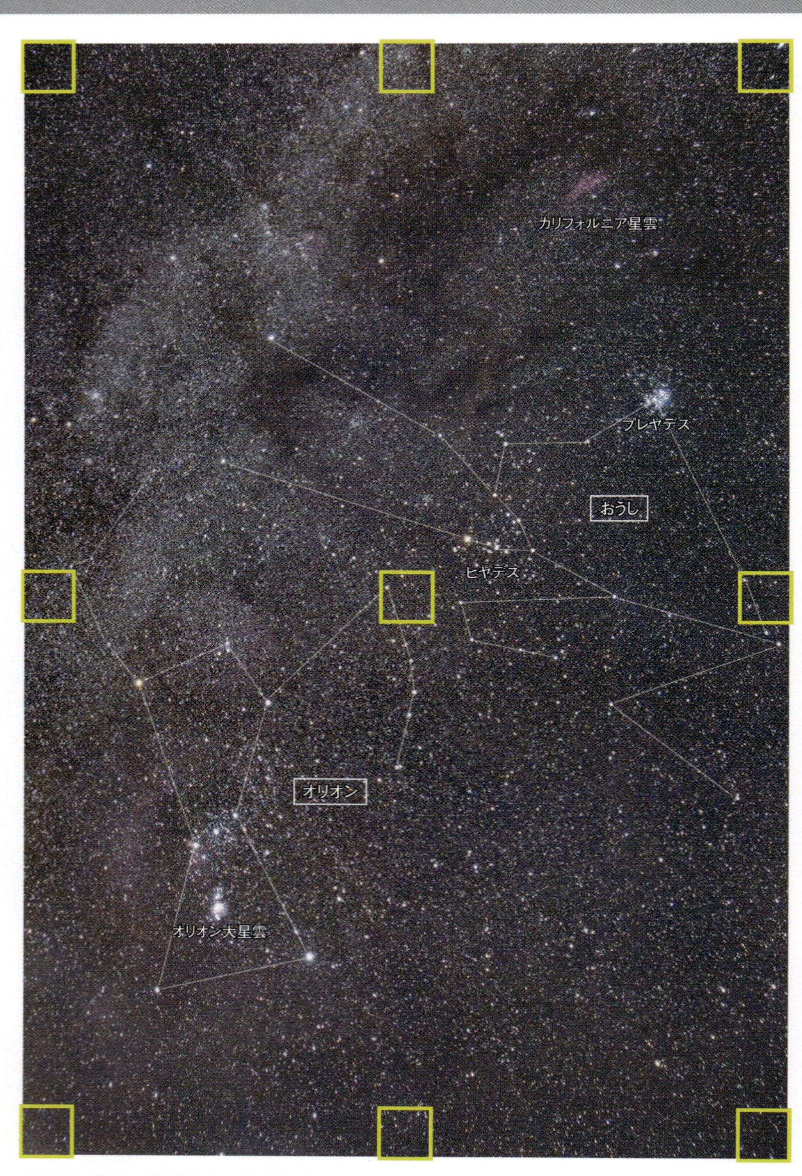

絞りF2.8開放で撮影した「おうし座・オリオン座」

撮影データ；AT-X 11-20 PRO DX 焦点距離20mm 絞りF2.8 ニコンD7500（ISO800，RAW）露出2分 赤道儀で追尾撮影 Camera Rawで現像 Photoshop CCで画像処理

長焦点端 20mm

A3ノビ用紙にプリントしたときの星像の様子

実画面寸法：23.5mm×15.6mm　プリント寸法：480×320mm（プリント倍率20.4倍）

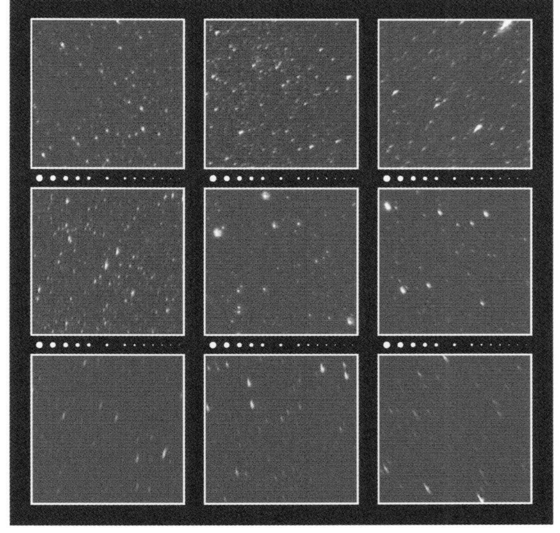

F2.8

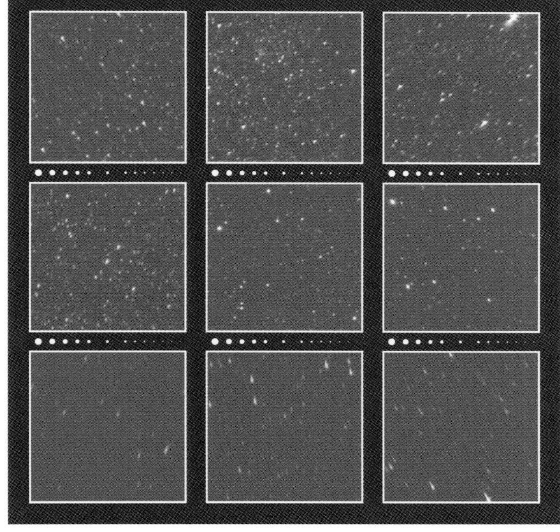

F4.0

星空を撮影したときの周辺光量の様子

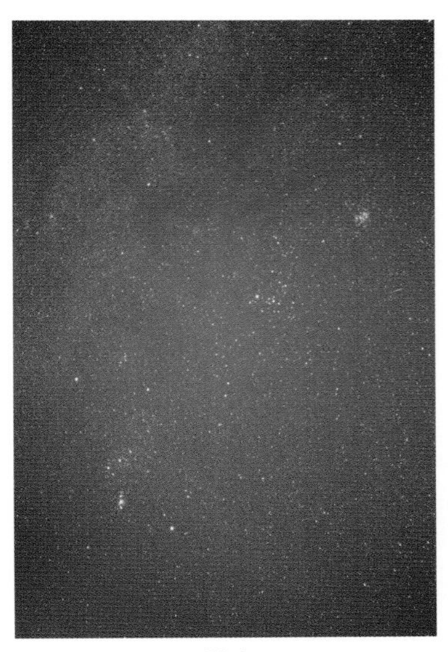

F2.8

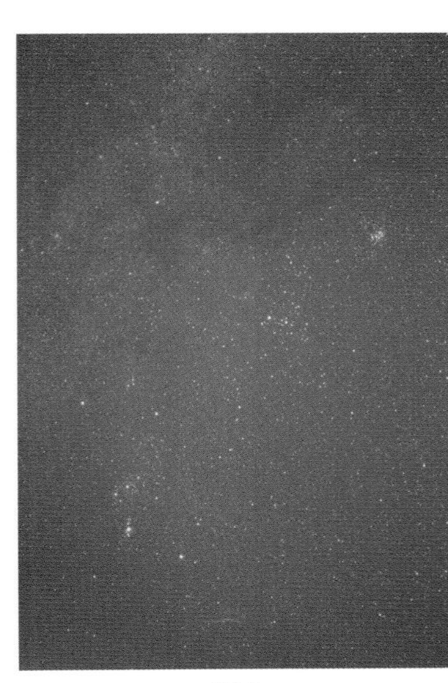

F4.0

TOKINA
AT-X 14-20 F2 PRO DX

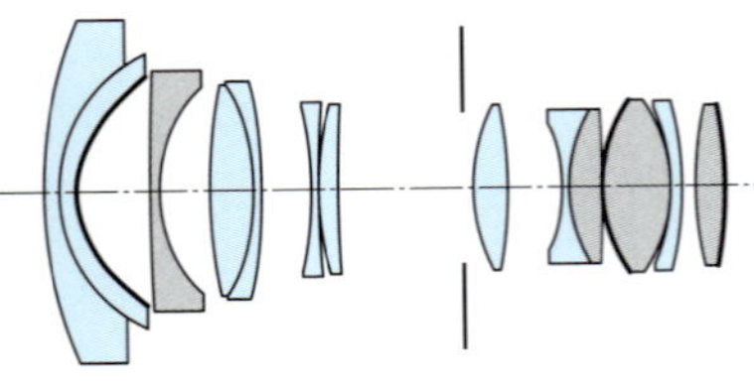

L2・L11・L13は非球面レンズ．太線が非球面．
L3・L10・L11・L13はSDレンズ．

焦点距離	14-20mm
35mm判換算	21-30mm
最大絞り	F2.0
最小絞り	F22
最短撮影距離	0.28m
対角線画角	91.°7-70.°8
レンズ構成	11群13枚
絞り羽根	9枚
フィルター径	82mm
大きさ	φ89mm×L106mm
重さ	735g
価格(税別)	120,000円
発売年月	2016年2月

短焦点端 14mm

F2.0 —— 画面中心から70%くらいの範囲の星像は絞り開放からシャープで良好である．画面の右辺は若干あまいが，これはテストレンズ個体の問題で，影響はそう大きくはない．そこから周辺に向けて星像は徐々にあまくなり，画面の隅にある明るめの星は三角形状に写っているが,崩れはそれほど大きくない．縦色収差と倍率の色収差はともによく補正されている．周辺光量は，画面の四隅で2段分くらいの減光が認められる．

F2.8 —— 全体的に星像はシャープさを増し，コマ収差が抑えられて周辺画質は向上し，周辺の微光星の描写もしっかりする．

F4.0 —— 四隅の星像が放射方向に若干伸びているが，全体的に星像はシャープで非常に良い画面になる．

明るいレンズだが開放画質はかなり良好で，絞れば確実に画質が向上する堅調さが良い．

絞りF2.0開放で撮影した「ケンタウルス座・てんびん座・おおかみ座・さそり座と火星・土星(2016年春)」

撮影データ；AT-X 14-20 F2 PRO DX 焦点距離14mm 絞りF2.0 キヤノンEOS 80D (ISO800, RAW) 露出1分 赤道儀で追尾撮影 Camera Rawで現像 Photoshop CCで画像処理 Nik Collection"Viveza"で光害カブリと地上風景を修整 Nik Collection"Dfine"でノイズ低減

A3ノビ用紙にプリントしたときの星像の様子

実画面寸法：22.3mm×14.9mm　プリント寸法：480×320mm（プリント倍率21.5倍）

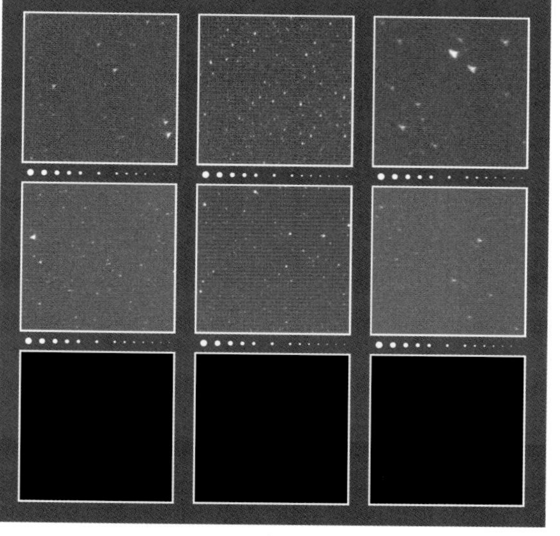

F2.0

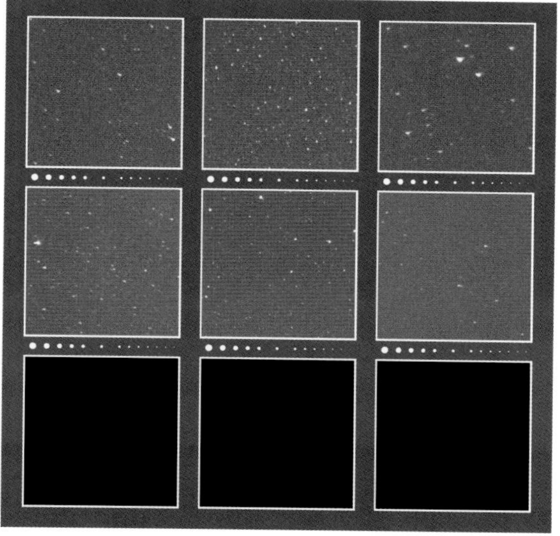

F2.8

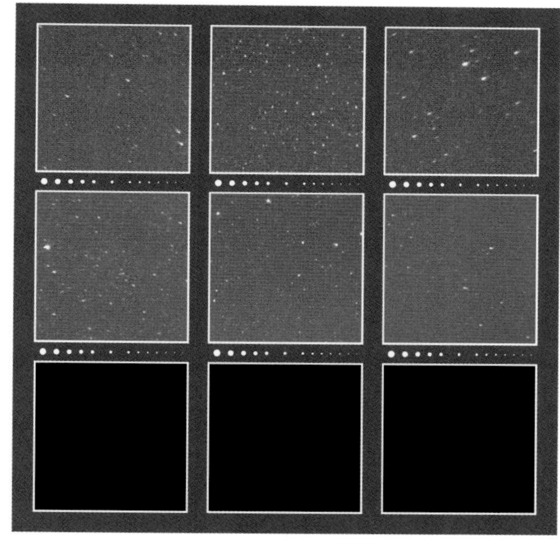

F4.0

星空を撮影したときの周辺減光の様子

F2.0

F2.8

F4.0

TOKINA
AT-X 14-20 F2 PRO DX

長焦点端 20mm

F2.0 —— 画面尾上辺は個体の問題で星像が甘いが，それ以外はF2.0の絞り開放の星像としては非常に良い．縦色収差も倍率の色収差もよく補正されている．周辺光量は画面の四隅で2段分ほどストンっと落ちるように減光している．中間画角域の光量は多い方である．

F2.8 —— 口径食が減った分だけ周辺の微光星の写りが良くなり，周辺減光が改善される以外は絞り開放時の描写と大差はない．

F4.0 —— テストレンズ個体の影響も緩和されて全画面で良い星像が得られる．周辺減光の影響も低減して均一性のある良い画面となる．

短焦点端も長焦点端も画面の片側の個体の問題はあるがそれほど極端なものではなく，それ以外は良好な描写である．しかもF2.0と明るいので星空風景撮影には魅力のある広角ズームレンズといえる．

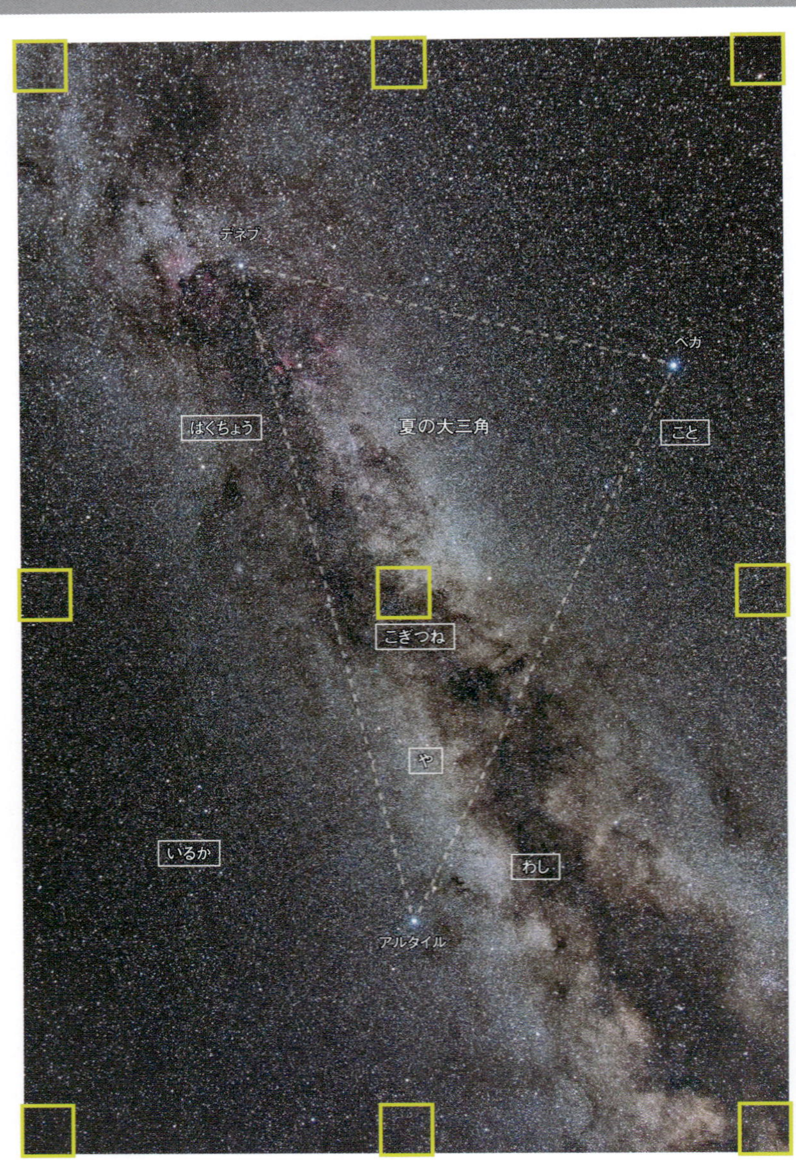

絞りF2.8で撮影した「夏の大三角」

撮影データ；AT-X 14-20 F2 PRO DX 焦点距離20mm 絞りF2.0 キヤノンEOS 80D（ISO800，RAW）露出2分×4コマ加算平均 赤道儀で追尾撮影 Camera Rawで現像Photoshop CCで画像処理

A3ノビ用紙にプリントしたときの星像の様子

実画面寸法：22.3mm×14.9mm　プリント寸法：480×320mm（プリント倍率21.5倍）

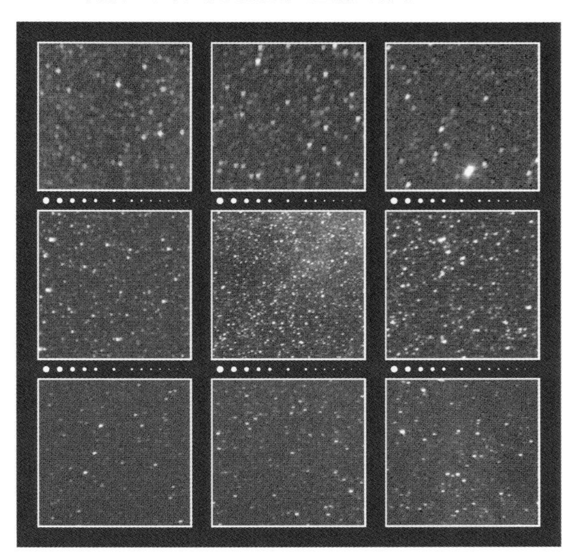

F2.0

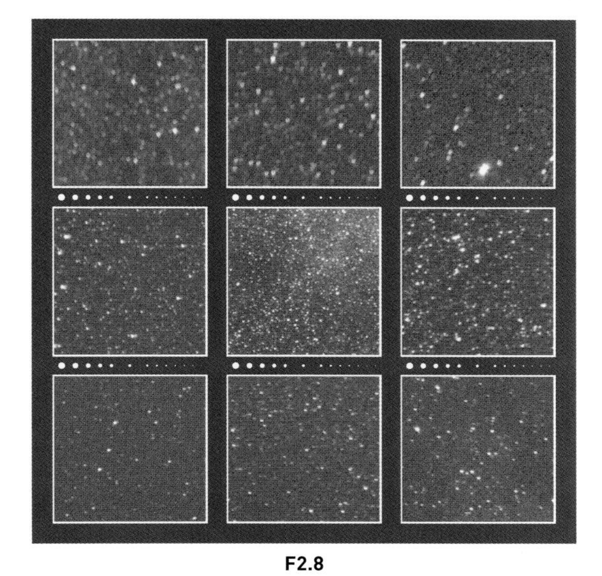

F2.8

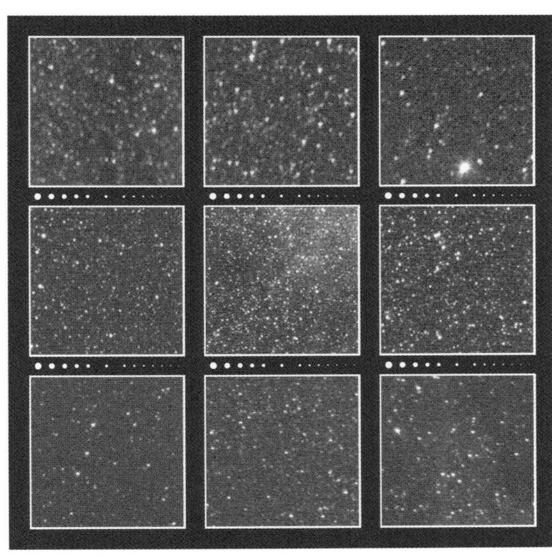

F4.0

星空を撮影したときの周辺減光の様子

F2.0

F2.8

F4.0

秋

奥日光 戦場ヶ原の星空

都心から遠ざかるほど夜空は暗くなるが，人口が密集する関東の平野部はどこも星空撮影に適しているとは言い難いのが実状である．戦場ヶ原は都心からほぼ真北へ120kmに位置している．すぐ南には関東平野の街明かりの大海原が広がっている．ここは標高1400mと少し高いだけだが，空気の透明度は下界よりもだいぶマシで，それゆえなんとか星空撮影が楽しめる状況にある．空気中に塵粒子の多い季節や，かすかな薄雲がかかっている気象条件では，関東平野の街明かりが反映されて，南の方向を中心に星空はかなり明るくなってしまう．逆に北の方向はかなり暗い．

この写真は初秋の戦場ヶ原で北の空に架かる秋の天の川を超広角レンズで撮影したものである．はくちょう座からカシオペヤ座を経てペルセウス座に至るあたりの天の川は天の高い位置を通るので，カメラを北に向けて上空に架かる秋の天の川を超広角レンズで撮影すると，ここが都心から120kmという近距離にあるとは思えない星空を撮影できる．

マイクロフォーサーズ用交換レンズ

Lenses for micro 4/3

KOWA
PROMINAR 8.5mm F2.8

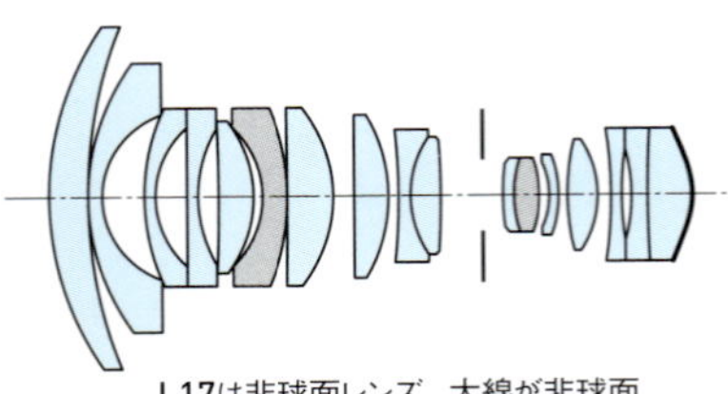

L17は非球面レンズ．太線が非球面．
L6・L12はXDレンズ．

焦点距離：8.5mm
35mm判換算：17mm
最大絞り：F2.8
最小絞り：F16
最短撮影距離：0.2m
対角線画角：106°
レンズ構成：14群17枚
絞り羽根：9枚
フィルター径:86mm（レンズフードに取付）
大きさ：φ71.5mm×L86.8mm
重さ：440g
価格（税別）：116,000円
発売年月：2014年9月

F2.8 —— 明るめの星はあまさがあるが芯があり，画面中心から70%くらいまでの範囲は微光星もしっかりしている．画面周辺でも星像は大きく崩れないので全体の印象はかなり良い．周辺光量は画面の四隅で2段分強ほどの減光が認められる．

F4.0 —— 画面全体に明るめの星も微光星も引き締まって良い画面となる．

F5.6 —— 画面の隅々まで非常にシャープな星像が得られる．倍率の色収差がよく補正されていることがわかる．

明るい超広角レンズだが絞り開放から画面全体が整った星像を示し，絞ると確実に画質が向上する堅調なレンズ．

絞りF2.8開放で撮影した「沈む冬の星座と宵の黄道光」

撮影データ；PROMINAR 8.5mm F2.8　絞りF2.8　オリンパスPEN-F（ISO800，RAW）　露出2分×4コマ加算平均　赤道儀で追尾撮影　Camera Rawで現像　Photoshop CCで画像処理　Nik Collection“Viveza”で光害カブリを修整

A3ノビ用紙にプリントしたときの星像の様子

実画面寸法：17.3mm×13.0mm　プリント寸法：426×320mm（プリント倍率24.6倍）

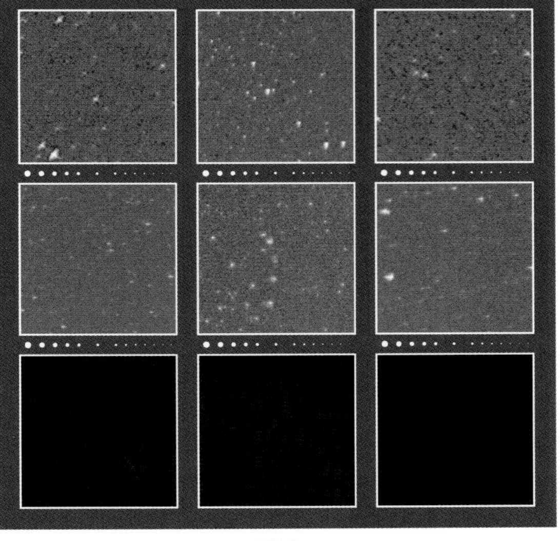

F2.8

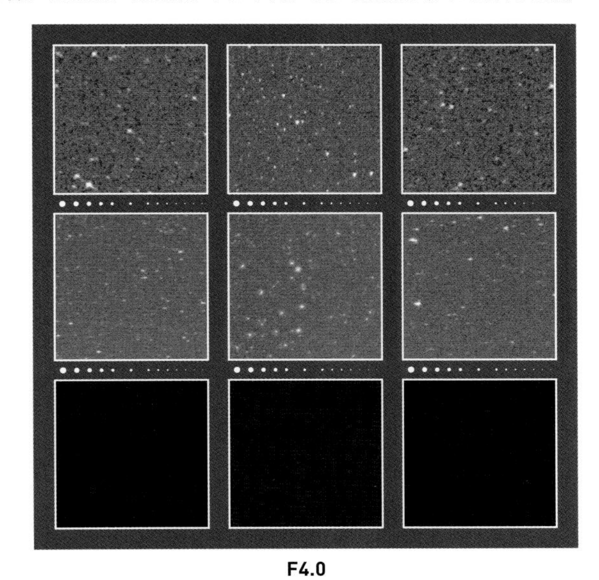

F4.0

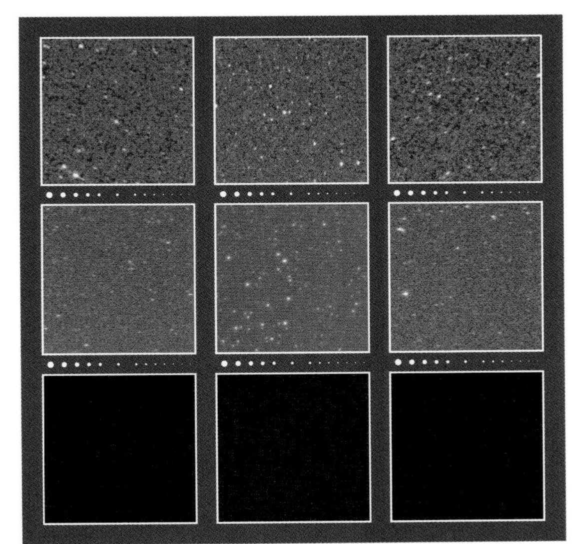

F5.6

星空を撮影したときの周辺減光の様子

F2.8

F4.0

F5.6

KOWA
PROMINAR 12mm F1.8

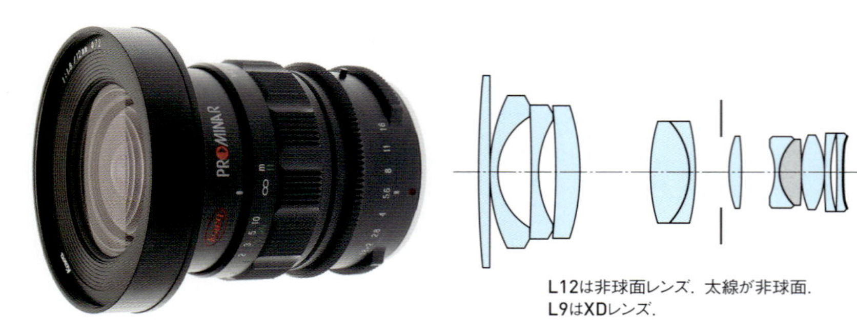

L12は非球面レンズ．太線が非球面．
L9はXDレンズ．

焦点距離：12mm
35mm判換算：24mm
最大絞り：F1.8
最小絞り：F16
最短撮影距離：0.2m
対角線画角：86°8
レンズ構成：10群12枚
絞り羽根：9枚
フィルター径：72mm
大きさ：φ76.5mm×L90.5mm
重さ：475g
価格（税別）：109,000円
発売年月：2015年2月

F1.8 —— テストレンズは個体の問題で画面の右上の画質がかなり悪化しているので断言できないが，画面の中心から60%くらいまでの範囲の星像は良いようだ．そこから画面の周辺に向けて星像は放射方向に伸び，四隅ではサジッタルフレアが加わって，明るい星はかなりあまくなる．明るい星には色収差で軽微な青いハロが生じる．周辺光量は画面の四隅で2段分強の減光が認められる．

F2.0 —— サジッタル方向のフレアが減少するがF1.8とほとんど変わらない．

F2.8 —— 画質は飛躍的に良くなって，画面の右上方向以外は概ね良好になる．明かるい星の青いハロも抑えられる．四隅の減光はまだ1段分くらいある．

絞りF2.8で撮影した「夏の大三角」

PROMINAR 12mm F1.8 絞りF2.8 オリンパスPEN-F（ISO800，RAW） 露出2分×4コマ加算平均 赤道儀で追尾撮影 Camera Rawで現像とノイズ低減 Photoshop CCで画像処理

A3ノビ用紙にプリントしたときの星像の様子

実画面寸法：17.3mm×13.0mm　プリント寸法：426×320mm（プリント倍率24.6倍）

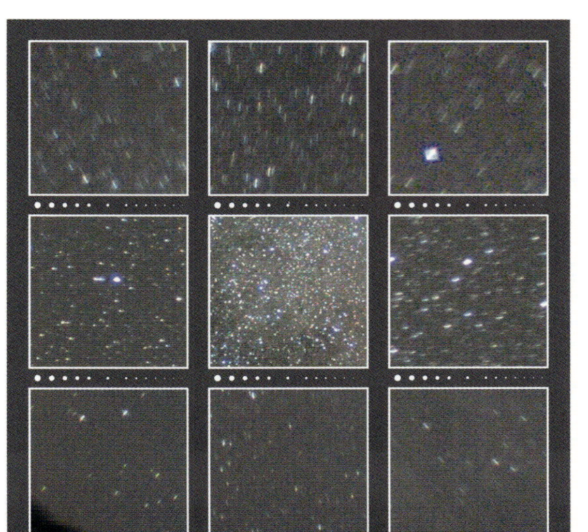

F1.8

F2.0

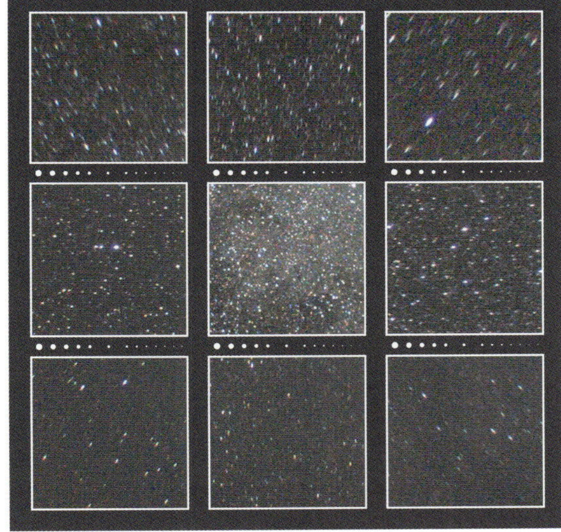

F2.8

星空を撮影したときの周辺減光の様子

F1.8

F2.0

F2.8

KOWA
PROMINAR 25mm F1.8

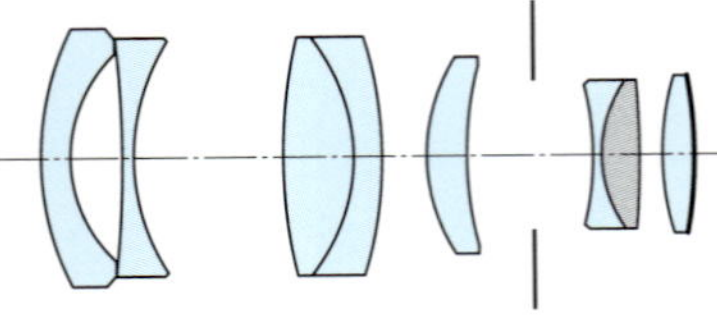

L8は非球面レンズ. 太線が非球面.
L7はXDレンズ.

焦点距離：25mm
35mm判換算：50mm
最大絞り：F1.8
最小絞り：F16
最短撮影距離：0.25m
対角線画角：50°2
レンズ構成：6群8枚
絞り羽根：9枚
フィルター径：55mm
大きさ：φ60mm×L94mm
重さ：400g
価格(税別)：89,000円
発売年月：2015年2月

F1.8 —— 画面の中心から60%くらいまでの星像は絞り開放から良い. そこから画面の四隅に向けて星像はコマ収差で徐々にあまくなり, とくに微光星の写りは画面周辺で悪くなる. 明るい星には色収差による青紫色のハロが認められる. 周辺光量は画面の四隅で約2段分減光する.

F2.0 —— F1.8とほとんど変わらない.

F2.8 —— とくにコマ収差が減って画面全体の画質が向上する. 作例では火星（−1.6等）にゴーストイメージが現われているが, 画面中心からの距離がほぼ等しい土星(0.0等)には現われていない.

F4.0 —— 周辺の微光の写りも良く, 輝星の青紫色のハロも抑えられ, 均質性の良い画面となる.

絞りF2.8で撮影した「火星と土星が輝いていた2016年春のさそり座」

撮影データ；PROMINAR 25mm F1.8 絞りF2.8 オリンパスPEN-F（ISO800, RAW） 露出2分 赤道儀で追尾撮影 Camera Rawで現像 Photoshop CCで画像処理 Nik Collection"Viveza"で光害カブリを修整

A3ノビ用紙にプリントしたときの星像の様子

実画面寸法：17.3mm×13.0mm　プリント寸法：426×320mm（プリント倍率24.6倍）

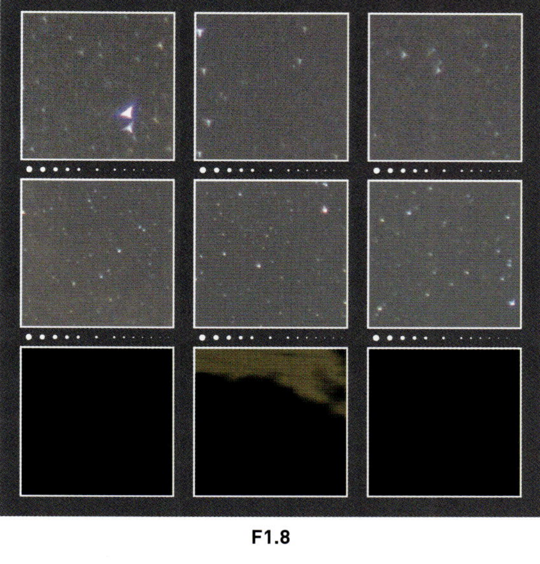

F1.8

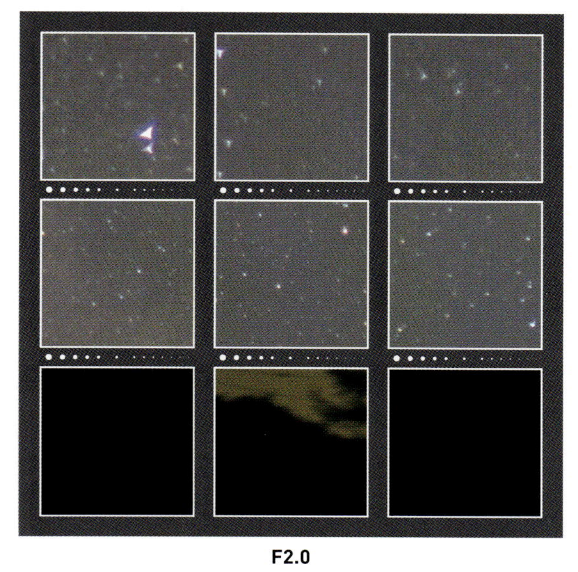

F2.0

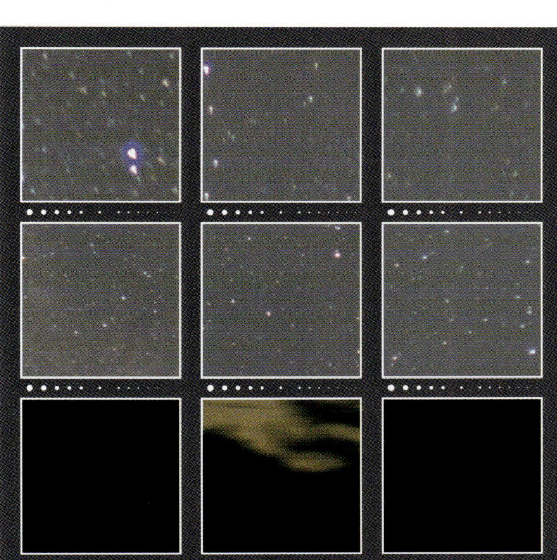

F2.8

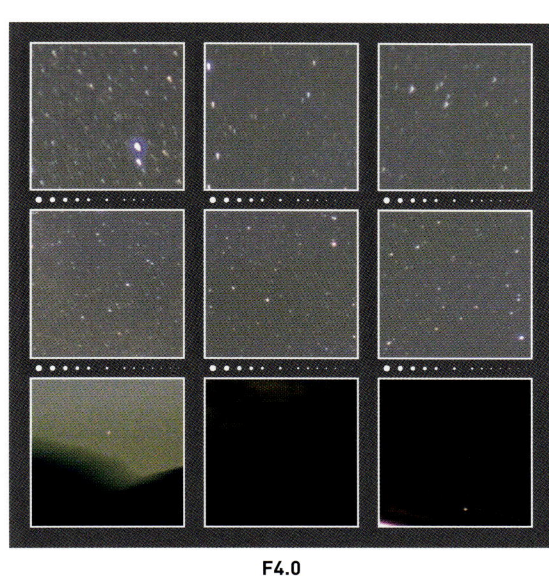

F4.0

星空を撮影したときの周辺減光の様子

F1.8

F2.0

F2.8

F4.0

LEICA
DG VARIO-ELMARIT 12-60mm / F2.8-4.0 ASPH. / POWER O.I.S. （パナソニック扱い）

焦点距離：12-60mm
35mm判換算：24-120mm
最大絞り：F2.8-4.0
最小絞り：F22
最短撮影距離：0.2m（長焦点端0.24m）
対角線画角：84°-20°
レンズ構成：12群14枚
絞り羽根：9枚
フィルター径：62mm
大きさ：φ68.4mm×L86mm
重さ：320g
価格（税別）：125,000円
発売年月：2017年2月

短焦点端 12mm

F2.8 —— 画面の上辺付近の星像は個体レベルの問題によると思われるわずかな流れがあるが，それ以外は画面の中心から70%くらいまでの範囲で絞り開放から高画質である．画面四隅でも収差による星像の形の崩れは少なく微光星の写りも良い．縦色収差も倍率の色収差もよく補正されている．周辺光量は，画面の四隅で2段分ほどストンっと落ちるように減光している．
F4.0 —— 四隅で放射方向の軽微な流れがあるが非常にシャープな星像で高画質である．

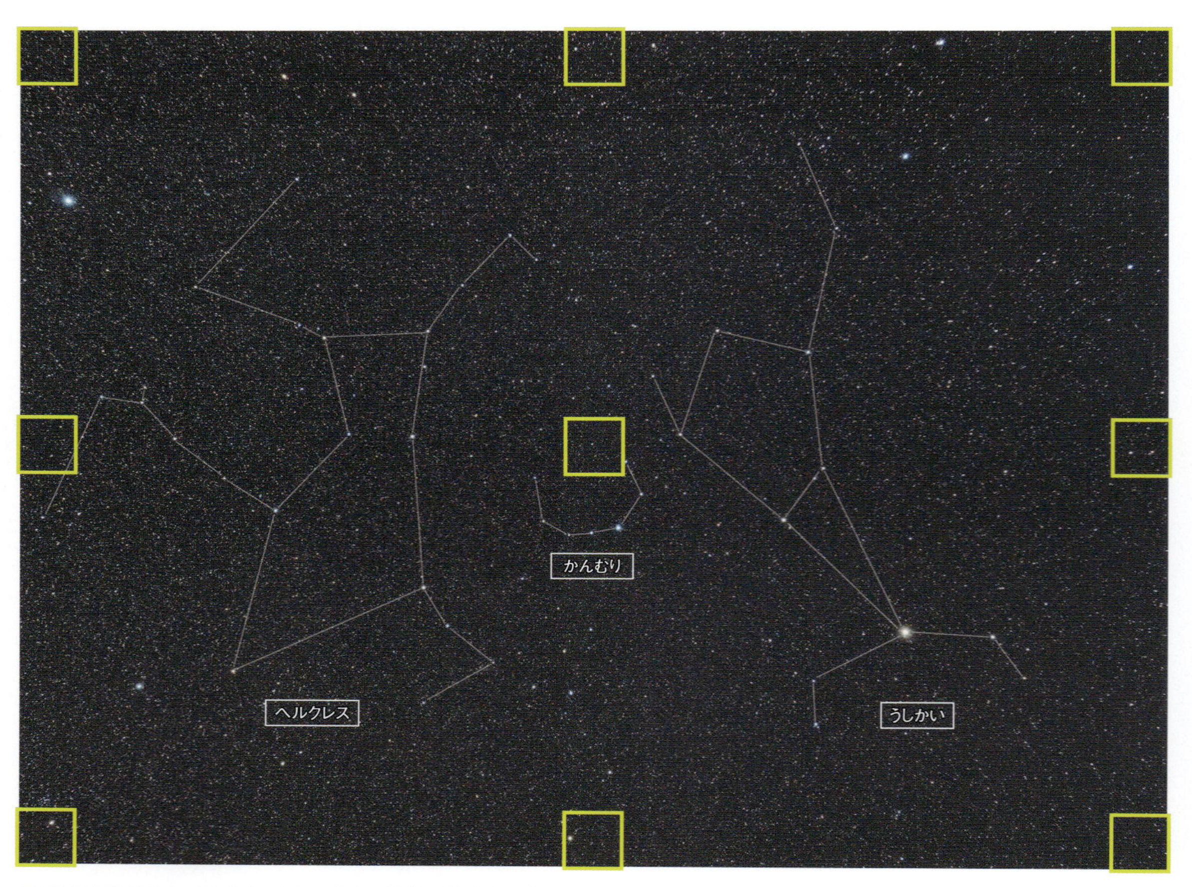

絞りF4.0で撮影した「ヘルクレス座・かんむり座・うしかい座」

撮影データ；DG VARIO-ELMARIT 12-60mm / F2.8-4.0 ASPH. / POWER O.I.S. 焦点距離12mm 絞りF4.0 ルミックスDC-GH5（ISO800，RAW）露出4分 赤道儀で追尾撮影 Camera Rawで現像とノイズ低減 Photoshop CCで画像処理

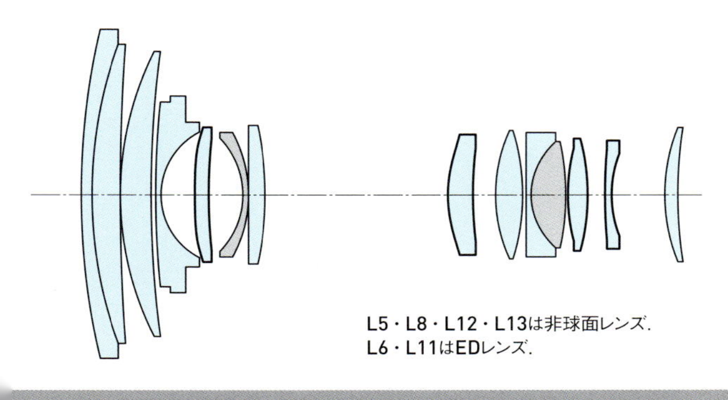

L5・L8・L12・L13は非球面レンズ.
L6・L11はEDレンズ.

短焦点端 12mm

A3ノビ用紙にプリントしたときの星像の様子

実画面寸法：17.3mm×13.0mm　プリント寸法：426×320mm（プリント倍率24.6倍）

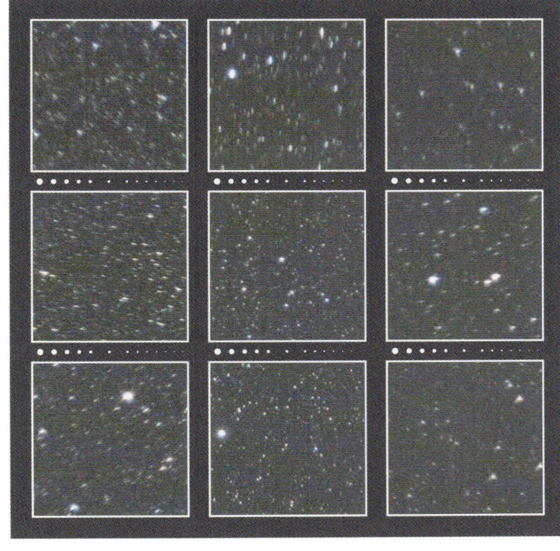

F2.8

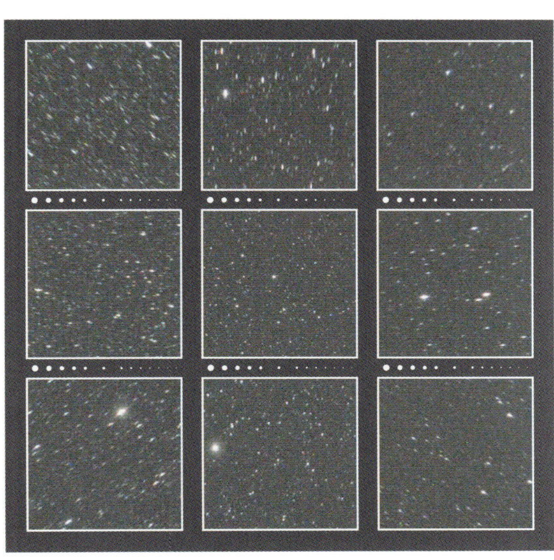

F4.0

星空を撮影したときの周辺光量の様子

F2.8

F4.0

LEICA

DG VARIO-ELMARIT 12-60mm / F2.8-4.0 ASPH. / POWER O.I.S.

長焦点端 60mm

F4.0 ―― 5倍標準ズームの長焦点端の絞り開放だが，極度に発達した単焦点レンズにも引けをとらないほど星像が良い．画面の隅々まで星像は丸くシャープで，周辺の微光星も良像基準に達しており描写も良い．縦色収差も倍率の色収差もよく補正されており星像に色ズレも見られない．周辺光量は，画面の四隅で1段分強ほどストンっと落ちるように減光している．

35mm判フルサイズ換算で24～120mm相当の画角が得られるこの5倍標準ズームは，単焦点の開放FナンバーがF2.8なのに対して長焦点端ではF4.0と1段暗くなってしまうが，星像はとても良い．短焦点端では1段絞ったF4.0で，長焦点端では絞り開放F4.0で，充分に高画質な星空写真が得られる．信頼性の高い良質なレンズである．

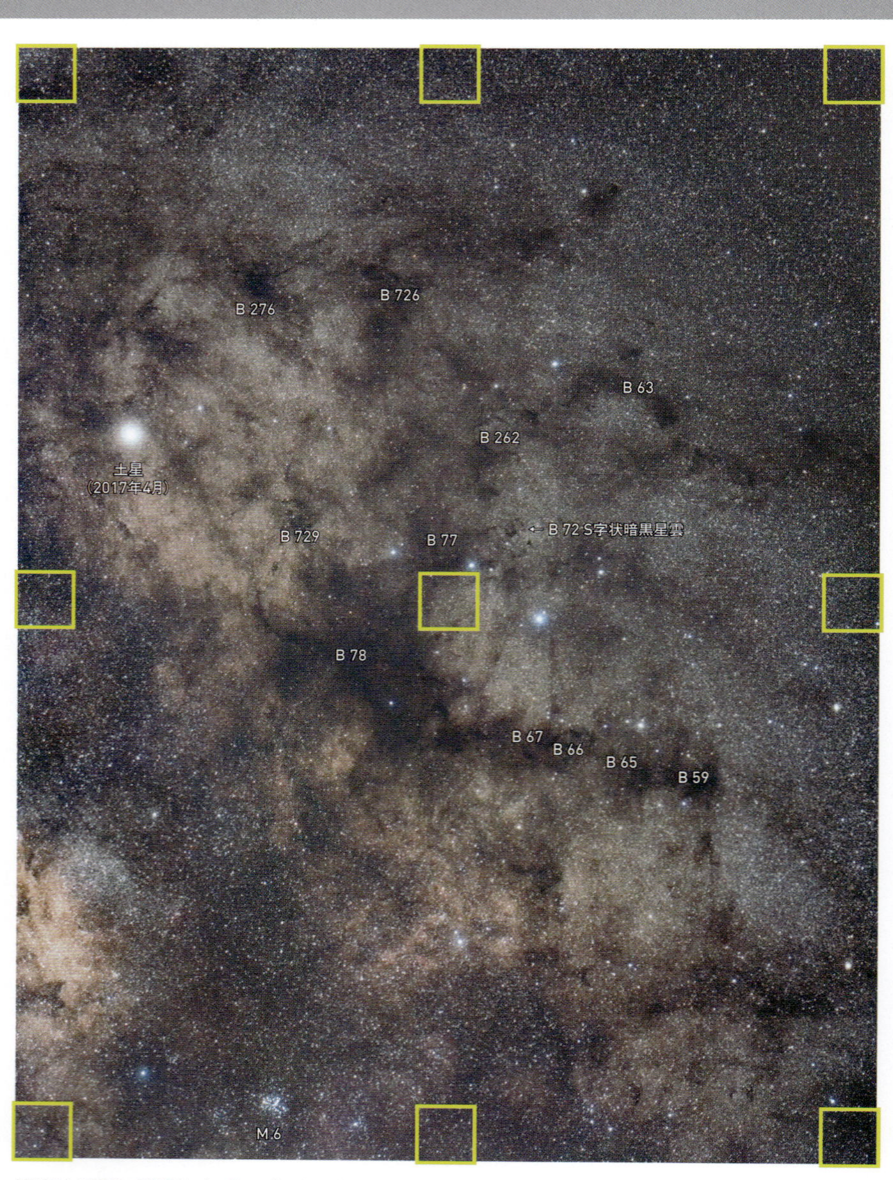

絞りF4.0開放で撮影した「へびつかい座の暗黒星雲群と土星（2017年4月）」

撮影データ；DG VARIO-ELMARIT 12-60mm / F2.8-4.0 ASPH. / POWER O.I.S. 焦点距離60mm 絞りF4.0 ルミックスDC-GH5（ISO1600，RAW） 露出1分×4コマ加算平均 赤道儀で追尾撮影 Camera Rawで現像 Photoshop CC，Nik Collection“Silver Efex Pro”で画像処理 Nik Collection“Dfine”でノイズ低減

長焦点端 60mm

A3ノビ用紙にプリントしたときの星像の様子

実画面寸法：17.3mm×13.0mm　プリント寸法：426×320mm（プリント倍率24.6倍）

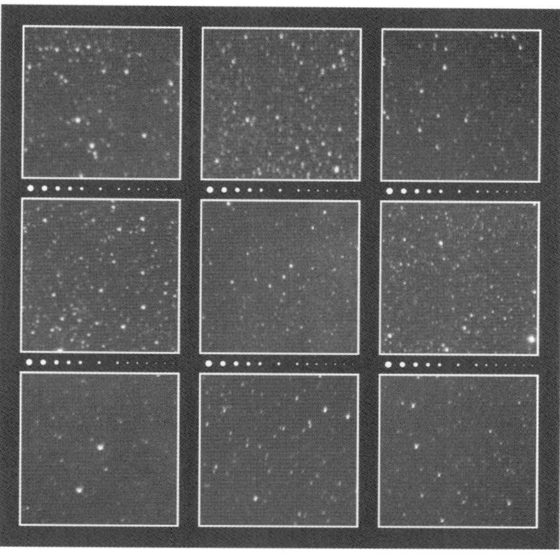

F4.0

星空を撮影したときの周辺光量の様子

F4.0

LEICA
DG SUMMILUX 12mm / F1.4 ASPH. (パナソニック扱い)

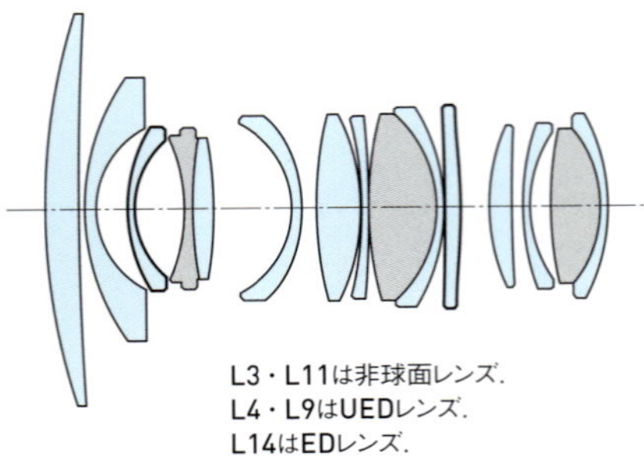

焦点距離：12mm
35mm判換算：24mm
最大絞り：F1.4
最小絞り：F16
最短撮影距離：0.2m
対角線画角：84°
レンズ構成：12群15枚
絞り羽根：9枚
フィルター径：62mm
大きさ：φ70mm×L70mm
重さ：335g
価格(税別)：180,000円
発売年月：2016年7月

F1.4 —— 画面四隅でも星像の崩れは少なくF1.4絞り開放とは思えない高画質．輝星には青色の軽微なハロが見られる．
F2.0 —— 周辺星像のサジッタル成分が一段と低減してシャープさが増し，微光星の描写性能が高まる．
F2.8 —— 右上隅で個体レベルの些細な問題が見られる他は全画面で申し分のない素晴らしい星像．
F4.0 —— 周辺減光の影響もなくなって極めて均質性の高いシャープな画像．
F1.4と非常に明るい上に絞り開放から星像が良い最高級の広角レンズ．

絞りF2.8で撮影した「さそり座・いて座」

撮影データ；DG SUMMILUX 12mm / F1.4 ASPH. 絞りF2.8 ルミックスDC-GH5（ISO800, RAW）露出2分 赤道儀で追尾撮影 Camera Rawで現像 Photoshop CCで画像処理 Nik Collection"Viveza"で光害カブリと地上風景を修整 地上風景はF1.4 30秒露出の画像をレイヤーマスク合成

A3ノビ用紙にプリントしたときの星像の様子

実画面寸法：17.3mm×13.0mm　プリント寸法：426×320mm（プリント倍率24.6倍）

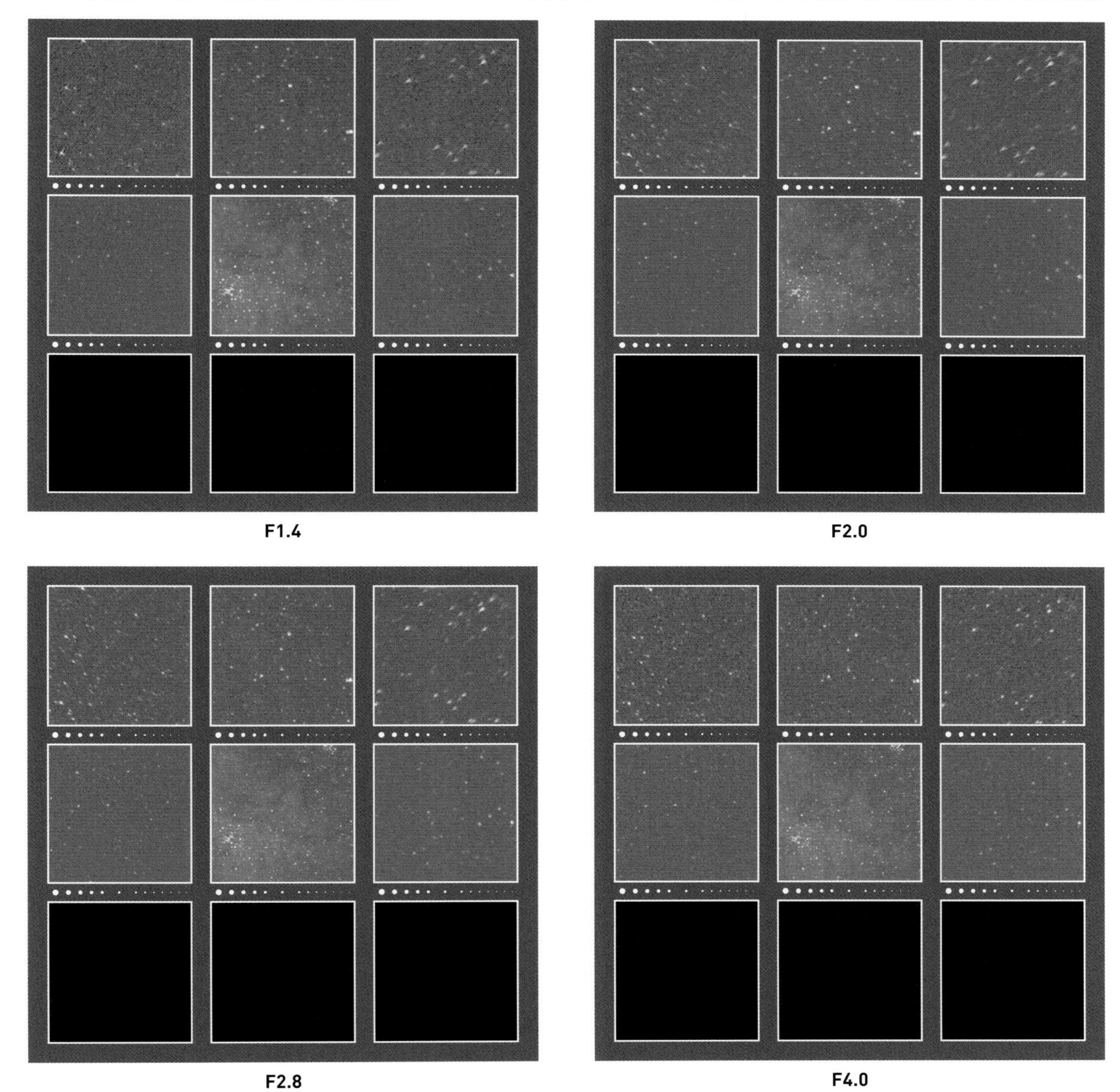

星空を撮影したときの周辺減光の様子

F1.4

F2.0

F2.8

F4.0

LEICA
DG SUMMILUX 15mm / F1.7 ASPH. (パナソニック扱い)

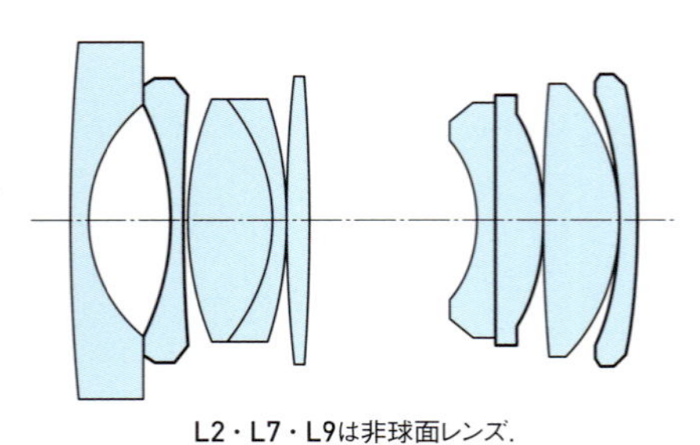

L2・L7・L9は非球面レンズ.

焦点距離：15mm
35mm判換算：30mm
最大絞り：F1.7
最小絞り：F16
最短撮影距離：0.2m
対角線画角：72°
レンズ構成：7群9枚
絞り羽根：7枚
フィルター径：46mm
大きさ：φ57.5mm×L36mm
重さ：115g
価格(税別)：70,000円
発売年月：2014年3月

F1.7 —— 中心から70%くらいの範囲の星像は充分にシャープ．画面の四隅では星像は収差であまくなるが形の崩れもボケる量も少ないので画面の印象は悪くない．周辺光量は,画面の四隅で2段分弱の減光が見られるが減光の様子はなだらかである.

F2.0 —— 開放から1/2段絞っても星像はそう違わない．

F2.8 —— 画面のごく四隅で明るめの星にメリジオナル方向の軽微な流れが残るが，ほぼ全画面で良い星像が得られる．

F1.4よりも1/2段暗い準広角レンズ．絞り開放でも周辺星像の崩れが少ない優れたレンズ．

絞りF2.8で撮影した「正中する天の川銀河の中心方向の眺め」

撮影データ；DG SUMMILUX 15mm / F1.7 ASPH. 絞りF2.8 ルミックスDMC GH-4（ISO400，RAW） 露出4分 赤道儀で追尾撮影 Camera Rawで現像 Photoshop CCで画像処理 Nik Collection“Viveza”で光害カブリと地上風景を修整

A3ノビ用紙にプリントしたときの星像の様子

実画面寸法：17.3mm×13.0mm　プリント寸法：426×320mm（プリント倍率24.6倍）

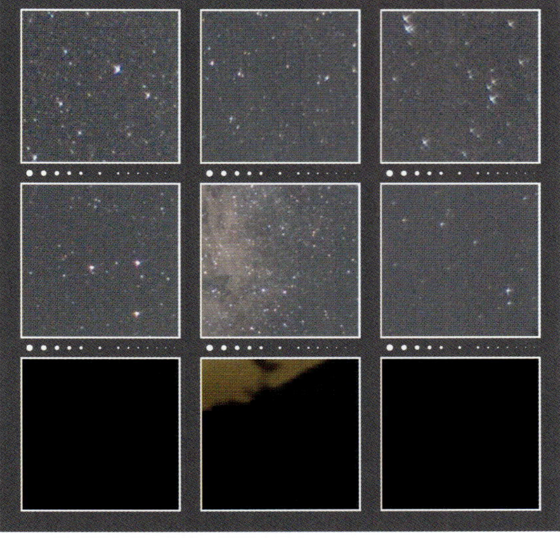

F1.7

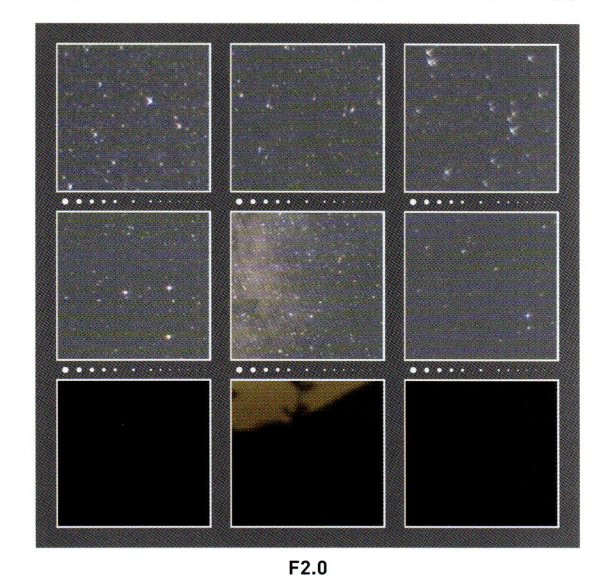

F2.0

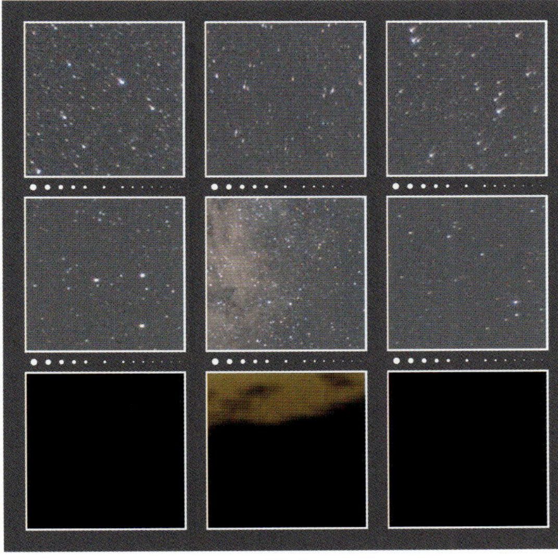

F2.8

星空を撮影したときの周辺減光の様子

F1.7

F2.0

F2.8

LEICA
DG SUMMILUX 25mm / F1.4 ASPH. (パナソニック扱い)

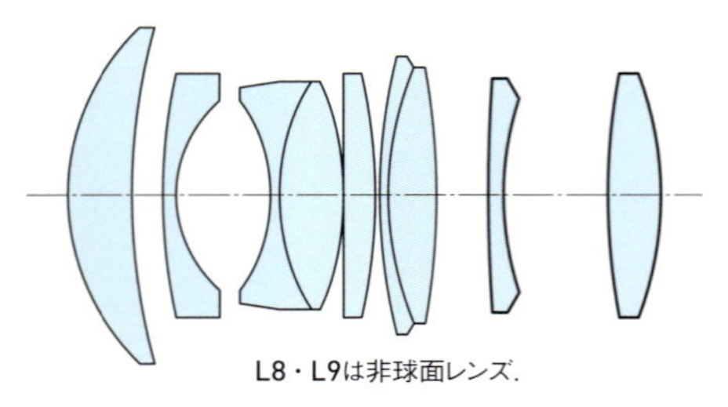

L8・L9は非球面レンズ.

焦点距離：25mm
35mm判換算：50mm
最大絞り：F1.4
最小絞り：F16
最短撮影距離：0.3m
対角線画角：47°
レンズ構成：7群9枚
絞り羽根：7枚
フィルター径：46mm
大きさ：φ63mm×L54.5mm
重さ：200g
価格(税別)：70,000円
発売年月：2011年7月

F1.4 —— 画面の中心から50%くらいまでの星像は絞り開放から良い．そこから周辺に向けて星像はサジッタル コマ フレアで徐々にあまくなるが，画面四隅でもそう大きくは崩れずによく収束している．縦色収差と倍率の色収差は若干認められる．周辺光量は，画面の四隅で2段分強ほどの減光が認められる．

F2.0 —— サジッタルコマフレアがかなり抑えられる．

F2.8 —— 画面の四隅まで非常に良い星像となる．周辺減光も大幅に軽減される．

F4.0 —— 均質性が増して申し分のない高画質．

絞り開放でも周辺星像の崩れはそう大きくなく，1段絞るごとに確実に画質が高まる．F2.8で画面の隅々まで良好な星像が得られる堅調な標準レンズ．

絞りF2.8で撮影した「昇る さそり座」

撮影データ；DG SUMMILUX 25mm / F1.4 ASPH. 絞りF2.8 オリンパス OM-D E-M10 (ISO800, RAW) 露出2分 赤道儀で追尾撮影 Camera Rawで現像 Photoshop CCで画像処理 Nik Collection“Viveza”で光害カブリを修整

A3ノビ用紙にプリントしたときの星像の様子

実画面寸法：17.3mm×13.0mm　プリント寸法：426×320mm（プリント倍率24.6倍）

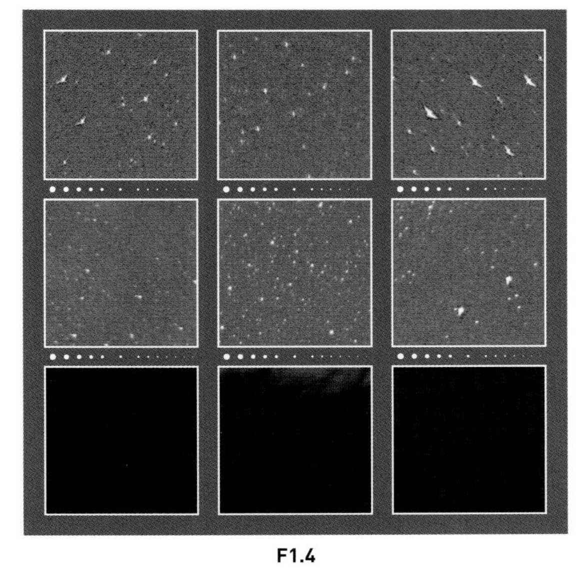

F1.4

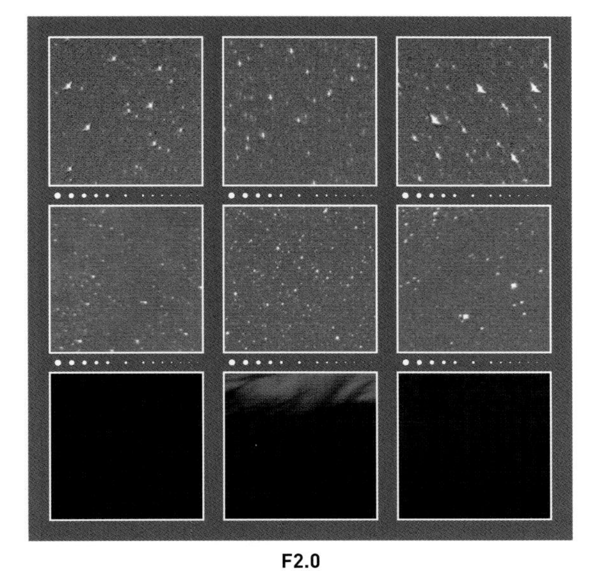

F2.0

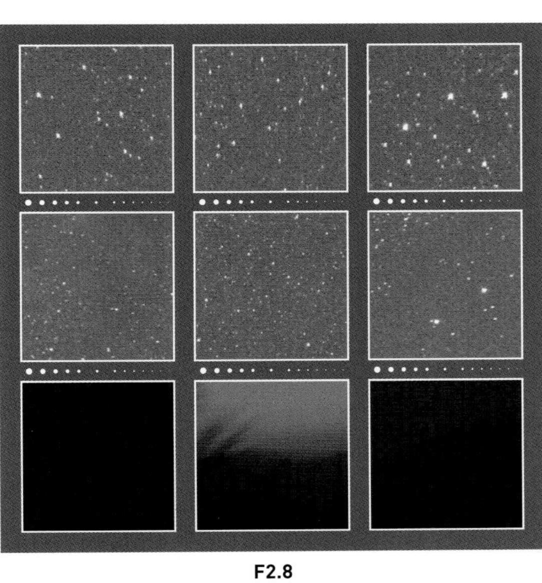

F2.8

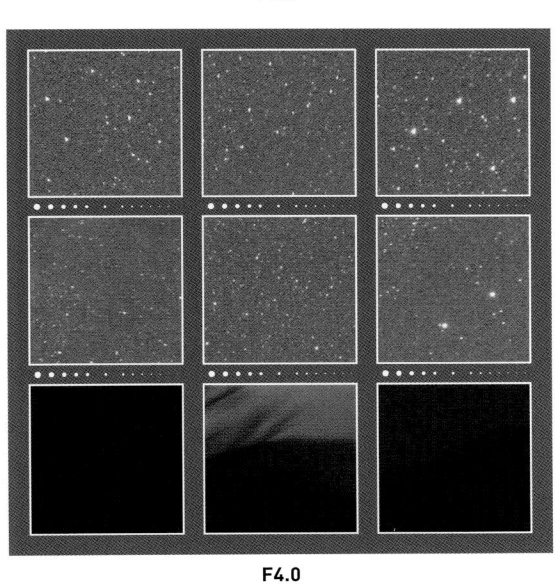

F4.0

星空を撮影したときの周辺減光の様子

F1.4

F2.0

F2.8

F4.0

LEICA
DG NOCTICRON 42.5mm / F1.2 ASPH. / POWER O.I.S.（パナソニック扱い）

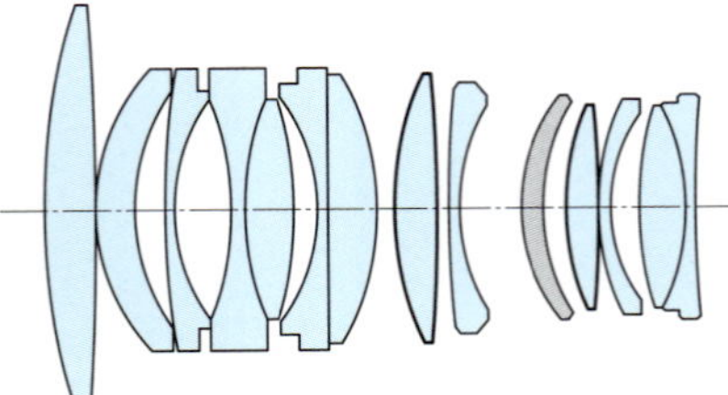
L8・L11は非球面レンズ.
L10はEDレンズ.

焦点距離：42.5mm
35mm判換算：85mm
最大絞り：F1.2
最小絞り：F16
最短撮影距離：0.5m
対角線画角：29°
レンズ構成：11群14枚
絞り羽根：9枚
フィルター径：67mm
大きさ：φ74mm×L76.8mm
重さ：425g
価格（税別）：200,000円
発売年月：2014年1月

F1.2 —— F1.2という非常に明るい中望遠レンズだが，星像は絞り開放から極めて良好で，とくに画面の中心から90%くらいまでは申し分ない．色収差も倍率の色収差もよく補正されている．周辺光量は，画面の四隅で2段分ほどある．画面左上隅の星像が流れ気味なのは個体の問題と思われる．

F1.4 —— 微光星の描写が少し向上する以外は絞り開放と大差はない．

F2.0 —— 画面の四隅まで微光星がよく描写され，周辺減光もかなり低減されて申し分ない．

F2.8 —— 絞り込むことで個体の問題のある画面左上隅まで良像になる．

絞り開放から素晴らしい星像が得られる最高のマイクロフォーサーズ用の中望遠レンズ．

絞りF2.0で撮影した「いて座北部の天の川」

撮影データ；DG NOCTICRON 42.5mm / F1.2 ASPH. / POWER O.I.S. 絞りF2.0 ルミックスDMC GH-4（ISO400，RAW）露出2分 赤道儀で追尾撮影 Camera Rawで現像とノイズ低減 Photoshop CCで画像処理

A3ノビ用紙にプリントしたときの星像の様子

実画面寸法：17.3mm×13.0mm　プリント寸法：426×320mm（プリント倍率24.6倍）

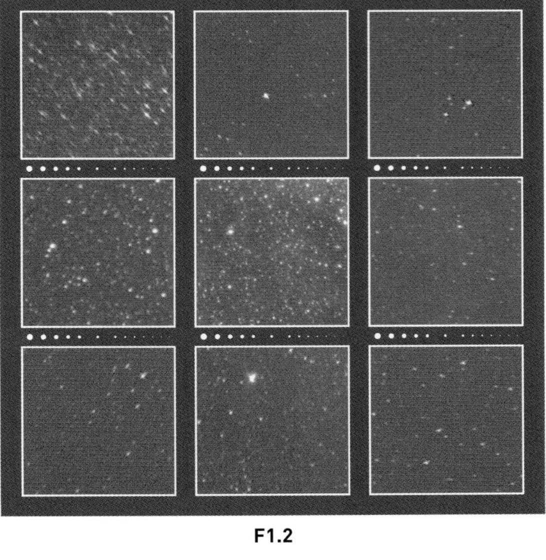

F1.2

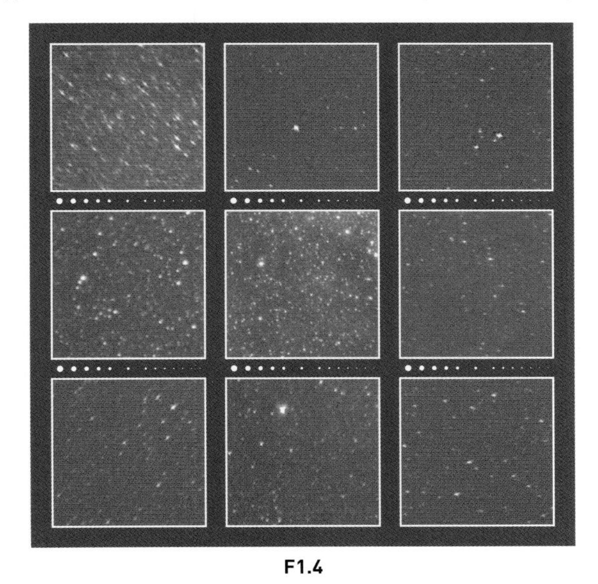

F1.4

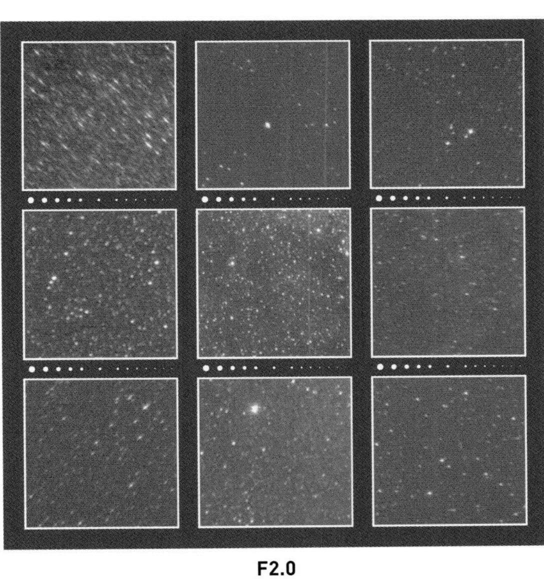

F2.0

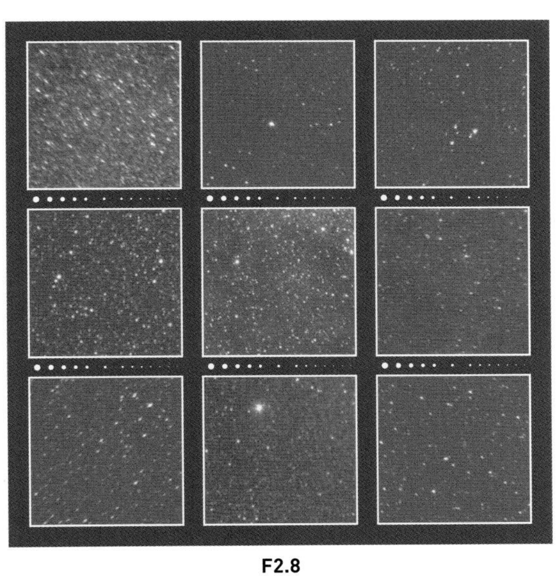

F2.8

星空を撮影したときの周辺減光の様子

F1.2

F1.4

F2.0

F2.8

OLYMPUS
M.ZUIKO DIGITAL ED 7-14mm F2.8 PRO

焦点距離：7-14mm
35mm判換算：14-28mm
最大絞り：F2.8
最小絞り：F22
最短撮影距離：0.2m（長焦点端0.24m）
対角線画角：114°-75°
レンズ構成：11群14枚
絞り羽根：7枚
フィルター：装着不可
大きさ：φ78.9mm×L105.8mm
重さ：534g
価格（税別）：170,000円
発売年月：2015年6月

短焦点端 7mm

F2.8 —— 絞り開放から見事な星像が得られている．微光星は画面の四隅まで良像基準に達しており，明るめの星も収差による崩れは小さい．子細に見ると中間画角部で星像はいったん放射方向に流れているが気づかないほど微小である．縦色収差も倍率の色収差もよく補正されている．周辺光量は画面の四隅で2段分弱の減光があるが，なだらかで目立ちにくい．

F4.0 —— 絞り開放と変わらない良好な星像．周辺光量が増して均質性が高まる．明るい超広角ズームの短焦点端として極めて優れた画質．

絞りF2.8開放で撮影した「男体山から昇る冬の星座と天の川」

撮影データ；M.ZUIKO DIGITAL ED 7-14mm F2.8 PRO 焦点距離7mm 絞りF2.8 オリンパスOM-D E-M5 MarkII（ISO800，RAW） 露出2分 赤道儀で追尾撮影 Camera Rawで現像 Photoshop CCで画像処理 Nik Collection"Viveza"で光害カブリを修整 Nik Collection"Dfine"でノイズ低減

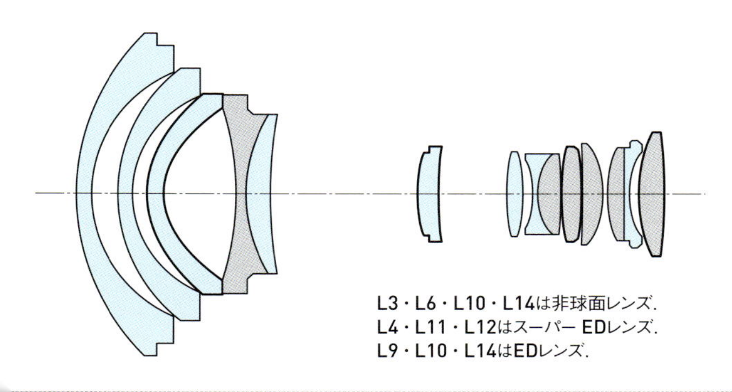

短焦点端 7mm

A3ノビ用紙にプリントしたときの星像の様子

実画面寸法：17.3mm×13.0mm　プリント寸法：426×320mm（プリント倍率24.6倍）

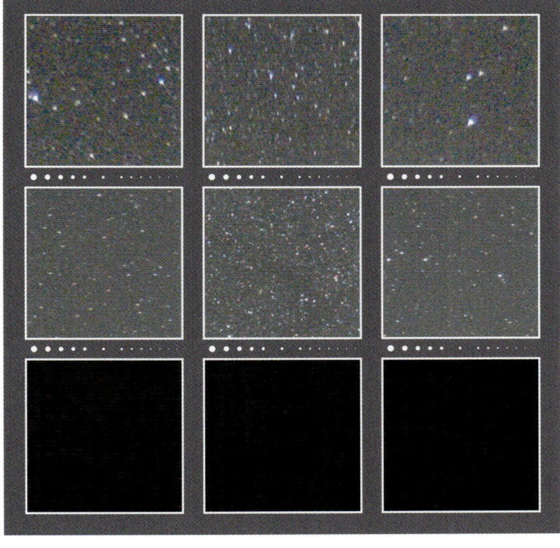

F2.8

F4.0

星空を撮影したときの周辺光量の様子

F2.8

F4.0

OLYMPUS
M.ZUIKO DIGITAL ED 7-14mm F2.8 PRO

長焦点端 14mm

F2.8 —— 画面の中心から70%くらいまでの星は絞り開放から良い．そこから周辺に向けて星像はコマ収差であまくなるが，集光が良いので明るい星でも形の崩れは大きくない．縦色収差も倍率の色収差もよく補正されている．周辺光量は画面の四隅で2段分弱の減光があるが，なだらかで目立ちにくい．

F4.0 —— 周辺画質が目立って良くなり，微光星の写りが鮮鋭になり，明るめの星の集光もさらに良くなる．周辺減光も低減するので全体的に均質性の高い非常に良い画面となる．

35mm判フルサイズ換算で14 ～ 28mmレンズ相当の画角を有する超広角ズームで，しかもF2.8と明るいにもかかわらず，絞り開放から良質な星空写真が得られる．高価だが最高の画質のマイクロフォーサーズ用超広角ズームレンズ．

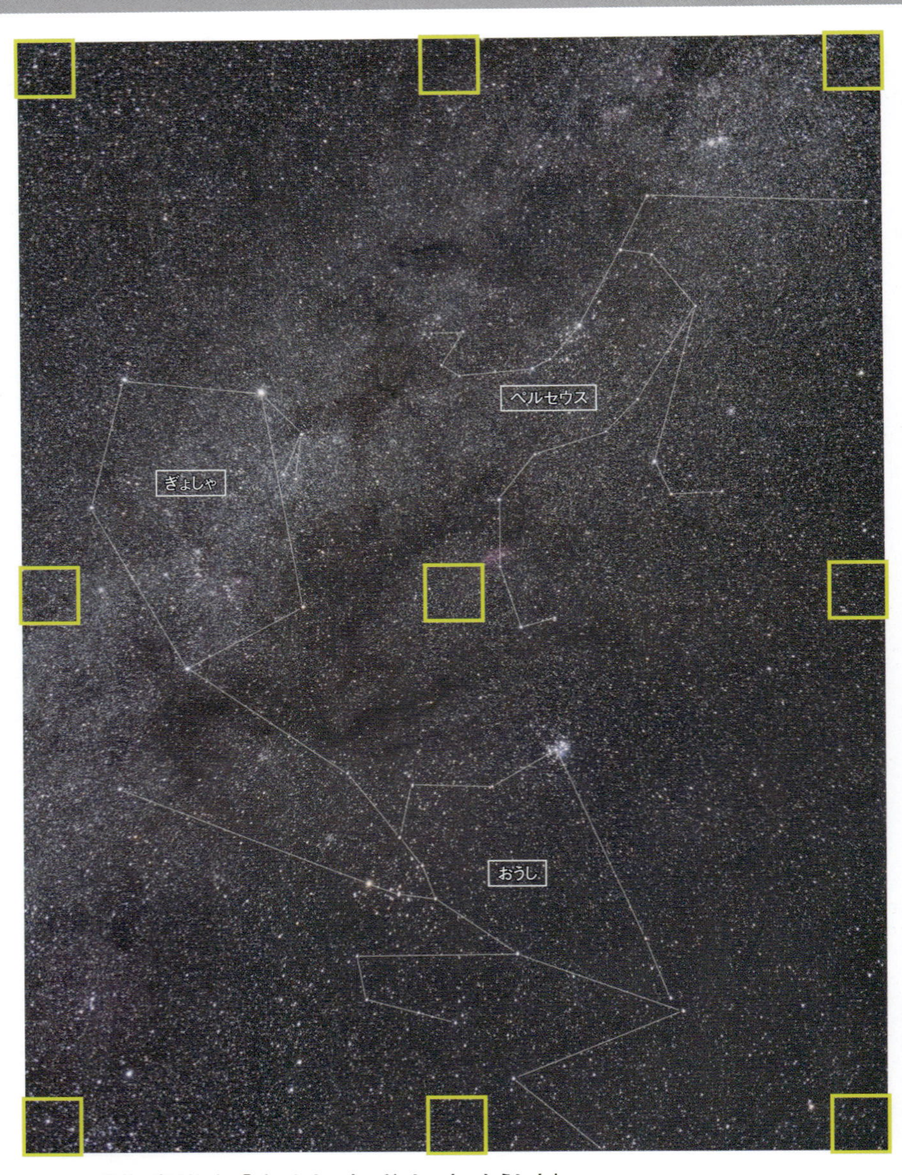

絞りF4.0開放で撮影した「ペルセウス座・ぎょしゃ座・おうし座」

撮影データ；M.ZUIKO DIGITAL ED 7-14mm F2.8 PRO 焦点距離14mm 絞りF2.8 オリンパスOM-D E-M5 MarkⅡ（ISO800，RAW） 露出2分×4コマ加算平均 赤道儀で追尾撮影 Camera Rawで現像 Photoshop CCで画像処理 Nik Collection"Dfine"でノイズ低減

長焦点端 14mm

A3ノビ用紙にプリントしたときの星像の様子

実画面寸法：17.3mm×13.0mm　プリント寸法：426×320mm（プリント倍率24.6倍）

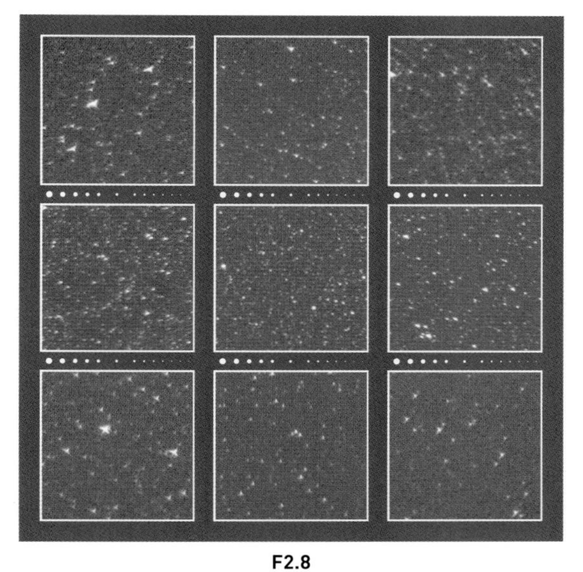

F2.8

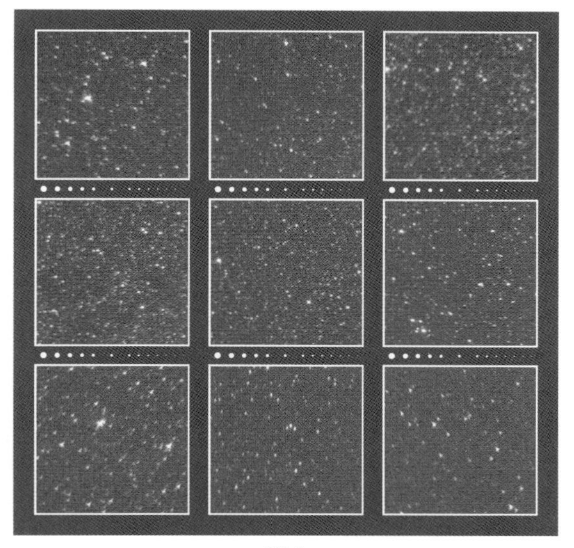

F4.0

星空を撮影したときの周辺光量の様子

F2.8

F4.0

OLYMPUS
M.ZUIKO DIGITAL ED 12-100mm F4.0 IS PRO

焦点距離：12-100mm
35mm判換算：24-200mm
最大絞り：F4.0
最小絞り：F22
最短撮影距離：0.15m（長焦点端0.45m）
対角線画角：84°-12°
レンズ構成：11群17枚
絞り羽根：7枚
フィルター径：72mm
大きさ：φ77.5mm×L116.5mm
重さ：561g
価格（税別）：175,000円
発売年月：2016年11月

短焦点端 12mm

F4.0 —— 中心から70%付近にかけて星像は放射方向にわずかに伸びているが絞り開放の星像としては非常に良い．画面の四隅でも星像の崩れはごく少ない．微光星の写りは周辺に向けて徐々にあまくなるが四隅でも悪くない．縦色収差も倍率の色収差もよく補正されている．周辺光量は画面の四隅で1段分強の減光が見られるが目立たない．
F5.6 —— 周辺減光もかなり改善されて均一性の高い画面となる．星像は絞り開放と大差はない．

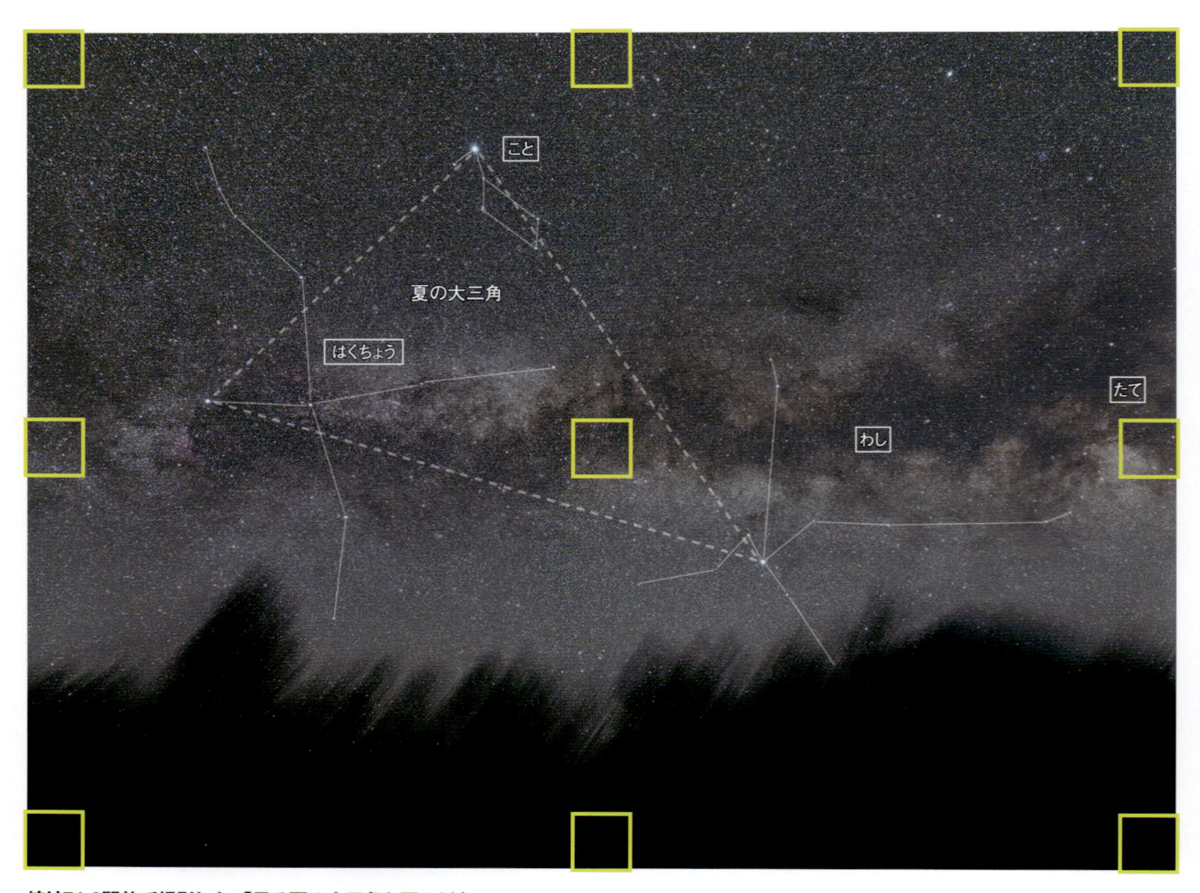

絞りF4.0開放で撮影した「昇る夏の大三角と天の川」

撮影データ；M.ZUIKO DIGITAL ED 12-100mm F4.0 IS PRO 焦点距離12mm 絞りF4.0 オリンパスOM-D E-M1 MarkⅡ（ISO1600，RAW） 露出4分×5コマ加算平均 赤道儀で追尾撮影 Camera Rawで現像 Photoshop CCで画像処理 Nik Collection"Viveza"で光害カブリを修整 Nik Collection"Dfine"でノイズ低減

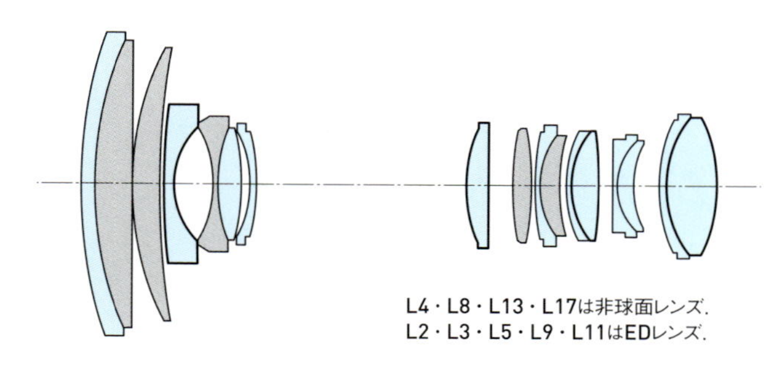

短焦点端 12mm

A3ノビ用紙にプリントしたときの星像の様子

実画面寸法：17.4mm×13.0mm　プリント寸法：426×320mm（プリント倍率24.6倍）

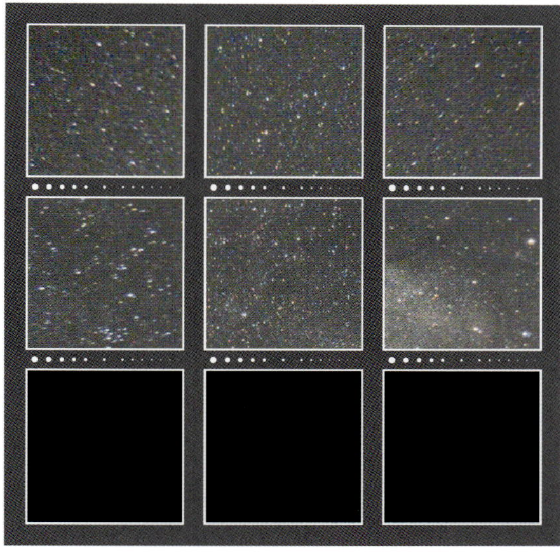

F4.0

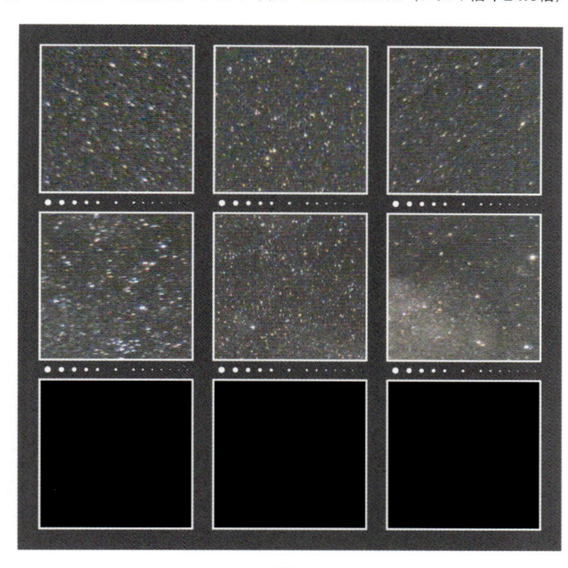

F5.6

星空を撮影したときの周辺光量の様子

F4.0

F5.6

OLYMPUS
M.ZUIKO DIGITAL ED 12-100mm F4.0 IS PRO

長焦点端 100mm

F4.0 —— 絞り開放から星像は良好である. 画面全域で微光星は良像基準に達している. 画面のごく四隅に位置する明るめの星は収差によって三角形状になっているが集光が鋭いので気にならない. 縦色収差と倍率の色収差はともによく補正されている. 周辺光量は, 画面の四隅で1段分くらいの減光があるが, 減光は目立ちにくい. 開放絞りにもかかわらず, 輝星には絞り羽根によると思われる軽微な回折像が見られる.

F4.0 —— 四隅にある明るめの星はさらに集光が良くなり, 周辺の微光星の描写性も向上する. 周辺減光も目立たなくなって申し分のない画面となる.

35mm判フルサイズ換算で24 ～ 200mmレンズ相当の画角をカバーする8.3倍の高倍率ズーム. 星像は絞り開放から良好で信頼性は高い. これ1本で星空風景や星座, 大きめの星雲・星団撮影までコンパクトなシステムでこなすことができる.

絞りF4.0開放で撮影した「はくちょう座の北アメリカ星雲とペリカン星雲」

撮影データ；M.ZUIKO DIGITAL ED 12-100mm F4.0 IS PRO 焦点距離100mm 絞りF4.0 オリンパスOM-D E-M10（ISO1600, RAW） 露出4分×4コマ加算平均 赤道儀で追尾撮影 Camera Rawで現像 Photoshop CCで画像処理 Nik Collection"Dfine"でノイズ低減

長焦点端 100mm

A3ノビ用紙にプリントしたときの星像の様子

実画面寸法：17.3mm×13.0mm　プリント寸法：426×320mm（プリント倍率24.6倍）

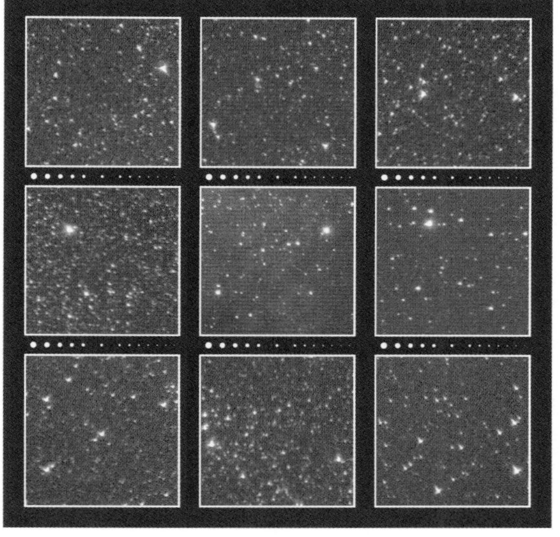

F4.0

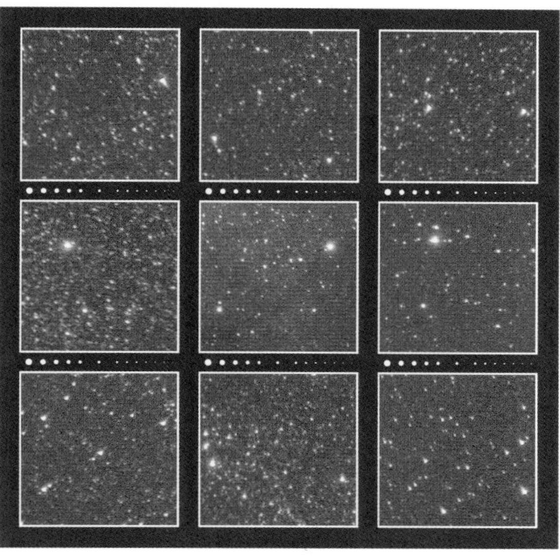

F5.6

星空を撮影したときの周辺光量の様子

F4.0

星空を撮影したときの周辺光量の様子

F5.6

OLYMPUS
M.ZUIKO DIGITAL ED 12-40mm F2.8 PRO

焦点距離：12-40mm
35mm判換算：24-80mm
最大絞り：F2.8
最小絞り：F22
最短撮影距離：0.2m
対角線画角：84°-30°
レンズ構成：9群14枚
絞り羽根：7枚
フィルター径：62mm
大きさ：φ69.9mm×L84mm
重さ：382g
価格（税別）：107,000円
発売年月：2013年11月

短焦点端 12mm

F2.8 —— 明るい標準ズームの絞り開放としては非常に良い画面．中心から70％くらいまでの星像はとくに良い．画面の周辺にかけては星像は放射方向にわずかに伸びているがごくわずかで崩れは少ない．縦色収差も倍率の色収差もよく補正されている．周辺光量は画面の四隅で1段半分強の減光が見られる．

F4.0 —— 画面周辺の微光星の描写が向上し，周辺減光が改善される以外は絞り開放と変わらない優れた画質．

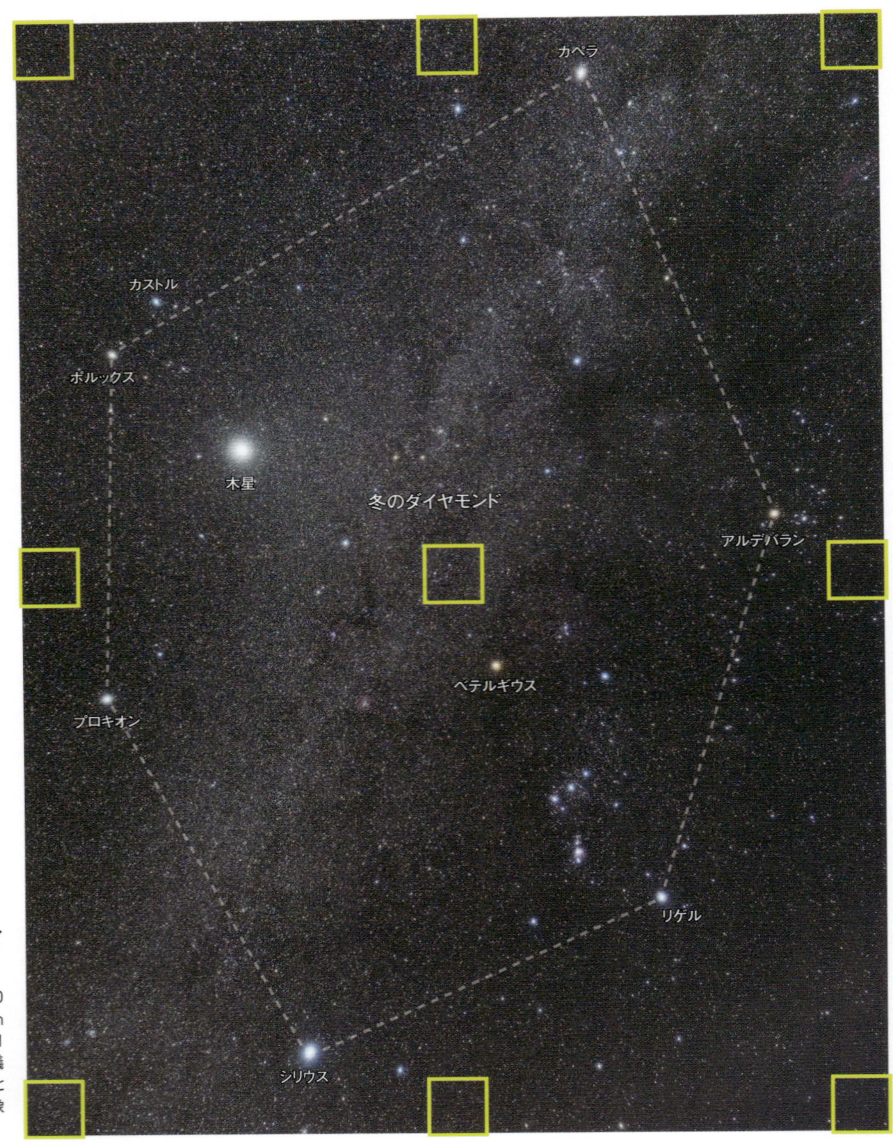

絞りF2.8開放で撮影した「風花に輝星がにじむ冬のダイヤモンドと木星」

撮影データ；M.ZUIKO DIGITAL ED 12-40mm F2.8 PRO 焦点距離12mm 絞りF2.8 オリンパスOM-D E-M1（ISO800，RAW） 露出2分 赤道儀で追尾撮影 Camera Rawで現像とノイズを低減 Photoshop CCで画像処理

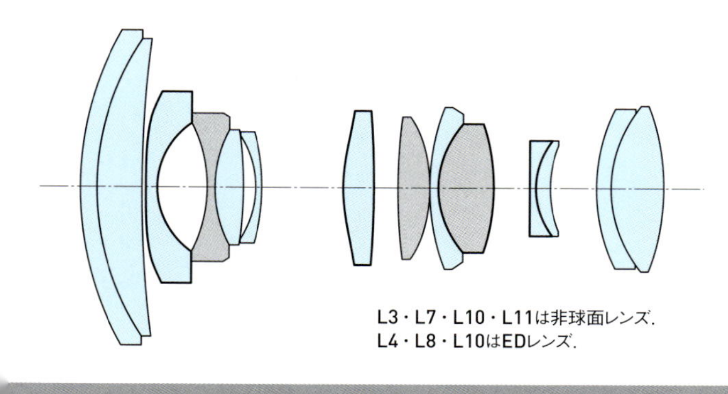

L3・L7・L10・L11は非球面レンズ.
L4・L8・L10はEDレンズ.

短焦点端 12mm

A3ノビ用紙にプリントしたときの星像の様子

実画面寸法：17.3mm×13.0mm　プリント寸法：426×320mm（プリント倍率24.6倍）

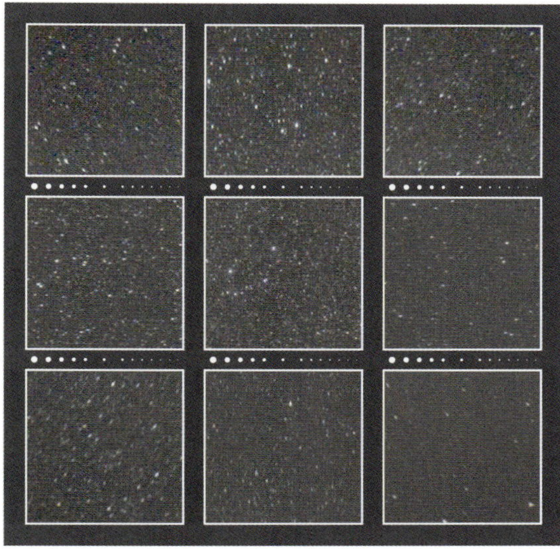

F2.8

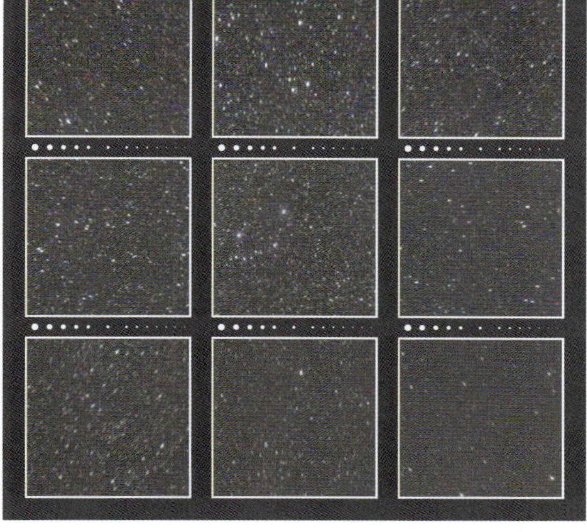

F4.0

星空を撮影したときの周辺光量の様子

F2.8

F4.0

OLYMPUS
M.ZUIKO DIGITAL ED 12-40mm F2.8 PRO

長焦点端 40mm

F2.8 ―― 画面の中心から80%くらいの範囲内の星像は非常に良い．微光星はその外側から画面の四隅にかけても良像基準に達しているが，明るめの星は収差で矢印のような形状に描写される．縦色収差と倍率の色収差はよく補正されていて周辺星像にも色ズレは見られない．周辺光量は画面の四隅で1段半分強の減光がある．

F4.0 ―― 画面の四隅まで素晴らしい星像が得られる．画面四隅の明るめの星の像は，サジッタル方向もメリジオナル方もコマが著しく抑えられて整った形に描写されており申し分ない．微光星の描写も向上している．周辺減光はF2.8よりも改善されるが，四隅ではまだ1段分弱くらいの減光がある．なお，周辺光量のテスト画像の右下隅の陰りは地上物によるもので光学的なケラレなどによるものではない．

明るい標準ズームだが絞り開放から星像が良く信頼性の高いレンズ．

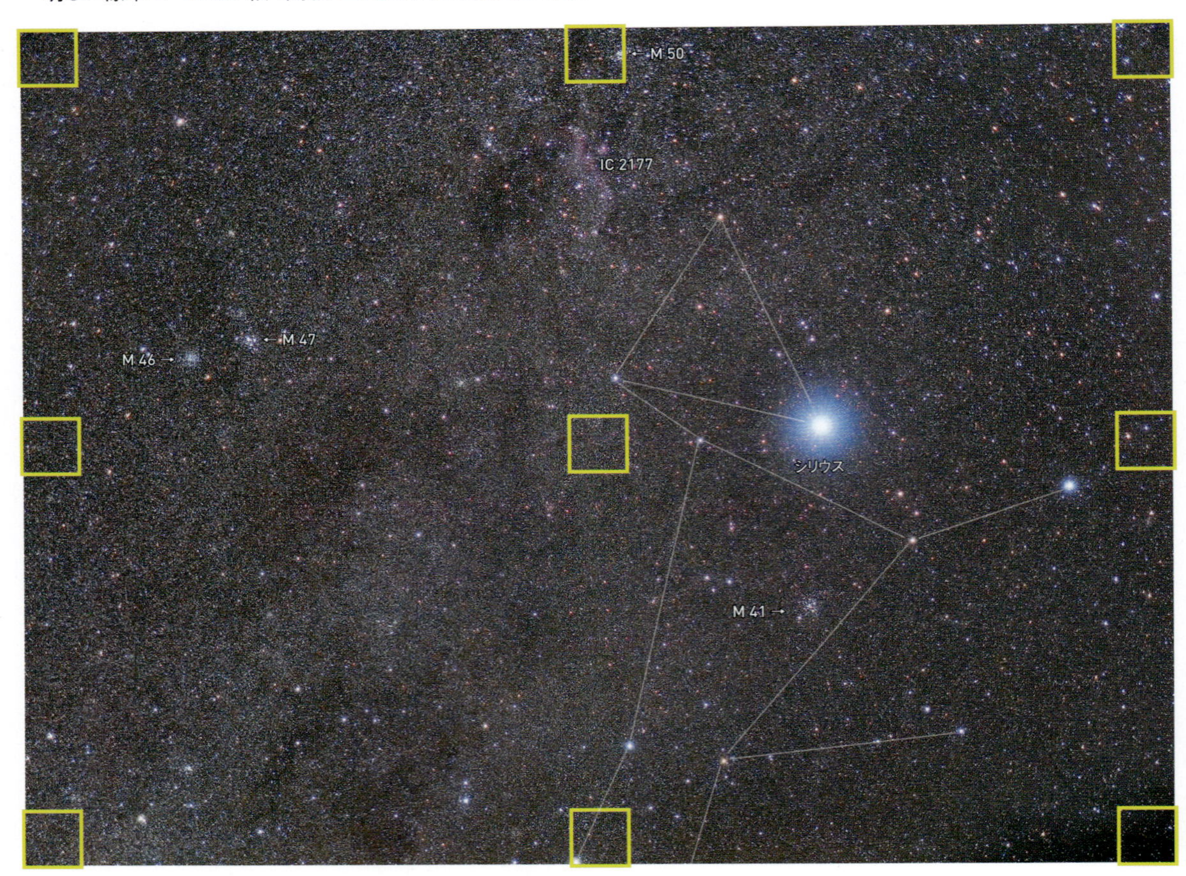

絞りF2.8開放で撮影した「おおいぬ座の−1.5等星シリウスと明るい散開星団」

撮影データ；M.ZUIKO DIGITAL ED 12-40mm F2.8 PRO 焦点距離40mm 絞りF2.8 オリンパスOM-D E-M1（ISO800，RAW） 露出2分×4コマ加算平均 赤道儀で追尾撮影 Camera Rawで現像とノイズを低減 Photoshop CCで画像処理

長焦点端 40mm

A3ノビ用紙にプリントしたときの星像の様子

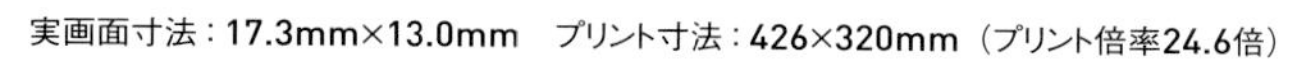
実画面寸法：17.3mm×13.0mm　プリント寸法：426×320mm（プリント倍率24.6倍）

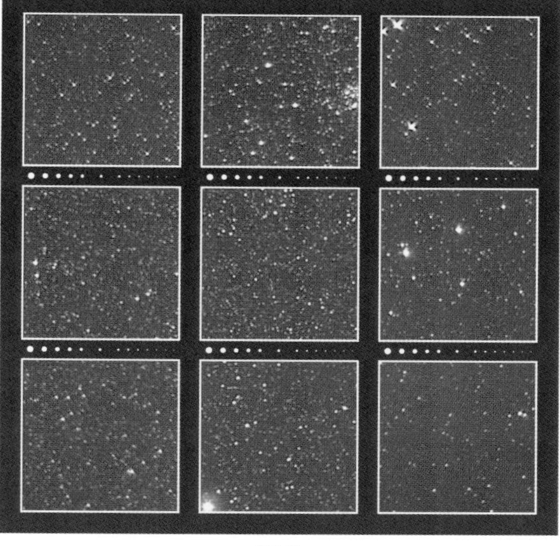

F2.8

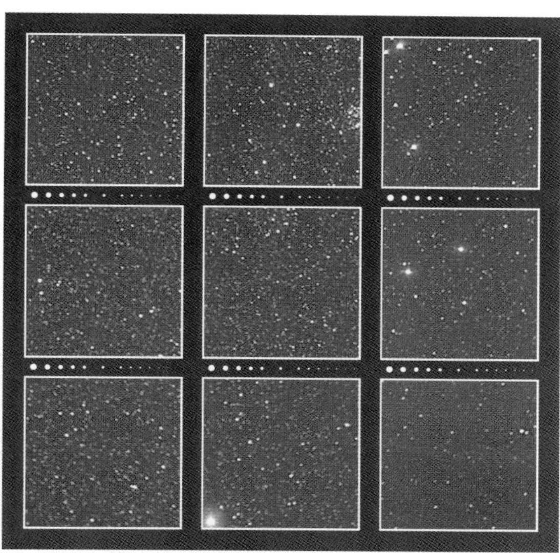
F4.0

星空を撮影したときの周辺光量の様子

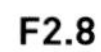
F2.8

F4.0

OLYMPUS
M.ZUIKO DIGITAL ED 40-150mm F2.8 PRO

焦点距離：40-150mm
35mm判換算：80-300mm
最大絞り：F2.8
最小絞り：F22
最短撮影距離：0.7m
対角線画角：30°-8.2°
レンズ構成：10群16枚
絞り羽根：9枚
フィルター径：72mm
大きさ：φ79.4mm×L164mm
重さ：880g（三脚座含む）
価格（税別）：185,000円
発売年月：2014年11月

短焦点端 40mm

F2.8 —— 画面中心から80%くらいまでの範囲の星像は良好．そこから周辺に向けて星像は放射方向に若干伸びながらあまくなるが全体的にはかなり良いイメージ．明るめの星は画面の四隅ではあまいものの形は崩れていないが，微光星の描写画面中心と比較すると劣る．周辺光量は画面の四隅で1段強の減光が認められるが豊富な方である．
F4.0 —— 画面の四隅だけは軽微な星像の伸びがまだ認められるが申し分のない高画質．

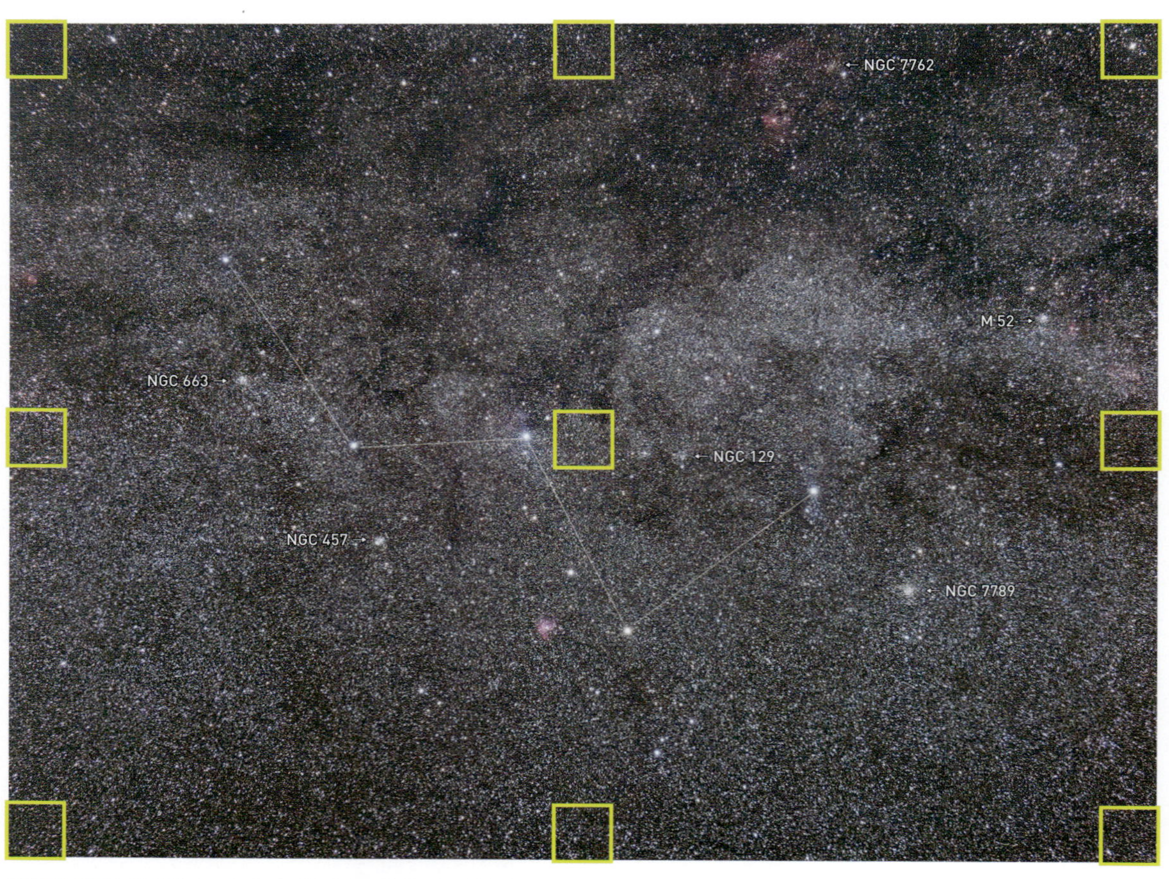

絞りF2.8開放で撮影した「カシオペヤ座のW字形の星列付近に見られる主な散開星団」

撮影データ；M.ZUIKO DIGITAL ED 40-150mm F2.8 PRO 焦点距離40mm 絞りF2.8 オリンパスOM-D E-M1 MarkⅡ（ISO1600，RAW）
露出1分×4コマ加算平均 赤道儀で追尾撮影 Camera Rawで現像とノイズ低減 Photoshop CCで画像処理

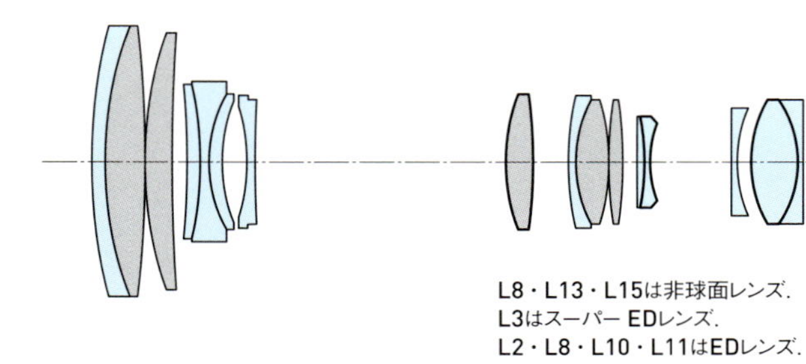

L8・L13・L15は非球面レンズ.
L3はスーパー EDレンズ.
L2・L8・L10・L11はEDレンズ.

短焦点端 40mm

A3ノビ用紙にプリントしたときの星像の様子

実画面寸法：17.4mm×13.0mm　プリント寸法：426×320mm（プリント倍率24.6倍）

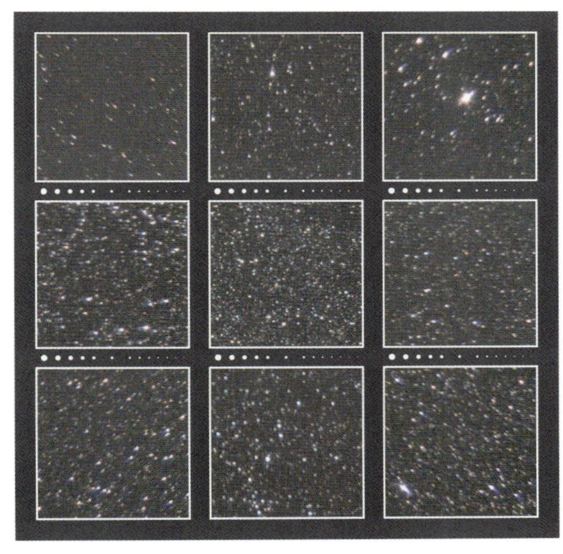

F2.8

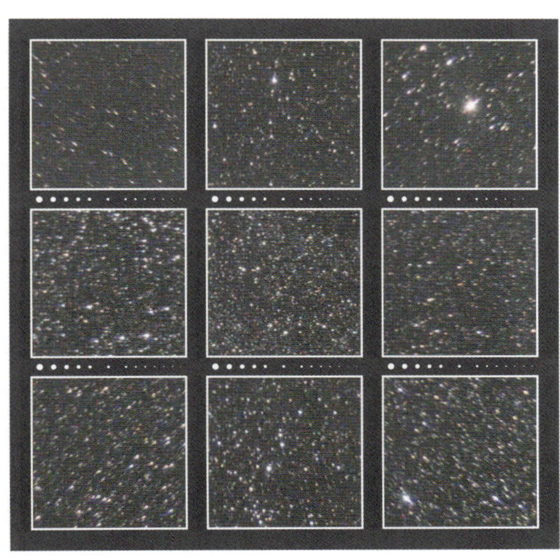

F4.0

星空を撮影したときの周辺光量の様子

F2.8

F4.0

OLYMPUS
M.ZUIKO DIGITAL ED 40-150mm F2.8 PRO

長焦点端 150mm

F2.8 —— 35mm判フルサイズ換算で300mm相当の超望遠だが，絞り開放から非常に素晴らしい星像が得られる．微光星は全域で良像基準に達しており，画面四隅にある明るめの星も収差による形状の崩れはほとんど気にならないほどわずかである．縦色収差も倍率の色収差もよく補正されている．画面の四隅では1段分弱の減光があるが，なだらかなので目立ちにくい．
F4.0 —— 周辺光量が豊富になる以外は，絞り開放とほとんど変わらない非常に優れた画質．

35mm判フルサイズ換算で80 ～ 300mm相当の画角が得られる明るい望遠ズームである．このくらいの焦点距離になるとたくさんの星雲・星団を撮影して楽しむことができる．短焦点端もかなりの高画質だが，長焦点端は絞り開放から極めて素晴らしい星像が得られる上に150mmに達している点で群を抜いている．長焦点端が150mmに達するF2.8の望遠ズームは他にないが，最高のマイクロフォーサーズ用の望遠ズームである．

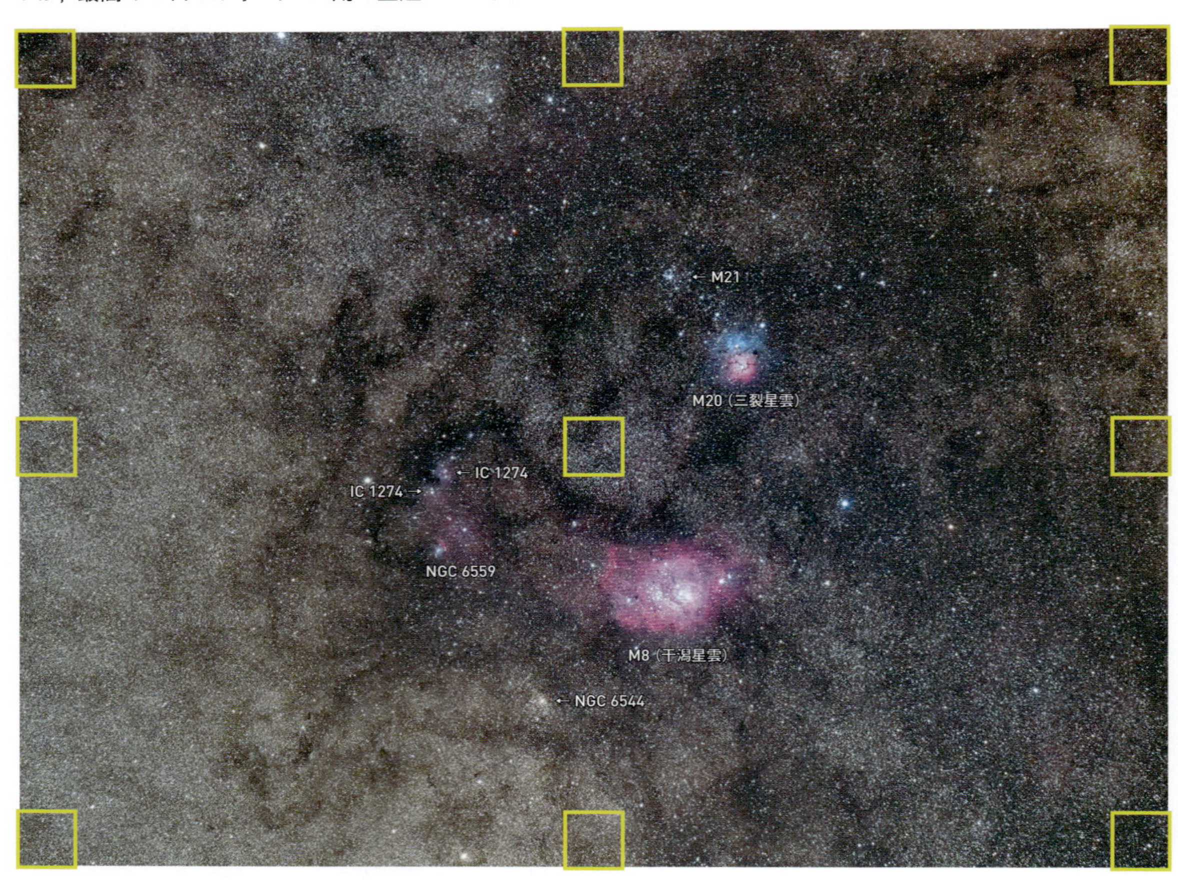

絞りF2.8開放で撮影した「いて座の干潟星雲M8と三裂星雲M20付近の星野」

撮影データ；M.ZUIKO DIGITAL ED 40-150mm F2.8 PRO 焦点距離150mm 絞りF2.8 オリンパスOM-D E-M10（ISO1600，RAW）露出1分×8コマ加算平均 赤道儀で追尾撮影 Camera Rawで現像とノイズ低減 Photoshop CCで画像処理

長焦点端 150mm

A3ノビ用紙にプリントしたときの星像の様子

実画面寸法：17.3mm×13.0mm　プリント寸法：426×320mm（プリント倍率24.6倍）

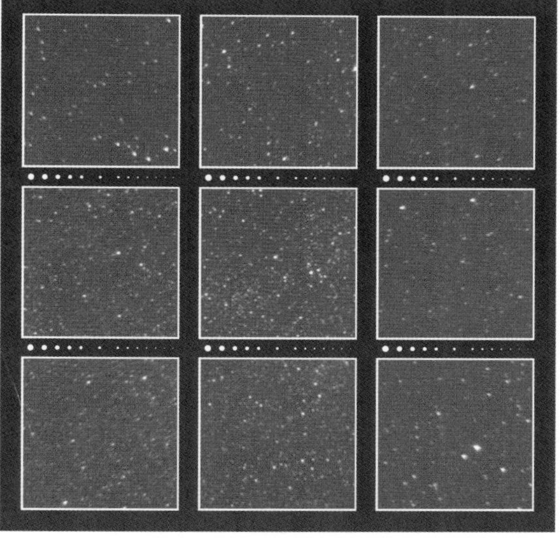

F2.8

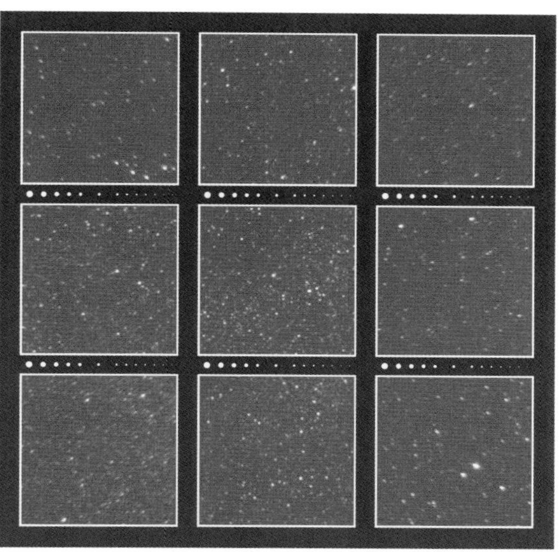

F4.0

星空を撮影したときの周辺光量の様子

F2.8

F4.0

OLYMPUS
M.ZUIKO DIGITAL ED 12mm F2.0

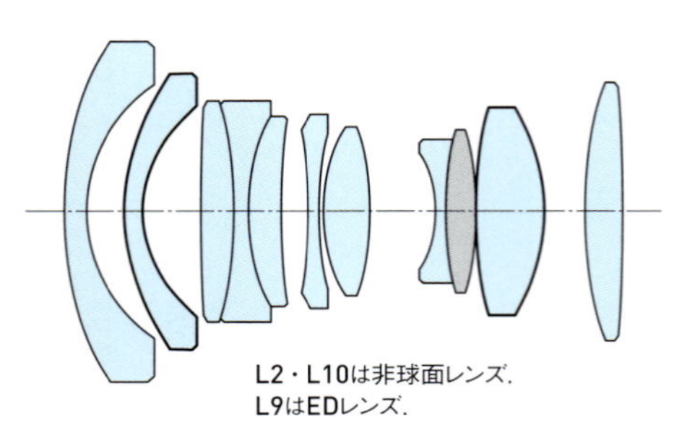

L2・L10は非球面レンズ.
L9はEDレンズ.

焦点距離	12mm
35mm判換算	24mm
最大絞り	F2.0
最小絞り	F22
最短撮影距離	0.2m
対角線画角	84°
レンズ構成	8群11枚
絞り羽根	7枚
フィルター径	46mm
大きさ	φ56mm×L43mm
重さ	130g
価格(税別)	95,000円
発売年月	2011年7月

F2.0 —— 画面の中心から70%までの範囲の星像は絞り開放から良い. そこから画面の四隅に向けて星像はコマ収差で徐々にあまくなるが, 画面の隅でも像の形はそう大きく崩れれない. 色収差はよく補正されているが, 倍率の色収差はわずかに認められ, 四隅の星像を子細に見ると外側が赤く色ズレしているのがわかる. 周辺光量は, 画面の四隅で2段分くらいの減光がある.

F2.8 —— 周辺のコマフレアのサジッタル成分がとくに抑えられ, 全体のシャープさが増す.

F4.0 —— 画面の四隅の明るめの星は放射方向にわずかに流れているが, 全体的に均質性の高い画質になる.

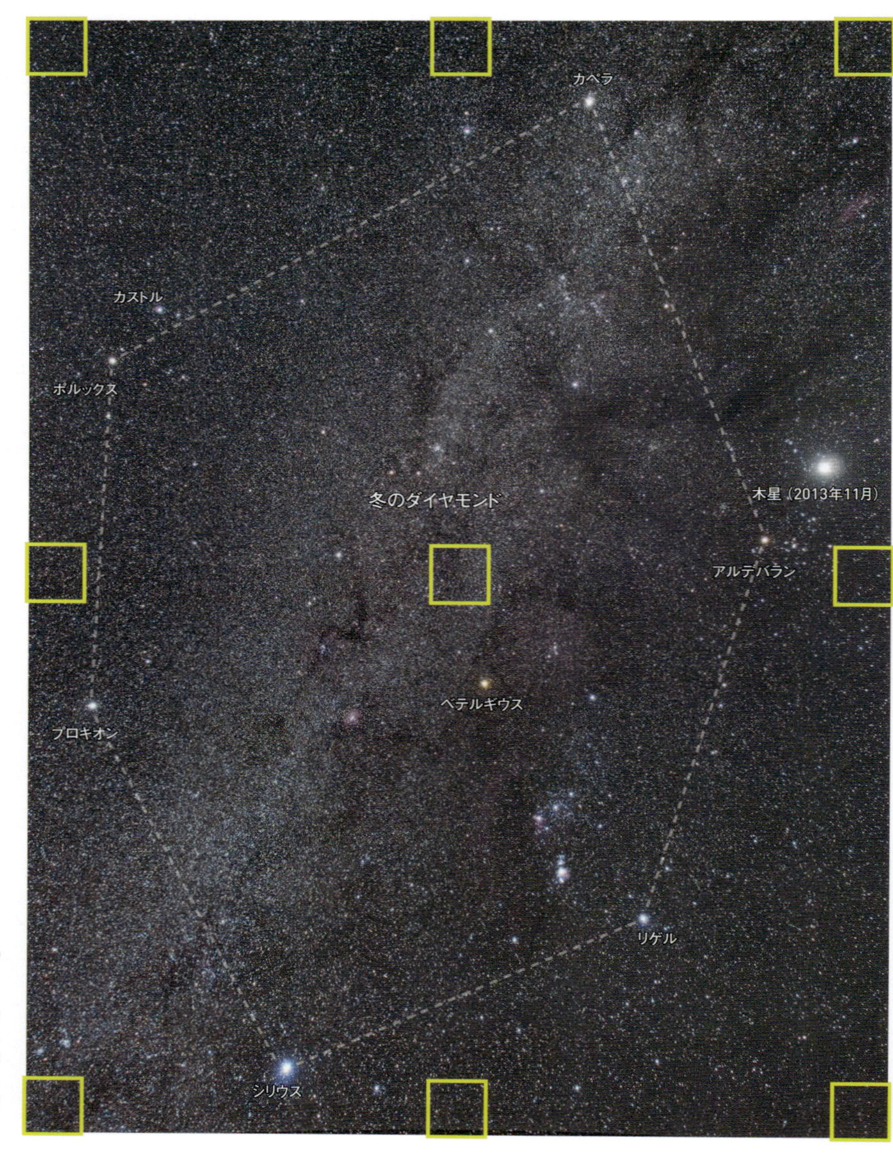

絞りF2.0開放で撮影した「木星が加わった2013年1月の冬のダイヤモンド」

撮影データ；M.ZUIKO DIGITAL ED 12mm F2.0　絞りF2.0　オリンパス OM-D E-M5（ISO400, RAW）　露出4分　赤道儀で追尾撮影　Camera Rawで現像　Photoshop CCで画像処理

A3ノビ用紙にプリントしたときの星像の様子

実画面寸法：17.3mm×13.0mm　プリント寸法：426×320mm（プリント倍率24.6倍）

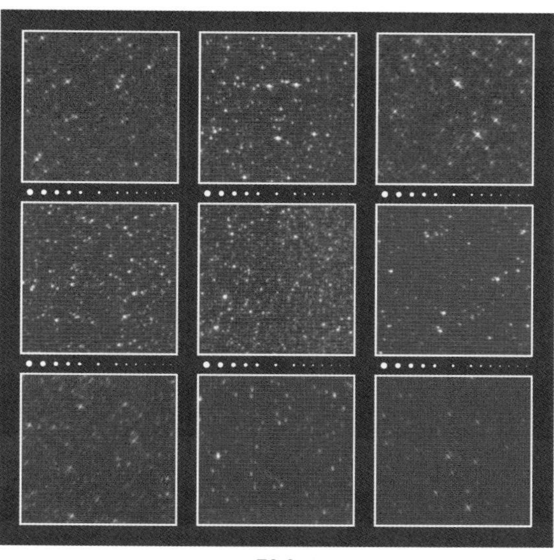

F2.0

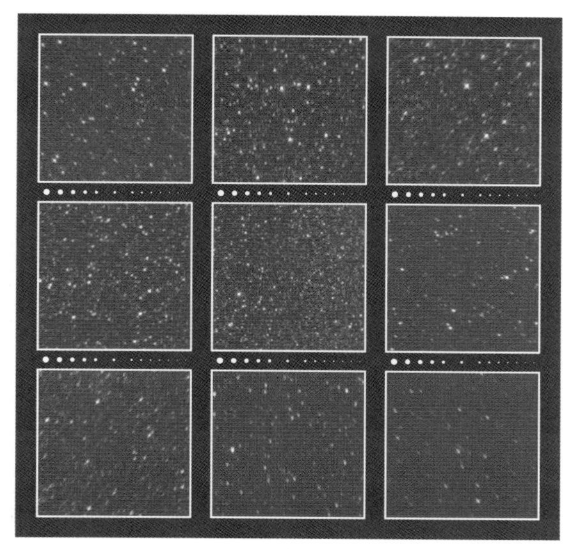

F2.8

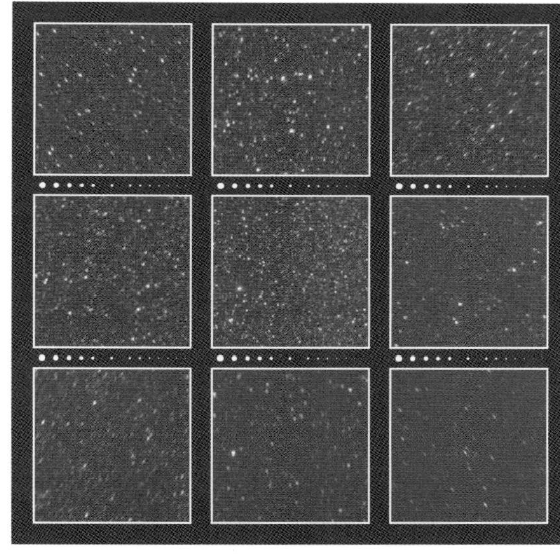

F4.0

星空を撮影したときの周辺減光の様子

F2.0

F2.8

F4.0

OLYMPUS
M.ZUIKO DIGITAL ED 25mm F1.2 PRO

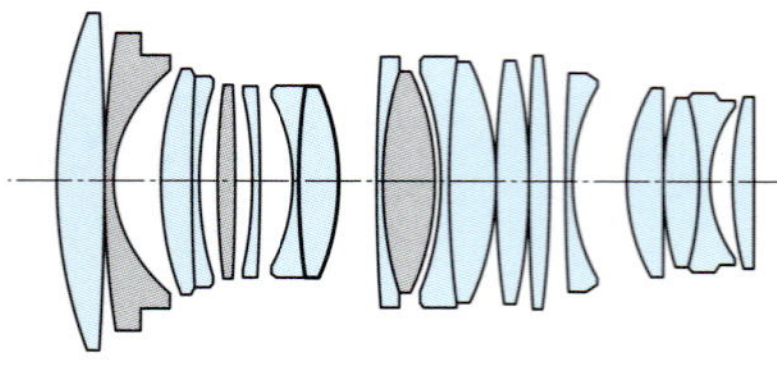

L8は非球面レンズ.
L5はスーパー EDレンズ.
L2・L10はEDレンズ.

焦点距離	25mm
35mm判換算	50mm
最大絞り	F1.2
最小絞り	F16
最短撮影距離	0.3m
対角線画角	47°
レンズ構成	14群19枚
絞り羽根	9枚
フィルター径	62mm
大きさ	φ70mm×L87mm
重さ	410g
価格(税別)	165,000円
発売年月	2016年11月

F1.2 —— 画面の中心から70%まで範囲の星像は鮮鋭度はそれほど高くないもののF1.2の非常に明るいレンズとしてよく整っている．そこから周辺に向けてコマ収差が急速に大きくなり，星像は崩れてあまくなる．縦色収差と倍率の色収差はよく補正されている．周辺光量は画面の四隅で2段分強ほどあって目立つ．

F2.0 —— 開放から1.5段絞るとサジッタルコマフレアがかなり抑えられ，星像の鮮鋭度も増す．

F2.4 —— 開放から2段絞ると全画面でおおむね良い星像が得られる．周辺減光も目立たなくなる．

F2.8 —— 画面の四隅までシャープな星像となる．子細に見ると周辺寄りの中間画角帯の星像に放射方向の伸びがある．

絞りF2.4で撮影した「雨雲が切れ始めて顔をのぞかせたいて座の天の川」

撮影データ；M.ZUIKO DIGITAL ED 25mm F1.2 PRO 絞りF2.4 オリンパスOM-D E-M1 MarkII (ISO1600, RAW) 露出1分×4コマ加算平均 赤道儀で追尾撮影 Camera Rawで現像 Photoshop CCで画像処理 Nik Collection"Viveza"で光害カブリを修整

A3ノビ用紙にプリントしたときの星像の様子

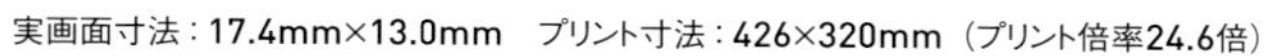
実画面寸法：17.4mm×13.0mm　プリント寸法：426×320mm（プリント倍率24.6倍）

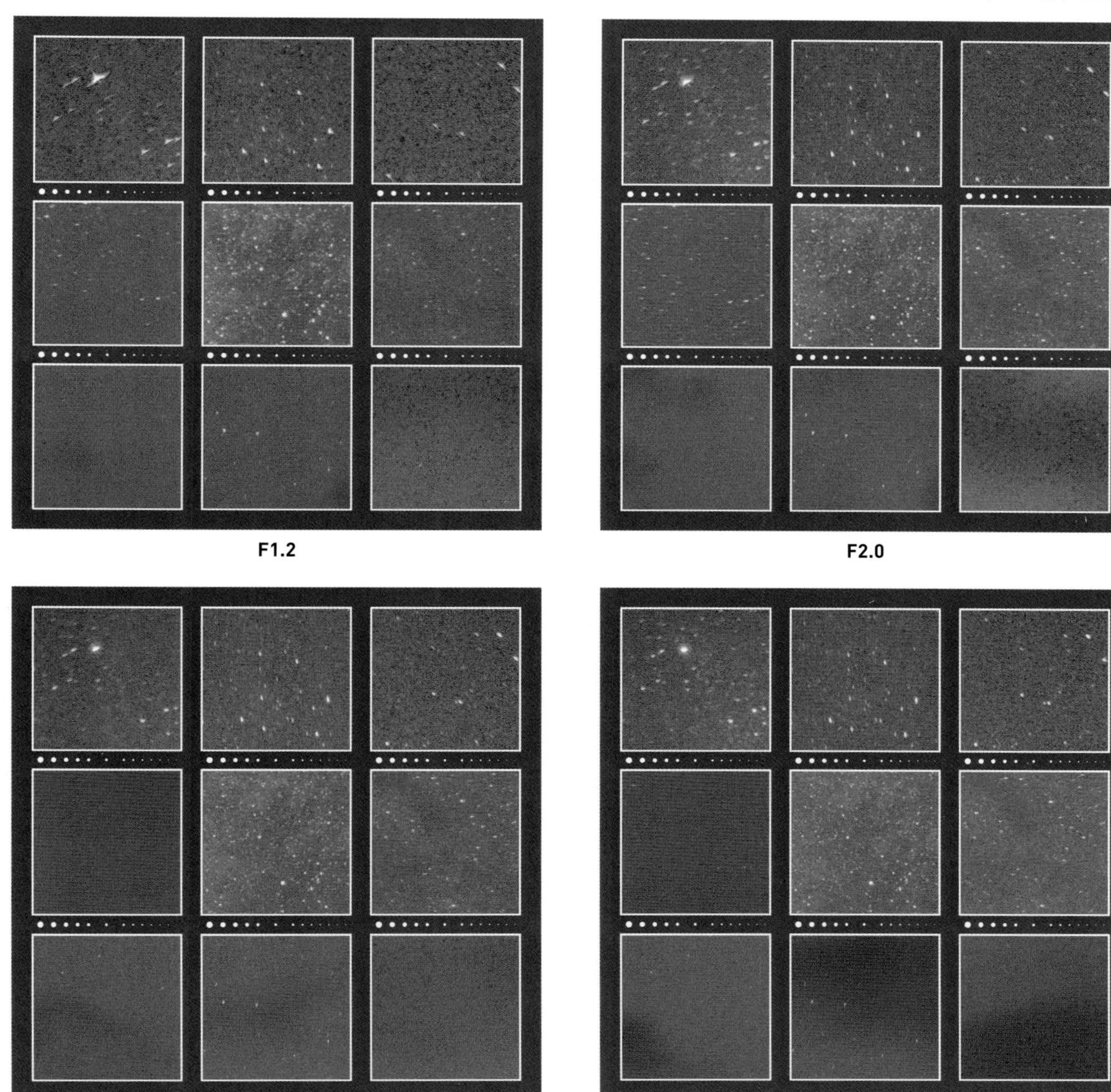

F1.2　F2.0

F2.4　F2.8

星空を撮影したときの周辺減光の様子

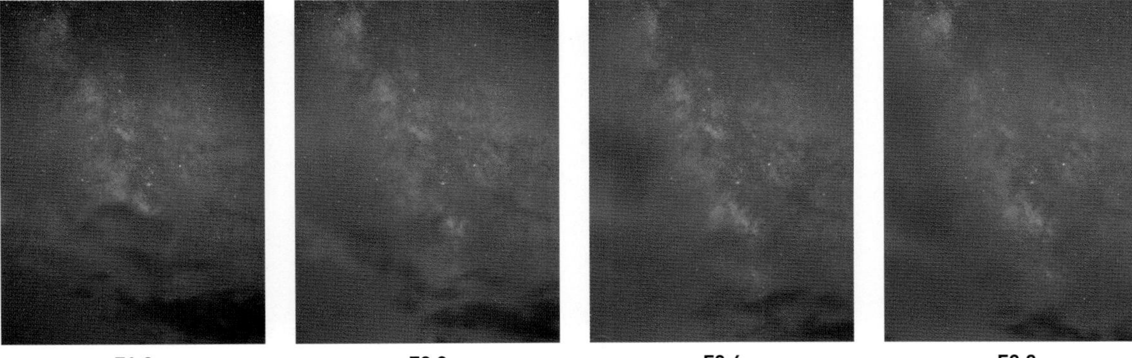

F1.2　F2.0　F2.4　F2.8

OLYMPUS
M.ZUIKO DIGITAL 25mm F1.8

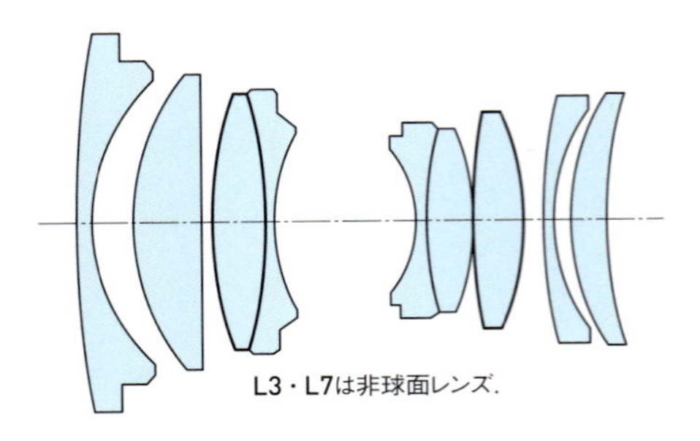

L3・L7は非球面レンズ.

焦点距離：25mm
35mm判換算：50mm
最大絞り：F1.8
最小絞り：F22
最短撮影距離：0.25m
対角線画角：47°
レンズ構成：7群9枚
絞り羽根：7枚
フィルター径：46mm
大きさ：φ57.8mm×L42mm
重さ：137g
価格（税別）：42,000円
発売年月：2014年2月

F1.8 —— 画面の中心から70%までの範囲で，星像は絞り開放から大変良い．そこから周辺に向けてコマ フレアが増大して星像は徐々にあまくなる．微光星の描写は悪くない．輝星には軽微な青いハロが認められるが，倍率の色収差はよく補正されている．周辺光量は，画面の四隅で1段半分強ほど減光している．

F2.0 —— 星像はF1.8とほとんど変わらない．

F2.8 —— 画面の四隅まで非常にシャープで鮮鋭度の高い星像となる．

F4.0 —— 周辺減光もほぼなくなり，均一性も増して素晴らしい画面．

特色のない標準レンズだが，絞り開放から1と1/3段絞っただけで最高水準の星像が得られる．ピタリと決まった中堅レンズ．

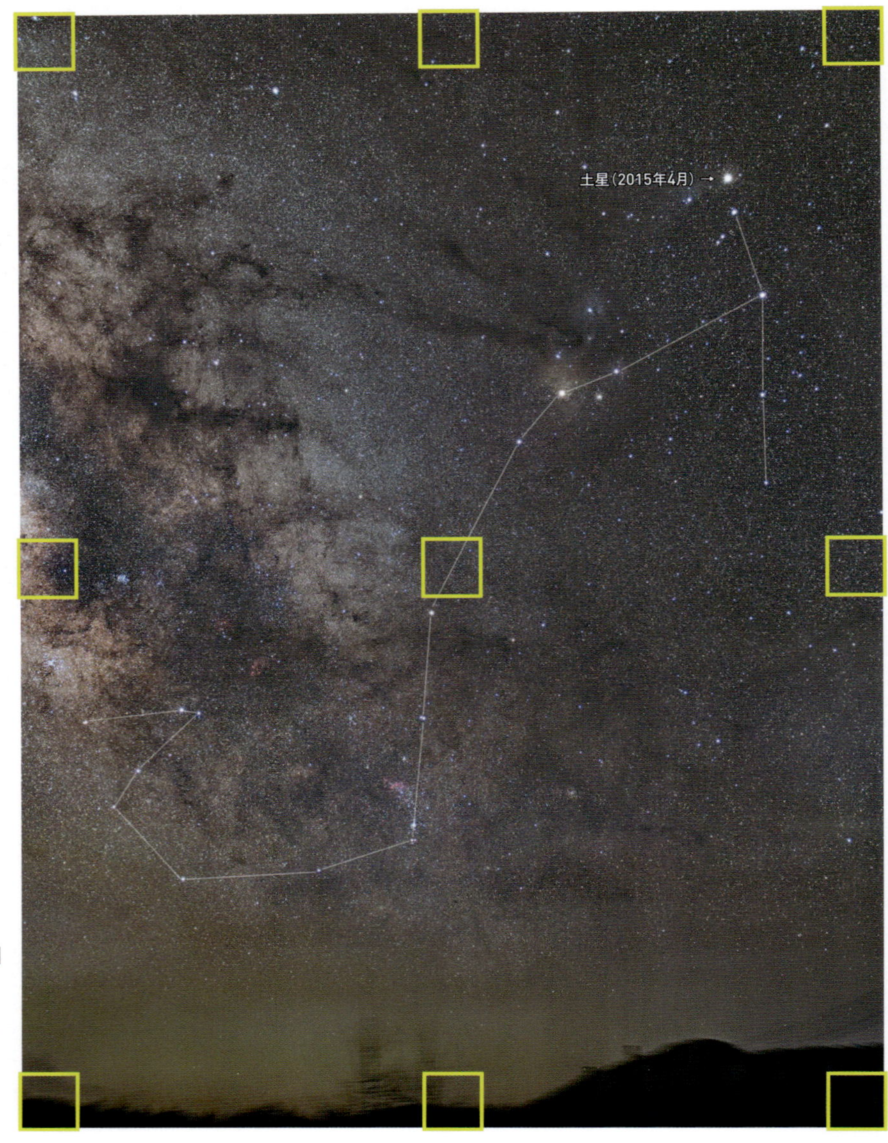

絞りF2.8で撮影した「さそり座」

撮影データ：M.ZUIKO DIGITAL 25mm F1.8 絞りF2.8 オリンパスOM-D E-M5 MarkⅡ（ISO400，RAW）露出4分 赤道儀で追尾撮影 Camera Rawで現像 Photoshop CCで画像処理 Nik Collection“Viveza”で光害カブリを修整

A3ノビ用紙にプリントしたときの星像の様子

実画面寸法：17.3mm×13.0mm　プリント寸法：426×320mm（プリント倍率24.6倍）

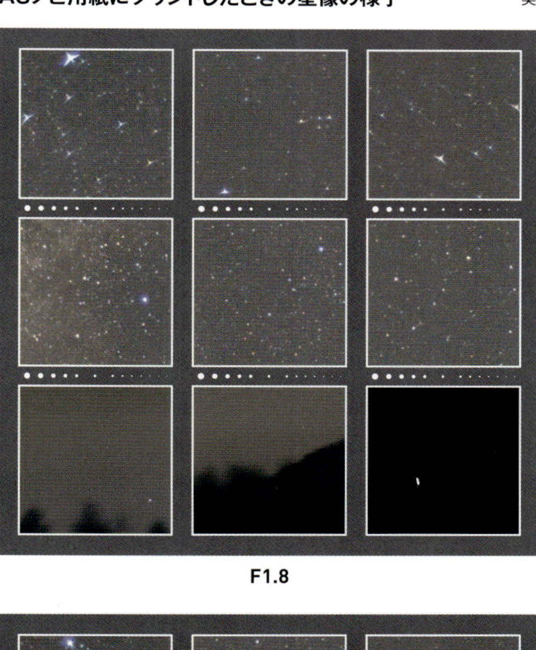

F1.8

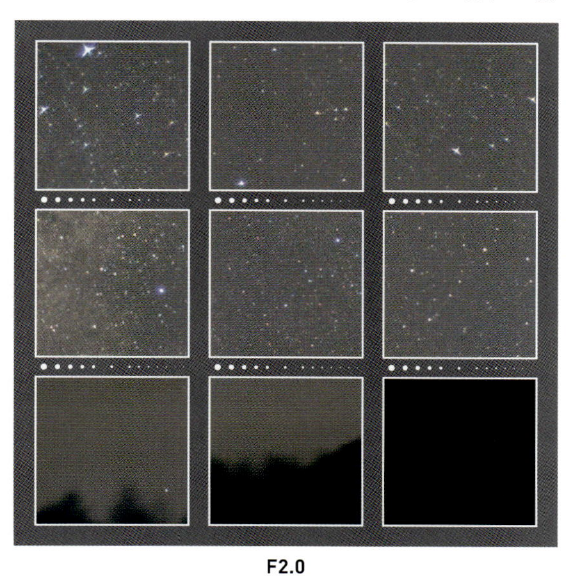

F2.0

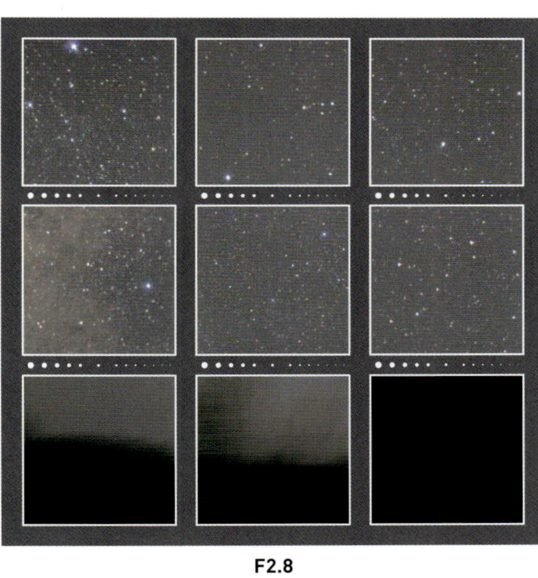

F2.8

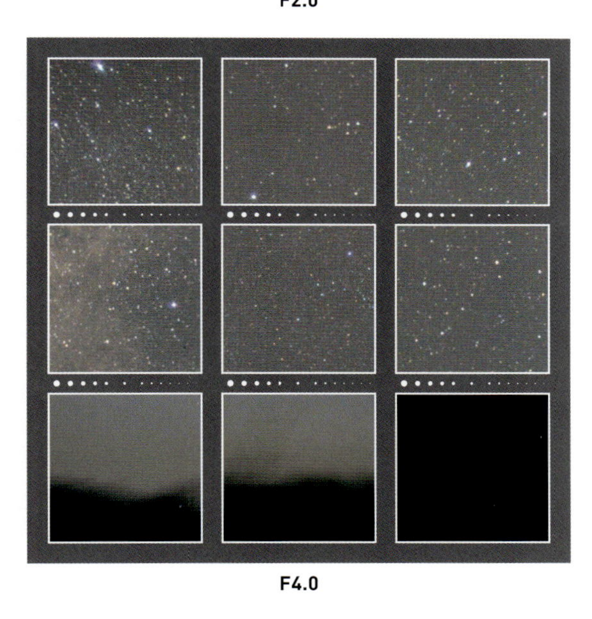

F4.0

星空を撮影したときの周辺減光の様子

F1.8

F2.0

F2.8

F4.0

OLYMPUS
M ZUIKO DIGITAL 45mm F1.8

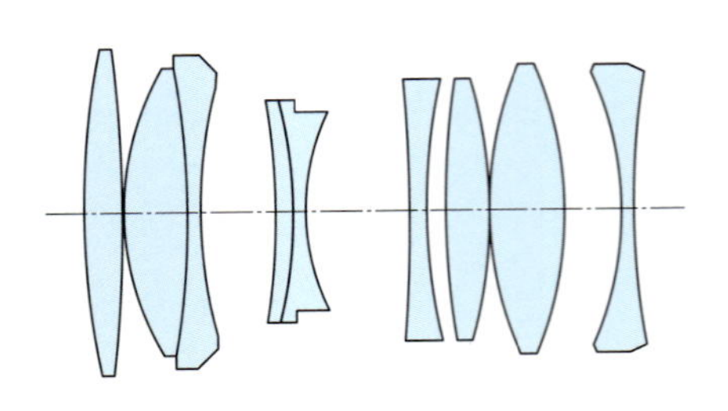

焦点距離：45mm
35mm判換算：90mm
最大絞り：F1.8
最小絞り：F22
最短撮影距離：0.5m
対角線画角：27°
レンズ構成：8群9枚
絞り羽根：7枚
フィルター径：37mm
大きさ：φ56mm×L46mm
重さ：116g
価格(税別)：35,000円
発売年月：2011年9月

F1.8 ―― 子細に見ると中間画角帯の星像に同心円方向の微小な伸びがあるが，画面の中心から70％くらいの範囲の星像は良い．そこから画面の四隅にかけて星像は徐々にあまくなる．画面四隅では，明るめの星でも形状の崩れが比較的小さいのは良いが，微光星の写りはあまり良くない．縦色収差と倍率の色収差はともによく補正されている．周辺光量は画面の四隅で1段半くらいの減光が認められる．

F2.0 ―― 絞り開放とほとんど変わらない．

F2.8 ―― 画面の四隅まで良好な星像となる．

F4.0 ―― 周辺の微光星の描写が目立って向上し素晴らしい画面となる．

絞り開放でも周辺星像の形状の崩れが少ない中望遠レンズ．

絞りF2.0で撮影した「いて座の天の川」

撮影データ；M.ZUIKO DIGITAL 45mm F1.8 絞りF2.0 オリンパスOM-D E-M5 MarkⅡ（ISO1600，RAW）露出1分×4コマ加算平均 赤道儀で追尾撮影 Camera Rawで現像 Photoshop CCで画像処理

A3ノビ用紙にプリントしたときの星像の様子

実画面寸法：17.3mm×13.0mm　プリント寸法：426×320mm（プリント倍率24.6倍）

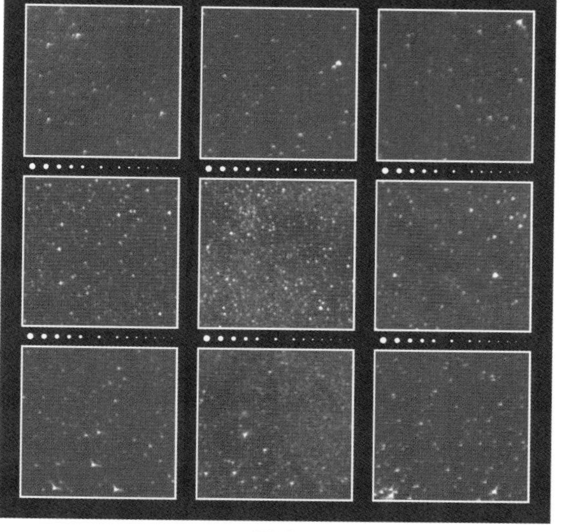

F1.8

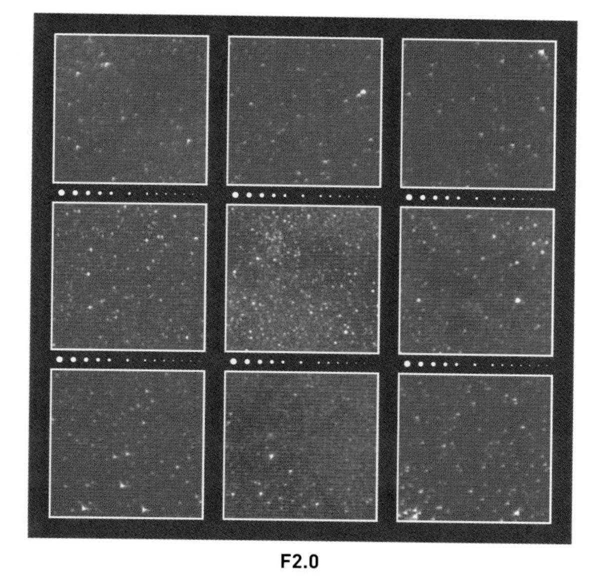

F2.0

F2.8

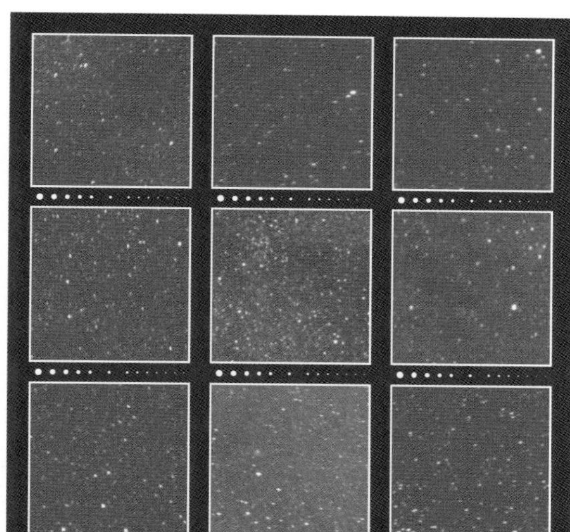

F4.0

星空を撮影したときの周辺減光の様子

F1.8

F2.0

F2.8

F4.0

OLYMPUS
M.ZUIKO DIGITAL ED 75mm F1.8

L2・L3・L5はEDレンズ.

焦点距離：75mm
35mm判換算：150mm
最大絞り：F1.8
最小絞り：F22
最短撮影距離：0.84m
対角線画角：16°
レンズ構成：7群9枚
絞り羽根：9枚
フィルター径：58mm
大きさ：φ64mm×L69mm
重さ：305g
価格(税別)：119,000円
発売年月：2012年7月

F1.8 —— 画面の中心から70%くらいまでの星像は良好だが，そこから周辺に向けて星像は急激に悪化している．しかも崩れ方が部位によってバラバラで，テストレンズには個体問題があると思われる．色収差と倍率の色収差はよく補正されている．

F2.5 —— 1段絞るとシャープさは少し増すが，絞り開放とそう変わらない．周辺減光は大幅に改善する．

F3.5 —— 2段絞ると全画面で概ね良好になる．

明るいのは星空撮影用としては魅力的だが，テストレンズは問題があるのか，絞り開放付近の周辺星像は見劣りがする．

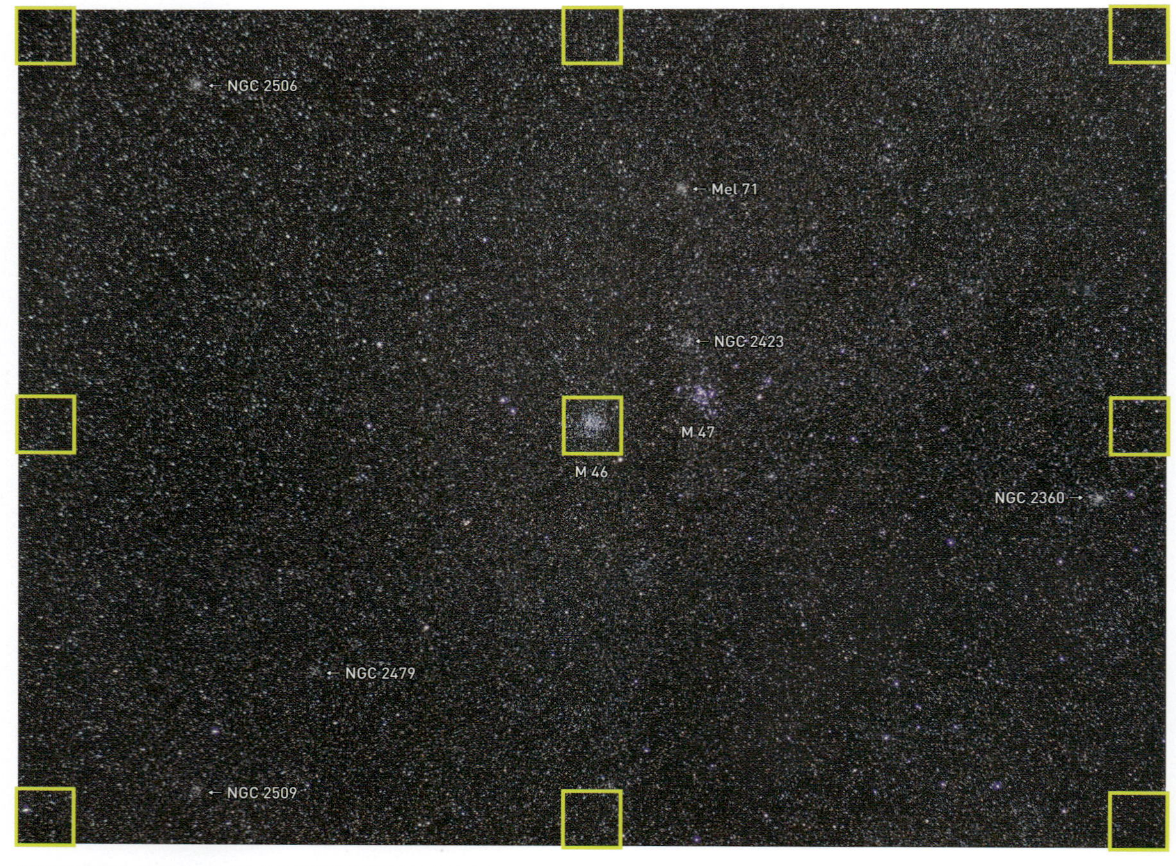

絞りF1.8開放で撮影した「とも座の散開星団M46とM47」

撮影データ；M.ZUIKO DIGITAL ED 75mm F1.8　絞りF1.8　オリンパスOM-D E-M5（ISO400，RAW）　露出2分×4コマ加算平均　赤道儀で追尾撮影　Camera Rawで現像　Photoshop CCで画像処理

A3ノビ用紙にプリントしたときの星像の様子

実画面寸法：17.3mm×13.0mm　プリント寸法：426×320mm（プリント倍率24.6倍）

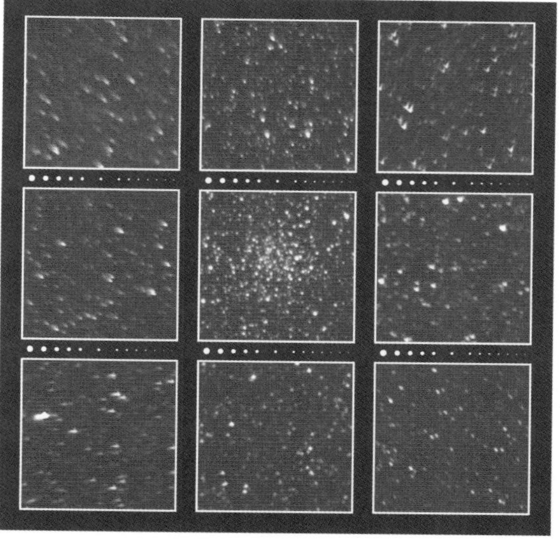

F1.8

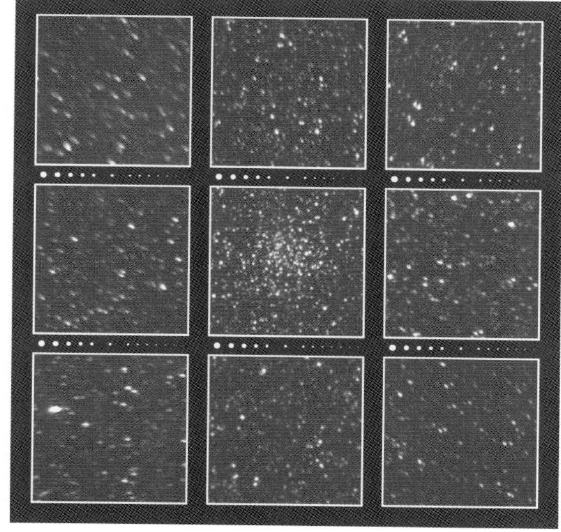

F2.5

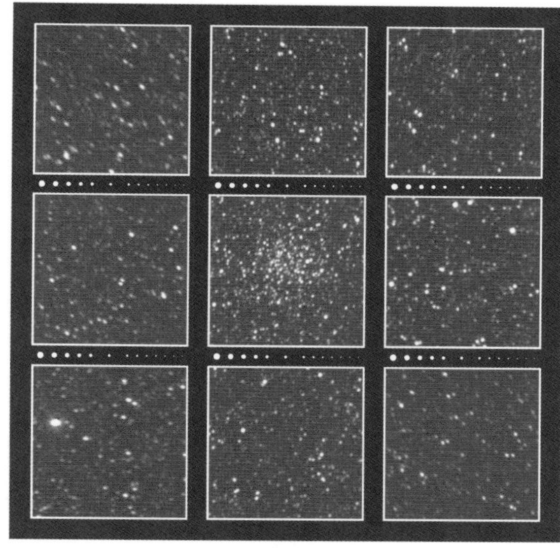

F3.5

星空を撮影したときの周辺減光の様子

F1.8

F2.5

F3.5

OLYMPUS
M.ZUIKO DIGITAL ED 8mm F1.8 Fisheye PRO

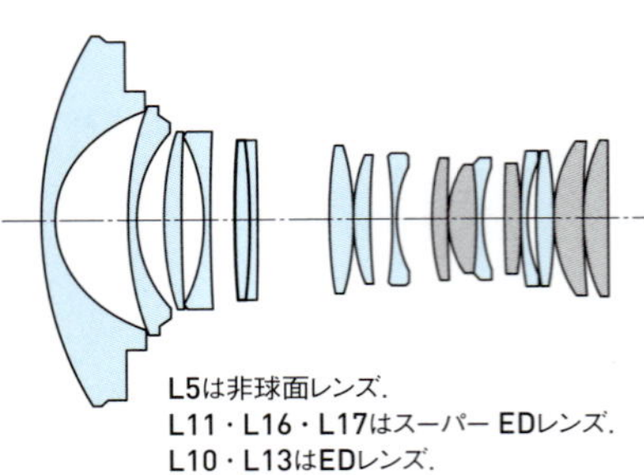

L5は非球面レンズ.
L11・L16・L17はスーパー EDレンズ.
L10・L13はEDレンズ.

焦点距離：8mm
35mm判換算：16mm
最大絞り：F1.8
最小絞り：F22
最短撮影距離：0.12m
対角線画角：180°
レンズ構成：15群17枚
絞り羽根：7枚
フィルター：装着不可
大きさ：φ62mm×L80mm
重さ：315g
価格（税別）：135,000円
発売年月：2015年6月

F1.8 —— F1.8という非常に明るい対角線魚眼レンズでありながら，星像は文句なしに良い．とくに画面の中心から80%あたりまでの広い範囲で，星像は良像基準を超えて素晴らしいシャープさである．そこから周辺にかけては微光星の描写がわずかずつ悪化するが，シャープさは変わらないのでそれに気づかないほど．魚眼レンズにありがちな倍率の色収差も大変良く補正されている．

F2.0 —— 周辺光量が向上する以外はF1.8と変わらない．

F2.8 —— 周辺減光もわからなくなって申し分のない画面．

明るいうえに素晴らしい結像性能をもつ最高のマイクロフォーサーズ用対角線魚眼レンズ．

絞りF1.8開放で撮影した「植樹された若いカラマツの樹間から仰望した冬の星座」

撮影データ；M.ZUIKO DIGITAL ED 8mm F1.8 Fisheye PRO 絞りF1.8 オリンパスOM-D E-M5 MarkII（ISO800，RAW） 露出1分 赤道儀で追尾撮影 Camera Rawで現像 Photoshop CCで画像処理 Nik Collection"Viveza"で光害カブリを修整

A3ノビ用紙にプリントしたときの星像の様子

実画面寸法：17.3mm×13.0mm　プリント寸法：426×320mm（プリント倍率24.6倍）

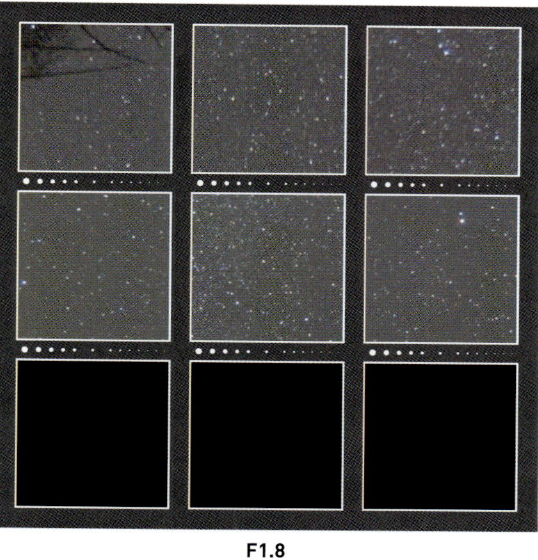

F1.8

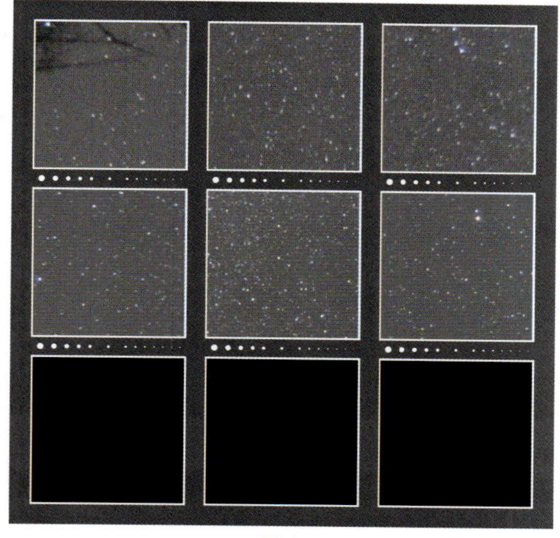

F2.0

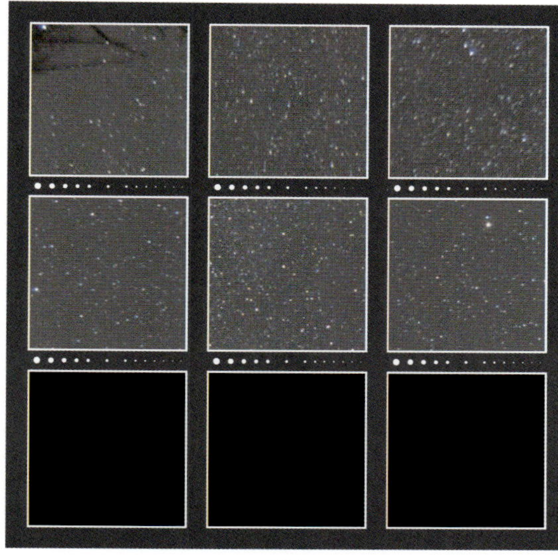

F2.8

星空を撮影したときの周辺減光の様子

F1.8

F2.0

F2.8

PANASONIC
LUMIX G VARIO 7-14mm / F4.0 ASPH.

焦点距離：7-14mm
35mm判換算：14-28mm
最大絞り：F4.0
最小絞り：F22
最短撮影距離：0.25m
対角線画角：114°-75°
レンズ構成：12群16枚
絞り羽根：7枚
フィルター：装着不可
大きさ：φ70mm×L83.1mm
重さ：300g
価格（税別）：119,000円
発売年月：2009年4月

短焦点端長 7mm

F4.0 —— 画面中心から80%くらいまでの広い範囲で，星像は絞り開放から充分シャープである．そこから周辺に向けて星像はあまくなるが，画面四隅に位置する明るい星でも像の形状が大きく崩れることがないので全体の印象は大変良い．色収差と倍率の色収差はともによく補正されている．周辺光量は画面の四隅で1段半くらいの減光がある．

絞りF4.0開放で撮影した「さそり座からはくちょう座に至る昇る夏の天の川」

撮影データ：LUMIX G VARIO 7-14mm / F4.0 ASPH. 焦点距離7mm 絞りF4.0 ルミックスDMC GH-4（ISO800，RAW） 露出4分 赤道儀で追尾撮影 Camera Rawで現像 Photoshop CCで画像処理 Nik Collection“Viveza”で光害カブリを修整

A3ノビ用紙にプリントしたときの星像の様子

実画面寸法：17.3mm×13.0mm　プリント寸法：426×320mm（プリント倍率24.6倍）

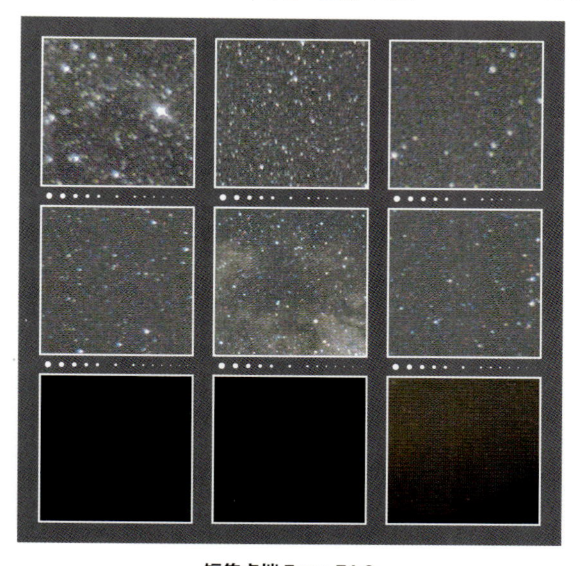

短焦点端 7mm F4.0

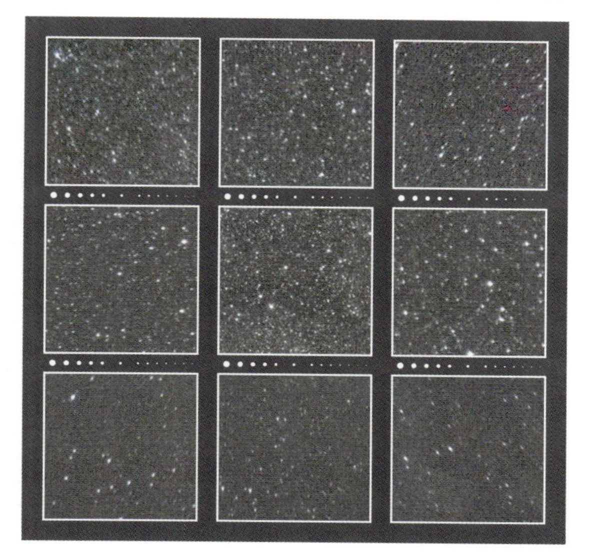

長焦点端 14mm F4.0

長焦点端 14mm

F4.0 —— 画面のごく四隅の方の星像には極めてわずかな放射方向の伸びが認められるが，星像は絞り開放から非常に良好．とくに画面の中心付近の広い一帯の星像は微光まで鮮鋭な像で申し分ない．色収差と倍率の色収差はともによく補正されている．周辺光量は画面の四隅で1段半分くらいの減光がある．

発売から9年近く経っているが，星像は最新の優秀なレンズにまったく見劣りしない．星空撮影用としては開放F4.0は充分に明るいとはいえないが，絞り開放から安心して使えるのでマイクロフォーサーズ用の超広角ズームとしてトップクラスの優れたレンズといえる．

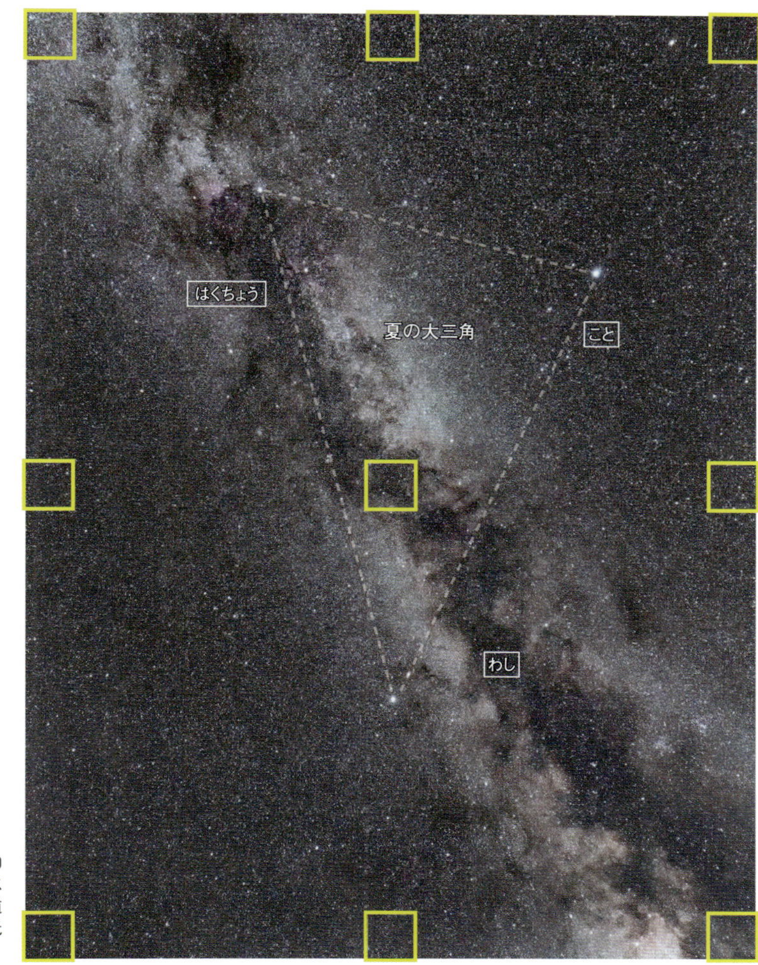

絞りF4.0開放で撮影した「夏の大三角」

撮影データ；LUMIX G VARIO 7-14mm / F4.0 ASPH.　焦点距離14mm　絞りF4.0　ルミックス DMC GH-4（ISO800，RAW）露出4分　赤道儀で追尾撮影　Camera Rawで現像とノイズ低減　Photoshop CCで画像処理

PANASONIC
LUMIX G X VARIO 12-35mm / F2.8 Ⅱ ASPH./ POWER O.I.S.

焦点距離：12-35mm
35mm判換算：24-70mm
最大絞り：F2.8
最小絞り：F22
最短撮影距離：0.25m
対角線画角：84°-34°
レンズ構成：9群14枚
絞り羽根：7枚
フィルター径：58mm
大きさ：φ67.6mm×L73.8mm
重さ：305g
価格（税別）：119,000円
発売年月：2017年3月

短焦点端 12mm

F2.8 ―― 明るい標準ズームの短焦点端の絞り開放としては星像はかなり良好．画面四隅の明るめの星の像の形も崩れが小さい．明るい星の周囲には青いハロが認められるが倍率の色収差はよく補正されている．周辺光量は，画面四隅で2段分くらいストンと落ちるような減光が見られる．画面上の方に写っている−2等の木星にはゴーストのような光芒が認められる．
F4.0 ―― 口径食の影響が減った分だけ画面周辺部の微光星の写りも向上し，周辺減光もかなり改善される．周辺星像に放射方向の軽微な伸びが認められるが極めてわずかで，全体的に均一性の高い画面となる．

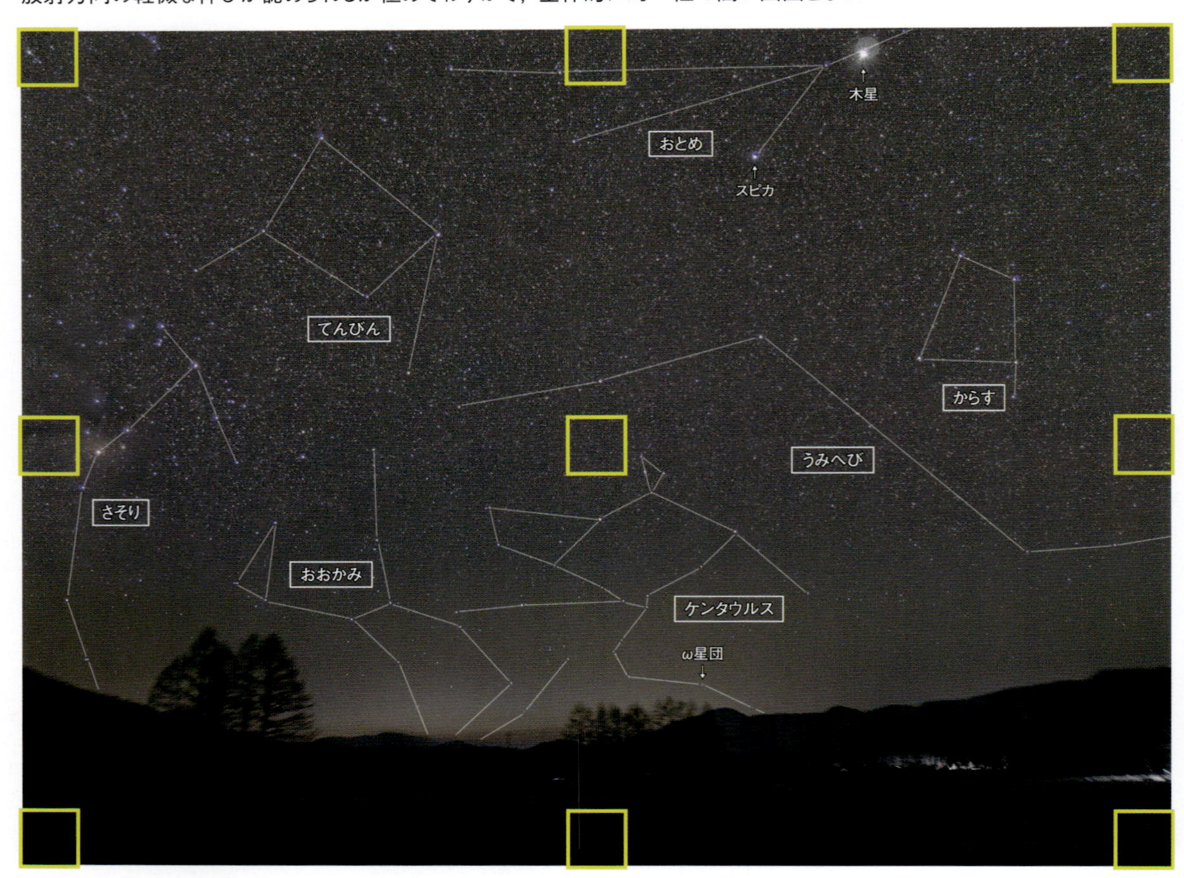

絞りF2.8開放で撮影した「正中するケンタウルス座・おおかみ座」

撮影データ；LUMIX G X VARIO 12-35mm / F2.8 Ⅱ ASPH. / POWER O.I.S. 焦点距離12mm 絞りF2.8 ルミックスDC-GH5（ISO800，RAW）露出2分 赤道儀で追尾撮影 Camera Rawで現像 Photoshop CCで画像処理 Nik Collection"Viveza"で光害カブリを修整

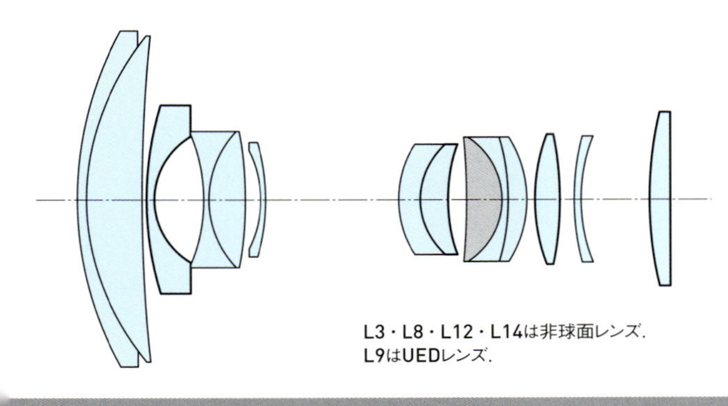

短焦点端 12mm

A3ノビ用紙にプリントしたときの星像の様子

実画面寸法：17.3mm×13.0mm　プリント寸法：426×320mm（プリント倍率24.6倍）

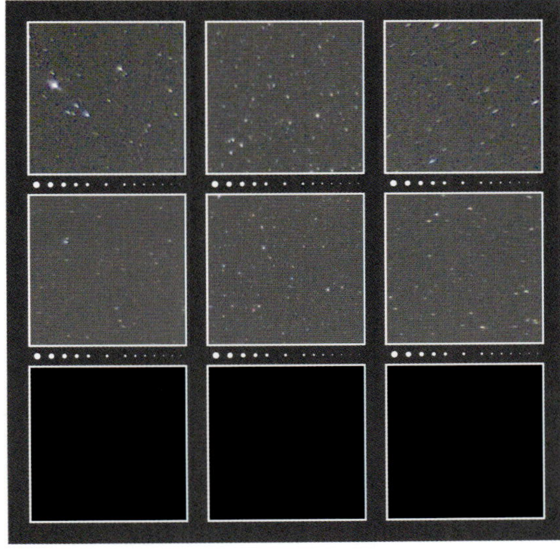

F2.8

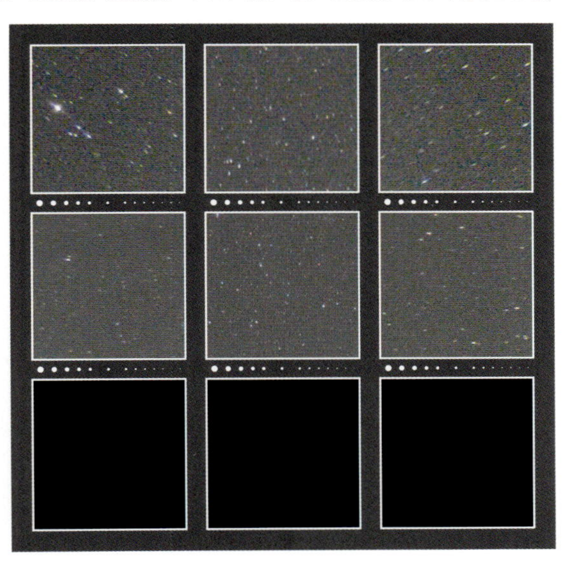

F4.0

星空を撮影したときの周辺光量の様子

F2.8

F4.0

PANASONIC
LUMIX G X VARIO 12-35mm / F2.8 II ASPH. / POWER O.I.S.

長焦点端 35mm

F2.8 ―― 画面の中心から60%くらいまでの星像はシャープで，そこから周辺に向けて星像は徐々にあまくなっていく．画面四隅の明るめの星像でも形の崩れは大きくはなく，わりと整っているので印象は良い．明るい星には青いハロが生じることが下の作例でもわかる．周辺光量は画面の四隅で1段半分くらいの減光がある．
F4.0 ―― 画面の隅まで非常に良好な星像となる．輝星の青いハロが抑えられ，微光星の鮮鋭度が上がり，周辺減光も大きく改善されて，均一性の高い非常に素晴らしい画面．

光学式手ぶれ補正機能付きの明るい標準レンズである．このレンズは短焦点端でも長焦点端でも，画面周辺の明るめの星でも形状の崩れが少ないのが特長で，四隅に多少の星像の甘さがあってもそれを感じさせない．ズームの両端の絞り開放付近で，そう大きくはないものの青色のハロが認められる以外は，明るい標準ズームとしてはトップクラスの性能．

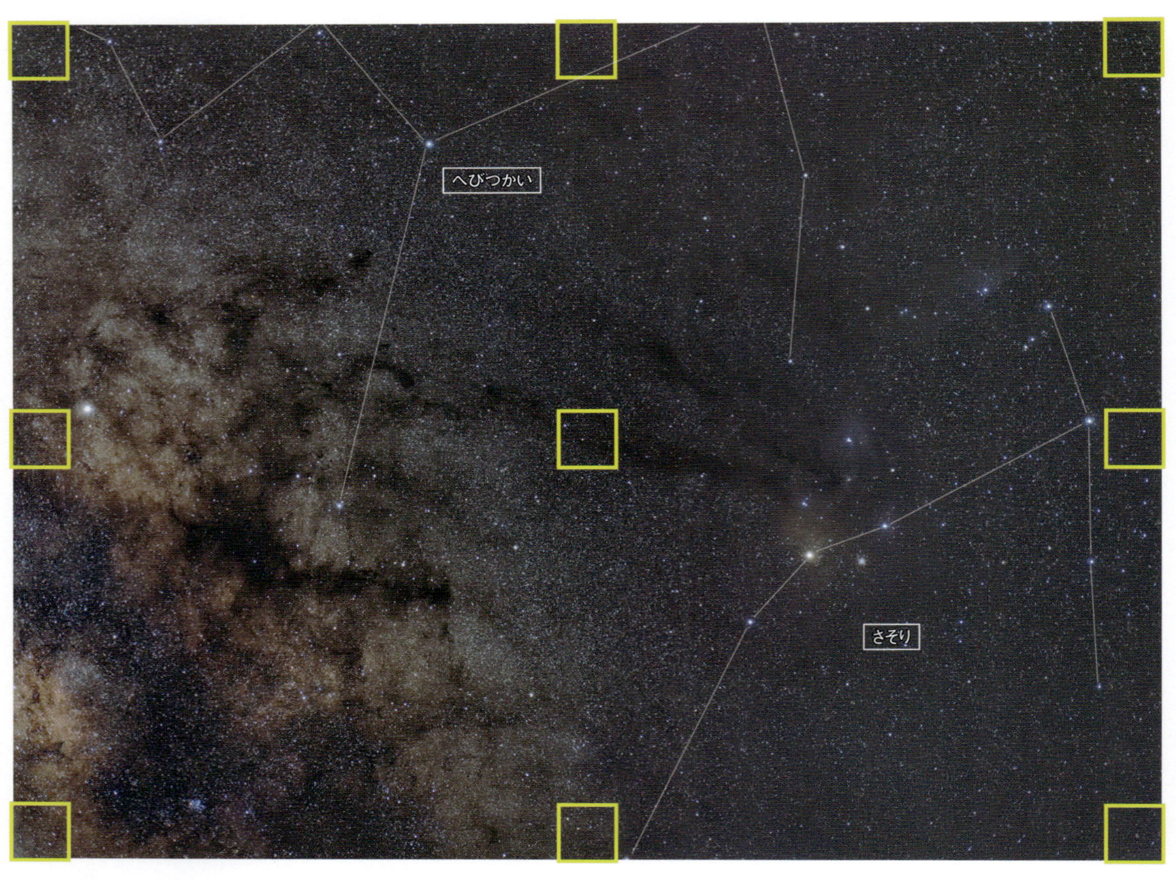

絞りF2.8開放で撮影した「へびつかい座とさそり座の境界域の暗黒星雲群」

撮影データ；LUMIX G X VARIO 12-35mm / F2.8 II ASPH. / POWER O.I.S. 焦点距離35mm 絞りF2.8 ルミックスDC-GH5（ISO800，RAW）露出2分×4コマ加算平均 赤道儀で追尾撮影 Camera Rawで現像 Photoshop CCで画像処理

長焦点端 35mm

A3ノビ用紙にプリントしたときの星像の様子

実画面寸法：17.3mm×13.0mm　プリント寸法：426×320mm（プリント倍率24.6倍）

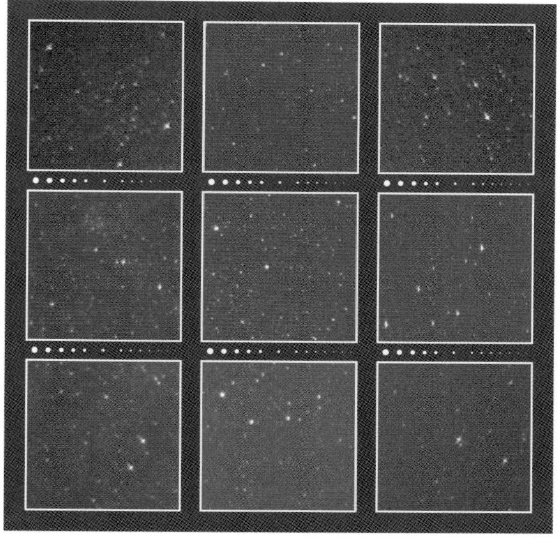

F2.8

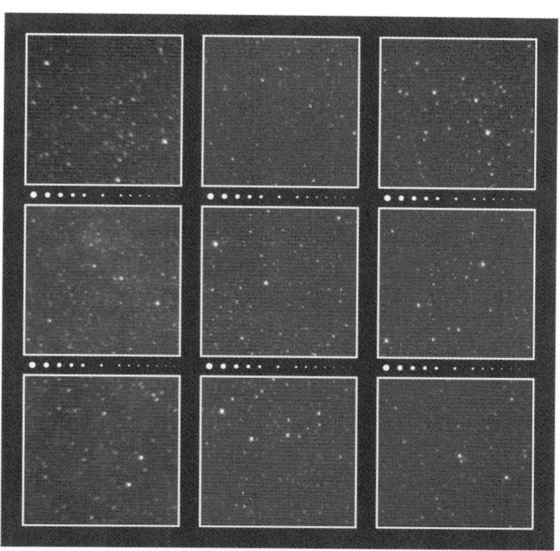

F4.0

星空を撮影したときの周辺光量の様子

F2.8

F4.0

PANASONIC
LUMIX G X VARIO 35-100mm / F2.8 II / POWER O.I.S.

焦点距離：35-100mm
35mm判換算：70-200mm
最大絞り：F2.8
最小絞り：F22
最短撮影距離：0.85m
対角線画角：34°-12°
レンズ構成：13群18枚
絞り羽根：7枚
フィルター径：58mm
大きさ：φ67.4mm×L99.9mm
重さ：360g
価格（税別）：140,000円
発売年月：2017年3月

短焦点端 35mm

F2.8 —— 絞り開放から星像は文句なしに素晴らしい．画面周辺の微光星も鮮鋭度が高く写りも上々．色収差はよく補正されているが，画面のごく四隅に明るい星があると青色のコマが確認できるが非常に軽微なものである．倍率の色収差は大変良く補正されている．周辺光量は画面の四隅で1段半分くらいの減光がある．作例で見るように星像は鋭く非常に整った良い画面．
F4.0 —— 周辺減光が改善される以外，絞り開放と変わらない素晴らしい星像．

絞りF2.8開放で撮影した「たて座とわし座の境界の スモール スター クラウド」

撮影データ；LUMIX G X VARIO 35-100mm / F2.8 II / POWER O.I.S.　焦点距離35mm　絞りF2.8　ルミックスDC-GH5（ISO800，RAW）
露出2分×2コマ加算平均　赤道儀で追尾撮影　Camera Rawで現像とノイズ低減　Photoshop CCで画像処理

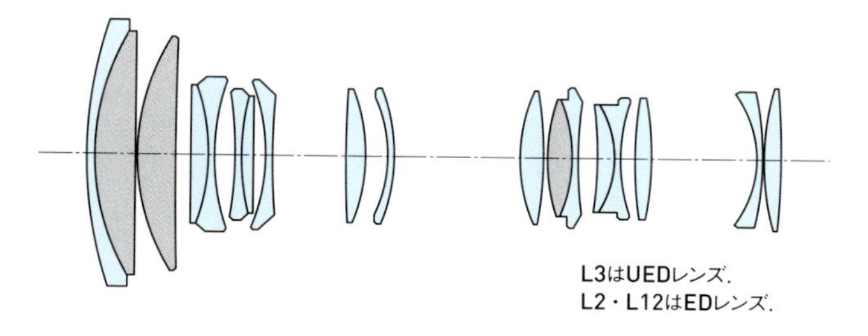

短焦点端 35mm

A3ノビ用紙にプリントしたときの星像の様子

実画面寸法：17.3mm×13.0mm　プリント寸法：426×320mm（プリント倍率24.6倍）

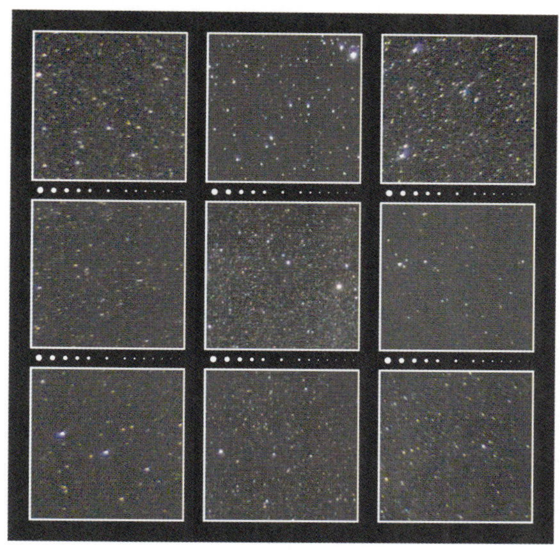

F2.8

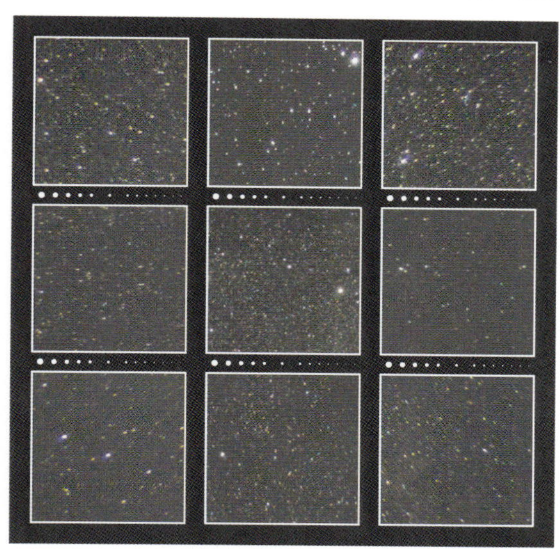

F4.0

星空を撮影したときの周辺光量の様子

F2.8

F4.0

PANASONIC
LUMIX G X VARIO 35-100mm / F2.8 Ⅱ / POWER O.I.S.

長焦点端 100mm

F2.8 —— 画面の中心から70％くらいまでの星像は非常にシャープで微光星の写りも鮮鋭で申し分がない．そこから周辺に向けて星像は放射方向に徐々に流れるように描写されるが像はボケたような感じはしなくて鮮鋭で，作例で見るように周辺が劣化している印象はあまり受けない．青白い明るめの星の周りには軽微な青いハロが認められる．倍率の色収差はよく補正されている．周辺光量は画面の四隅で1段半分ほどの減光がある．

F4.0 —— 周辺減光が軽減されて均質性が増して全体的に画質がわずかに向上する．画面上辺付近の放射方向のわずかな流れは個体の問題だろう．

35mm判フルサイズ換算で70-200mm相当の画角が得られる明るいズームである．光学式手ブレ補正機構が内蔵されていながら全体を軽量・コンパクトにまとめているのも特徴といえる．画質は絞り開放から非常に良好でトップクラス．個体の問題と思われる画面上辺の星像の流れがなければ最高だった．

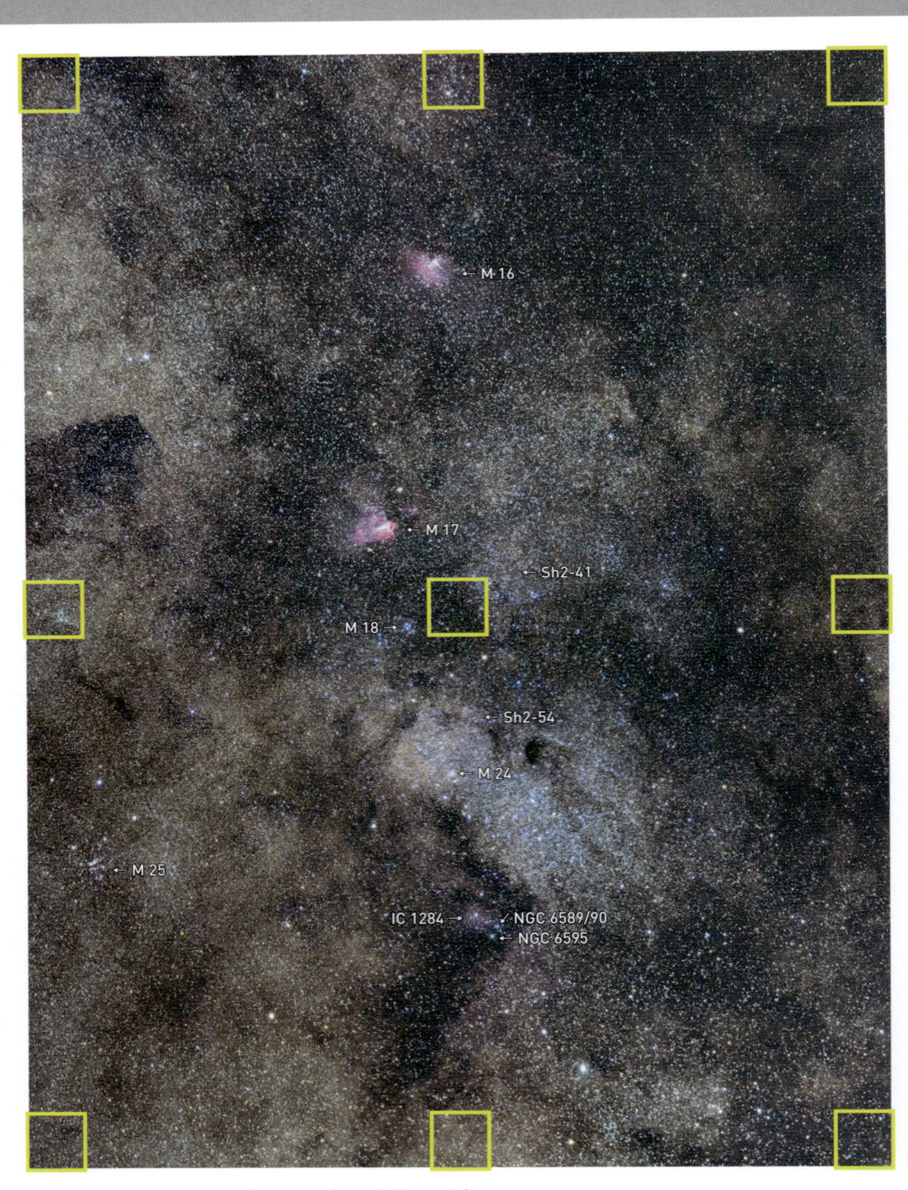

絞りF2.8開放で撮影した「いて座北部の星雲・星団」

撮影データ；LUMIX G X VARIO 35-100mm / F2.8 Ⅱ / POWER O.I.S. 焦点距離100mm 絞りF2.8 ルミックスDC-GH5（ISO800，RAW） 露出2分×4コマ加算平均 赤道儀で追尾撮影 Camera Rawで現像とノイズ低減 Photoshop CCで画像処理

長焦点端 100mm

A3ノビ用紙にプリントしたときの星像の様子

実画面寸法：17.3mm×13.0mm　プリント寸法：426×320mm（プリント倍率24.6倍）

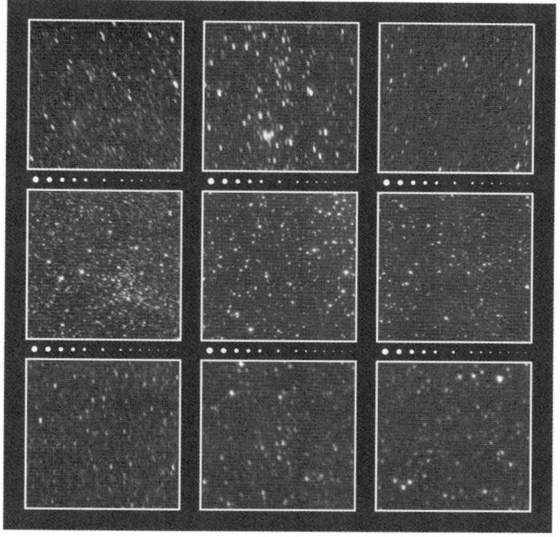

F2.8

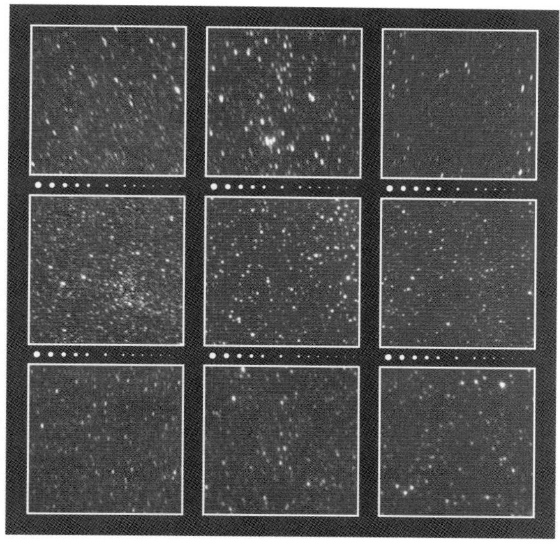

F4.0

星空を撮影したときの周辺光量の様子

F2.8

星空を撮影したときの周辺光量の様子

F4.0

PANASONIC
LUMIX G 20mm / F1.7 Ⅱ ASPH.

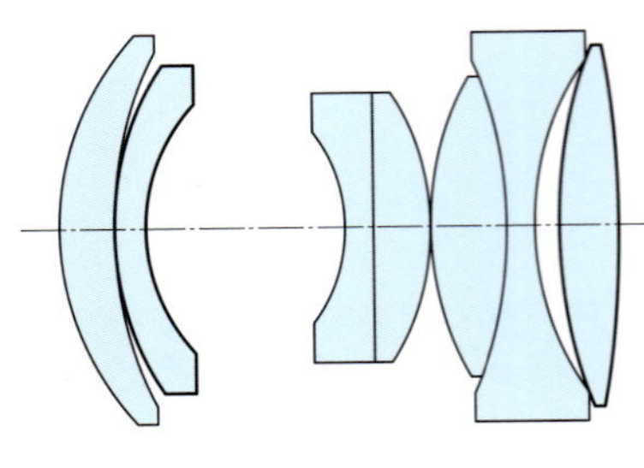

L2・L7は非球面レンズ.

焦点距離	20mm
35mm判換算	40mm
最大絞り	F1.7
最小絞り	F16
最短撮影距離	0.2m
対角線画角	57°
レンズ構成	5群7枚
絞り羽根	7枚
フィルター径	46mm
大きさ	φ63mm×L25.5mm
重さ	87g
価格(税別)	50,000円
発売年月	2014年8月

F1.7 —— 画面の中心から60%までの星像は絞り開放から充分シャープ．そこから周辺に向けて星像は急速にサジッタル コマ収差が大きくなって明るい星像は同心円方向に流れたように写る．ただし拡大画像で見るように，星像の芯はしっかりしており，コマ収差によるフレアは大して明るくはないので意外と目立たない．青白い明るめの星には軽微な青いハロが生じる．倍率の色収差はよく補正されている．周辺光量は，画面の四隅で2段分近い減光がある．

F2.0 —— 周辺減光がわずかに改善される以外はF1.8と変わらない．

F2.8 —— 周辺のコマ収差が抑えられて全画面でシャープな星像になる．輝星の縁の青いハロはまだわずかに残る．

絞りF2.8で撮影した「南の空を西進する さそり座」

撮影データ；LUMIX G 20mm / F1.7 Ⅱ ASPH. 絞りF2.8 ルミックスDMC-GH4（ISO400, RAW） 露出4分×6コマ加算平均 赤道儀で追尾撮影 Camera Rawで 現 像 Photoshop CCで 画 像 処 理 Nik Collection "Viveza"で光害カブリを修整

A3ノビ用紙にプリントしたときの星像の様子

実画面寸法：17.3mm×13.0mm　プリント寸法：426×320mm（プリント倍率24.6倍）

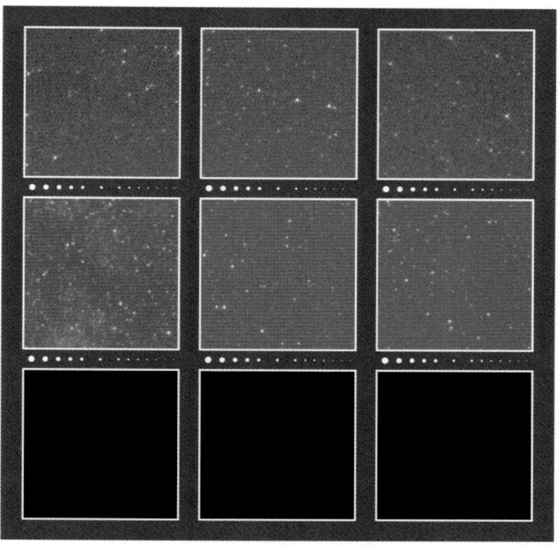

F1.7

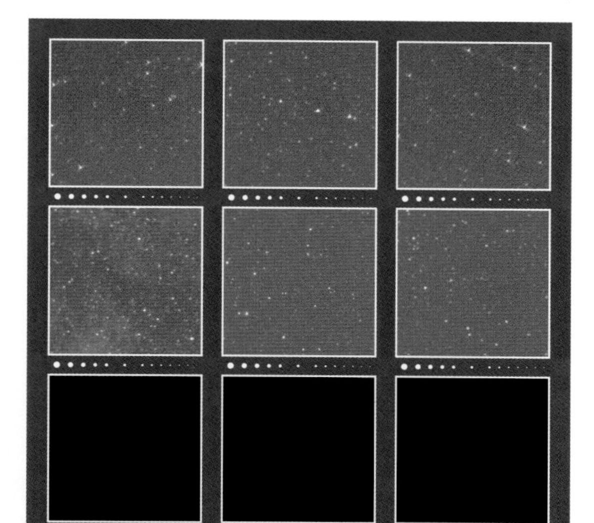

F2.0

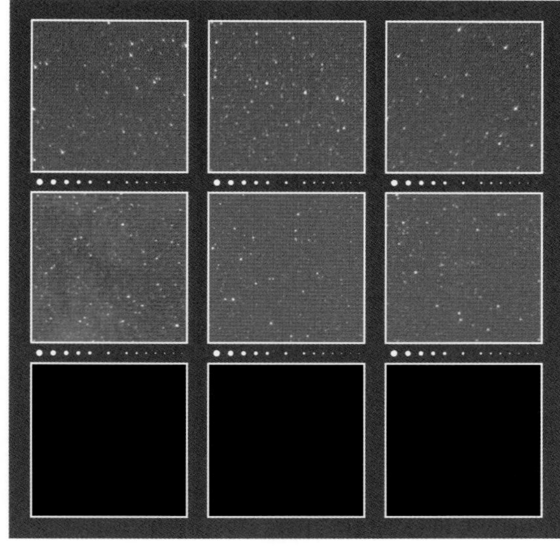

F2.8

星空を撮影したときの周辺減光の様子

F1.7

F2.0

F2.8

PANASONIC
LUMIX G 25mm / F1.7 ASPH.

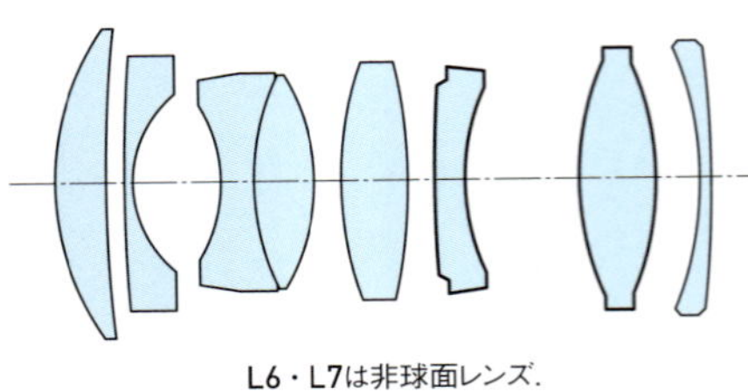

L6・L7は非球面レンズ.

焦点距離：25mm
35mm判換算：50mm
最大絞り：F1.7
最小絞り：F22
最短撮影距離：0.25m
対角線画角：47°
レンズ構成：7群8枚
絞り羽根：7枚
フィルター径：46mm
大きさ：φ60.8mm×L52mm
重さ：125g
価格(税別)：37,000円
発売年月：2015年10月

F1.7 —— 画面右側の星像だけがかなり崩れていて，テストレンズには個体の問題があることがわかる．それ以外の画面の星像は絞り開放からまず良好である．色収差はやや残っていて，明るい星の縁には青いハロが認められる．倍率の色収差はよく補正されている．周辺光量は画面の四隅で2段分弱ほどの減光がある．

F2.0 —— 周辺の微光星の描写が向上するが絞り開放とほぼ変わらない．

F2.8 —— 問題のある画面右側を除く部分の星像はシャープ．

F4.0 —— 輝星の青いハロも抑えられ，全画面で非常に良好な星像が得られる．子細に見ると画面右側の星像にはまだ微小な流れがある．

絞りF2.8で撮影した「南斗六星とティーポット」

撮影データ；LUMIX G 25mm / F1.7 ASPH. 絞りF2.8 ルミックスDC-GH5 (ISO1600, RAW) 露出1分 赤道儀で追尾撮影 Camera Rawで現像 Photoshop CCで画像処理 Nik Collection"Viveza"で光害カブリを修整 Nik Collection"Dfine"でノイズ低減

A3ノビ用紙にプリントしたときの星像の様子

実画面寸法：17.3mm×13.0mm　プリント寸法：426×320mm（プリント倍率24.6倍）

F1.7

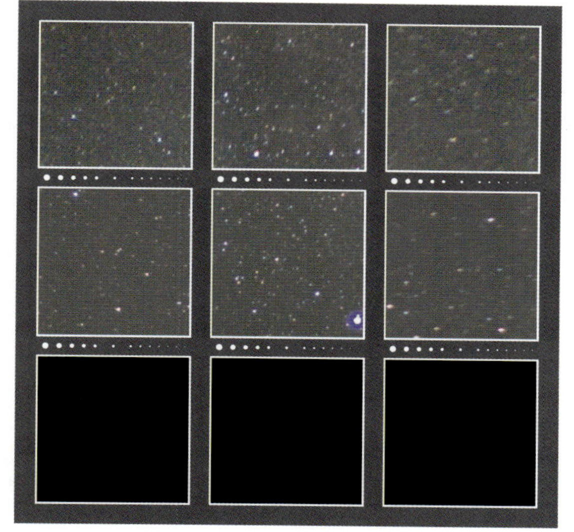

F2.0

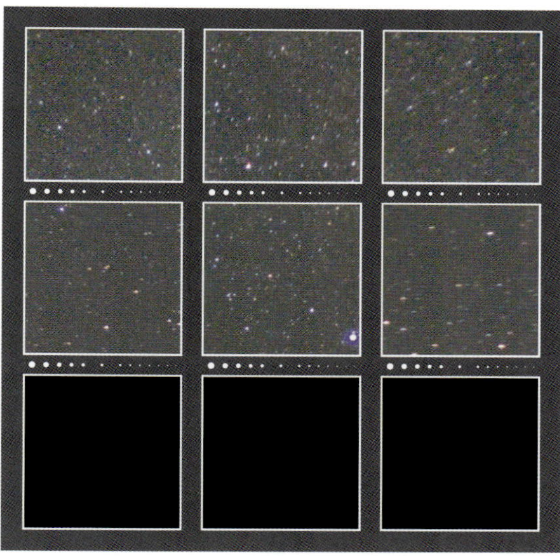

F2.8

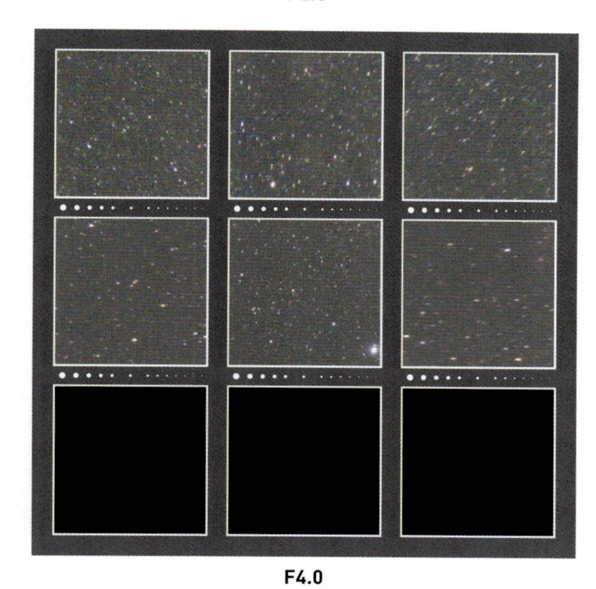

F4.0

星空を撮影したときの周辺減光の様子

F1.7

F2.0

F2.8

F4.0

PANASONIC
LUMIX G 42.5mm / F1.7 ASPH. / POWER O.I.S.

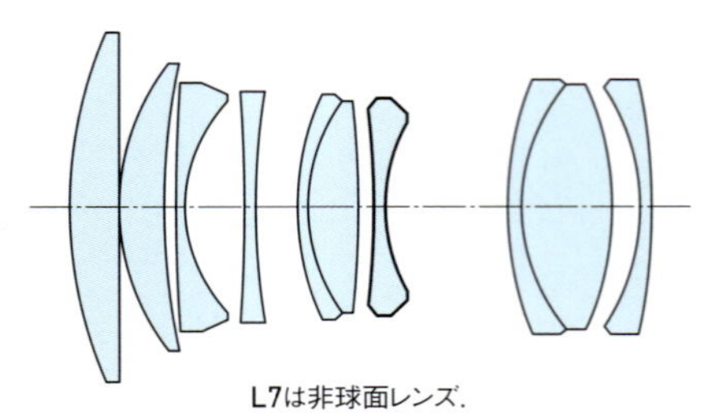

L7は非球面レンズ.

焦点距離：42.5mm
35mm判換算：85mm
最大絞り：F1.7
最小絞り：F22
最短撮影距離：0.31m
対角線画角：29°
レンズ構成：8群10枚
絞り羽根：7枚
フィルター径：37mm
大きさ：φ55mm×L50mm
重さ：130g
価格（税別）：50,000円
発売年月：2015年4月

F1.7 —— 画面の中心から80%くらいまでの広い範囲で，星像は絞り開放から良い．ただし画面左側は個体レベルの問題でややあまい．明るい星には色収差による青いハロが生じる．倍率の色収差はよく補正されている．画面四隅の星像はコマ収差で三角形状にあまくなるが，よく収束していて大きく崩れていない．四隅の星像の形状は部位によってバラバラなのは個体レベルの問題だろう．周辺光量は画面の四隅で1段半くらいある．

F2.0 —— 絞り開放とほとんど変わらない．

F2.8 —— 全画面にわたってシャープな良い星像となる．輝星の青いハロも抑えられる．

F4.0 —— 画面左側も良像になり，申し分のない高画質が得られる．

絞りF2.8で撮影した「土星が輝く2017年のいて座・へびつかい座の天の川」

撮影データ；LUMIX G 42.5mm / F1.7 ASPH. / POWER O.I.S.　絞りF2.8　ルミックスDC-GH5（ISO800, RAW）露出2分×4コマ加算平均　赤道儀で追尾撮影　Camera Rawで現像　Photoshop CCで画像処理

A3ノビ用紙にプリントしたときの星像の様子

実画面寸法：17.3mm×13.0mm　プリント寸法：426×320mm（プリント倍率24.6倍）

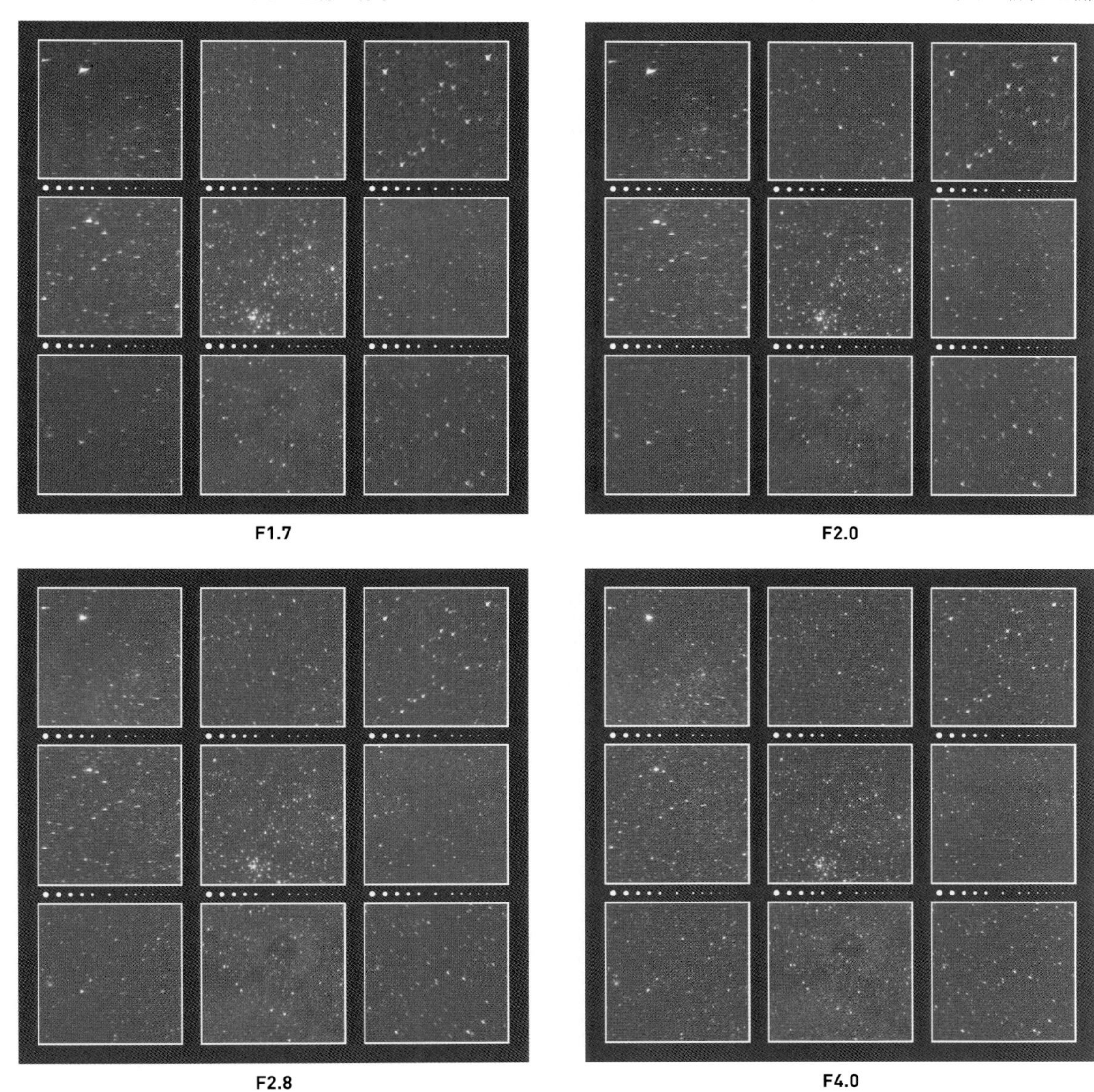

F1.7　F2.0　F2.8　F4.0

星空を撮影したときの周辺減光の様子

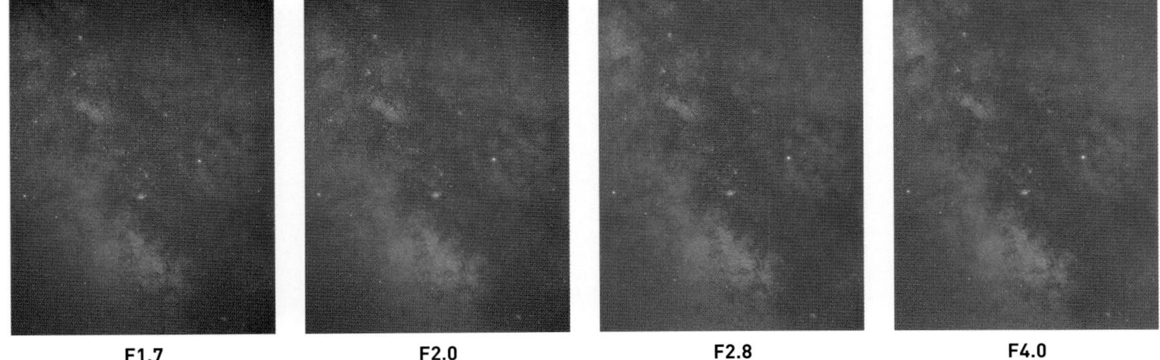

F1.7　F2.0　F2.8　F4.0

VOIGTLÄNDER
NOKTON 10.5mm F0.95 Aspherical (コシナ扱い)

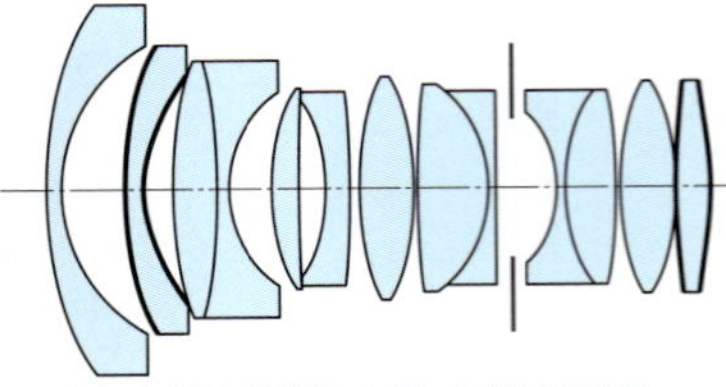

L2・L13は非球面レンズ．太線が非球面．
異常部分分散ガラスは非公開．

焦点距離：10.5mm
35mm判換算：21mm
最大絞り：F0.95
最小絞り：F16
最短撮影距離：0.17m
対角線画角：93°
レンズ構成：10群13枚
絞り羽根：10枚
フィルター径：72mm
大きさ：φ77.0mm×L82.4mm
重さ：585g
価格(税別)：148,000円
発売年月：2015年6月

F0.95 —— 画面中心付近を除いて星像はかなりあまいが，全画面にわたって星像に芯がある独特の描写である．画面中心付近は意外なほどシャープだが，周辺部は強いサジッタル コマで星像は放射方向に強いフレアが目立つ．輝星には色収差による青いハロが目立つ．周辺光量は画面の四隅で2段分強の減光が認められる．

F1.4 —— 中心から60%くらいの範囲が良像になる．

F2.0 —— 輝星の青いハロはまだ残るが，画面の下辺付近を除いて見違えるほどシャープな星像になる．倍率の色収差によるわずかな色ズレがわかる．

F2.8 —— シャープで非常に良い画面になる．

絞り開放では収差が多いが，少し絞ると高画質になる明るい広角レンズ．

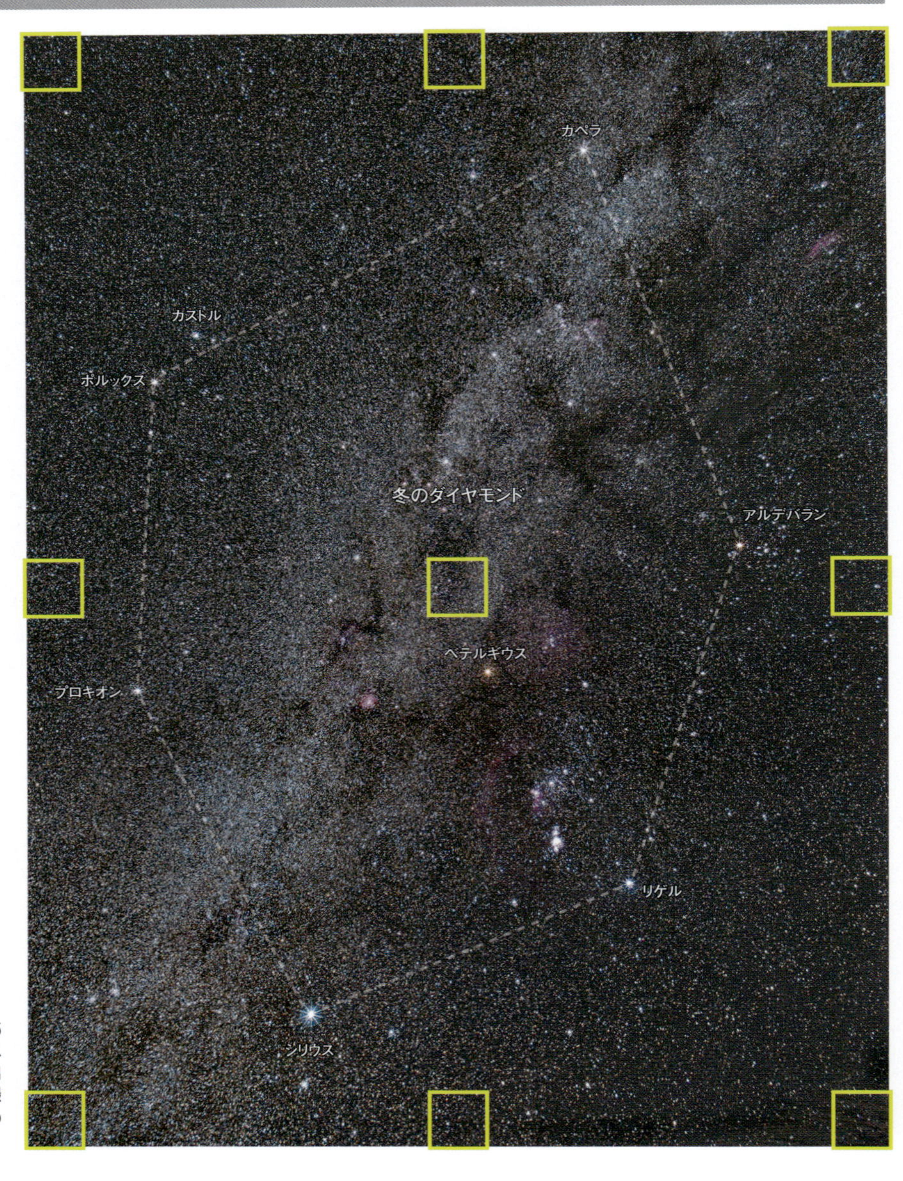

絞りF2.8で撮影した「冬のダイヤモンド」

撮影データ；NOKTON 10.5mm F0.95 Aspherical 絞りF2.8 オリンパス OM-D E-M1（ISO400，RAW）露出4分×4コマ加算平均 赤道儀で追尾撮影 Camera Rawで現像 Photoshop CCで画像処理

A3ノビ用紙にプリントしたときの星像の様子

実画面寸法：17.3mm×13.0mm　プリント寸法：426×320mm（プリント倍率24.6倍）

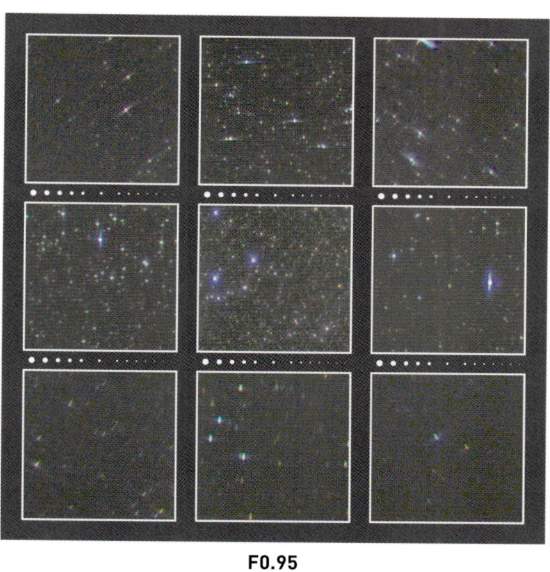

F0.95

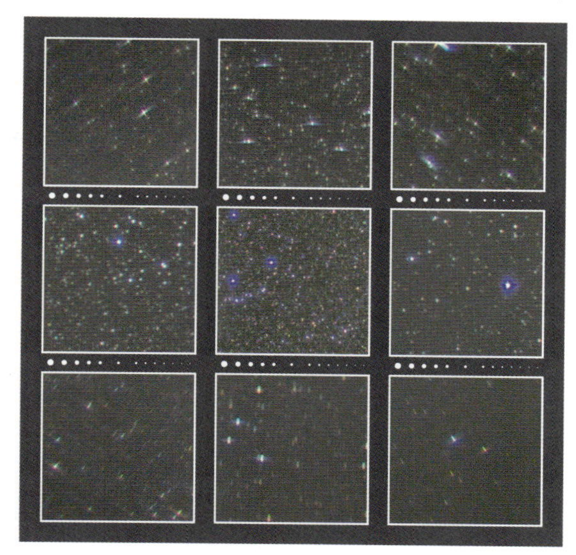

F1.4

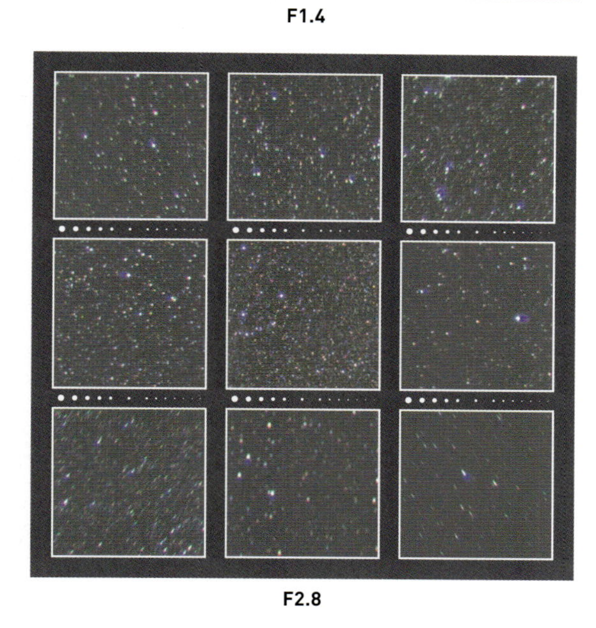

F2.0

F2.8

星空を撮影したときの周辺減光の様子

F0.95

F1.4

F2.0

F2.8

VOIGTLÄNDER
NOKTON 17.5mm F0.95 Aspherical (コシナ扱い)

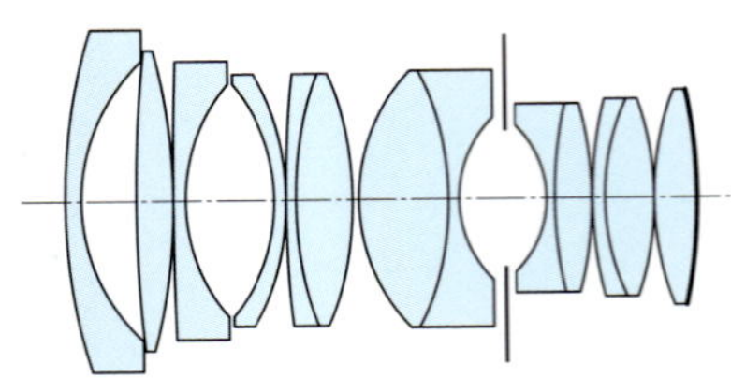

L13は非球面レンズ．太線が非球面．
異常部分分散ガラスは非公開．

焦点距離	17.5mm
35mm判換算	35mm
最大絞り	F0.95
最小絞り	F16
最短撮影距離	0.15m
対角線画角	64.°6
レンズ構成	9群13枚
絞り羽根	10枚
フィルター径	58mm
大きさ	φ63.4mm×L80.0mm
重さ	540g
価格(税別)	118,000円
発売年月	2012年4月

F0.95 —— 画面の中心以外の星像は収差で崩れてかなりあまい．色収差によって明るい星には青いハロが認められる．像面弯曲が色によって異なるのか，中間画角部から周辺にかけて甘くなった星像はシアン味を帯びる．これは周辺光量を示した小さなテスト画像でもわかる．周辺光量は画面の四隅で2段分強の減光が認められる．

F1.4 —— 星像はまだかなりあまい．

F2.0 —— サジッタルコマ収差が軽減するが星像はまだあまい．

F2.8 —— 画面中心付近は非常に良くなるが，周辺はまだあまく，良像を得るにはさらに絞る必要がある．

F1.0よりもさらに0.15段明るいF0.95という猛烈な明るさが特色だが，周辺星像は見劣りがする．

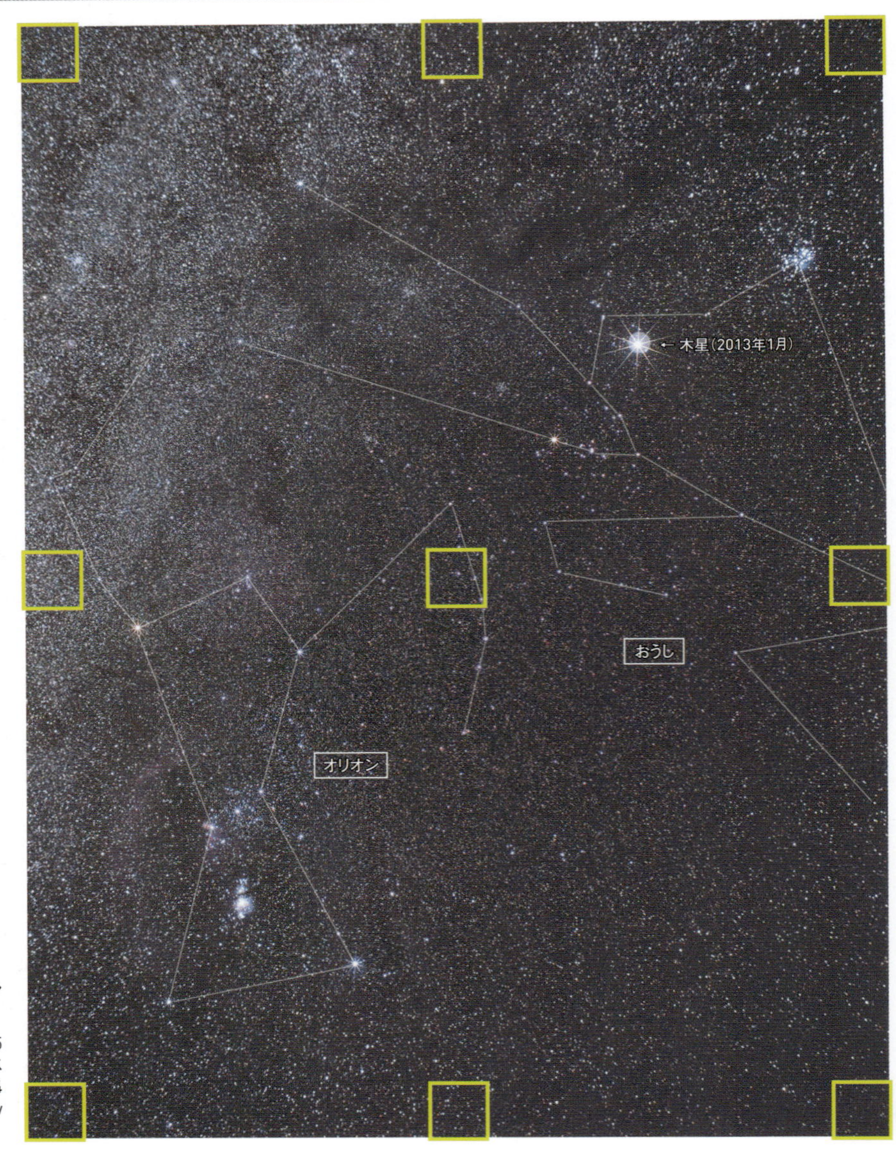

絞りF2.8で撮影した「オリオン座と木星の輝くおうし座(2013年1月)」

撮影データ；NOKTON 17.5mm F0.95 Aspherical 絞りF2.8 オリンパス OM-D E-M5 (ISO400, RAW) 露出4分 赤道儀で追尾撮影 Camera Rawで現像 Photoshop CCで画像処理

A3ノビ用紙にプリントしたときの星像の様子

実画面寸法：17.3mm×13.0mm　プリント寸法：426×320mm（プリント倍率24.6倍）

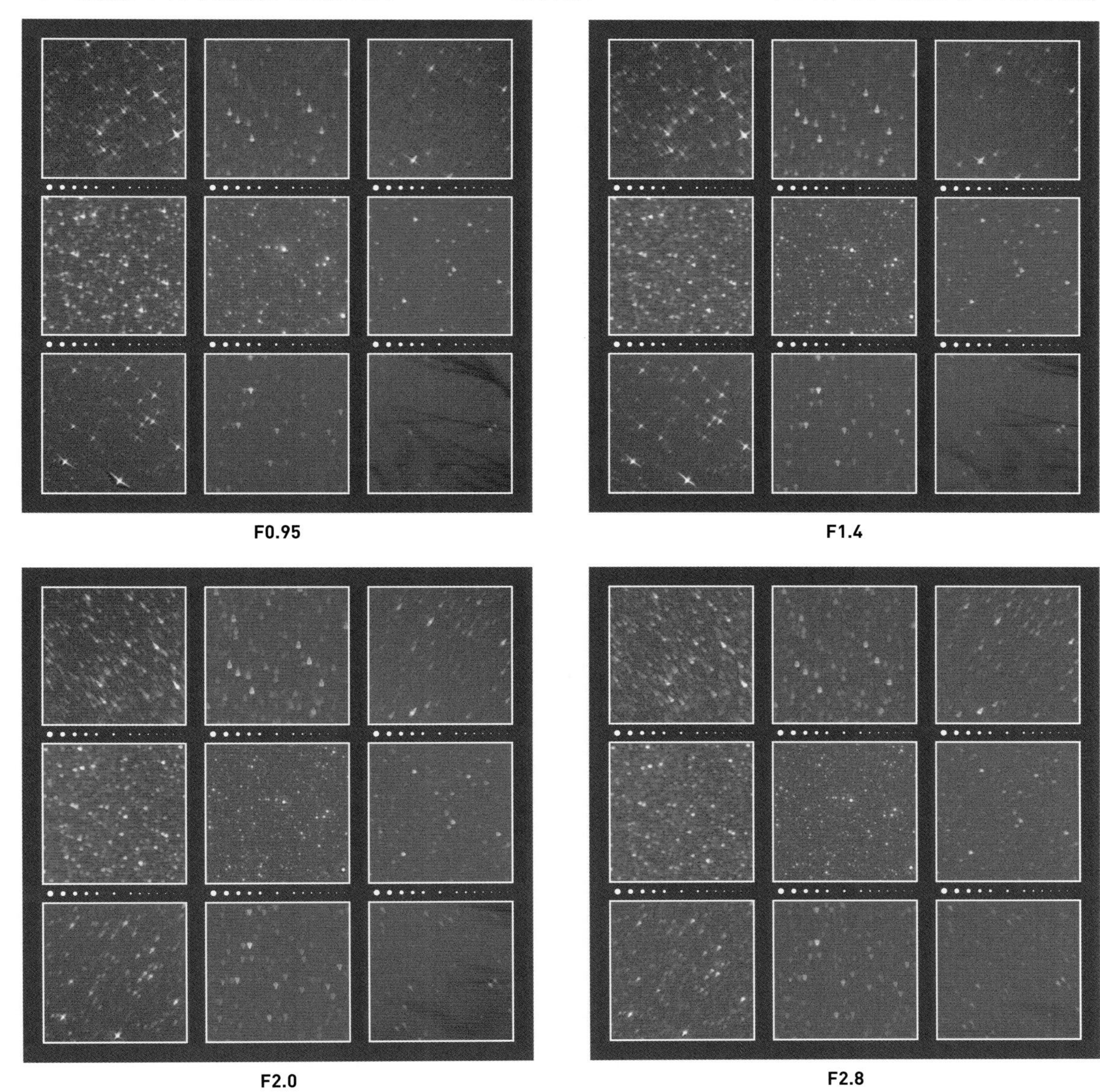

F0.95　F1.4　F2.0　F2.8

星空を撮影したときの周辺減光の様子

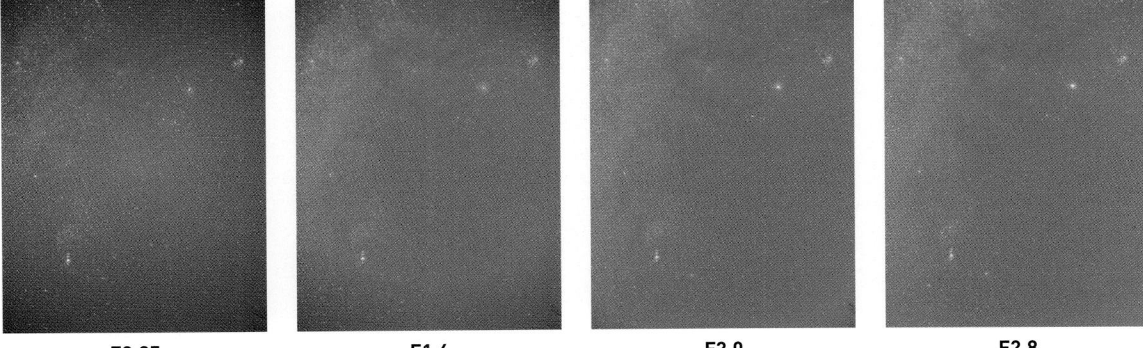

F0.95　F1.4　F2.0　F2.8

VOIGTLÄNDER
NOKTON 25mm F0.95 Type Ⅱ （コシナ扱い）

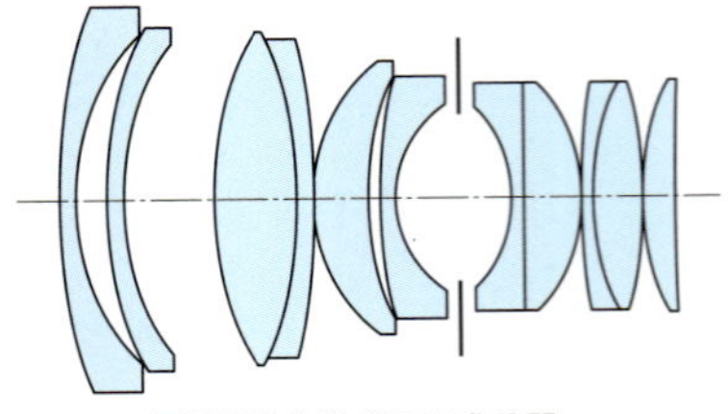

異常部分分散ガラスは非公開.

焦点距離：25mm
35mm判換算：50mm
最大絞り：F0.95
最小絞り：F16
最短撮影距離：0.17m
対角線画角：47°3
レンズ構成：8群11枚
絞り羽根：10枚
フィルター径：52mm
大きさ：φ60.6mm×L70.0mm
重さ：435g
価格（税別）：105,000円
発売年月：2010年11月

F0.95 —— 画面中心付近はシャープだが，周辺に向けて星像は徐々にあまくなり，とくに90%よりも外側，すなわち四隅では星像は非常に崩れてあまくなる．輝星には色収差による青いハロが認められる．周辺光量は画面の四隅で2段分強の減光がある．

F1.4 —— 画面中心から50%くらいの範囲は概ね良好になる．

F2.0 —— 中心から70%くらいの範囲が良好になる．

F2.8 —— さらに良像範囲が広がり，作例で見るように中心から80%くらいの範囲はシャープさのある画像となる．画面四隅の画質はまだ急落している．

F0.95のNOKTONはどれも円形絞りではないので，輝星には針状の鋭い回折像が生じる．このレンズは高性能ではないが独特の描写をする．

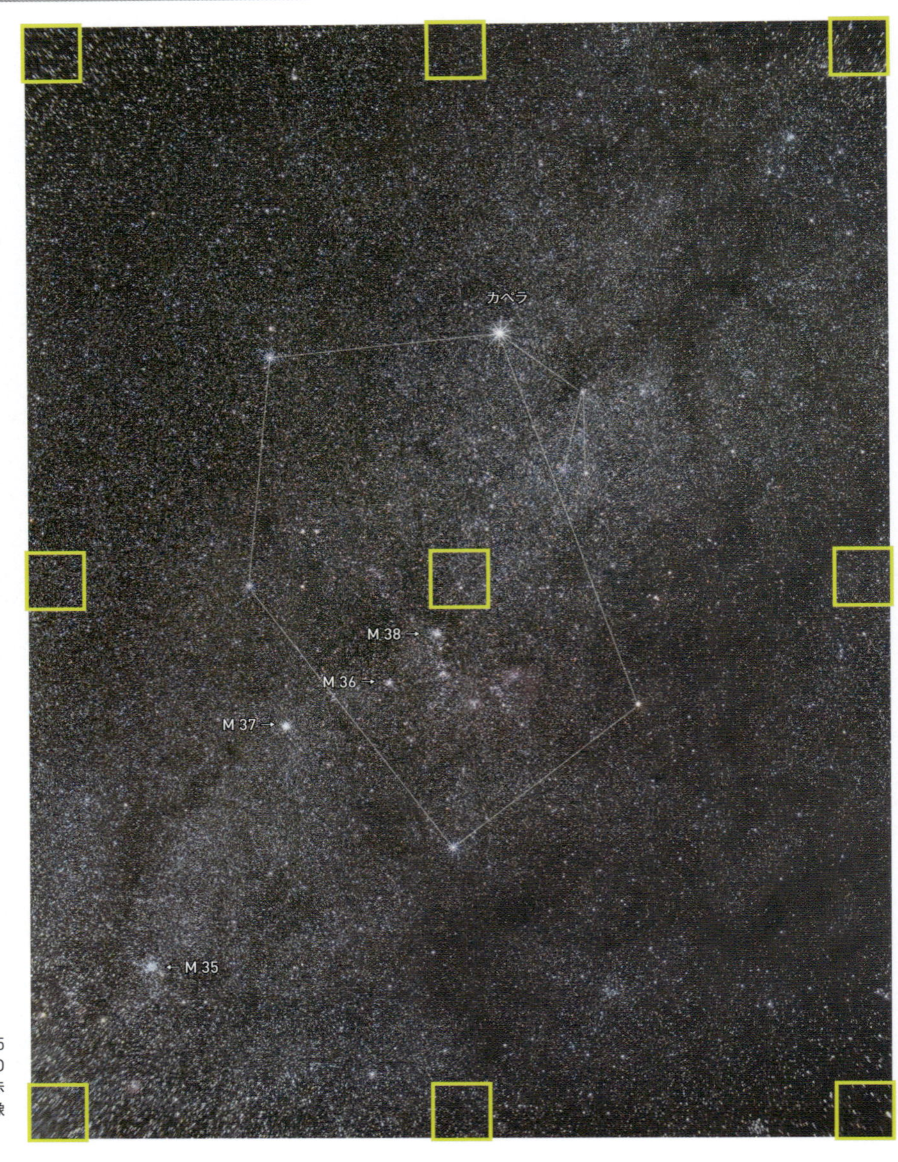

絞りF2.8で撮影した「ぎょしゃ座」

撮影データ；NOKTON 25mm F0.95 TypeⅡ 絞りF2.8 オリンパスOM-D E-M5（ISO400，RAW）露出4分 赤道儀で追尾撮影 Camera Rawで現像 Photoshop CCで画像処理

A3ノビ用紙にプリントしたときの星像の様子

実画面寸法：17.3mm×13.0mm　プリント寸法：426×320mm（プリント倍率24.6倍）

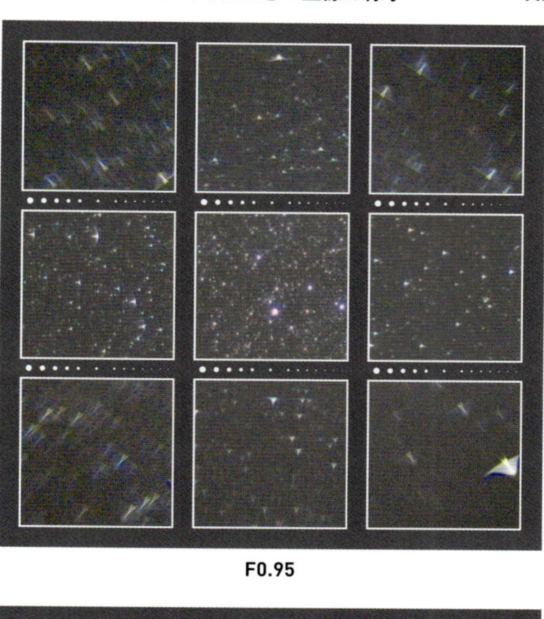

F0.95

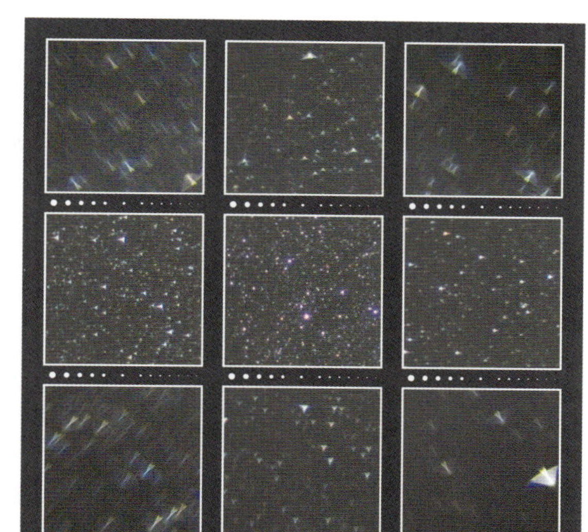

F1.4

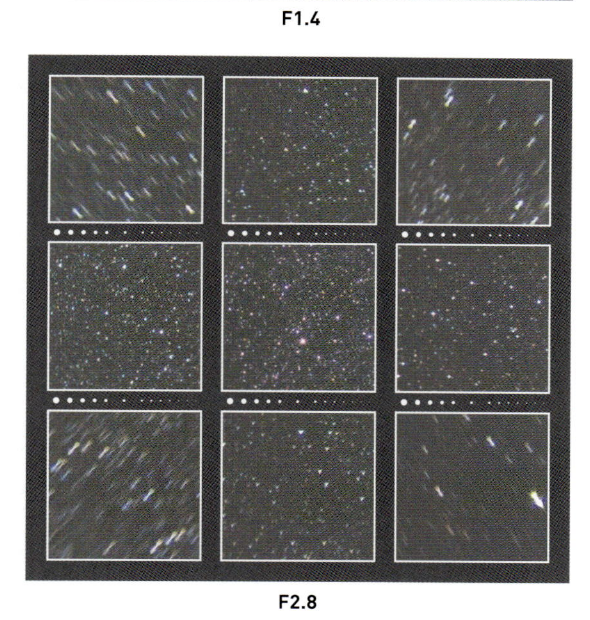

F2.8

F2.0

星空を撮影したときの周辺減光の様子

F0.95

F1.4

F2.0

F2.8

VOIGTLÄNDER
NOKTON 42.5mm F0.95 （コシナ扱い）

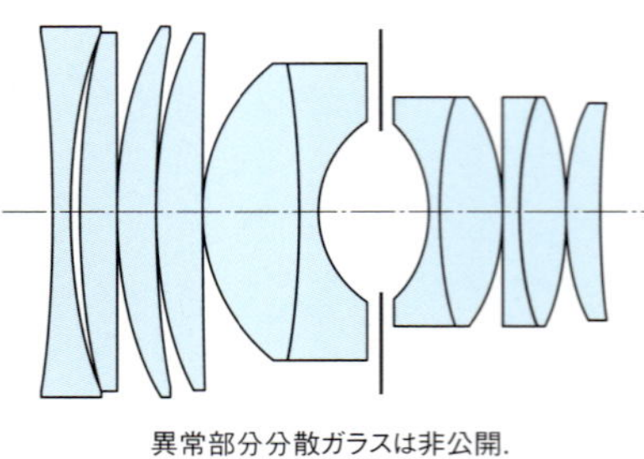

異常部分分散ガラスは非公開.

焦点距離：42.5mm
35mm判換算：85mm
最大絞り：F0.95
最小絞り：F16
最短撮影距離：0.23m
対角線画角：30.5
レンズ構成：12群15枚
絞り羽根：10枚
フィルター径：58mm
大きさ：φ64.3mm×L74.6mm
重さ：571g
価格（税別）：118,000円
発売年月：2013年6月

F0.95 —— 画面全体の星像が甘い．中心付近の星像は芯があり，色収差はよく補正され，真綿を絡めたようなハロをともなった独特の描写である．周辺光量は画面の四隅で2段分強の減光がある．

F1.4 —— 星像はまだあまい．中心から80％くらいまではソフトレンズのような描写．画面四隅以外は星の形状の崩れは少ない．

F2.0 —— F1.4から1段絞っただけで中心から80％くらいまでの星像は見違えるほど急激にシャープになる．微光星の描写も良好である．四隅のコマ収差のサジッタル成分は大幅に減少するが，まだ放射方向に流れるようなあまさが残る．

F2.8 —— 中心から90％くらいまでの星像は極めてシャープで申し分がない．画面四隅の微光星も鮮鋭度を増す．ごく四隅だけの星像がまだ放射方向の流れがある．ソフトレンズと高性能レンズを合わせたような2面性をもつ非常に個性的なレンズ．

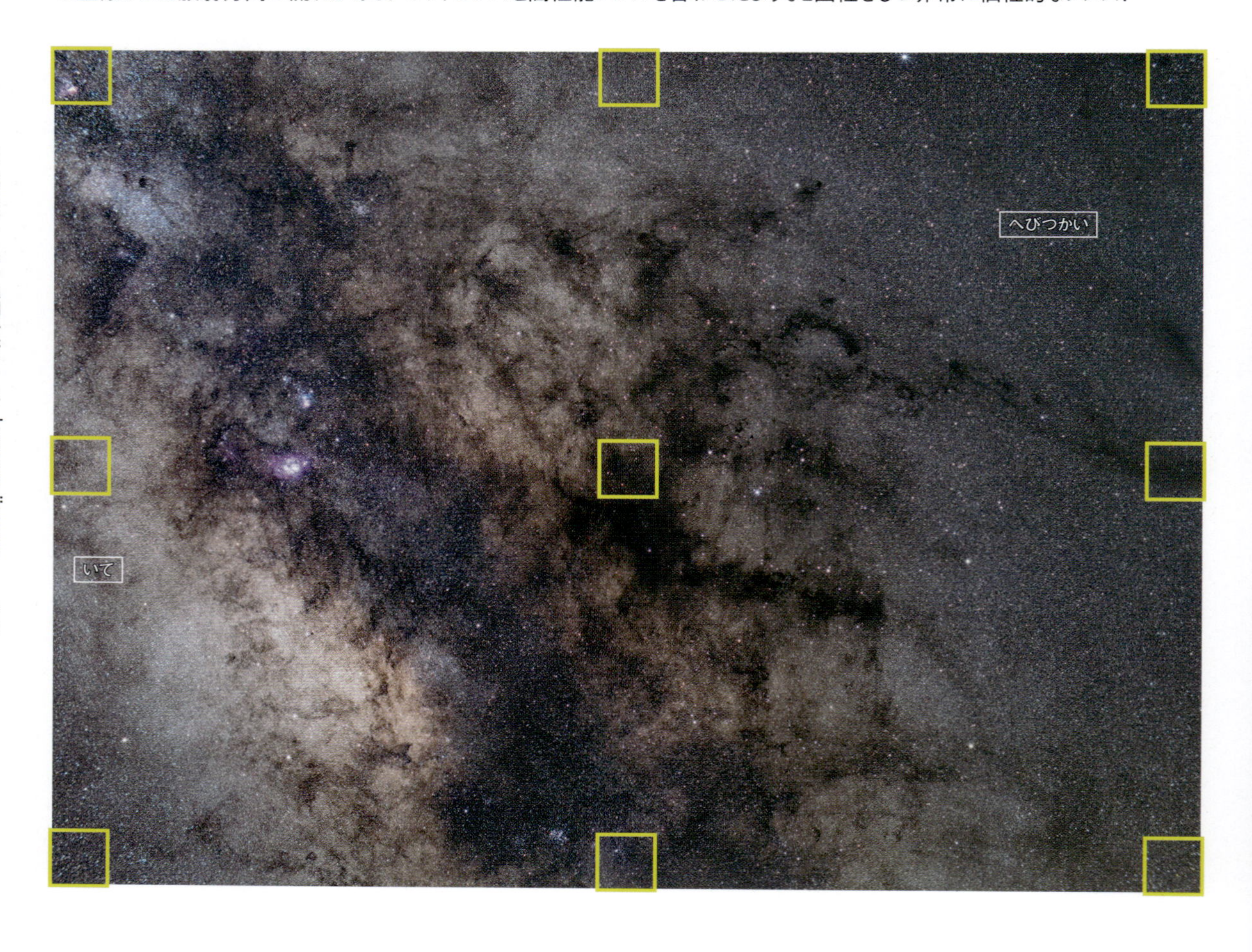

A3ノビ用紙にプリントしたときの星像の様子

実画面寸法：17.3mm×13.0mm　プリント寸法：426×320mm（プリント倍率24.6倍）

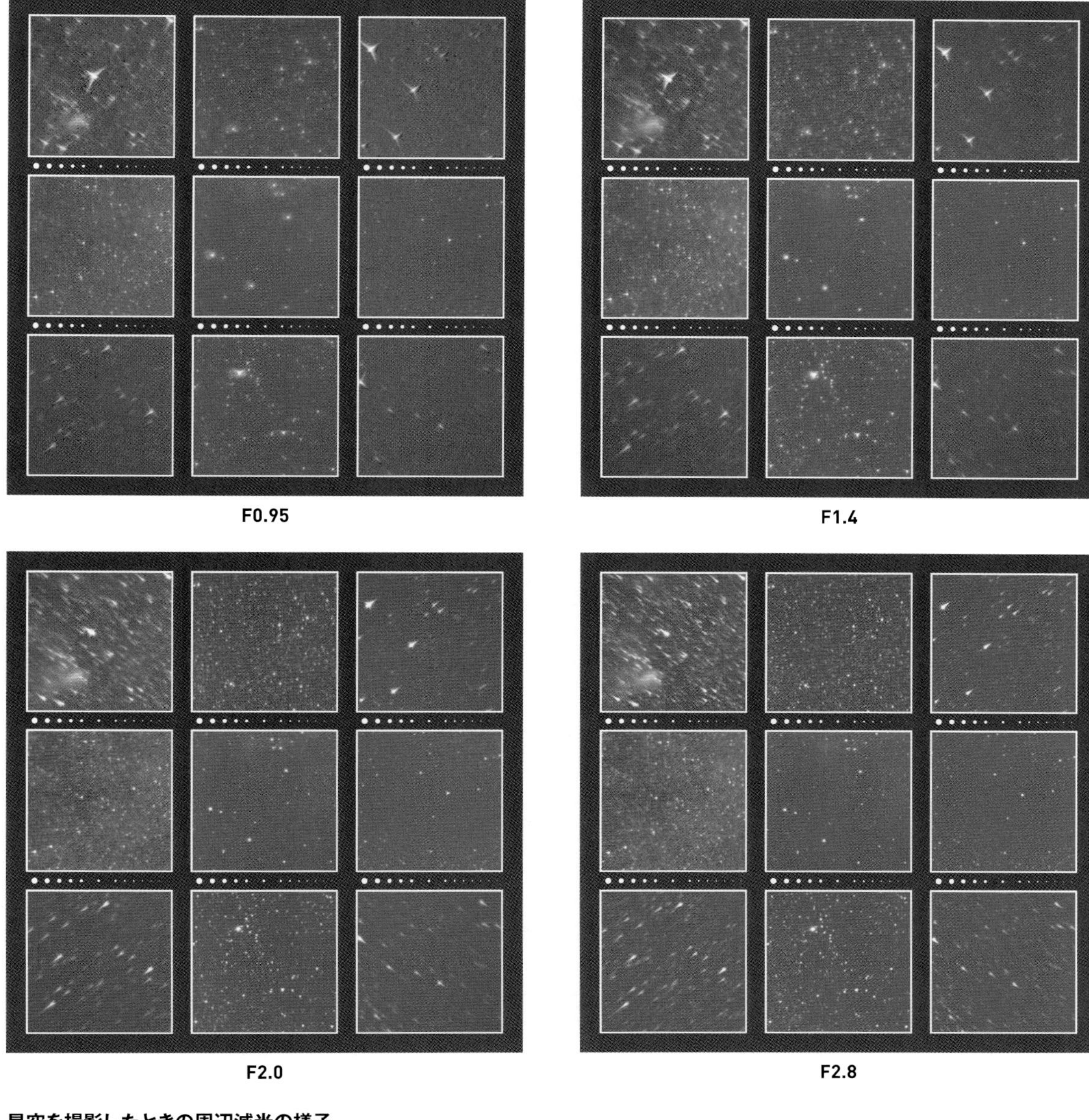

F0.95　F1.4　F2.0　F2.8

星空を撮影したときの周辺減光の様子

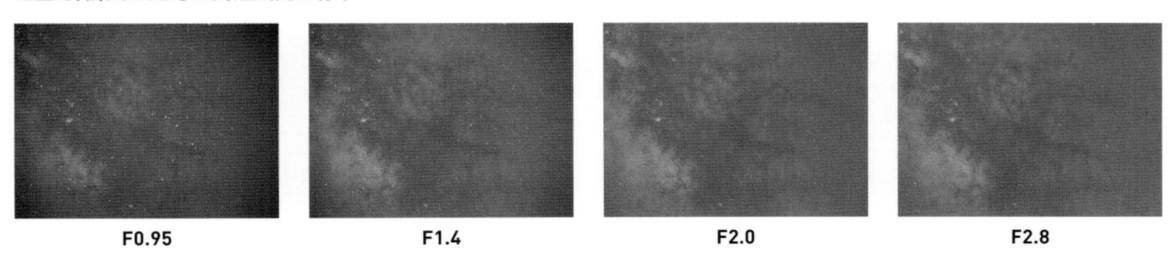

F0.95　F1.4　F2.0　F2.8

左ページの作例
絞りF2.8で撮影した「いて座とへびつかい座の境界付近の暗黒星雲群」

撮影データ；NOKTON 42.5mm F0.95　絞りF2.8　ルミックスDC-GH5（ISO400, RAW）
露出4分×4コマ加算平均　赤道儀で追尾撮影　Camera Rawで現像　Photoshop CC,
Nik Collection"Silver Efex Pro"で画像処理　Nik Collection"Dfine"でノイズ低減

冬

奥日光 戦場ヶ原の星空

関東地方の天気予報番組では「奥日光では…」と近場の寒冷地としてよく報じられる．その気温は中禅寺湖あたりの気温だが，関東平野部よりもだいぶ低い．戦場ヶ原は中禅寺湖よりも少し上に位置するだけなのに，気温はさらに5℃以上も低いことが多い．とくに星空が冴えわたる風のない冬の夜の戦場ヶ原は冷凍庫なみに冷える．明け方に－15℃を下回るのはざらである．高層湿原の戦場ヶ原は周囲を2000 ～ 2500m級の山に囲まれており，放射冷却で冷えた空気が溜まって，いわゆる「寒気湖」となるためである．

写真は戦場ヶ原にある湿原の展望台から西へ沈む冬の星座と天の川を撮影したものである．冬の星座を形づくる明るい星ぼしが次々と雪の湿原の向こうに沈んで行く眺めは実に素晴らしい．明るい星が滲んで写っているのは晴れているにもかかわらず上空を舞っている粉雪の影響だ．

資料

CANON フルサイズ カメラ用の主な明るい交換レンズ

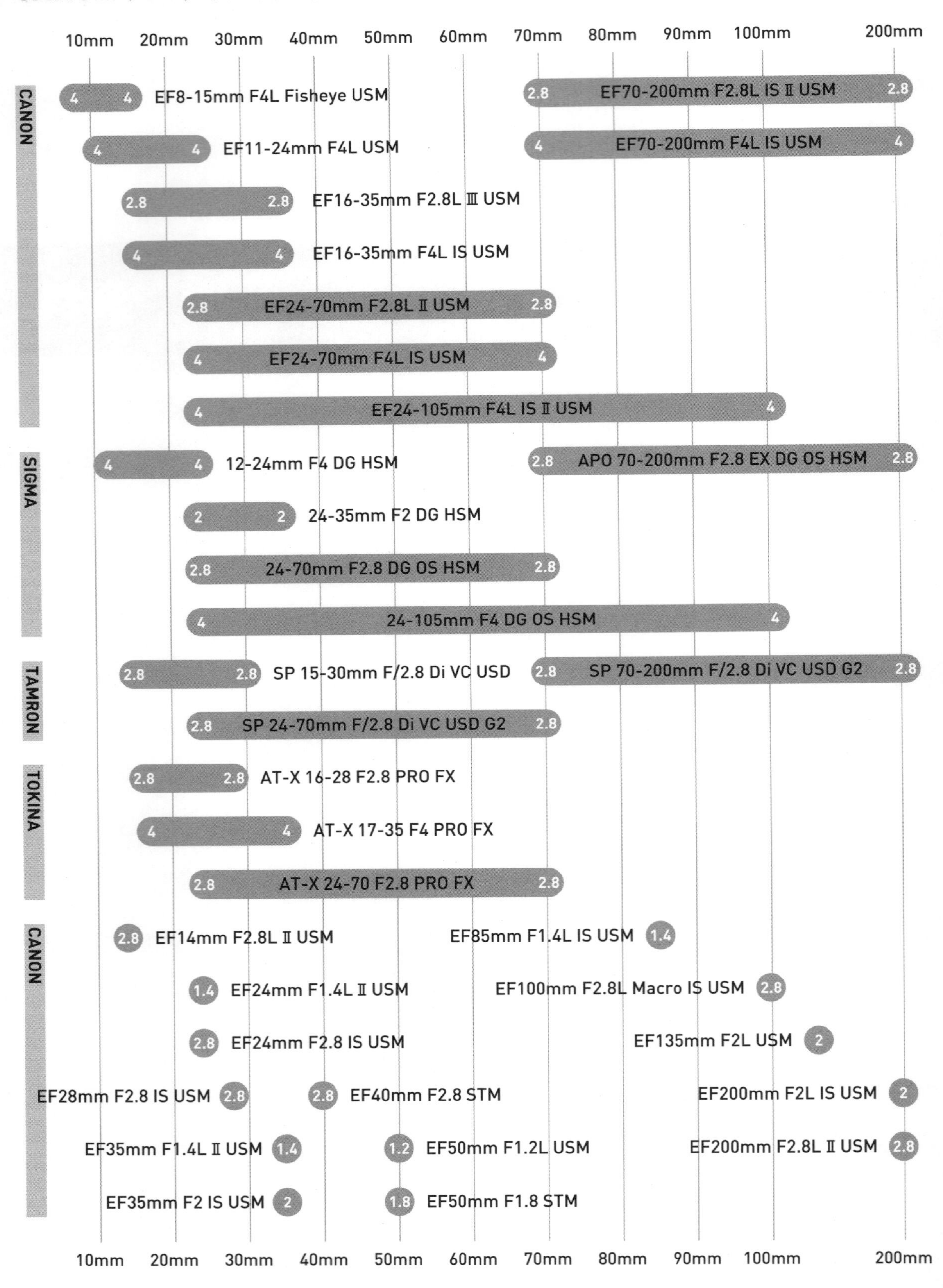

注：掲載してあるのは，焦点距離200mm以下，開放F4.0以下の主な明るいレンズのみである．横軸は焦点距離に比例した正確な目盛りではなく目安である．ズームレンズのグレーの帯の両端に示してある白い数値は短焦点端と長焦点端の開放Fナンバーである．単焦点レンズのグレーの円内に示してある数値も開放Fナンバーである．表は2017年12月に作成したものである．

10mm 20mm 30mm 40mm 50mm 60mm 70mm 80mm 90mm 100mm 200mm

SAMYANG

- 2.8 12mm F2.8 ED AS NCS FISH-EYE
- 2.4 XP14mm F2.4
- 2.8 14mm F2.8 ED AS IF UMC
- 1.8 20mm F1.8 ED AS UMC
- 1.4 24mm F1.4 ED AS IF UMC
- 1.4 35mm F1.4 AS UMC
- 1.4 50mm F1.4 AS UMC
- 1.2 XP85mm F1.2
- 1.4 85mm F1.4 AS IF UMC
- 100mm F2.8 ED UMC MACRO 2.8
- 135mm F2.0 ED UMC 2.0

SIGMA

- 3.5 8mm F3.5 EX DG CIRCULAR FISHEYE
- 1.8 14mm F1.8 DG HSM
- 2.8 15mm F2.8 EX DG DIAGONAL FISHEYE
- 1.4 20mm F1.4 DG HSM
- 1.4 24mm F1.4 DG HSM
- 1.4 35mm F1.4 DG HSM
- 1.4 50mm F1.4 DG HSM
- 1.4 85mm F1.4 DG HSM
- MACRO 105mm F2.8 EX DG OS HSM 2.8
- 135mm F1.8 DG HSM 1.8
- APO MACRO 150mm F2.8 EX DG OS HSM 2.8
- APO MACRO 180mm F2.8 EX DG OS HSM 2.8

TAMRON

- SP 35mm F/1.8 Di VC USD 1.8
- 1.8 SP 45mm F/1.8 Di VC USD
- 1.8 SP 85mm F/1.8 Di VC USD
- SP 90mm F/2.8 Di MACRO 1：1 VC USD 2.8

ZEISS

- 2.8 Milvus 15mm F2.8
- 2.8 Milvus 18mm F2.8
- 2.8 Milvus 21mm F2.8
- 1.4 Milvus 25mm F1.4
- Otus 28mm F1.4 1.4
- 1.4 Milvus 35mm F1.4
- 2 Milvus 35mm F2
- 1.4 Milvus 50mm F1.4
- 2 Milvus 50mm F2 Macro
- 1.4 Otus 55mm F1.4
- 1.4 Otus 85mm F1.4
- 1.4 Milvus 85mm F1.4
- Milvus 100mm F2 Macro 2
- Milvus 135mm F2.0 2

10mm 20mm 30mm 40mm 50mm 60mm 70mm 80mm 90mm 100mm 200mm

CANON APS-Cサイズ EFマウントカメラ用の主な明るい交換レンズ

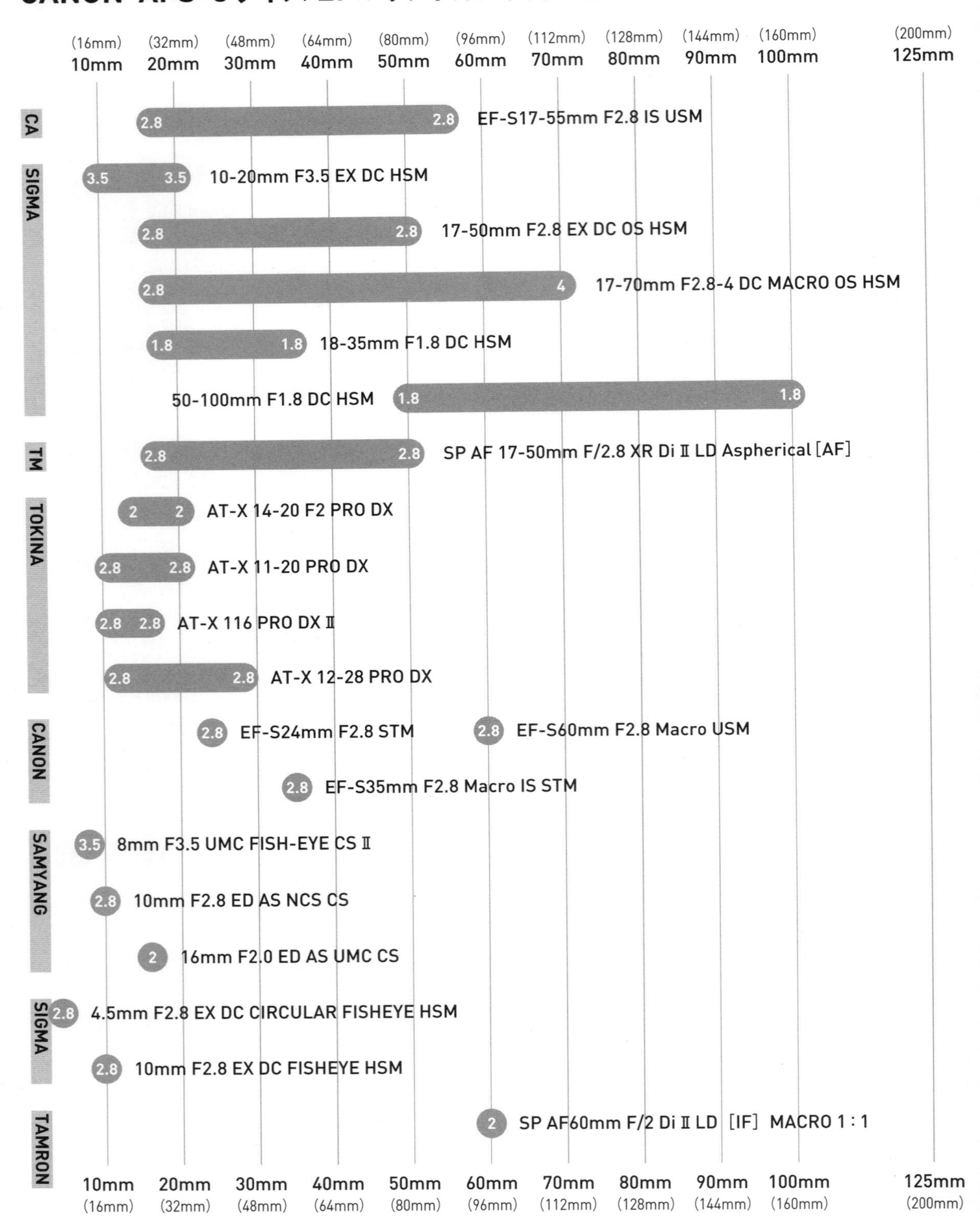

注：掲載してあるのは，35mm判フルサイズ換算で焦点距離200mm以下，開放F4.0以下の主な明るいレンズのみである．横軸は焦点距離に比例した正確な目盛りではなく目安である．目盛りの（　）内の数値は焦点距離の35mm判フルサイズ換算値である．ズームレンズのグレーの帯の両端に示してある白い数値は短焦点端と長焦点端の開放Fナンバーである．単焦点レンズのグレーの円内に示してある数値も開放Fナンバーである．ブランド名のCAはCANONの略，TMはTAMRONの略．p.298-299に掲載されているCANONフルサイズ用交換レンズもマウント互換なのでそのまま装着できる．ただし一部に制約があるレンズもあるので確認されたい．表は2017年12月に作成したものである．

CANON APS-Cサイズ EF-Mマウントカメラ用の主な明るい交換レンズ

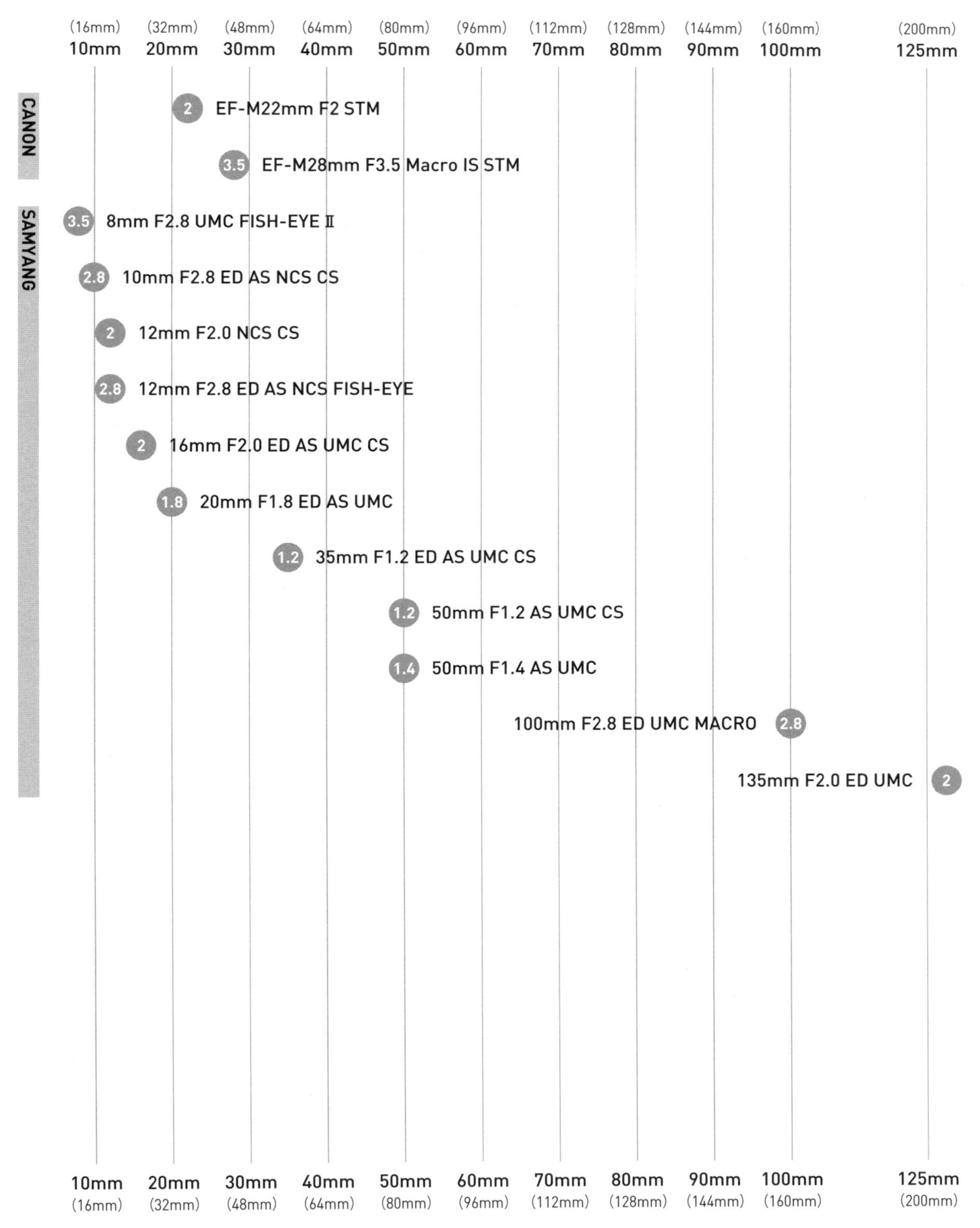

注：掲載してあるのは，35mm判フルサイズ換算で焦点距離200mm以下，開放F4.0以下の主な明るいレンズのみである．横軸は焦点距離に比例した正確な目盛りではなく目安である．目盛りの（　）内の数値は焦点距離の35mm判フルサイズ換算値である．ズームレンズのグレーの帯の両端に示してある白い数値は短焦点端と長焦点端の開放Fナンバーである．単焦点レンズのグレーの円内に示してある数値も開放Fナンバーである．マウントアダプター EF-EOS Mを介してp.298-300に掲載されているCANON EFレンズが使用可能．一部制約があるので確認されたい．表は2017年12月に作成したものである．

NIKON フルサイズ カメラ用の主な明るい交換レンズ

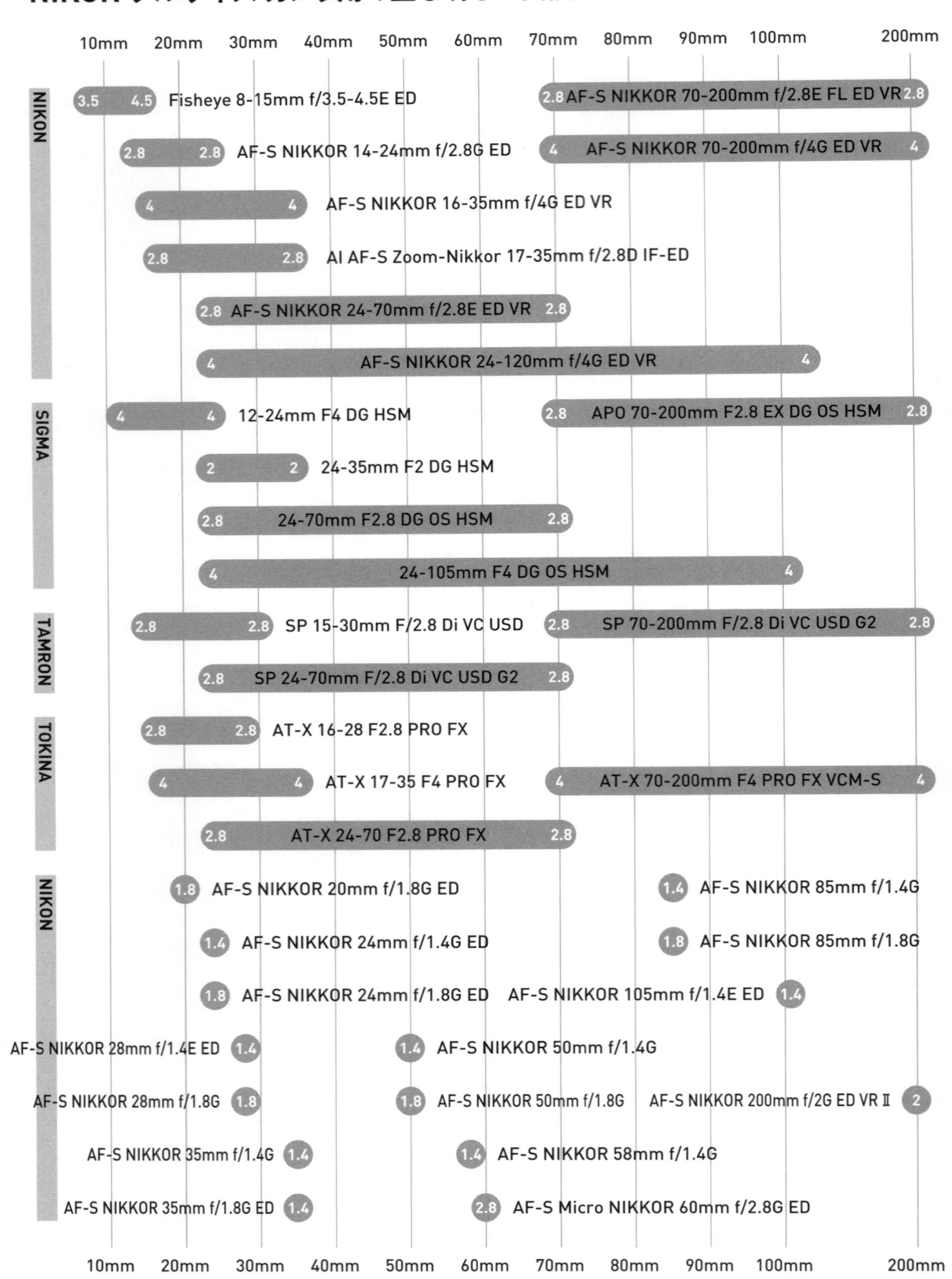

注：掲載してあるのは，焦点距離200mm以下，開放F4.0以下の主な明るいレンズのみである．横軸は焦点距離に比例した正確な目盛りではなく目安である．ズームレンズのグレーの帯の両端に示してある白い数値は短焦点端と長焦点端の開放Fナンバーである．単焦点レンズのグレーの円内に示してある数値も開放Fナンバーである．表は2017年12月に作成したものである．

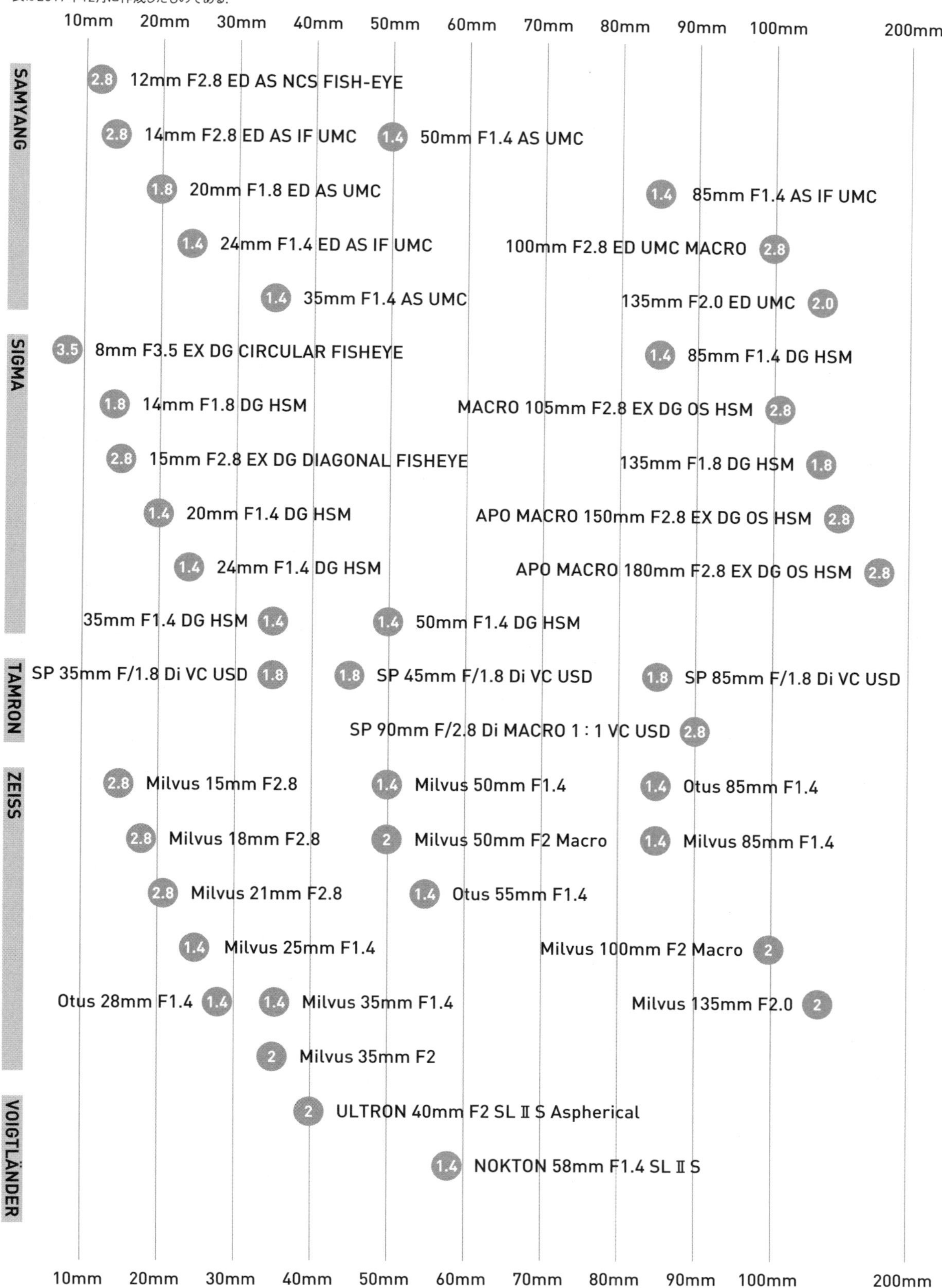

NIKON APS-Cサイズカメラ用の主な明るい交換レンズ

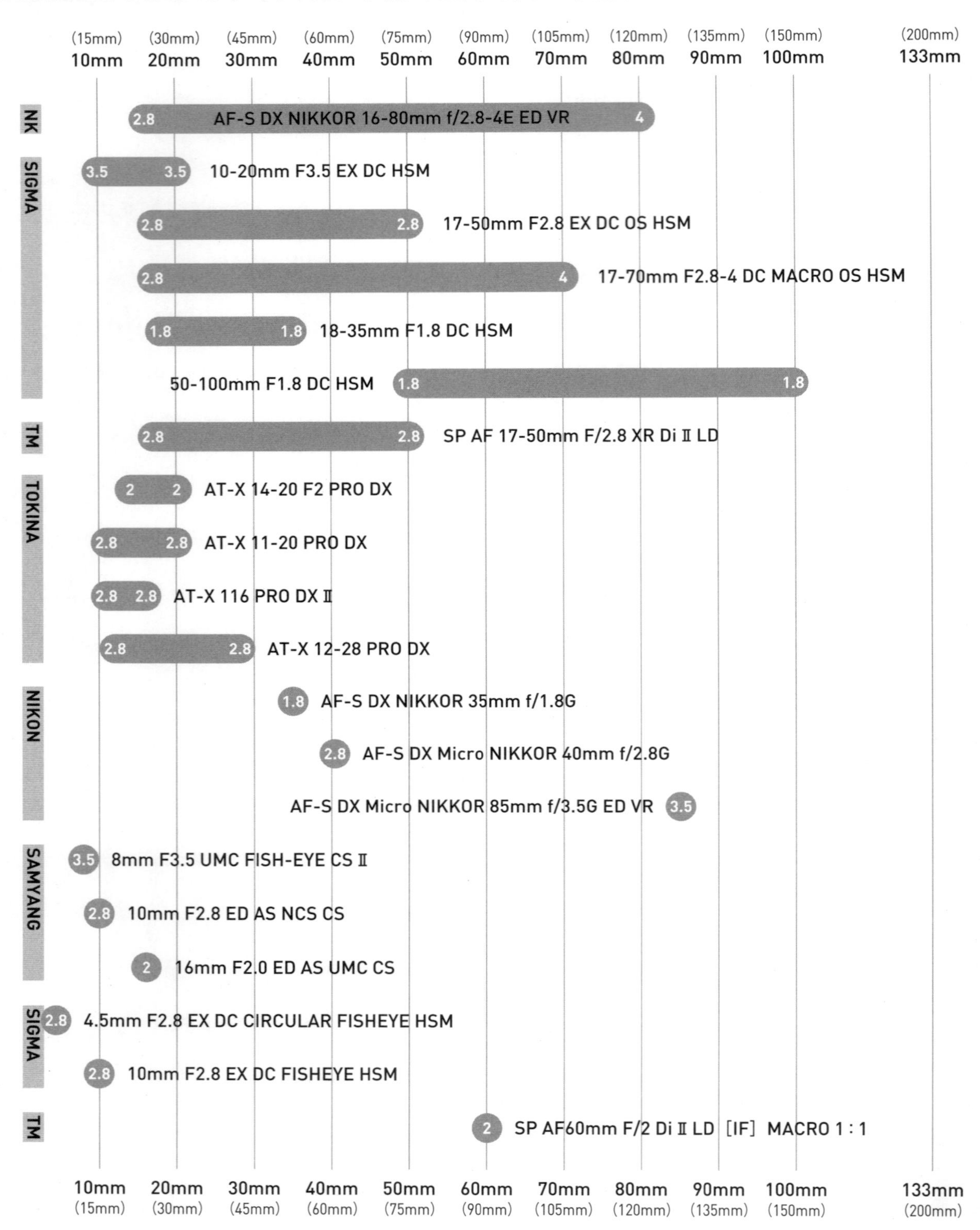

注：掲載してあるのは，35mm判フルサイズ換算で焦点距離200mm以下，開放F4.0以下の主な明るいレンズのみである．横軸は焦点距離に比例した正確な目盛りではなく目安である．目盛りの（　）内の数値は焦点距離の35mm判フルサイズ換算値である．ズームレンズのグレーの帯の両端に示してある白い数値は短焦点端と長焦点端の開放Fナンバーである．単焦点レンズのグレーの円内に示してある数値も開放Fナンバーである．ブランド名のNKはNIKONの略，TMはTAMRONの略．p.302-303に掲載されているNIKONフルサイズ用交換レンズもマウント互換なのでそのまま装着できる．ただし一部に制約があるレンズもあるので確認されたい．表は2017年12月に作成したものである．

PENTAX フルサイズ カメラ用の主な明るい交換レンズ

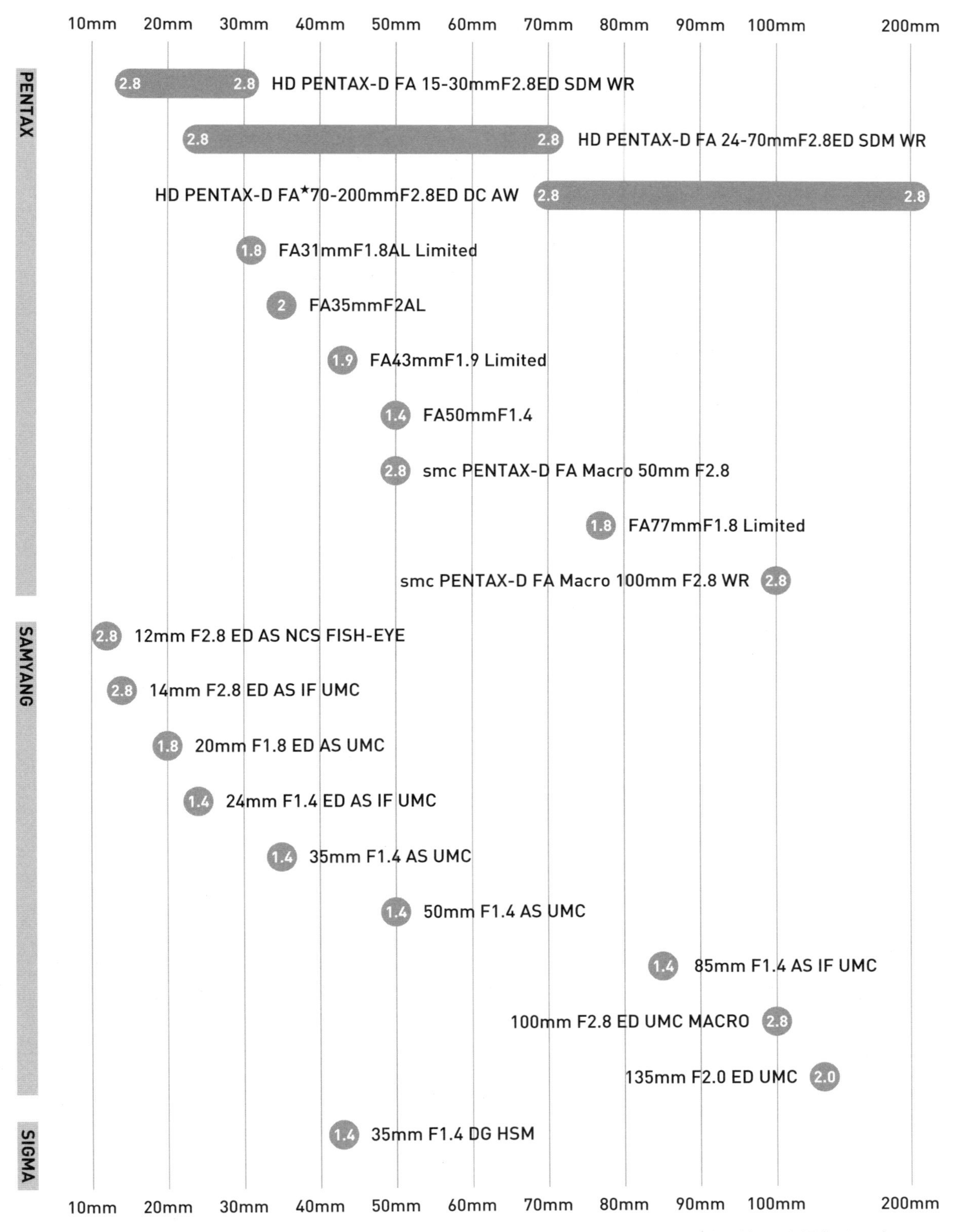

注：掲載してあるのは，焦点距離200mm以下，開放F4.0以下の主な明るいレンズのみである．横軸は焦点距離に比例した正確な目盛りではなく目安である．ズームレンズのグレーの帯の両端に示してある白い数値は短焦点端と長焦点端の開放Fナンバーである．単焦点レンズのグレーの円内に示してある数値も開放Fナンバーである．表は2017年12月に作成したものである．

PENTAX APS-Cサイズ カメラ用の主な明るいレンズ

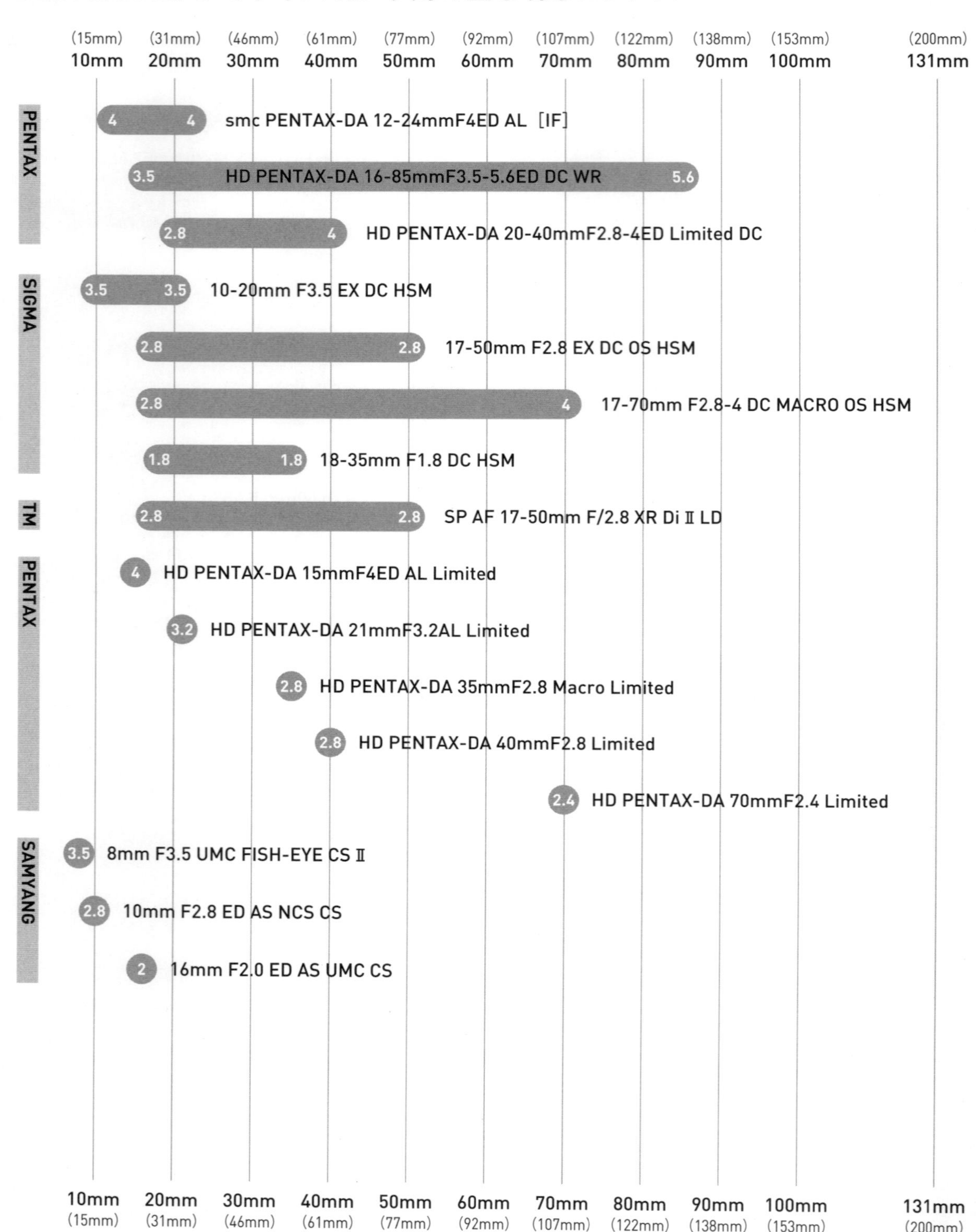

注：掲載してあるのは，35mm判フルサイズ換算で焦点距離200mm以下，開放F4.0以下の主な明るいレンズのみである．横軸は焦点距離に比例した正確な目盛りではなく目安である.目盛りの（　）内の数値は焦点距離の35mm判フルサイズ換算値である.ズームレンズのグレーの帯の両端に示してある白い数値は短焦点端と長焦点端の開放Fナンバーである．単焦点レンズのグレーの円内に示してある数値も開放Fナンバーである．TMはTAMRONの略．p.305に掲載されているPENTAXフルサイズ用交換レンズもマウント互換なのでそのまま装着できる．ただし一部に制約があるレンズもあるので確認されたい．表は2017年12月に作成したものである．

SONY フルサイズ Eマウントカメラ用の主な明るい交換レンズ

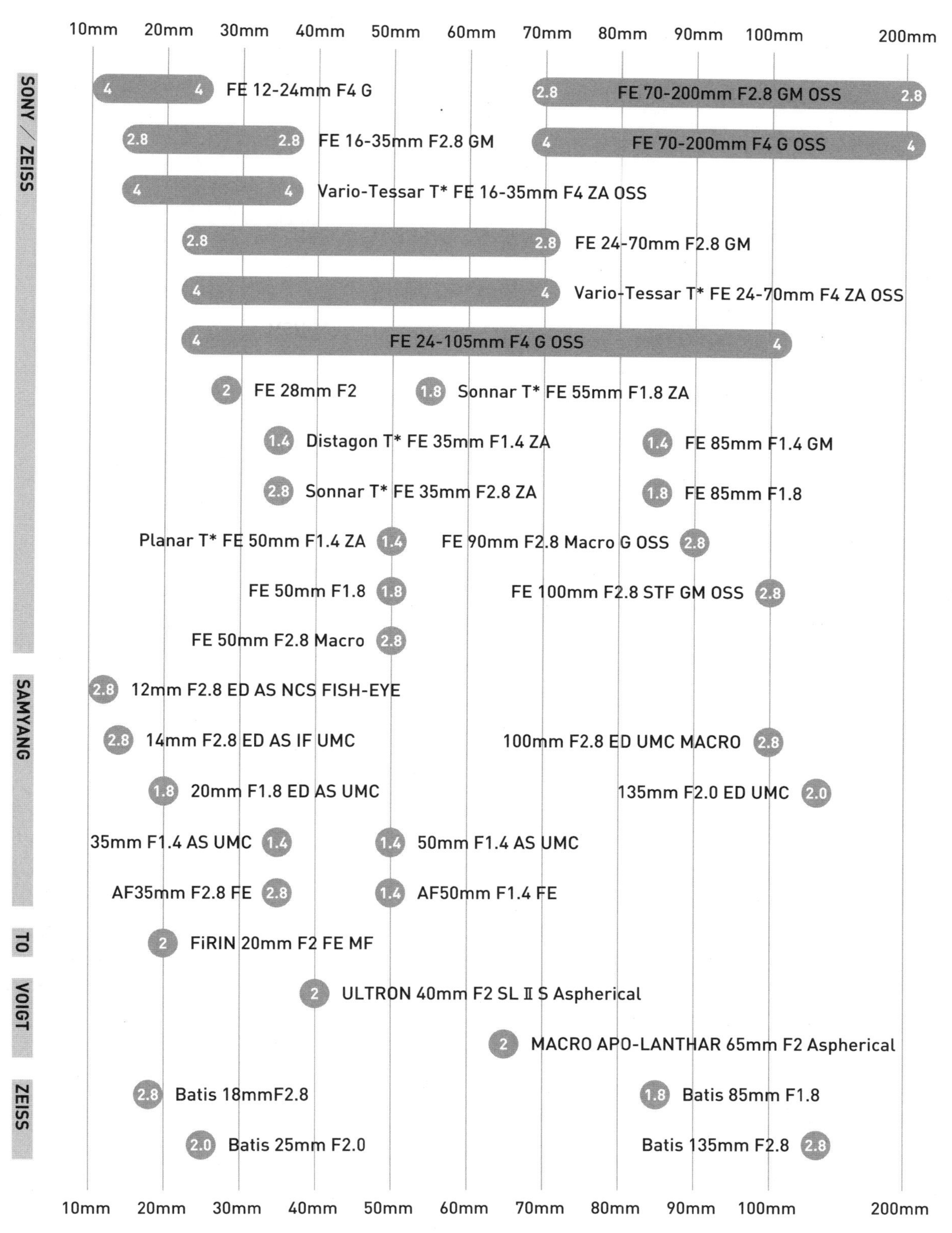

注：掲載してあるのは，焦点距離200mm以下，開放F4.0以下の主な明るいレンズのみである．横軸は焦点距離に比例した正確な目盛りではなく目安である．ズームレンズのグレーの帯の両端に示してある白い数値は短焦点点端と長焦点点端の開放Fナンバーである．単焦点レンズのグレーの円内に示してある数値も開放Fナンバーである．ブランド名のTOはTOKINAの略，VOIGTはVOIGTLÄNDERの略．表は2017年12月に作成したものである．

SONY APS-Cサイズ Eマウントカメラ用の主な明るい交換レンズ

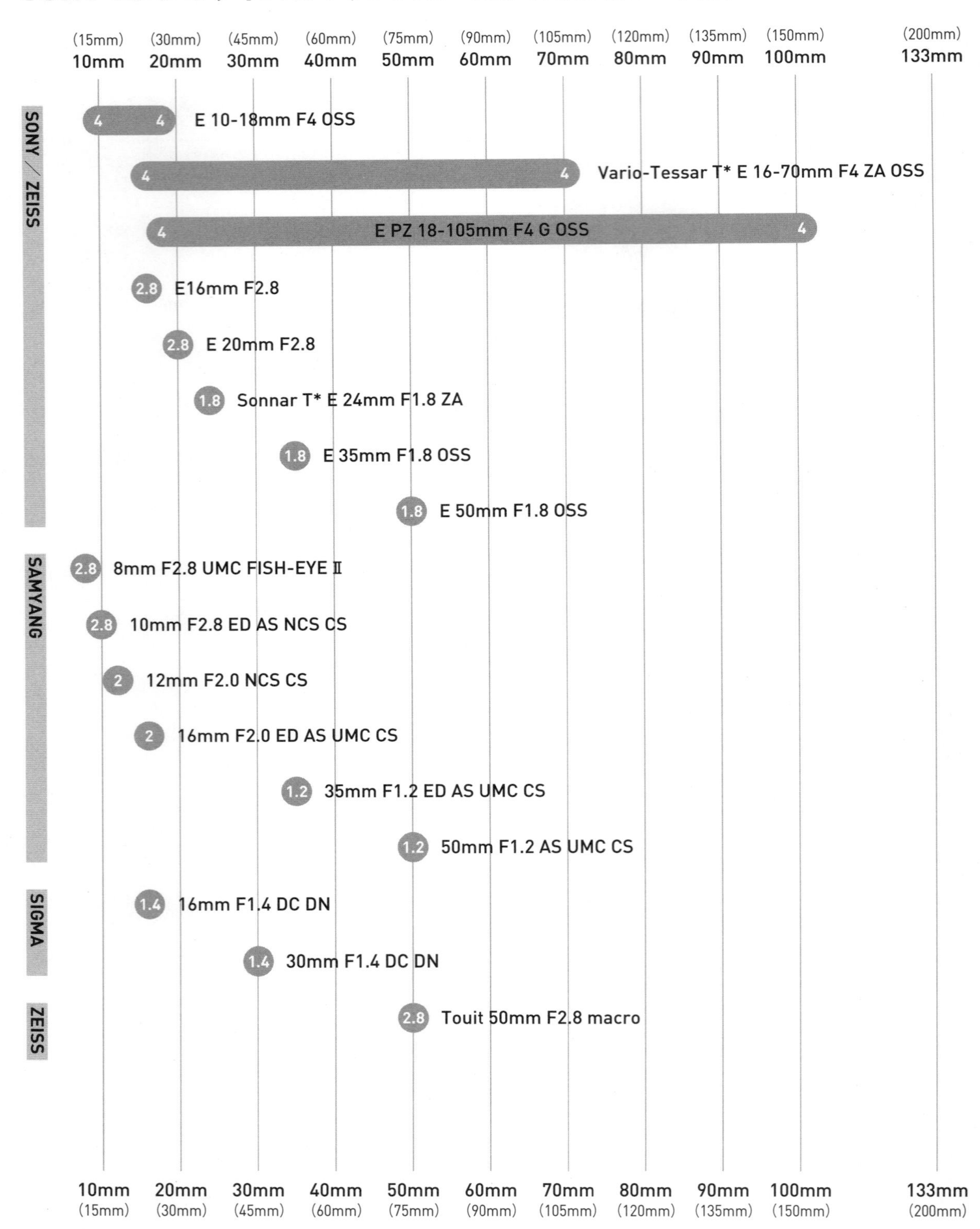

注：掲載してあるのは，35mm判フルサイズ換算で焦点距離200mm以下，開放F4.0以下の主な明るいレンズのみである．横軸は焦点距離に比例した正確な目盛りではなく目安である．目盛りの（　）内の数値は焦点距離の35mm判フルサイズ換算値である．ズームレンズのグレーの帯の両端に示してある白い数値は短焦点端と長焦点端の開放Fナンバーである．単焦点レンズのグレーの円内に示してある数値も開放Fナンバーである．p.307に掲載されているSONYフルサイズEマウント用交換レンズもマウント互換なのでそのまま装着できる．ただし一部に制約があるレンズもあるので確認されたい．表は2017年12月に作成したものである．

SONY フルサイズ Aマウントカメラ用の主な明るい交換レンズ

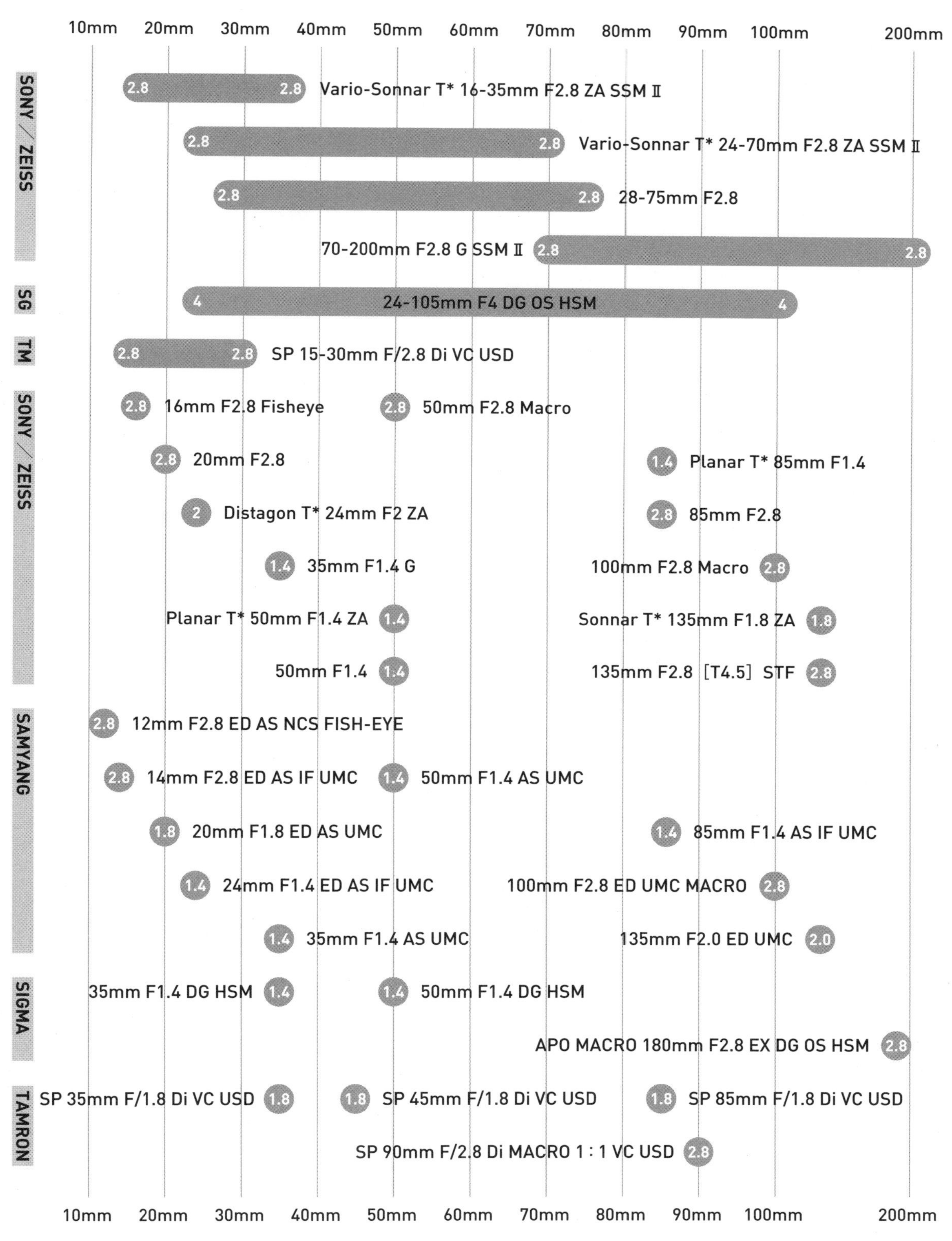

注：掲載してあるのは，焦点距離200mm以下，開放F4.0以下の主な明るいレンズのみである．横軸は焦点距離に比例した正確な目盛りではなく目安である．ズームレンズのグレーの帯の両端に示してある白い数値は短焦点端と長焦点端の開放Fナンバーである．単焦点レンズのグレーの円内に示してある数値も開放Fナンバーである．ブランド名のSGはSIGMAの略，TMはTAMRONの略．表は2017年12月に作成したものである．

SONY APS-Cサイズ Aマウントカメラ用の主な明るい交換レンズ

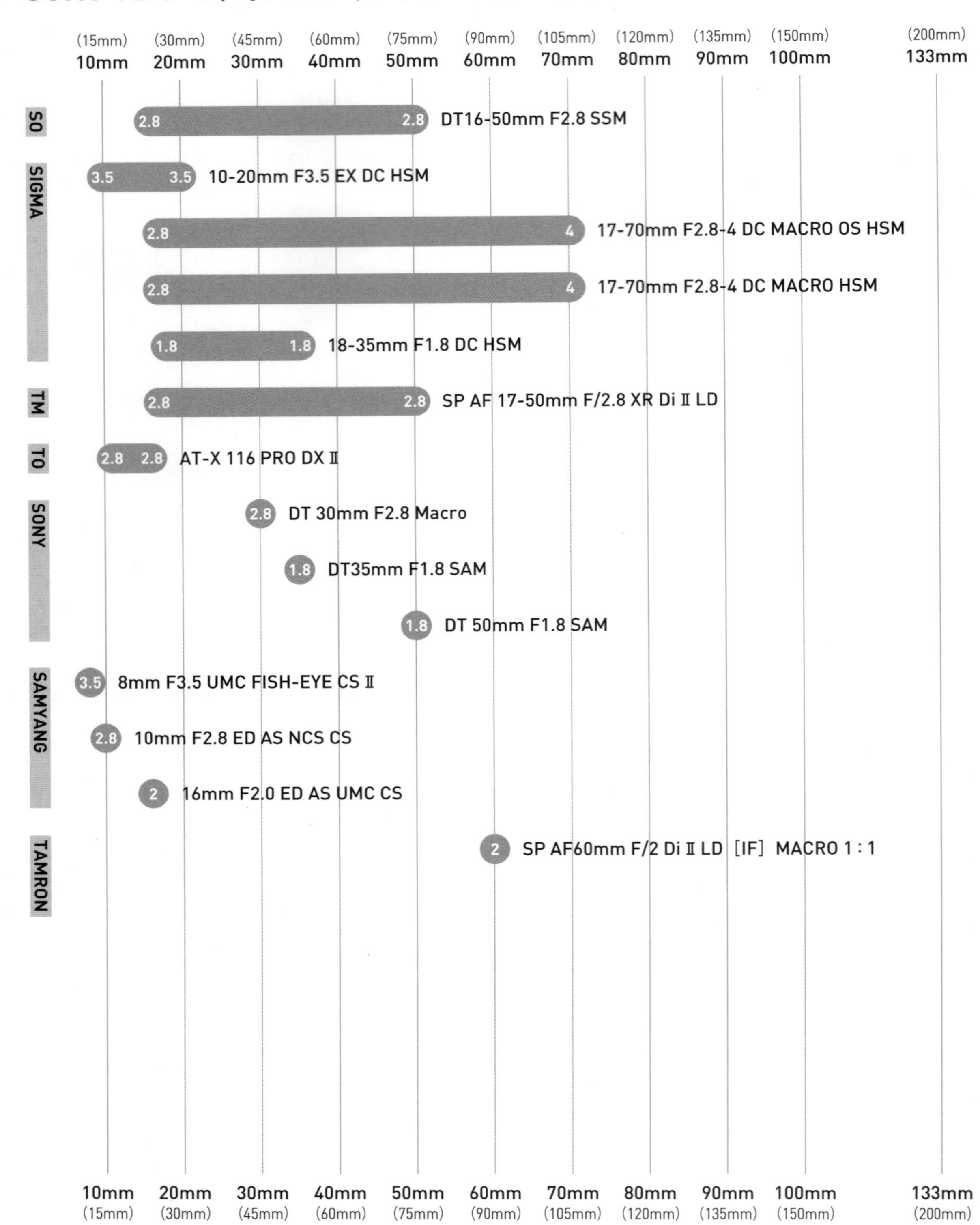

注：掲載してあるのは，35mm判フルサイズ換算で焦点距離200mm以下，開放F4.0以下の主な明るいレンズのみである．横軸は焦点距離に比例した正確な目盛りではなく目安である．目盛りの（　）内の数値は焦点距離の35mm判フルサイズ換算値である．ズームレンズのグレーの帯の両端に示してある白い数値は短焦点端と長焦点端の開放Fナンバーである．単焦点レンズのグレーの円内に示してある数値も開放Fナンバーである．ブランド名のSOはSONYの略，TMはTAMRONの略，TOはTOKIAの略．p.309に掲載されているSONYフルサイズAマウント用交換レンズもマウント互換なのでそのまま装着できる．ただし一部に制約があるレンズもあるので確認されたい．表は2017年12月に作成したものである．

FUJIFILM APS-CサイズXマウントカメラ用の主な明るい交換レンズ

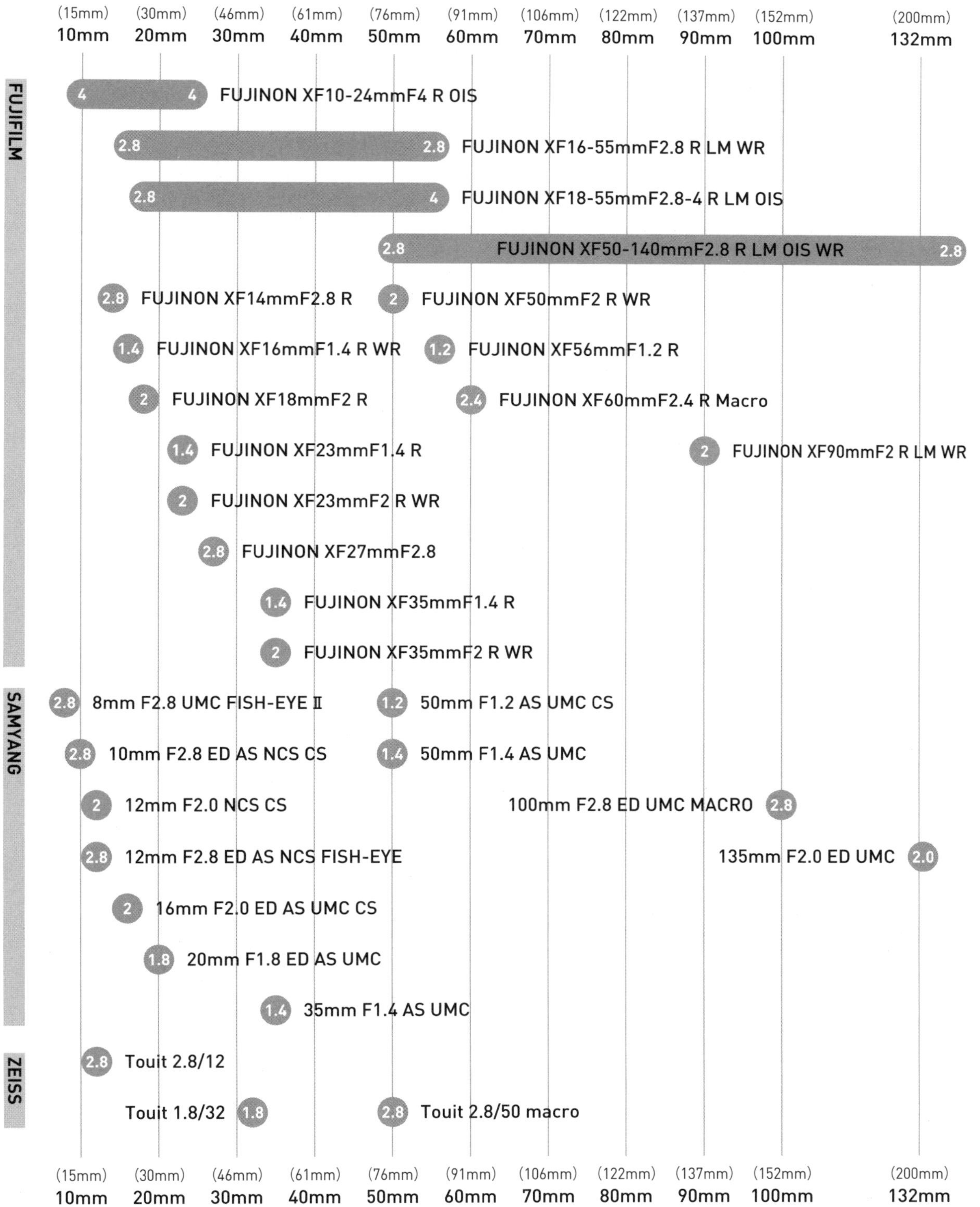

注：掲載してあるのは，35mm判フルサイズ換算で焦点距離200mm以下，開放F4.0以下の主な明るいレンズのみである．横軸は焦点距離に比例した正確な目盛りではなく目安である．目盛りの（　）内の数値は焦点距離の35mm判フルサイズ換算値である．ズームレンズのグレーの帯の両端に示してある白い数値は短焦点端と長焦点端の開放Fナンバーである．単焦点レンズのグレーの円内に示してある数値も開放Fナンバーである．ただし一部に制約があるレンズもあるので確認されたい．表は2017年12月に作成したものである．

マイクロフォーサーズ カメラ用の主な明るいレンズ

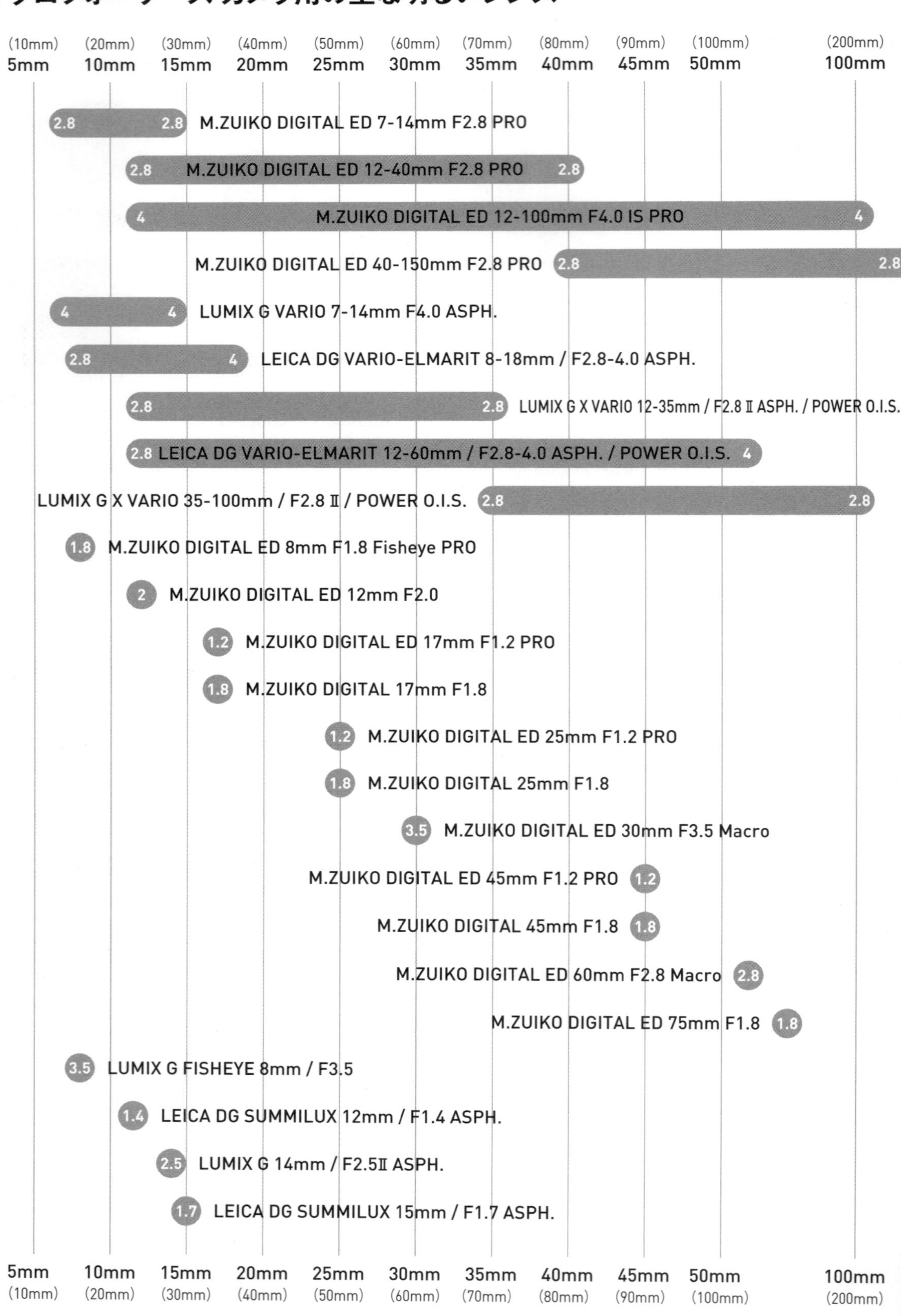

注：掲載してあるのは，35mm判フルサイズ換算で焦点距離200mm以下，開放F4.0以下の主な明るいレンズのみである．横軸は焦点距離に比例した正確な目盛りではなく目安である．目盛りの（　）内の数値は焦点距離の35mm判フルサイズ換算値である．ズームレンズのグレーの帯の両端に示してある白い数値は短焦点端と長焦点端の開放Fナンバーである．単焦点レンズのグレーの円内に示してある数値も開放Fナンバーである．表は2017年12月に作成したものである．

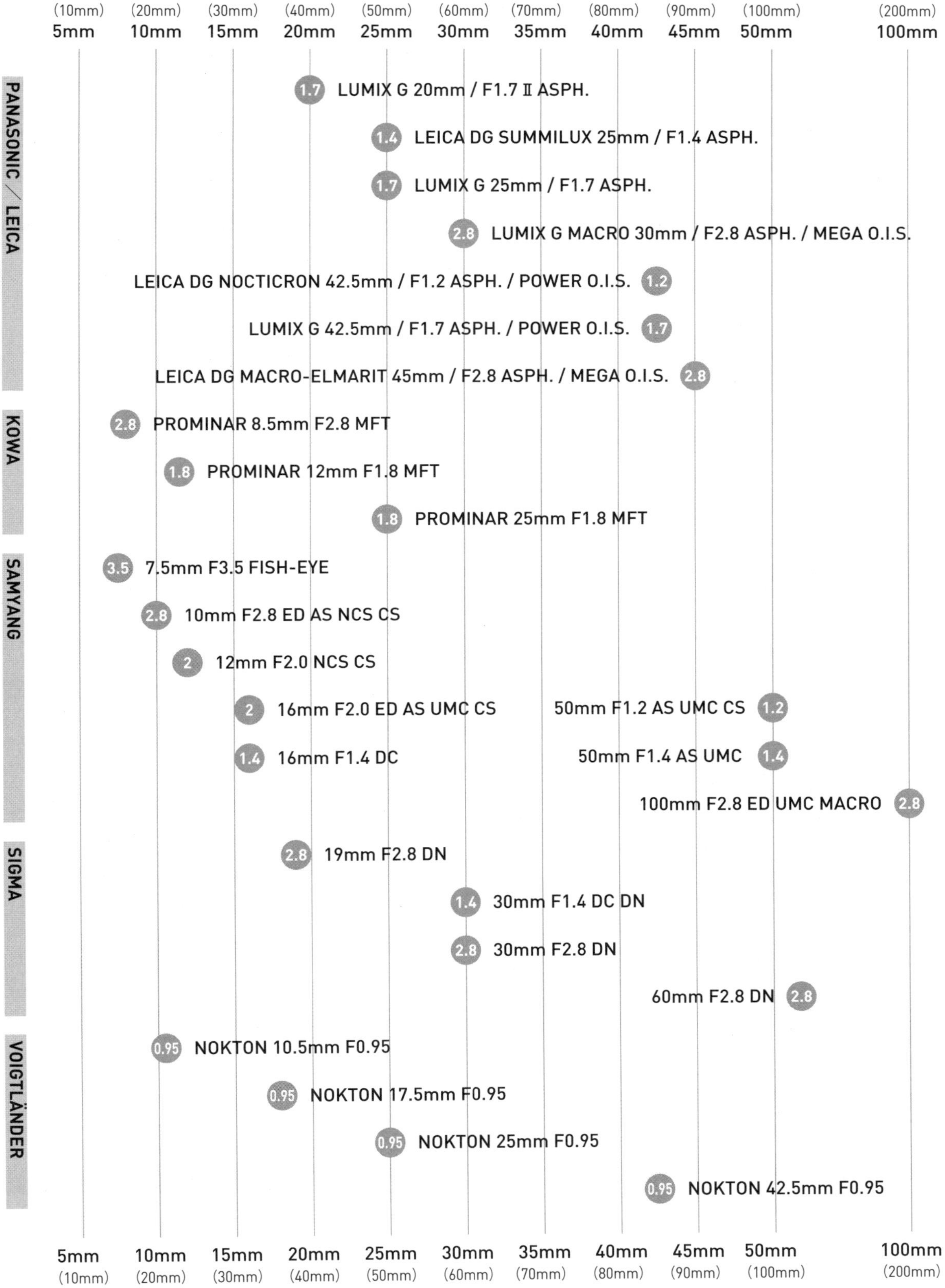

(10mm) 5mm / (20mm) 10mm / (30mm) 15mm / (40mm) 20mm / (50mm) 25mm / (60mm) 30mm / (70mm) 35mm / (80mm) 40mm / (90mm) 45mm / (100mm) 50mm / (200mm) 100mm

PANASONIC / LEICA

- 1.7 LUMIX G 20mm / F1.7 II ASPH.
- 1.4 LEICA DG SUMMILUX 25mm / F1.4 ASPH.
- 1.7 LUMIX G 25mm / F1.7 ASPH.
- 2.8 LUMIX G MACRO 30mm / F2.8 ASPH. / MEGA O.I.S.
- LEICA DG NOCTICRON 42.5mm / F1.2 ASPH. / POWER O.I.S. 1.2
- LUMIX G 42.5mm / F1.7 ASPH. / POWER O.I.S. 1.7
- LEICA DG MACRO-ELMARIT 45mm / F2.8 ASPH. / MEGA O.I.S. 2.8

KOWA

- 2.8 PROMINAR 8.5mm F2.8 MFT
- 1.8 PROMINAR 12mm F1.8 MFT
- 1.8 PROMINAR 25mm F1.8 MFT

SAMYANG

- 3.5 7.5mm F3.5 FISH-EYE
- 2.8 10mm F2.8 ED AS NCS CS
- 2 12mm F2.0 NCS CS
- 2 16mm F2.0 ED AS UMC CS
- 50mm F1.2 AS UMC CS 1.2
- 1.4 16mm F1.4 DC
- 50mm F1.4 AS UMC 1.4
- 100mm F2.8 ED UMC MACRO 2.8

SIGMA

- 2.8 19mm F2.8 DN
- 1.4 30mm F1.4 DC DN
- 2.8 30mm F2.8 DN
- 60mm F2.8 DN 2.8

VOIGTLÄNDER

- 0.95 NOKTON 10.5mm F0.95
- 0.95 NOKTON 17.5mm F0.95
- 0.95 NOKTON 25mm F0.95
- 0.95 NOKTON 42.5mm F0.95

5mm (10mm) / 10mm (20mm) / 15mm (30mm) / 20mm (40mm) / 25mm (50mm) / 30mm (60mm) / 35mm (70mm) / 40mm (80mm) / 45mm (90mm) / 50mm (100mm) / 100mm (200mm)

焦点距離200mm以下・開放F4.0以下の主な明るい交換レンズ一覧

2017年12月末時点で作成.
APS-Cサイズ用交換レンズ, マイクロフォーサーズ用交換レンズはフルサイズ換算で焦点距離200mm以下のもの.

フォーカシング形式の略号	AF:オートフォーカス　MF:マニュアルフォーカス
マウント形式の略号	C:キヤノンEFマウント系　Cm:キヤノンMマウント系　Fx:フジノンXマウント系　m4/3:マイクロフォーサーズ　N:ニコンFマウント系　P:ペンタックスKマウント　LB:ライカ L バヨネットマウント系　LM:ライカMマウント系　SA:ソニーαAマウント系　SE:ソニーαEマウント系　Sg:シグマSAマウント系　VM:フォクトレンダー VMマウント系(ライカMマウント互換)

フルサイズ用交換レンズ

CANON キヤノン	AF/MF	マウント形式
EF8-15mm F4L Fisheye USM	AF	C
EF11-24mm F4L USM	AF	C
EF16-35mm F2.8L Ⅲ USM	AF	C
EF16-35mm F4L IS USM	AF	C
EF24-70mm F2.8L Ⅱ USM	AF	C
EF24-70mm F4L IS USM	AF	C
EF24-105mm F4L IS Ⅱ USM	AF	C
EF70-200mm F2.8L IS Ⅱ USM	AF	C
EF70-200mm F4L IS USM	AF	C
EF14mm F2.8L Ⅱ USM	AF	C
EF24mm F1.4L Ⅱ USM	AF	C
EF24mm F2.8 IS USM	AF	C
EF28mm F2.8 IS USM	AF	C
EF35mm F1.4L Ⅱ USM	AF	C
EF35mm F2 IS USM	AF	C
EF40mm F2.8 STM	AF	C
EF50mm F1.2L USM	AF	C
EF50mm F1.8 STM	AF	C
EF85mm F1.4L IS USM	AF	C
EF100mm F2.8L Macro IS USM	AF	C
EF135mm F2L USM	AF	C
EF200mm F2L IS USM	AF	C
EF200mm F2.8L Ⅱ USM	AF	C

LEICA ライカ	AF/MF	マウント形式
TRI-ELMAR-M f4/16-18-21mm ASPH.	MF	LM
SUPER-ELMAR-M f3.8/18mm ASPH.	MF	LM
SUMMILUX-M f1.4/21mm ASPH.	MF	LM
SUPER-ELMAR-M f3.4/21mm ASPH.	MF	LM
SUMMILUX-M f1.4/24mm ASPH.	MF	LM
ELMAR-M f3.8/24mm ASPH.	MF	LM
SUMMILUX-M f1.4/28mm ASPH.	MF	LM
SUMMICRON-M f2/28mm ASPH.	MF	LM
ELMARIT-M f2.8/28mm ASPH.	MF	LM
SUMMILUX-M f1.4/35mm ASPH.	MF	LM
SUMMICRON-M f2/35mm ASPH.	MF	LM
SUMMARIT-M f2.4/35mm ASPH.	MF	LM
NOCTILUX-M f0.95/50mm ASPH.	MF	LM
NOCTILUX-M f1.25/75mm ASPH.	MF	LM
SUMMILUX-M f1.4/50mm ASPH.	MF	LM
APO-SUMMICRON-M f2/50mm ASPH.	MF	LM
SUMMICRON-M f2/50mm	MF	LM
SUMMARIT-M f2.4/50mm	MF	LM
APO-SUMMICRON-M f2/75mm ASPH.	MF	LM
SUMMARIT-M f2.4/75mm	MF	LM
APO-SUMMICRON-M f2/90mm ASPH.	MF	LM
SUMMARIT-M f2.4/90mm	MF	LM
MACRO-ELMAR-M f4/90mm	MF	LM
APO-TELYT-M f3.4/135mm	MF	LM

NIKON ニコン	AF/MF	マウント形式
AF-S Fisheye NIKKOR 8-15mm f/3.5-4.5E ED	AF	N
AF-S NIKKOR 14-24mm f/2.8G ED	AF	N
AF-S NIKKOR 16-35mm f/4G ED VR	AF	N
AI AF-S Zoom-Nikkor 17-35mm f/2.8D IF-ED	AF	N
AF-S NIKKOR 24-70mm f/2.8E ED VR	AF	N

AF-S NIKKOR 24-120mm f/4G ED VR	AF	N
AF-S NIKKOR 70-200mm f/2.8E FL ED VR	AF	N
AF-S NIKKOR 70-200mm f/4G ED VR	AF	N
AF-S NIKKOR 20mm f/1.8G ED	AF	N
AF-S NIKKOR 24mm f/1.4G ED	AF	N
AF-S NIKKOR 24mm f/1.8G ED	AF	N
AF-S NIKKOR 28mm f/1.4E ED	AF	N
AF-S NIKKOR 28mm f/1.8G	AF	N
AF-S NIKKOR 35mm f/1.4G	AF	N
AF-S NIKKOR 35mm f/1.8G ED	AF	N
AF-S NIKKOR 50mm f/1.4G	AF	N
AF-S NIKKOR 50mm f/1.8G	AF	N
AF-S NIKKOR 58mm f/1.4G	AF	N
AF-S NIKKOR 85mm f/1.4G	AF	N
AF-S NIKKOR 85mm f/1.8G	AF	N
AF-S NIKKOR 105mm f/1.4E ED	AF	N
AF-S NIKKOR 200mm f/2G ED VR Ⅱ	AF	N
AF-S Micro NIKKOR 60mm f/2.8G ED	AF	N

PENTAX ペンタックス(リコーイメージング)	AF/MF	マウント形式
HD PENTAX-D FA 15-30mmF2.8ED SDM WR	AF	P
HD PENTAX-D FA 24-70mmF2.8ED SDM WR	AF	P
HD PENTAX-D FA*70-200mmF2.8ED DC AW	AF	P
FA31mmF1.8AL Limited	AF	P
FA35mmF2AL	AF	P
FA43mmF1.9 Limited	AF	P
FA50mmF1.4	AF	P
smc PENTAX-D FA マクロ 50mm F2.8	AF	P
FA77mmF1.8 Limited	AF	P
smc PENTAX-D FA マクロ 100mm F2.8 WR	AF	P

SAMYANG サムヤン(ケンコー・トキナー扱)	AF/MF	マウント形式
12mm F2.8 ED AS NCS FISH-EYE	MF	C・N・P・SA・SE
XP14mm F2.4	MF	C
AF14mm F2.8 FE	AF	SE
14mm F2.8 ED AS IF UMC	MF	C・N・P・SA・SE
20mm F1.8 ED AS UMC	MF	C・N・P・SA・SE
24mm F1.4 ED AS IF UMC	MF	C・N・P・SA
35mm F1.4 AS UMC	MF	C・N・P・SA・SE
AF35mm F2.8 FE	AF	SE
50mm F1.4 AS UMC	MF	C・N・P・SA・SE
AF50mm F1.4 FE	AF	SE
XP85mm F1.2	MF	C
85mm F1.4 AS IF UMC	MF	C・N・P・SA
100mm F2.8 ED UMC MACRO	MF	C・N・P・SA・SE
135mm F2.0 ED UMC	MF	C・N・P・SA・SE

SIGMA シグマ	AF/MF	マウント形式
12-24mm F4 DG HSM	AF	C・N・Sg
24-35mm F2 DG HSM	AF	C・N・Sg
24-70mm F2.8 DG OS HSM	AF	C・N・Sg
24-105mm F4 DG OS HSM	AF	C・N・SA・Sg
APO 70-200mm F2.8 EX DG OS HSM	AF	C・N・Sg
8mm F3.5 EX DG CIRCULAR FISHEYE	AF	C・N・Sg
14mm F1.8 DG HSM	AF	C・N・Sg
15mm F2.8 EX DG DIAGONAL FISHEYE	AF	C・N・Sg
20mm F1.4 DG HSM	AF	C・N・Sg
24mm F1.4 DG HSM	AF	C・N・Sg
35mm F1.4 DG HSM	AF	C・N・P・SA・Sg
50mm F1.4 DG HSM	AF	C・N・SA・Sg
85mm F1.4 DG HSM	AF	C・N・Sg
MACRO 105mm F2.8 EX DG OS HSM	AF	C・N・Sg
135mm F1.8 DG HSM	AF	C・N・Sg
APO MACRO 150mm F2.8 EX DG OS HSM	AF	C・N・Sg
APO MACRO 180mm F2.8 EX DG OS HSM	AF	C・N・SA・Sg

SONY ソニー (Aマウントレンズ)	AF/MF	マウント形式
Vario-Sonnar T* 16-35mm F2.8 ZA SSM Ⅱ	AF	SA
Vario-Sonnar T* 24-70mm F2.8 ZA SSM Ⅱ	AF	SA
28-75mm F2.8	AF	SA
70-200mm F2.8 G SSM Ⅱ	AF	SA

16mm F2.8 Fisheye	AF	SA
20mm F2.8	AF	SA
Distagon T* 24mm F2 ZA	AF	SA
35mm F1.4 G	AF	SA
Planar T* 50mm F1.4 ZA	AF	SA
50mm F1.4	AF	SA
50mm F2.8 Macro	AF	SA
Planar T* 85mm F1.4	AF	SA
85mm F2.8	AF	SA
100mm F2.8 Macro	AF	SA
Sonnar T* 135mm F1.8 ZA	AF	SA
135mm F2.8 ［T4.5］ STF	AF	SA

SONY ソニー（Eマウントレンズ）	AF/MF	マウント形式
FE 12-24mm F4 G	AF	SE
FE 16-35mm F2.8 GM	AF	SE
Vario-Tessar T* FE 16-35mm F4 ZA OSS	AF	SE
FE 24-70mm F2.8 GM	AF	SE
Vario-Tessar T* FE 24-70mm F4 ZA OSS	AF	SE
FE 24-105mm F4 G OSS	AF	SE
FE 70-200mm F2.8 GM OSS	AF	SE
FE 70-200mm F4 G OSS	AF	SE
FE 28mm F2	AF	SE
Distagon T* FE 35mm F1.4 ZA	AF	SE
Sonnar T* FE 35mm F2.8 ZA	AF	SE
Planar T* FE 50mm F1.4 ZA	AF	SE
FE 50mm F1.8	AF	SE
Sonnar T* FE 55mm F1.8 ZA	AF	SE
FE 50mm F2.8 Macro	AF	SE
FE 85mm F1.4 GM	AF	SE
FE 85mm F1.8	AF	SE
FE 90mm F2.8 Macro G OSS	AF	SE
FE 100mm F2.8 STF GM OSS	AF	SE

TAMRON タムロン	AF/MF	マウント形式
SP 15-30mm F/2.8 Di VC USD	AF	C・N・SA
SP 24-70mm F/2.8 Di VC USD G2	AF	C・N
SP 70-200mm F/2.8 Di VC USD G2	AF	C・N
SP 35mm F/1.8 Di VC USD	AF	C・N・SA
SP 45mm F/1.8 Di VC USD	AF	C・N・SA
SP 85mm F/1.8 Di VC USD	AF	C・N・SA
SP 90mm F/2.8 Di MACRO 1：1 VC USD	AF	C・N・SA

TOKINA トキナー（ケンコー・トキナー扱）	AF/MF	マウント形式
FiRIN 20mm F2 FE MF（Sony E 専用）	MF	SE
AT-X 16-28 F2.8 PRO FX	AF	C・N
AT-X 17-35 F4 PRO FX	AF	C・N
AT-X 24-70 F2.8 PRO FX	AF	C・N
AT-X 70-200mm F4 PRO FX VCM-S	AF	N

ZEISS ツァイス（コシナ，ツァイス扱）	AF/MF	マウント形式
Milvus 15mm F2.8	MF	C・N
Batis 18mmF2.8	AF	SE
Milvus 18mm F2.8	MF	C・N
Loxia 21mm F2.8	MF	C・N
Milvus 21mm F2.8	MF	C・N
Milvus 25mm F1.4	MF	C・N
Batis 25mm F2.0	AF	SE
Milvus 25mm F1.4	MF	C・N
Otus 28mm F1.4	MF	C・N
Milvus 35mm F1.4	MF	C・N
Milvus 35mm F2	MF	C・N
Milvus 50mm F1.4	MF	C・N
Milvus 50mm F2 Macro	MF	C・N
Otus 55mm F1.4	MF	C・N
Otus 85mm F1.4	MF	C・N
Batis 85mm F1.8	AF	SE
Loxia 85mm F2.4	MF	C・N
Milvus 85mm F1.4	MF	C・N
Milvus 100mm F2 Macro	MF	C・N
Milvus 135mm F2.0	MF	C・N

Batis 135mm F2.8	AF	SE

VOIGTLÄNDER フォクトレンダー（コシナ扱）	AF/MF	マウント形式
ULTRON 21mm F1.8 Aspherical	MF	VM
ULTRON 28mm F2	MF	VM
NOKTON 35mm F1.2 Aspherical VM Ⅱ	MF	VM
NOKTON classic 35mm F1.4 SC	MF	VM
ULTRON vintage line 35mm F1.7 Aspherical	MF	VM
NOKTON 40mm F1.2 Aspherical VM	MF	VM・SE
ULTRON 40mm F2 SL Ⅱ S Aspherical	MF	N
HELIAR 40mm F2.8	MF	VM
NOKTON 50mm F1.1	MF	VM
NOKTON vintage line 50mm F1.5 Aspherical	MF	VM
HELIAR Vintage Line 50mm F3.5	MF	VM
NOKTON 58mm F1.4 SL Ⅱ S	MF	N
MACRO APO-LANTHAR 65mm F2 Aspherical	MF	SE
HELIAR classic 75mm F1.8	MF	VM

APS-C サイズ用交換レンズ

CANON キヤノン	AF/MF	マウント形式
EF-S17-55mm F2.8 IS USM	AF	C
EF-S24mm F2.8 STM	AF	C
EF-S35mm F2.8 Macro IS STM	AF	C
EF-M22mm F2 STM	AF	Cm
EF-M28mm F3.5 Macro IS STM	AF	Cm
EF-S60mm F2.8 Macro USM	AF	C

FUJIFILM 富士フイルム	AF/MF	マウント形式
FUJINON XF10-24mmF4 R OIS	AF	Fx
FUJINON XF16-55mmF2.8 R LM WR	AF	Fx
FUJINON XF18-55mmF2.8-4 R LM OIS	AF	Fx
FUJINON XF50-140mmF2.8 R LM OIS WR	AF	Fx
FUJINON XF14mmF2.8 R	AF	Fx
FUJINON XF16mmF1.4 R WR	AF	Fx
FUJINON XF18mmF2 R	AF	Fx
FUJINON XF23mmF1.4 R	AF	Fx
FUJINON XF23mmF2 R WR	AF	Fx
FUJINON XF27mmF2.8	AF	Fx
FUJINON XF35mmF1.4 R	AF	Fx
FUJINON XF35mmF2 R WR	AF	Fx
FUJINON XF50mmF2 R WR	AF	Fx
FUJINON XF56mmF1.2 R	AF	Fx
FUJINON XF60mmF2.4 R Macro	AF	Fx
FUJINON XF80mmF2.8 R LM OIS WR Macro	AF	Fx
FUJINON XF90mmF2 R LM WR	AF	Fx

LEICA ライカ	AF/MF	マウント形式
ELMARIT TL f2.8/18mm ASPH.	AF	LB
SUMMICRON TL f2/23mm ASPH.	AF	LB
SUMMILUX TL f1.4/35mm ASPH.	AF	LB
APO-MACRO-ELMARIT TL f2.8/60 ASPH.	AF	LB

NIKON ニコン	AF/MF	マウント形式
AF-S DX NIKKOR 16-80mm f/2.8-4E ED VR	AF	N
AF-S DX NIKKOR 35mm f/1.8G	AF	N
AF-S DX Micro NIKKOR 40mm f/2.8G	AF	N
AF-S DX Micro NIKKOR 85mm f/3.5G ED VR	AF	N

PENTAX ペンタックス（リコーイメージング）	AF/MF	マウント形式
smc PENTAX-DA 12-24mmF4ED AL ［IF］	AF	P
HD PENTAX-DA 16-85mmF3.5-5.6ED DC WR	AF	P
HD PENTAX-DA 20-40mmF2.8-4ED Limited DC	AF	P
HD PENTAX-DA 15mmF4ED AL Limited	AF	P
HD PENTAX-DA 21mmF3.2AL Limited	AF	P
HD PENTAX-DA 40mmF2.8 Limited	AF	P
HD PENTAX-DA 70mmF2.4 Limited	AF	P
HD PENTAX-DA 35mmF2.8 Macro Limited	AF	P

SAMYANG サムヤン（ケンコー・トキナー扱）	AF/MF	マウント形式
8mm F2.8 UMC FISH-EYE	MF	Cm・Fx・SE
8mm F3.5 UMC FISH-EYE CS Ⅱ	MF	C・N・P・SA
10mm F2.8 ED AS NCS CS	MF	C・Cm・Fx・N・P・SA・SE
12mm F2.0 NCS CS	MF	Cm・Fx・SE
12mm F2.8 ED AS NCS FISH-EYE	MF	Cm・Fx
16mm F2.0 ED AS UMC CS	MF	C・Cm・Fx・N・P・SA・SE
20mm F1.8 ED AS UMC	MF	Cm・Fx
35mm F1.2 ED AS UMC CS	MF	Cm・SE
35mm F1.4 AS UMC	MF	Fx
50mm F1.2 AS UMC CS	MF	Cm・Fx・SE
50mm F1.4 AS UMC	MF	Cm・Fx
100mm F2.8 ED UMC MACRO	MF	Cm・Fx
135mm F2.0 ED UMC	MF	Cm・Fx

SIGMA シグマ	AF/MF	マウント形式
10-20mm F3.5 EX DC HSM	AF	C・N・P・SA・Sg
17-50mm F2.8 EX DC OS HSM	AF	C・N・Sg
17-70mm F2.8-4 DC MACRO OS HSM	AF	C・N・P・SA・Sg
17-70mm F2.8-4 DC MACRO HSM	AF	P・SA
18-35mm F1.8 DC HSM	AF	C・N・P・SA・Sg
50-100mm F1.8 DC HSM	AF	C・N・Sg
30mm F1.4 DC DN	AF	SE
4.5mm F2.8 EX DC CIRCULAR FISHEYE HSM	AF	C・N・Sg
10mm F2.8 EX DC FISHEYE HSM	AF	C・N・Sg
16mm F1.4 DC DN	AF	SE

SONY ソニー（Aマウントレンズ）	AF/MF	マウント形式
DT 16-50mm F2.8 SSM	AF	SA
DT 30mm F2.8 Macro	AF	SA
DT 35mm F1.8 SAM	AF	SA
DT 50mm F1.8 SAM	AF	SA

SONY ソニー（Eマウントレンズ）	AF/MF	マウント形式
E 10-18mm F4 OSS	AF	SE
Vario-Tessar T* E 16-70mm F4 ZA OSS	AF	SE
E PZ 18-105mm F4 G OSS	AF	SE
E 16mm F2.8	AF	SE
E 20mm F2.8	AF	SE
Sonnar T* E 24mm F1.8 ZA	AF	SE
E 35mm F1.8 OSS	AF	SE
E 50mm F1.8 OSS	AF	SE

TAMRON タムロン	AF/MF	マウント形式
SP AF 17-50mm F/2.8 XR Di Ⅱ LD Aspherical［IF］	AF	C・N・P・SA
SP AF 60mm F/2 Di Ⅱ LD［IF］MACRO 1：1	AF	C・N・SA

TOKINA トキナー（ケンコー・トキナー扱）	AF/MF	マウント形式
AT-X 14-20 F2 PRO DX	AF	C・N
AT-X 11-20 PRO DX	AF	C・N
AT-X 116 PRO DX Ⅱ	AF	C・N・SA
AT-X 12-28 PRO DX	AF	C・N

ZEISS ツァイス	AF/MF	マウント形式
Touit 50mm F2.8 macro	AF	Fx・SE

マイクロフォーサーズ用交換レンズ

KOWA コーワ	AF/MF	マウント形式
PROMINAR 8.5mm F2.8 MFT	MF	m4/3
PROMINAR 12mm F1.8 MFT	MF	m4/3
PROMINAR 25mm F1.8 MFT	MF	m4/3

LEICA ライカ(パナソニック扱)	AF/MF	マウント形式
LEICA DG VARIO-ELMARIT 8-18mm / F2.8-4.0 ASPH.	AF	m4/3
LEICA DG VARIO-ELMARIT 12-60mm / F2.8-4.0 ASPH. / POWER O.I.S.	AF	m4/3
LEICA DG SUMMILUX 12mm / F1.4 ASPH.	AF	m4/3
LEICA DG SUMMILUX 15mm / F1.7 ASPH.	AF	m4/3
LEICA DG SUMMILUX 25mm / F1.4 ASPH.	AF	m4/3
LEICA DG NOCTICRON 42.5mm / F1.2 ASPH. / POWER O.I.S.	AF	m4/3
LEICA DG MACRO-ELMARIT 45mm / F2.8 ASPH. / MEGA O.I.S.	AF	m4/3

OLYMPUS オリンパス	AF/MF	マウント形式
M.ZUIKO DIGITAL ED 7-14mm F2.8 PRO	AF	m4/3
M.ZUIKO DIGITAL ED 12-100mm F4.0 IS PRO	AF	m4/3
M.ZUIKO DIGITAL ED 12-40mm F2.8 PRO	AF	m4/3
M.ZUIKO DIGITAL ED 40-150mm F2.8 PRO	AF	m4/3
M.ZUIKO DIGITAL ED 12mm F2.0	AF	m4/3
M.ZUIKO DIGITAL ED 17mm F1.2 PRO	AF	m4/3
M.ZUIKO DIGITAL 17mm F1.8	AF	m4/3
M.ZUIKO DIGITAL ED 25mm F1.2 PRO	AF	m4/3
M.ZUIKO DIGITAL 25mm F1.8	AF	m4/3
M.ZUIKO DIGITAL ED 45mm F1.2 PRO	AF	m4/3
M.ZUIKO DIGITAL 45mm F1.8	AF	m4/3
M.ZUIKO DIGITAL ED 75mm F1.8	AF	m4/3
M.ZUIKO DIGITAL ED 300mm F4.0 IS PRO	AF	m4/3
M.ZUIKO DIGITAL ED 30mm F3.5 Macro	AF	m4/3
M.ZUIKO DIGITAL ED 60mm F2.8 Macro	AF	m4/3
M.ZUIKO DIGITAL ED 8mm F1.8 Fisheye PRO	AF	m4/3

PANASONIC パナソニック	AF/MF	マウント形式
LUMIX G VARIO 7-14mm / F4.0 ASPH.	AF	m4/3
LUMIX G X VARIO 12-35mm / F2.8 Ⅱ ASPH. / POWER O.I.S.	AF	m4/3
LUMIX G X VARIO 35-100mm / F2.8 Ⅱ / POWER O.I.S.	AF	m4/3
LUMIX G FISHEYE 8mm / F3.5	AF	m4/3
LUMIX G 14mm / F2.5 Ⅱ ASPH.	AF	m4/3
LUMIX G 20mm / F1.7 Ⅱ ASPH.	AF	m4/3
LUMIX G 25mm / F1.7 ASPH.	AF	m4/3
LUMIX G MACRO 30mm / F2.8 ASPH. / MEGA O.I.S.	AF	m4/3
LUMIX G 42.5mm / F1.7 ASPH. / POWER O.I.S.	AF	m4/3

SAMYANG サムヤン(ケンコー・トキナー扱)	AF/MF	マウント形式
7.5mm F3.5 FISH-EYE	MF	m4/3
10mm F2.8 ED AS NCS CS	MF	m4/3
12mm F2.0 NCS CS	MF	m4/3
16mm F2.0 ED AS UMC CS	MF	m4/3
50mm F1.2 AS UMC CS	MF	m4/3
50mm F1.4 AS UMC	MF	m4/3
100mm F2.8 ED UMC MACRO	MF	m4/3
135mm F2.0 ED UMC	MF	m4/3

SIGMA シグマ	AF/MF	マウント形式
16mm F1.4 DC	AF	m4/3
19mm F2.8 DN	AF	m4/3
30mm F2.8 DN	AF	m4/3
60mm F2.8 DN	AF	m4/3
30mm F1.4 DC DN	AF	m4/3

VOIGTLÄNDER フォクトレンダー (コシナ扱)	AF/MF	マウント形式
NOKTON 10.5mm F0.95	MF	m4/3
NOKTON 17.5mm F0.95	MF	m4/3
NOKTON 25mm F0.95	MF	m4/3
NOKTON 42.5mm F0.95	MF	m4/3

西條善弘（さいじょう・よしひろ）　PROFILE

天体写真家.「月刊 天文ガイド」を中心に天体望遠鏡や天体撮影などの分野で第一線で活躍. 第一人者として天文ファンに高い信頼を得ている.『Photoshop Elements®ではじめる天体写真のレタッチテクニック』,『デジタル天体写真のための天体望遠鏡ガイド』（いずれも誠文堂新光社 刊）など, 著書多数.

デザイン：ソヤヒロコ　佐野いちこ

協力：オリンパス株式会社, キヤノンマーケティングジャパン株式会社, 株式会社ケンコー・トキナー, 興和光学株式会社, 株式会社コシナ, 株式会社シグマ, ソニー株式会社, 株式会社タムロン, 株式会社ニコンイメージングジャパン, パナソニック株式会社, 富士フイルム株式会社, 株式会社リコー（五十音順）

星空撮影＆夜景撮影のための
写真レンズ星空実写カタログ　NDC440

2018年2月9日　発　行

著　者　西條善弘
発行者　小川雄一
発行所　株式会社 誠文堂新光社
〒113-0033　東京都文京区本郷3-3-11
（編集）　電話 03-5805-7761
（販売）　電話 03-5800-5780
http：//www.seibundo-shinkosha.net/

印刷・製本　図書印刷 株式会社

ISBN978-4-416-51761-1